电气精品教材丛书

工程电磁场数值分析

杜志叶　阮江军　张亚东　文　武　袁佳歆　编著

机械工业出版社
CHINA MACHINE PRESS

本书是根据作者多年从事工程电磁场教学和科研工作的经验规划和编写的，体现了电磁场工程问题和可视化仿真的特色。

本书系统阐述了工程电磁场数值分析的基本理论和方法，充分考虑本科生的特点，深入浅出地讲述了典型电气工程中所涉及的电磁场问题的建模方法和简化原则、域内控制方程的求解、激励和边界条件的设置，使学生知其然且知其所以然，融会贯通，为进一步学习和研究打下基础。全书共分7章，包括工程电磁场数值分析理论、数值模型、常用数值分析方法、典型问题建模方法、常用软件的应用实践、高级算例及分析方法等。

本书可作为高等院校电气工程及其自动化专业、能源动力专业及其他相关专业的高年级本科生和研究生教材，也可作为从事电力电子技术和相关研究的工程技术人员的参考用书。

图书在版编目（CIP）数据

工程电磁场数值分析/杜志叶等编著. —北京：机械工业出版社，2023.6

（电气精品教材丛书）

ISBN 978-7-111-73386-7

Ⅰ.①工… Ⅱ.①杜… Ⅲ.①电磁场-数值计算-高等学校-教材 Ⅳ.①O441.4

中国国家版本馆CIP数据核字（2023）第114159号

机械工业出版社（北京市百万庄大街22号 邮政编码100037）

策划编辑：李小平　　责任编辑：李小平

责任校对：王明欣　李　杉　　封面设计：鞠　杨

责任印制：单爱军

北京联兴盛业印刷股份有限公司印刷

2023年8月第1版第1次印刷

184mm×260mm · 17印张 · 421千字

标准书号：ISBN 978-7-111-73386-7

定价：78.00元

电话服务　　网络服务

客服电话：010-88361066　　机　工　官　网：www.cmpbook.com

010-88379833　　机　工　官　博：weibo.com/cmp1952

010-68326294　　金　书　网：www.golden-book.com

封底无防伪标均为盗版　　机工教育服务网：www.cmpedu.com

电气精品教材丛书
编审委员会

序
Preface

电气工程作为科技革命与工业技术中的核心基础学科，在自动化、信息化、物联网、人工智能的产业进程中都起着非常重要的作用。在当今新一代信息技术、高端装备制造、新能源、新材料、节能环保等战略性新兴产业的引领下，电气工程学科的发展需要更多学术研究型和工程技术型的高素质人才，这种变化也对该领域的人才培养模式和教材体系提出了更高的要求。

由湖南大学电气与信息工程学院和机械工业出版社合作开发的“电气精品教材丛书”，正是在此背景下诞生的。这套教材联合了国内多所著名高校的优秀教师团队和教学名师参与编写，其中包括首批国家级一流本科课程建设团队。该丛书主要包括基础课程教材和专业核心课程教材，都是难学也难教的科目。编写过程中我们重视基本理论和方法，强调创新思维能力培养，注重对学生完整知识体系的构建，一方面用新的知识和技术来提升学科和教材的内涵；另一方面，采用成熟的新技术使得教材的配套资源数字化和多样化。

本套丛书特色如下：

（1）突出创新。这套丛书的作者既是授课多年的教师，同时也是活跃在科研一线的知名专家，对教材、教学和科研都有自己深刻的体悟。教材注重将科技前沿和基本知识点深度融合，以培养学生综合运用知识解决复杂问题的创新思维能力。

（2）重视配套。包括丰富的立体化和数字化教学资源（与纸质教材配套的电子教案、多媒体教学课件、微课等数字化出版物），与核心课程教材相配套的习题集及答案、模拟试题，具有通用性、有特色的实验指导等。利用视频或动画讲解理论和技术应用，形象化展示课程知识点及其物理过程，提升课程趣味性和易学性。

（3）突出重点。侧重效果好、影响大的基础课程教材、专业核心课程教材、实验实践类教材。注重夯实专业基础，这些课程是提高教学质量的关键。

（4）注重系列化和完整性。针对某一专业主干课程有定位清晰的系列教材，提高教材的教学适用性，便于分层教学；也实现了教材的完整性。

（5）注重工程角色代入。针对课程基础知识点，采用探究生活中真实案例的选题方式，提高学生学习兴趣。

（6）注重突出学科特色。教材多为结合学科、专业的更新换代教材，且体现本地区和不同学校的学科优势与特色。

这套教材的顺利出版，先后得到多所高校的大力支持和很多优秀教学团队的积极参与，在此表示衷心的感谢！也期待这些教材能将先进的教学理念普及到更多的学校，让更多的学生从中受益，进而为提升我国电气领域的整体水平做出贡献。

教材编写工作涉及面广、难度大，一本优秀的教材离不开广大读者的宝贵意见和建议，欢迎广大师生不吝赐教，让我们共同努力，将这套丛书打造得更加完美。

电气精品教材丛书编审委员会

前言
Preface

随着计算机技术的迅速发展，数值计算在深入拓展到各工程、物理学科领域的同时，也进一步扩展到经济、环境和生态等社会学科领域。实践表明，许多以工程经验判断、定性分析为依据的工程设计，现正逐步发展为以计算机辅助设计（CAD）和计算机辅助工程（CAE）技术等定量化的工程优化设计。当应用数值计算方法解决各类物理或者非物理问题时，首先必须建立数学模型，然后才能在此模型的基础上进行实际问题的理论分析和仿真验证。本书是在电磁学理论、电磁场数值方法等系列教科书的基础上，面对工程实际问题，从电磁场数学模型、典型数值方法、常用软件的仿真算例等方面逐步展开，基于案例式教学方法形成的一本教材。希望借此教材，让读者能从抽象的电磁学理论中突围，借助于仿真工具更好地理解电磁场的基本特征；基于图形化的展示方式，避免过去单纯理论学习时的枯燥乏味，提升读者的学习兴趣和效果。

回顾电磁学类课程的教学内容，电磁场理论主要包括静电场、静磁场、恒定电场、时变电磁场和电磁波，各个知识点的应用领域也涉及能源动力、电力、电信、遥感和信息传播等领域，分别具有各自显著的特征。近年来新技术的不断出现，电磁场及其分析技术教材涉及的内容也越来越多，范围越来越广。关于电磁场理论、电磁场数值计算方面的教材不下数十种，其中不乏优秀的教材，为电磁场分析技术的研究传播和推广应用发挥了巨大的作用。武汉大学电气工程及其自动化专业采用的《工程电磁场》由杨宪章教授主编，是普通高等教育“十二五”规划教材。近十余年来，该教材一直作为该校电气专业的参考教材。杨教授的教材是一本优秀的理论教材，但随着工程教育的理念不断深入，新工科的发展亟需体现工程教学的内容，需要一本面向电磁场工程问题，可操作性、实践性强的仿真指导教材。

从2012年起，武汉大学电气与自动化学院电磁场课程组面临工程电磁场可视化仿真教学的需求，参考国内同类电磁场数值分析教科书，基于案例式教学思想，形成此书雏形，并在本科生教学中试用。经过多年来的更新迭代，不断融入课程组各位教授的教学、科研方面的工程经验，以及学生的学习反馈，最终形成此教材。相比于国内外其他教材的内容，本教材在内容编排上做了诸多改进，其主要特色如下：

（1）从工程应用的角度提出电磁场问题及其数值模型。本教材具有鲜明的电气工程特色，坚持以问题对象为目标的编著思路。本教材以电气工程中电能发、输、配、用各个环节中常用的设备所涉及的电磁场问题为对象，依照电磁场本质特征，进行适当分类，按照工程电磁场的问题属性，展开分析，使得不同领域的读者都能够很快找到适合自己的内容，更有针对性地学习和领悟本教材内容，也方便更好地学以致用。

（2）突出仿真模型的构建过程细节。对于电磁场仿真技术初学者来说，仿真软件要比深奥的建模理论更容易激发学习兴趣。因此本教材在软件的使用方面由浅入深、步步深入，从简单的模型开始，主要以软件操作为目标，细致地列出了软件操作过程中可能出现的问题，使得初学者完全能够利用本书轻松实现仿真建模的目标。本教材中第5章和第6章的某些案例完全相同，采用不同的软件实现相同的分析目的。通过前期的课堂应用效果来看，本教材后半部分可以说是一个详实的“上机作业指导书”。不需要读者掌握太深的电磁场仿真理论，也能针对具体工程问题，进行电磁场仿真，并能举一反三，便于读者最终掌握仿真案例的原理和分析过程。

(3) 补充了工程上常用的一些数值方法和 MATLAB 程序。针对本书所列的典型问题，都给出了仿真程序。对于自编代码实现的计算案例，书中给出了各个步骤的详实解释，并在书后给出了以 MATLAB 代码编写的仿真程序，方便读者借鉴。

(4) 基于案例式教学方式编排学习单元。结合编者在电磁分析领域多年的科研经验和总结，在教材中根据工程问题的特征进行分类，分别以电场、磁场、涡流场以及运动电磁场等问题，结合输电线路、绝缘子串、变压器、继电器、电机等设备，凝炼成数个典型案例，由简单到复杂，逐步递进，方便读者有选择性、针对性地学习和参考。

本教材由武汉大学杜志叶教授、阮江军教授、张亚东教授、文武副教授和袁佳歆教授编著，博士生黄菁雯、硕士生何靖萱参与了本书第 1 章、第 6 章和第 7 章中插图的绘制和部分公式的校核。杜志叶教授对全书内容进行了统稿和反复修改。课程组的其他老师也对本教材提出了很多宝贵的建议，在此表示衷心的感谢!

由于编者水平有限，书中难免有疏漏和不妥之处，敬请读者批评指正。

编者

二〇二三年五月

于珞珈山

目录
Contents

第 1 章　工程电磁场数值分析理论

1.1　电气工程中的电磁场问题概述

随着科技的发展，电能已经成为继“阳光、空气、土壤、水”之后的“第五元素”，人们越来越离不开它。能源和电力工业成为人类生产生活中的支柱行业，电气工程学科亦日益引起人们的重视。尽管电磁学的发展具有悠久的历史，但计算电磁学的兴起却是最近 30 多年的事情。计算电磁学以电磁场理论为基础，以高性能计算技术为手段，运用计算数学提供的各种方法，解决复杂的工程电磁场问题，是电磁学中一个十分活跃的研究领域，已经构成了一门新兴的边缘交叉学科。

电磁场数值分析的理论和方法是计算电磁学的重要组成部分，电磁场（electromagnetic field）的研究内容是电荷在静止或者运动状态的电磁效应。依据电荷的运动状态，可将电磁场问题分为 4 类：

1）静电场：电荷相对于观察者静止且电荷的量值不随时间变化时，在附近空间中产生的电场。

2）恒定电场：电荷有规律的运动产生的不随时间变化的电场。

3）静磁场：运动电荷（直流或者永久磁铁）产生的不随时间变化的磁场。

4）动态场：运动电荷（非直流）产生的时变的电场和磁场。

而对于“场”而言，具体含义有以下 3 个性质：

1）空间性：电磁场具有空间分布特征，场是所关注量的空间分布特性，可以是矢量场，也可以是标量场。

2）时间性：电磁具有随时间变化的特征，场不但是空间的函数，往往也是时间的函数。

3）事件性：当一个事件对另一个空间位置的某个事件产生影响，称这些事件被场所联系。

电磁场数值分析方法的提出可以溯源到 20 世纪 40 年代就已付诸工业应用的有限差分法，但是当时的计算工具只限于计算尺和手摇计算机，限制了数值方法的发展。数十年来，现代电气和电子工业的不断发展和迫切需求成为促进计算电磁学发展的动力；同时，由于计算机技术的持续进步和日益普及，以及计算数学和软件技术的快速发展，提供了强大的硬件平台基础和计算工具，使得计算电磁学的发展取得了重大的进步。工程电磁场数值计算方法，提供从二维到三维，从线性到非线性，从静态场到时变场，从单一电磁场问题到电磁场与电路系统、机械运动系统或与其他物理场的耦合问题，使得计算能力有了飞跃性的提高。

对于此门课程的学习，难点主要有 3 点：

1）电磁现象复杂性：理解相对困难。

2）非直观性：各种电磁现象一般只能间接观察。

3）描述电磁场数学工具的复杂性：矢量、分析与场论、偏微分方程与特殊函数、张量代数与分析、泛函等。

本书内容虽然比较抽象，但是读者可在充分理解基本概念的基础上，理论联系实际，充分利用工具软件以及书中提供的仿真分析案例，通过模拟仿真得到可视化的电磁场分布图形和动画，使抽象的理论直观和形象化，更高效地掌握这门课程。

1.2 电磁场麦克斯韦方程

工程电磁场数值计算的理论基础是麦克斯韦方程。构成麦克斯韦方程的两大基石是位移电流理论和电磁感应定律。

位移电流理论是麦克斯韦的伟大发现，是构成麦克斯韦方程组的关键部分，正确预言了电磁波的存在和传播模式。

电磁感应定律是法拉第的伟大发现，可将机械能转换成电能，是发电机的基础理论，奠定了现代电力工业的基础。

1.2.1 全电流理论

1. 传导电流

传统电力系统电能传输过程如图 1-1 所示，电能从发电厂发出，通过变电站升压，然后通过输电线路传送到负荷区域，最后通过降压变电站送到终端用户，实现能量的转换。电能在传输过程中宏观电流和微观电子的传输过程如图 1-2 所示。从电路中学到的知识为，图 1-2a 和图 1-2b 中市电线路中，当开关合上后，回路闭合，电流流过灯泡，电灯点亮。不管电灯距离发电厂有多远，接通开关和电灯点亮几乎同时发生，感觉不到时间的延迟，这是为什么呢？图 1-2c 和图 1-2d 给出了电子运动的方向和过程：当开关闭合之前，导线内部已有大量的自由电子，开关触点位置电子是不能通过的（见图 1-2a），所以回路中无电流；当开关闭合后（见图 1-2b），触点间隙变成了导体连接，电子就在电场的作用下，形成了有序运动。此时电子仅仅需要移动一个很小的距离（一个晶格）就到达了灯泡，形成宏观电流。此种情况类似教室里的学生在老师的指令下各自有序移动一个座位，很短时间即可实现了人员的宏观迁移。此时，由于电子仅在导体中运动，因此称为“传导电流”。

图 1-1 传统电力系统电能传输过程

自由电荷在导电媒质中做定向运动而形成**传导电流**。电能在输电线路中的传播速度约为 3×10^8m/s，为电磁场的传播速度，与光速相同。如果灯泡距离发电场 300km，则按下开关到

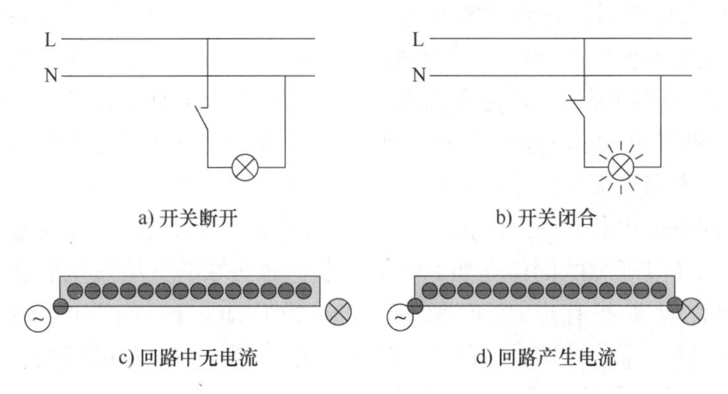

图 1-2　传导电流电子传输演示图

灯泡点亮需要 1ms，通常是感觉不到延迟的。作为对比：金属导体中电子的速度为 10^{-4} ~ 10^{5}m/s，远小于能量的传播速度。

传导电流的特点：服从欧姆定律 $\boldsymbol{J}_c=\gamma\boldsymbol{E}$。其中，$\gamma$ 为导体的电导率（S/m）；$\boldsymbol{E}$ 为电场强度（V/m）。

2. 运流电流

与传导电流不同，当一些媒质中（真空、气体或者液体）自由电子受到电场或者磁场力作用时，电子就会产生有序迁移或者运动，形成宏观电流，称为运流电流。运流电流的电子运动过程诠释如图 1-3 所示。阴极射线管（CRT）显像管的结构和工作原理：电子从阴极发射极发出，在电场的作用下加速，向荧光屏方向运动。偏转线圈产生磁场，可以改变电子运动方向的偏转角度。调节磁场的强弱，可以实现电子运动方向角度有规律的变化。电子最终运动到荧光屏上，发出荧光。电子在真空管中的运动过程构成运流电流，电子携带能量，众多电子连续不断地运动形成电子流，在屏幕上显示出图像。电子在无阻力的空间中（真空）移动，速度为 10^{6} ~ 10^{7}m/s，运动速度同空间中的电场和磁场数值有关，电子携带电能，构成运流电流，运流电流满足 $\boldsymbol{J}_v=\rho\boldsymbol{v}$。式中，$\rho$ 为电荷密度（C/m^3）；$\boldsymbol{v}$ 为速度（m/s）。

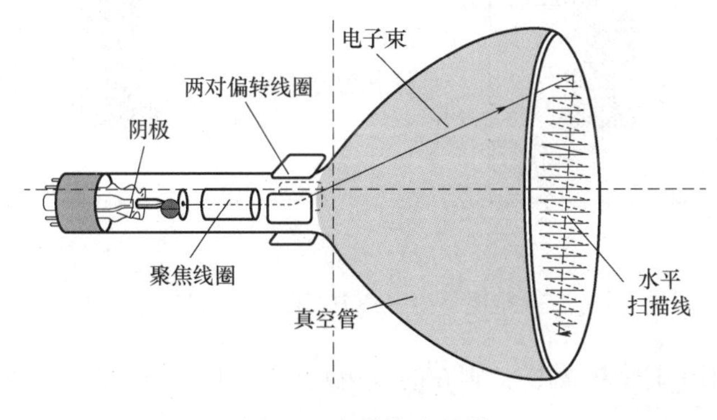

图 1-3　电子束发射器

备注：在空间同一点上，传导电流和运流电流不能同时存在。

3. 位移电流

当媒质为质密的绝缘固体时，电子不能直接穿过。此时若在材料两端加直流电压，如

图 1-4 所示：当开关闭合后，直流电源给电容器充电，两个极板上汇集等量异号的电荷。理想状态下，由于电容器板板之间的介质材料的电导率为零，电子不能直接穿过，则当电容器两端的电压与电源电压相等后，回路电流为零。若在绝缘介质两面加 50Hz 变化的交流电压，如图 1-5 所示：发现当在电压的正半周时，电容两端的极板上电荷为左正右负（见图 1-5a）；当处于负半周时，电容极板上的电荷极性为左负右正（见图 1-5b），由于电源电压周期性变化，电容极板上的电荷也相应地周期性变化，回路中就有不间断的电流流通。此种情况说明：电荷虽然不能穿过理想的固体介质，但是当电容器两端的电压发生变化时，介质中的电场相应发生变化，回路就有电流流通，产生磁场效应。这样产生的电流被麦克斯韦（Maxwell）称为位移电流，并用严谨的数学方程式描述了位移电流的特征，预言了电磁波的存在，1881 年赫兹用试验证明了这一伟大成果。

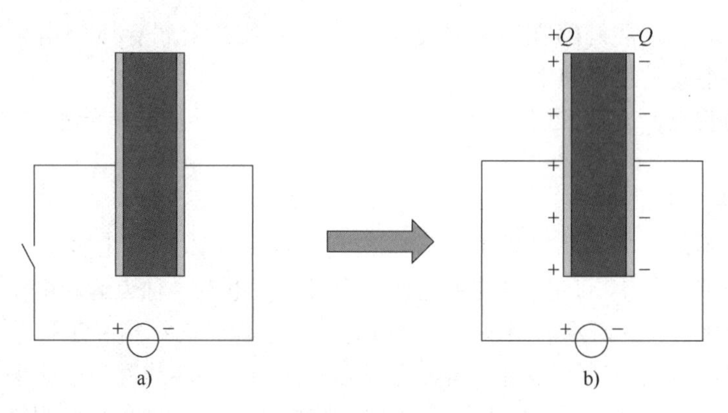

图 1-4　直流情况下电容器内部电荷运动

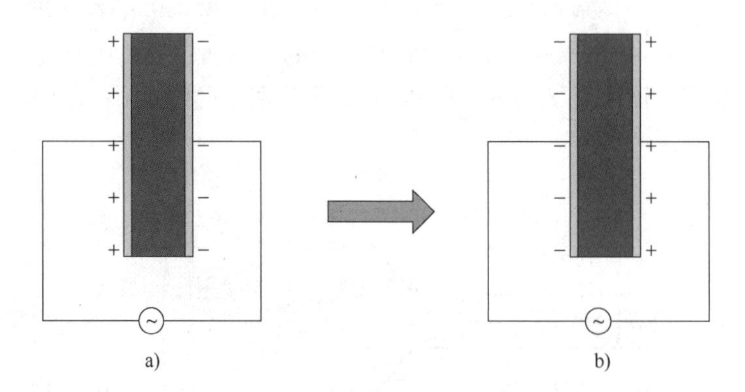

图 1-5　交流情况下电容器内部电荷运动和集聚过程

设高斯定理适用于时变电磁场，则在时变电场中，电荷、电流与电场之间的关系可用下列关系式表达。

$$q = \oint_S \boldsymbol{D} \cdot \mathrm{d}\boldsymbol{s} \tag{1-1}$$

$$\boldsymbol{i}_D = \frac{\partial q}{\partial t} = \frac{\partial}{\partial t}\oint_S \boldsymbol{D} \cdot \mathrm{d}\boldsymbol{s} = \oint_S \frac{\partial \boldsymbol{D}}{\partial t} \cdot \mathrm{d}\boldsymbol{s} = \oint_S \boldsymbol{J}_D \cdot \mathrm{d}\boldsymbol{s} \tag{1-2}$$

$$J_D=\frac{\partial D}{\partial t}=\varepsilon\ \frac{\partial E}{\partial t} \tag{1-3}$$

$$D=\varepsilon_0 E+P=D_0+P \tag{1-4}$$

$$J_D=\frac{\partial D_0}{\partial t}+\frac{\partial P}{\partial t} \tag{1-5}$$

电流存在的标志：电流产生磁效应。

例 1-1 若空间某点的电位移矢量依照 $D=D_1\mathrm{e}^{-\alpha t}$ 规律变化，求该点的位移电流密度表达式。

解： 按位移电流密度的计算公式，空间任一点的位移电流密度为

$$J_D=\frac{\partial D}{\partial t}=\frac{\partial}{\partial t}(D_1\mathrm{e}^{-\alpha t})=-\alpha D_1\mathrm{e}^{-\alpha t}(\mathrm{A/m^2})$$

例 1-2 雷云放电以前，与地面感应电荷形成一均匀电场，设此均匀电场的电场强度为 500kV/m，若雷云放电时间为 1μs，求放电时此区域内位移电流密度。

解： 由于雷云放电时间为 1μs，故电场强度（由 500kV/m 降为零）的变化率的绝对值为

$$\left|\frac{\mathrm{d}E}{\mathrm{d}t}\right|=\frac{500\times10^3}{1\times10^{-6}}\mathrm{V/(m\cdot s)}=500\times10^9\mathrm{V/(m\cdot s)}$$

所以 $J_D=\varepsilon_0\ \frac{\partial E}{\partial t}=8.85\times10^{-12}\times5000\times10^8\mathrm{A/m^2}=4.43\mathrm{A/m^2}$

例 1-3 点电荷 q 沿半径为 R 的圆周以角速度 ω 转动。圆心处是否有电流？若有，电流为多大？方向如何？

解： 圆心处的电位移矢量为

$$D=\frac{q}{4\pi R^2}e_R=-\frac{q}{4\pi R^2}(\cos\omega t e_x+\sin\omega t e_y)$$

圆心处的位移电流为

$$J_D=\frac{\partial D}{\partial t}=\frac{q\omega}{4\pi R^2}\tau=\frac{q\omega}{4\pi R^2}(\sin\omega t e_x-\cos\omega t e_y)$$

1.2.2 全电流连续性原理

如图 1-6 所示：在空间绕任意导体作任意闭合曲面 S，此时若有电源以传导电流 i_c 向该导体充电，同时有自由体积电荷 i_v 进入该闭合曲面，若指定穿出曲面 S 的电流为正，则穿入曲面 S 的传导电流与运流电流应等于曲面 S 内自由电量 q 的增加率，即

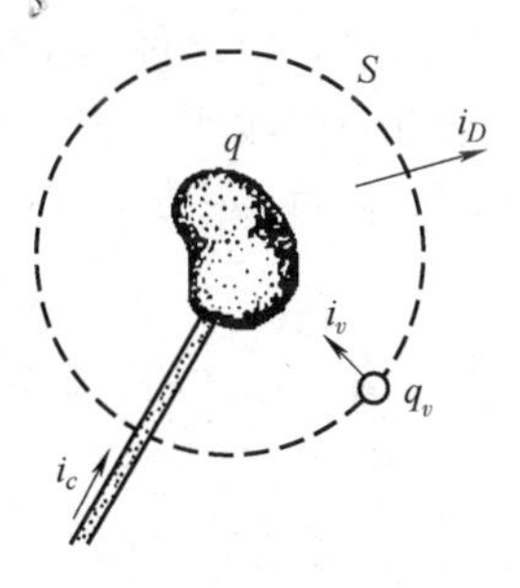

图 1-6 全电流示意图

$$(i_c+i_v)=\frac{\partial q}{\partial t} \tag{1-6}$$

或

$$-\left(\oint_S J_c\cdot\mathrm{d}S+\oint_S J_v\cdot\mathrm{d}S\right)=\frac{\partial q}{\partial t} \tag{1-7}$$

此时穿出曲面 $\boldsymbol{S}$ 的位移电流则为

$$i_D = \frac{\partial q}{\partial t} = \oint_S \frac{\partial \boldsymbol{D}}{\partial t} \cdot \mathrm{d}\boldsymbol{S} \tag{1-8}$$

由式（1-7）及式（1-8）得

$$\oint_S (\boldsymbol{J}_c + \boldsymbol{J}_v + \boldsymbol{J}_D) \cdot \mathrm{d}\boldsymbol{S} = 0 \tag{1-9}$$

或

$$\oint_S \boldsymbol{J} \cdot \mathrm{d}\boldsymbol{S} = 0 \tag{1-10}$$

式中　$\boldsymbol{J}$——全电流密度，且 $\boldsymbol{J}=\boldsymbol{J}_c+\boldsymbol{J}_v+\boldsymbol{J}_D=\gamma\boldsymbol{E}+\rho\boldsymbol{v}+\frac{\partial \boldsymbol{D}}{\partial t}$。

式（1-9）或式（1-10）是积分形式的全电流连续性原理。它说明，在时变场中，全电流密度矢量线无源，它们是永远闭合的，具体地说即在传导电流中断处，必有运流电流或位移电流接续。

微分形式的全电流连续性原理为

$$\nabla \cdot \boldsymbol{J} = 0 \tag{1-11}$$

1.2.3　全电流定理

安培环路定理是表征恒定磁场的基本方程之一，它的积分形式为

$$\oint_l \boldsymbol{H} \cdot \mathrm{d}\boldsymbol{l} = I \tag{1-12}$$

式中　I——传导电流。

只要传导电流连续，安培环路定理必定成立。在时变场中，由于传导电流不一定处处连续，安培环路定理就失去了存在的前提。但是如果把闭合回路所交链的电流的概念加以拓广，把它理解为全电流，即有

$$\oint_l \boldsymbol{H} \cdot \mathrm{d}\boldsymbol{l} = \int_S \left(\gamma\boldsymbol{E} + \rho\boldsymbol{v} + \frac{\partial \boldsymbol{D}}{\partial t}\right) \cdot \mathrm{d}\boldsymbol{S} \tag{1-13}$$

其中 $\boldsymbol{S}$ 为有向闭合曲线 $\boldsymbol{l}$ 所界定的曲面。

将式（1-13）称为全电流定理，它说明磁场强度沿任意闭合有向曲线的曲线积分，等于穿过该有向曲线所界定的曲面的全电流。该式又称为麦克斯韦第一积分方程。

由斯托克斯定理，有

$$\int_S (\nabla \times \boldsymbol{H}) \cdot \mathrm{d}\boldsymbol{S} = \oint_l \boldsymbol{H} \cdot \mathrm{d}\boldsymbol{l} = \int_S \left(\gamma\boldsymbol{E} + \rho\boldsymbol{v} + \frac{\partial \boldsymbol{D}}{\partial t}\right) \cdot \mathrm{d}\boldsymbol{S} \tag{1-14}$$

得

$$\nabla \times \boldsymbol{H} = \gamma\boldsymbol{E} + \rho\boldsymbol{v} + \frac{\partial \boldsymbol{D}}{\partial t} \tag{1-15}$$

式（1-15）即为麦克斯韦第一方程。**麦克斯韦第一方程表明，不仅运动电荷将产生变动磁场，变动的电场也将产生变动磁场**，它说明电与磁二者间的关系。因而麦克斯韦第一方程是描述时变电磁场中不同的两个方面——电场与磁场关系的方程之一，它是解决时变电磁场问题的一个基本依据。

1.2.4 电磁感应定律

当与回路交链的磁通发生变化时，回路中会产生感应电动势，这就是法拉第电磁感应定律

$$\varepsilon=-\frac{\mathrm{d}\Phi}{\mathrm{d}t} \tag{1-16}$$

负号表示感应电流产生的磁场总是阻碍原磁场的变化，是楞次（Lenz）引入的，楞次定律满足能量守恒原理。例如当线圈回路的正向磁通增长时，$\mathrm{d}\Phi/\mathrm{d}t>0$，则感生电动势 $\varepsilon=-\mathrm{d}\Phi/\mathrm{d}t<0$。通常引起磁通变化的原因分为 3 类，相应的感应电动势也依次为：

1）回路不变，磁场随时间变化。称为感生电动势，这是变压器工作的原理（见图 1-7），又称为变压器电动势。

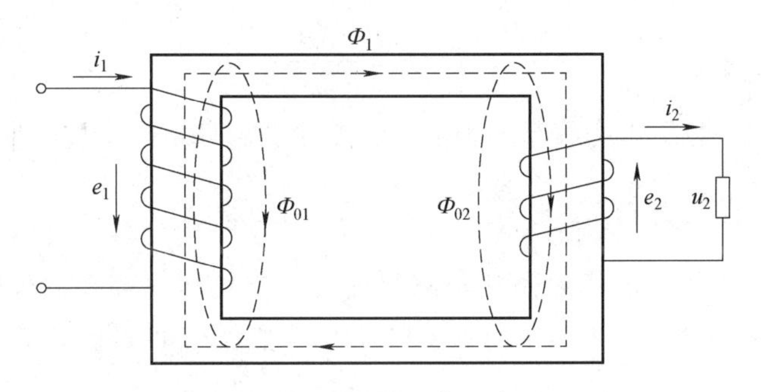

图 1-7 变压器工作示意图

2）回路切割磁力线，磁场不变（见图 1-8）。称为动生电动势，这是发电机工作原理，又称为发电机电动势。

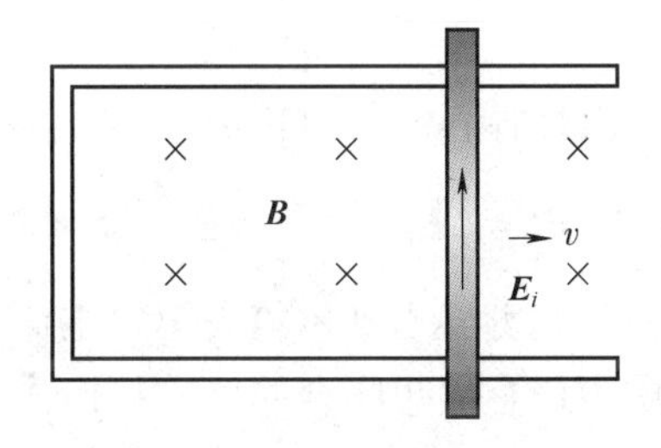

图 1-8 回路切割磁力线示意图

3）磁场随时间变化，回路切割磁力线。

$$\oint_l \boldsymbol{E}\cdot\mathrm{d}\boldsymbol{l}=-\int_S \frac{\partial \boldsymbol{B}}{\partial t}\cdot\mathrm{d}\boldsymbol{S} \tag{1-17}$$

感应电动势与构成回路的材料性质无关，只要与回路交链的磁通发生变化，回路中就有感应电动势。当回路是导体时，才有感应电流产生。

1.2.5 感应电场

麦克斯韦假设，变化的磁场在其周围激发着一种电场，该电场对电荷有作用力（产生

感应电流)，称之为感应电场（electric field of induction)，又称涡旋电场。

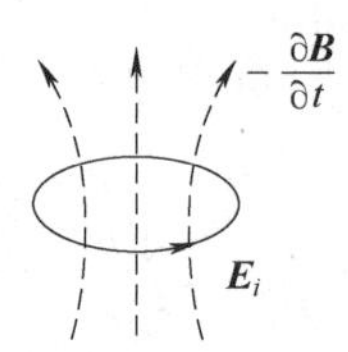

图 1-9　感应电场

感应电动势与感应电场的关系为

$$\varepsilon = \oint_l \boldsymbol{E}_i \cdot \mathrm{d}\boldsymbol{l} = \int_S (\nabla\times \boldsymbol{E}_i) \cdot \mathrm{d}\boldsymbol{S} \Leftrightarrow \varepsilon = \oint_L (\boldsymbol{V}\times\boldsymbol{B}) \cdot \mathrm{d}\boldsymbol{l} - \int \frac{\partial \boldsymbol{B}}{\partial t} \cdot \mathrm{d}\boldsymbol{S} \tag{1-18}$$

在静止媒质中有

$$\nabla\times\boldsymbol{E}_i = -\frac{\partial \boldsymbol{B}}{\partial t}$$

感应电场是非保守场，电力线呈闭合曲线，变化的磁场 $\partial\boldsymbol{B}/\partial t$ 是产生 $\boldsymbol{E}_i$ 的涡旋源。

1.2.6　麦克斯韦第二方程

静电场是位场，位场中电场力做功与路径无关。当场域中存在局外电场时，此时（合成）电场强度的环路积分并不为零，而等于局外电场强度 $\boldsymbol{E}_0$ 的环路积分。即

$$\oint_l \boldsymbol{E} \cdot \mathrm{d}\boldsymbol{l} = \oint_l (\boldsymbol{E}_q + \boldsymbol{E}_0) \cdot \mathrm{d}\boldsymbol{l} = \oint_l \boldsymbol{E}_0 \cdot \mathrm{d}\boldsymbol{l} \tag{1-19}$$

局外电场 $\boldsymbol{E}_0$ 即是其他形式能量转换为电能量的外加场。

在时变电磁场中，由于空间处处不仅存在着电场，而且同时存在着磁场，因而存在着能够转换为电场能量的磁场能量，此时的空间电场强度应作广泛的理解，即它既包含库伦电场，也包含感应电场。

根据电动势的定义，在感应电场存在时，可推出

$$\oint_l \boldsymbol{E} \cdot \mathrm{d}\boldsymbol{l} = \oint_l \boldsymbol{E}_0 \cdot \mathrm{d}\boldsymbol{l} = \oint_l \boldsymbol{E}_i \cdot \mathrm{d}\boldsymbol{l} = \varepsilon \tag{1-20}$$

上述原理运用于电路理论中，亦可导出基尔霍夫第二定律。

电磁感应定律适用于电介质中任意假想闭合回路，故由式（1-20）和式（1-16）有

$$\oint_l \boldsymbol{E} \cdot \mathrm{d}\boldsymbol{l} = \varepsilon = -\frac{\mathrm{d}\Phi}{\mathrm{d}t} \tag{1-21}$$

此式亦可写为式（1-22）的形式

$$\oint_l \boldsymbol{E} \cdot \mathrm{d}\boldsymbol{l} = \int_S -\frac{\partial \boldsymbol{B}}{\partial t} \cdot \mathrm{d}\boldsymbol{S} \tag{1-22}$$

由于空间任一点磁感应强度 $\boldsymbol{B}$ 不仅是时间的函数，而且亦是坐标的函数，因而其变化率写为偏导形式。对于空间任意闭合回路所界定的曲面，$\boldsymbol{B}$ 对时间 t 的导数只是曲面上固定点的磁感强度 $\boldsymbol{B}$ 随时间的变化率。式（1-21）或式（1-22）称为麦克斯韦第二方程。它说明，电场强度沿任意有向闭合曲线的曲线积分，等于该有向闭合曲线轮廓内所感生的电动势。

引入斯托克斯定律，通过变换可得麦克斯韦第二方程的微分形式为

$$\nabla\times\boldsymbol{E}=-\frac{\partial\boldsymbol{B}}{\partial t} \tag{1-23}$$

例 1-4 设空间磁场的磁感应强度 $B=0.05\mathrm{e}^{-100t}$T 垂直于磁场的平面上，有一形状如数字 8 的闭合回路，图中斜线区域的面积分别为 $S_1=2.5\mathrm{cm}^2$，$S_2=2\mathrm{cm}^2$，求闭合线路中的感生电动势。

解：如图 1-10 所示，穿过面积 S_1 与 S_2 的磁通分别为

$$\Phi_1=BS_1=\frac{2.5}{100^2}\times0.05\mathrm{e}^{-100t}\mathrm{Wb}=12.5\times10^{-6}\mathrm{e}^{-100t}\mathrm{Wb}$$

$$\Phi_2=BS_2=\frac{2}{100^2}\times0.05\mathrm{e}^{-100t}\mathrm{Wb}=10\times10^{-6}\mathrm{e}^{-100t}\mathrm{Wb}$$

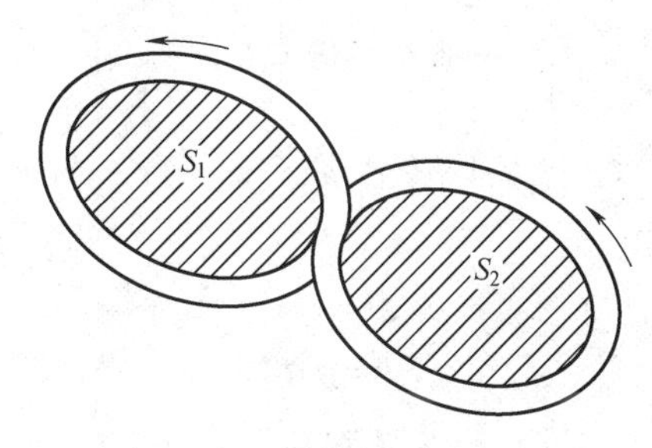

图 1-10　例 1-4 图

由于上述两磁通在闭合线路中的感生电动势方向相反，取闭合回路感生电动势 e 的正方向同 e_1 的正方向一致，即

$$e=e_1-e_2=-\frac{\partial}{\partial t}(\Phi_1-\Phi_2)=2.5\times10^{-4}\mathrm{e}^{-100t}\mathrm{V}$$

例 1-5 半径为 40cm 的圆形导电环位于 xy 平面，其直流电阻为 20Ω。若该区的磁通密度 $\boldsymbol{B}=2\cos500t\boldsymbol{x}+1.2\cos314t\boldsymbol{z}$（T），求环内感应电流的有效值。

解：由于环位于 xy 平面，环的法线方向在 z 方向，只有 z 分量起作用。采用柱坐标系，环的微分面积为

$$\mathrm{d}\boldsymbol{s}=\rho\mathrm{d}\rho\mathrm{d}\phi\boldsymbol{z}$$

穿过此面积的磁通为

$$\mathrm{d}\varphi=\boldsymbol{B}\cdot\mathrm{d}\boldsymbol{s}=1.2\cos314t\rho\mathrm{d}\rho\mathrm{d}\phi$$

环的总交链磁通为

$$\varphi=\int_S\boldsymbol{B}\cdot\mathrm{d}\boldsymbol{s}=1.2\cos314t\int_0^{0.4}\rho\mathrm{d}\rho\int_0^{2\pi}\mathrm{d}\phi=0.603\cos314t$$

代入可得出感应电动势的有效值和电流的有效值（$N=1$ 匝）分别为

$$E=-N\omega\varphi_m/\sqrt{2}=133.866\mathrm{V}$$

$$I=E/R=6.693\mathrm{A}$$

1.2.7 麦克斯韦方程组

1. 电磁场基本方程组（麦克斯韦方程）：

全电流定律、电磁感应定律、磁通连续性原理、高斯定律的微分形式分别为

$$\nabla\times\boldsymbol{H}=\boldsymbol{J}+\frac{\partial\boldsymbol{D}}{\partial t} \tag{1-24}$$

$$\nabla\times\boldsymbol{E}=-\frac{\partial\boldsymbol{B}}{\partial t} \tag{1-25}$$

$$\nabla\cdot\boldsymbol{B}=0 \tag{1-26}$$

$$\nabla\cdot\boldsymbol{D}=\rho \tag{1-27}$$

积分形式分别为

$$\oint_l\boldsymbol{H}\cdot\mathrm{d}\boldsymbol{l}=\int_S\left(\boldsymbol{J}+\frac{\partial\boldsymbol{D}}{\partial t}\right)\cdot\mathrm{d}\boldsymbol{S} \tag{1-28}$$

$$\oint_l\boldsymbol{E}\cdot\mathrm{d}\boldsymbol{l}=-\int_S\frac{\partial\boldsymbol{B}}{\partial t}\cdot\mathrm{d}\boldsymbol{S} \tag{1-29}$$

$$\oint_S\boldsymbol{B}\cdot\mathrm{d}\boldsymbol{S}=0 \tag{1-30}$$

$$\oint_S\boldsymbol{D}\cdot\mathrm{d}\boldsymbol{S}=q \tag{1-31}$$

本构方程为

$$\boldsymbol{D}=\varepsilon\boldsymbol{E} \tag{1-32}$$

$$\boldsymbol{B}=\mu\boldsymbol{H} \tag{1-33}$$

$$\boldsymbol{J}=\gamma\boldsymbol{E} \tag{1-34}$$

2. 麦克斯韦方程特征

麦克斯韦方程组可以描述电磁场的相互作用规律以及电磁波的传播特性。具有如下特征：

1）全电流定律：**麦克斯韦第一方程**，表明传导电流、运流电流和变化的电场都能产生磁场。

2）电磁感应定律：**麦克斯韦第二方程**，表明电荷和变化的磁场都能产生电场。

3）磁通连续性原理。表明磁场是无源（散）场，磁力线总是闭合曲线。

4）电场高斯定律。表明电场是有源（散）场，电荷以发散的方式产生电场。

5）麦克斯韦方程组包括4个基本方程和3个本构方程，但是4个基本方程并不是独立的，其中麦克斯韦第一、二方程是**独立方程**，联立后面两个方程中的一个可以推得另一个。

6）静态场和恒定场是时变场的**两种特殊形式，可通过基本方程变换得到**。

1.3 材料的特性

材料在电场、磁场的作用下，表现出极化和磁化特性，继而对电场和磁场源产生附加作用。电介质的极化是指在外电场的作用下，电介质的分子正、负电荷等效中心受到电场力的影响而产生一微小位移，形成电偶极子的过程。磁媒质的磁化是指在外磁场的作用下，媒质的分子受到磁场力的影响而产生转动，使得磁偶极距的方向与外加磁场的方向一致，对外呈现磁性的过程。

1.3.1 绝缘介质的介电特性

电介质是电工领域中3种重要电工材料之一（导体、铁磁体、电介质），用于设计各种绝缘结构，是高电压与绝缘技术发展的基础。任何电工产品都离不开电介质。常用电介质可分为 3 大类：气体类（空气、氢气、六氟化硫等），液体类（变压器油、石油、纯水等）和固体类（云母、瓷、橡胶、纸、聚苯乙烯、交联聚乙烯等）。

和导体不同，绝缘介质中的带电粒子是被原子或分子的内力紧密束缚，称为束缚电荷。在外电场作用下，束缚电荷在微观范围内移动，形成电极化。当外电场足够大时，束缚状态可能被破坏而导致电介质击穿。绝缘介质导电性很差，因此也被称为绝缘体。在电场中，表征绝缘介质的一个重要的参数就是介电常数，又称电容率。

1.3.2 电介质极化

电介质的极化过程分为 3 步：电介质在外电场 E 作用下发生极化，形成有向排列的电偶极矩；电介质内部和表面产生极化电荷；极化电荷与自由电荷都是产生电场的源。

不同电介质在外电场作用下，会产生不同的极化（见图 1-11）：

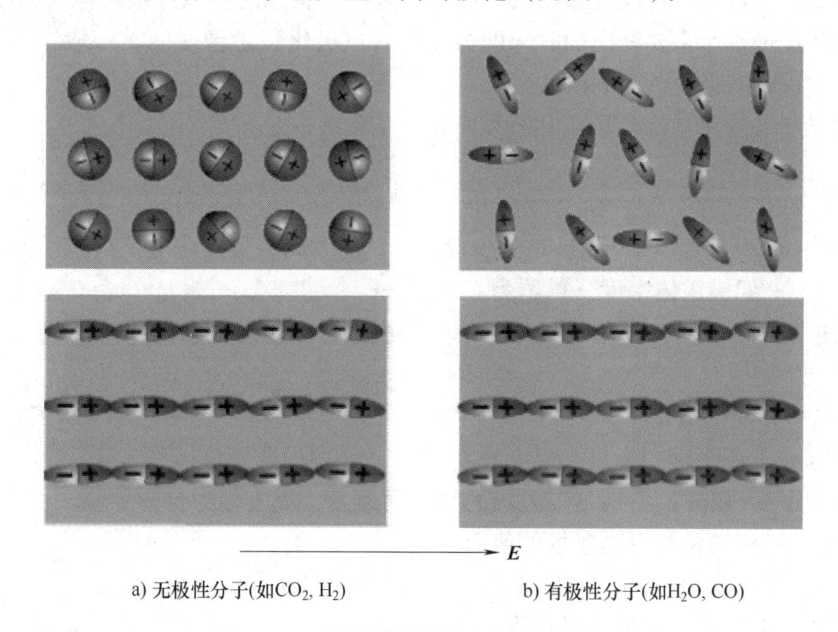

图 1-11　无极性分子与有极性分子的极化

1）无极性分子在外电场作用下正、负电荷中心彼此分离，形成位移极化（见图 1-12）。

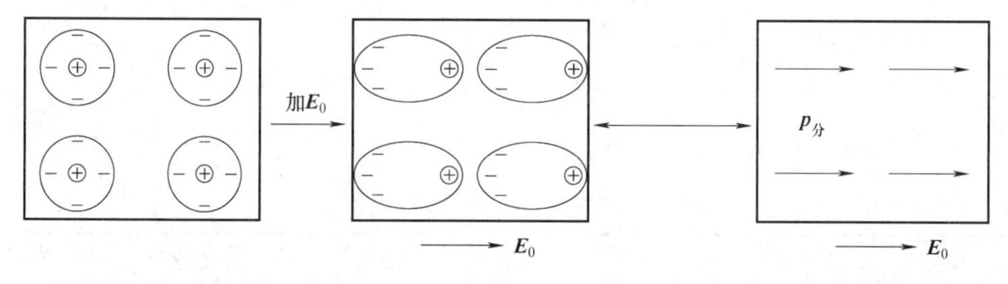

图 1-12　无极性分子极化过程

2）有极性分子中各个电偶极子旋转，并趋向于一致的排列，形成取向极化（见图 1-13）。

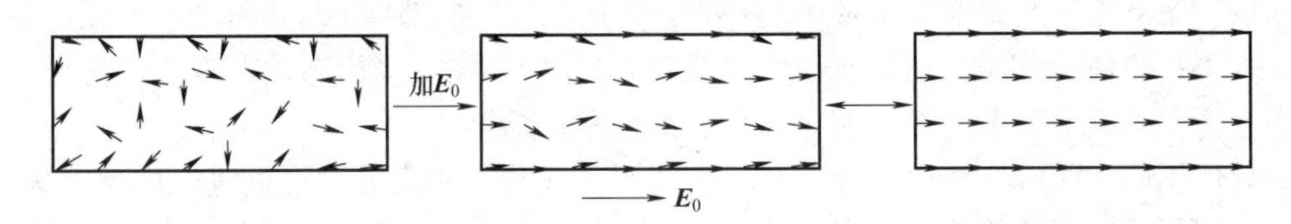

图 1-13　有极性分子极化过程

电偶极子排列的有序程度反映了介质被极化的程度，排列愈有序说明极化愈强烈。

一般情况下，位移极化和取向极化同时存在，在有极性分子介质中取向极化占优势。但无论何种极化，外场都要对介质分子做功，使介质储能，或产生耗能。同时，极化后的电介质中会产生与外电场方向相反的电场，称为退极化场。

电介质的极化过程：外电场→极化→极化电荷→附加电场→进一步极化→平衡。介质从非极化到极化，或者从一种极化状态改变为另一种极化状态的变化过程，称为电极化弛豫过程；电极化弛豫过程所需要经历的时间即为介电（电极化）弛豫时间，一般为 ms 级。导体的静电平衡过程时间很短，为 ns 级。

用极化强度 P 表示电介质的极化程度，即

$$P=\lim \frac{\sum P}{\Delta V} \tag{1-35}$$

式中　$\sum P$——体积元 ΔV 内电偶极矩的矢量和，P 的方向从负极化电荷指向正极化电荷。

V——电偶极矩体密度，单位为 $\mathrm{C/m^2}$。

实验结果表明：在各向同性、线形、均匀介质中，极化强度满足

$$P=\chi_e \varepsilon_0 E \tag{1-36}$$

式中　χ_e——电介质的极化率。

极化强度有 3 个性质：

1）各向同性：媒质的特性不随电场的方向而改变，反之称为各向异性。

2）线性：媒质的参数不随电场的值而变化。

3）均匀：媒质参数不随空间坐标（x，y，z）而变化。

极化电荷与极化强度 P 的关系如下：

曲面 S 内的极化电荷量为

$$q' = -\oint_S \boldsymbol{P} \cdot \mathrm{d}S \tag{1-37}$$

曲面 S 内的总电荷量为

$$\oint_S E \cdot \mathrm{d}S = (q + q')/\varepsilon_0 \tag{1-38}$$

q 和 q' 都是静电场的源，某物理意义见表 1-1。

表 1-1　静电场的源

介质	场源
真空	自由电荷 q
电介质	自由电荷 q 和极化电荷 q'

1.3.3 相对介电常数

通过引入电位移矢量 $\boldsymbol{D}$，可简化电介质中的电场强度计算，利用 $\boldsymbol{D}$ 的高斯散度定理 $\nabla \cdot \boldsymbol{D}=\rho$，先计算高斯面上的 $\boldsymbol{D}$，再通过本构关系 $\boldsymbol{D}=\varepsilon\boldsymbol{E}$ 求得 $\boldsymbol{E}$。

若一种介质的介电常数 ε 为常数，不随电场强度而改变，则称其为线性介质，即在该介质中 $\boldsymbol{E}$ 与 $\boldsymbol{D}$ 呈线性关系；若 ε 随电场强度而改变，则称其为非线性介质。若 ε 在各个方向上的值都相同，则称其为各向同性介质，此时 $\boldsymbol{E}$ 与 $\boldsymbol{D}$ 的方向相同；否则称为各向异性介质，此时 $\boldsymbol{E}$ 与 $\boldsymbol{D}$ 的方向可能不相同。一般电介质材料的非线性度和各向异性度很小，可视为线性、各向同性介质，几种常见材料的相对介电常数见表 1-2。

表 1-2　不同材料的相对介电常数

材料	ε_r	材料	ε_r	材料	ε_r
空气	1.0005	水	79.63	聚乙烯	2.6
六氟化硫	1.002	乙醇	24.5	交联聚乙烯	2.3
真空	1	变压器油	2.28	云母	6.2

平行板电容器中放入一块介质后，其 $\boldsymbol{D}$ 线、$\boldsymbol{E}$ 线和 $\boldsymbol{P}$ 线的分布图如图 1-14 所示，且有如下特点：

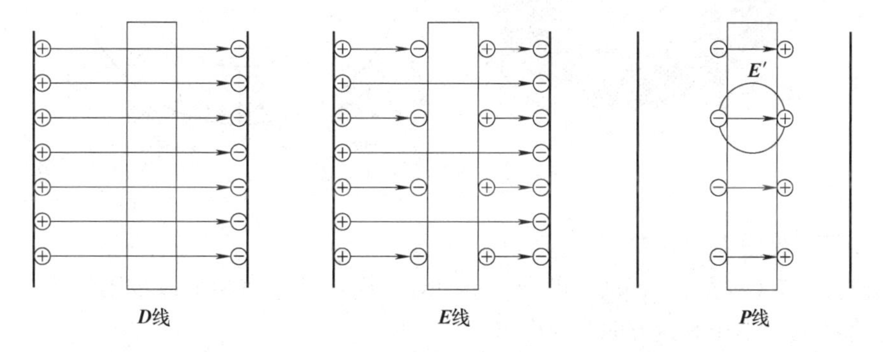

图 1-14　含介质的平行板电容器中 $\boldsymbol{D}$ 线、$\boldsymbol{E}$ 线和 $\boldsymbol{P}$ 线的分布图

1）$\boldsymbol{D}$ 线由正的自由电荷发出，终止于负的自由电荷。

2）$\boldsymbol{E}$ 线的起点与终点既可以在自由电荷上，又可以在极化电荷上。

3）$\boldsymbol{P}$ 线由负的极化电荷发出，终止于正的极化电荷。

$\boldsymbol{D}$ 线说明如下：

1）$\boldsymbol{D}$ 线从正的自由电荷发出而终止于负的自由电荷。

2）在各向同性介质中

$$\boldsymbol{D}=\varepsilon_0\boldsymbol{E}+\boldsymbol{P}=\varepsilon_0\boldsymbol{E}+\chi_e\varepsilon_0\boldsymbol{E}=\varepsilon_0(1+\chi_e)\boldsymbol{E}=\varepsilon_r\varepsilon_0\boldsymbol{E}=\varepsilon\boldsymbol{E} \tag{1-39}$$

式中　ε_r——相对介电常数，且 $\varepsilon_r=1+\chi_e$；

　　ε——介电常数，单位为 F/m。

$\boldsymbol{D}$ 的通量与介质无关，但不能认为 $\boldsymbol{D}$ 的分布与介质无关。

D 通量只取决于高斯面内的自由电荷，而高斯面上的 **D** 是由高斯面内、外的系统所有电荷共同产生的，如图 1-15 所示。

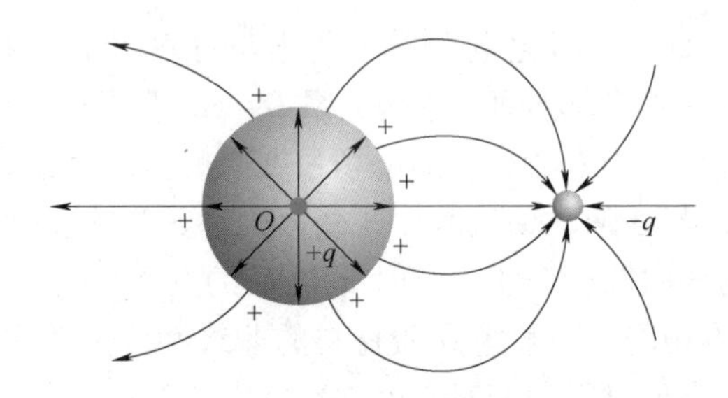

图 1-15　高斯面上的 **D** 通量

例 1-6　已知结构尺寸（见图 1-16）：$R_1 = 0.5\text{cm}$、$R_2 = 2\text{cm}$、$R_0 = 1.25\text{cm}$；材料特性：$\varepsilon_{r1} = 5$、$\varepsilon_{r2} = 2.5$、$\tau = 5.56 \times 10^{-7}\text{C/m}$。求：电缆内电场强度 E 的分布。

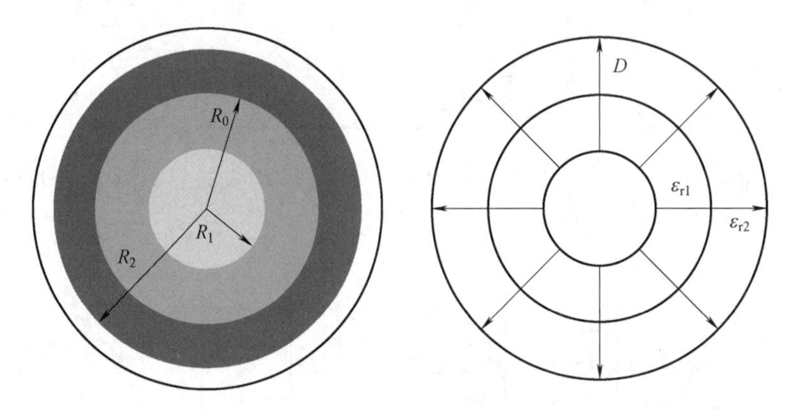

图 1-16　同轴电缆切面图

解题思路（见图 1-17）：

1）分析问题（对称性）：基于电场分布的对称性特征，在距离芯线轴线为 R 的各点上电位移矢量 **D** 的大小相等，方向为径向。

2）选择高斯面：选择与轴线垂直的上下底面 $\boldsymbol{S}_1$、$\boldsymbol{S}_2$ 与半径为 R 的圆柱面 $\boldsymbol{S}_3$ 共同组成高斯面 $\boldsymbol{S}$，设 $\boldsymbol{S}_1$ 与 $\boldsymbol{S}_2$ 之间距离为单位长度。

3）求解电场值：根据高斯定理可以求解电场强度。当计算出来介质分界面的电场强度后，即可进一步算出极化电荷面密度。

过程略。

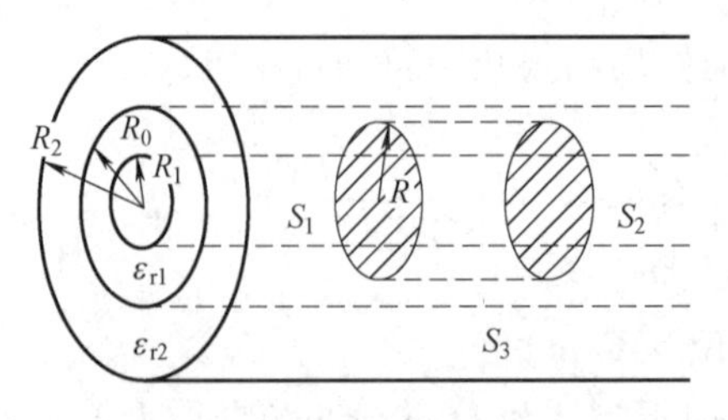

图 1-17　同轴电缆内高斯面

图 1-18 为采用有限元仿真软件进行 3D 建模，开展电场求解获得的电场计算结果矢量图。

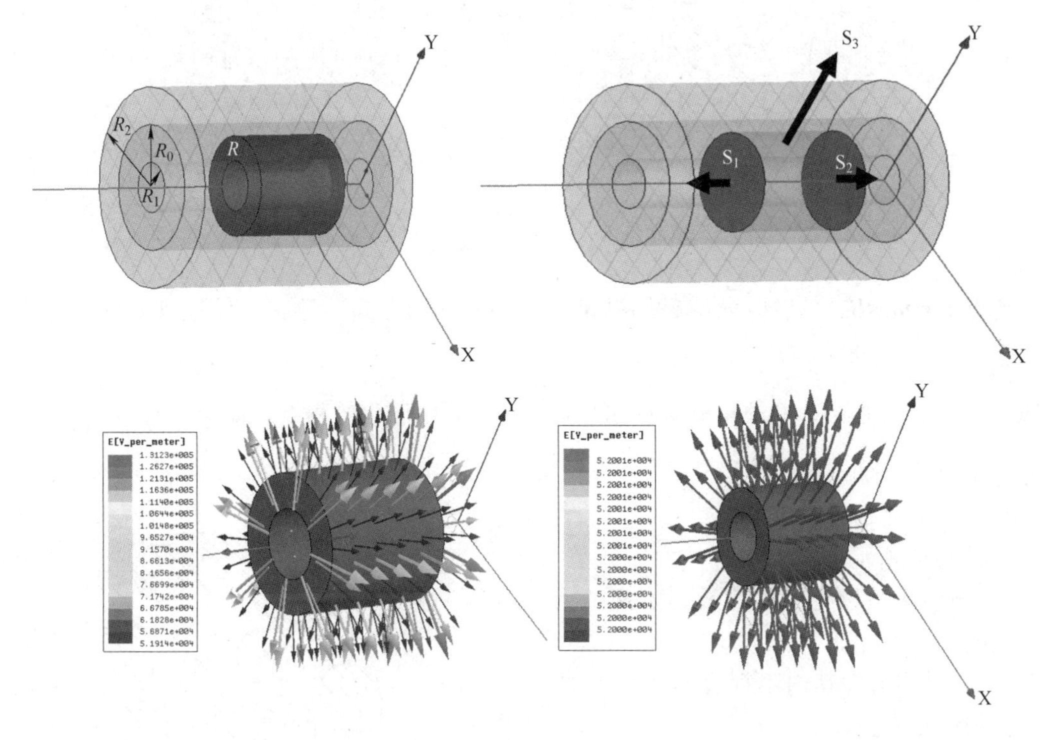

图 1-18　同轴电缆电场矢量图

1.3.4　磁媒质的磁化

媒质的磁化产生的物理现象和分析方法与静电场介质的极化类同。

实验发现：有、无磁介质的螺旋管内磁感应强度的比值，可表征它们在磁场中的性质。

1. 磁媒质

自然界中磁媒质主要可分为 3 类：

1）顺磁质：$\mu_r>1$，如氧、铝、钨、铂、铬等。

2）抗磁质：$\mu_r<1$，如氮、水、铜、银、金、铋等。超导体是理想的抗磁体。

3）铁磁质：$\mu_r\gg1$，如铁、钴、镍等。

2. 媒质的磁化过程

如图 1-19 所示，无外磁场作用时，媒质对外不显磁性，此时满足

$$\sum_{i=1}^{n} \boldsymbol{m}_i = 0 \tag{1-40}$$

在外磁场作用下，磁偶极子发生旋转，此时满足

$$\sum_{i=1}^{n} \boldsymbol{m}_i \neq 0 \tag{1-41}$$

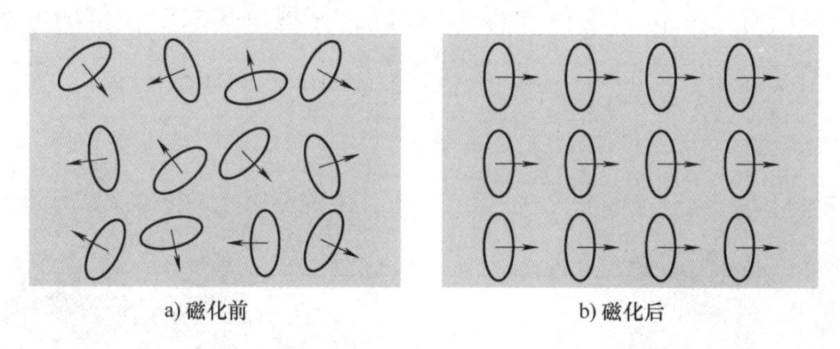

图 1-19　媒质的磁化

转矩 $\boldsymbol{T}_i=\boldsymbol{m}_i\times\boldsymbol{B}$，旋转方向使磁偶极矩方向与外磁场方向一致，对外呈现磁性，称为磁化现象。可用磁化强度（magnetization intensity）$\boldsymbol{M}$ 表示磁化的程度，即 $M=\lim\limits_{\Delta V\to 0}\dfrac{\sum\limits_{i=1}^{n}\boldsymbol{m}_i}{\Delta V}$，单位为 A/m（安/米）。

3. 媒质磁化的宏观效果

如图 1-20 所示：

1）磁物质被磁化，可等效为宏观的束缚电流——磁化电流。

2）媒质均匀且其内不存在自由电流情况下，磁媒质出现磁化面电流。

3）磁化不均匀时，磁媒质内部存在磁化体电流。

磁媒质的磁场可等效为磁化电流建立的磁场。体磁化电流可表示为

$$I'=\oint \boldsymbol{M}\cdot \mathrm{d}\boldsymbol{l} \tag{1-42}$$

$$\boldsymbol{J}_m=\nabla\times\boldsymbol{M} \tag{1-43}$$

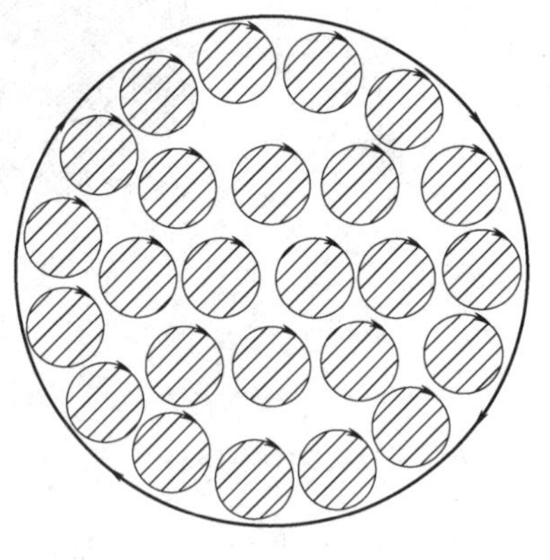

图 1-20　磁介质中的磁化电流

面磁化电流可表示为

$$K_m=\boldsymbol{M}\times e_n \tag{1-44}$$

有磁介质存在时，场中任一点的 $\boldsymbol{B}$ 是自由电流和磁化电流共同作用在真空中产生的磁场，而且磁化电流具有与传导电流相同的磁效应。

1.3.5　相对磁导率

1. 磁场强度

有磁介质时，安培环路定律可表示为

$$\oint_L \boldsymbol{B}\cdot \mathrm{d}\boldsymbol{l}=\mu_0 I_{总}=\mu_0(I+I_m)=\mu_0 I+\mu_0\int_S \boldsymbol{J}_m\cdot \mathrm{d}\boldsymbol{s} \tag{1-45}$$

将 $\boldsymbol{J}_m=\nabla\times\boldsymbol{M}$ 代入，得到

$$\oint_L \frac{\boldsymbol{B}}{\mu_0}\mathrm{d}\boldsymbol{l}=I+\int_S(\nabla\times\boldsymbol{M})\cdot \mathrm{d}\boldsymbol{s}=I+\oint_L \boldsymbol{M}\cdot \mathrm{d}\boldsymbol{l} \tag{1-46}$$

移项后得到

$$\oint_L\left(\frac{\boldsymbol{B}}{\mu_0}-\boldsymbol{M}\right)\cdot \mathrm{d}\boldsymbol{l}=I \tag{1-47}$$

定义磁场强度 $\boldsymbol{H}=\dfrac{B}{\mu_0}-\boldsymbol{M}$，单位为 A/m。则有

$$\oint_L \boldsymbol{H}\cdot \mathrm{d}\boldsymbol{l}=\sum I \tag{1-48}$$

2. 安培环路定律特点

安培环路定律满足以下特点：

1）$\boldsymbol{H}$ 的环量仅与环路交链的自由电流有关。

2）环路上任一点的 $\boldsymbol{H}$ 均是由系统全部载流体产生的。

3）电流的正、负仅取决于环路与电流的交链是否满足右手螺旋关系：是为正，否为负。

3. B 与 H 的本构关系

实验证明，在各向同性的线性磁介质中满足

$$\boldsymbol{M}=\chi_m\boldsymbol{H} \tag{1-49}$$

式中　χ_m——磁化率，无量纲量，代入 $\boldsymbol{H}=\boldsymbol{B}/\mu_0-\boldsymbol{M}$ 中，可得

$$\boldsymbol{B}=\mu_0(\boldsymbol{H}+\boldsymbol{M})=\mu_0\boldsymbol{H}(1+\chi_m)=\mu_0\mu_r\boldsymbol{H}=\mu\boldsymbol{H} \tag{1-50}$$

式中　μ_r——相对磁导率，无量纲，且 μ 满足：$\mu=\mu_0\mu_r$，单位为 H/m。

由此得到 $\boldsymbol{B}$ 与 $\boldsymbol{H}$ 构成关系为

$$\boldsymbol{B}=\mu\boldsymbol{H} \tag{1-51}$$

4. H 的旋度

$\boldsymbol{H}$ 的旋度可由下式推导：

$$\oint_L \boldsymbol{H}\cdot \mathrm{d}\boldsymbol{l}=I=\int_S \boldsymbol{J}\cdot \mathrm{d}\boldsymbol{s} \tag{1-52}$$

得到

$$\int_S(\nabla\times \boldsymbol{H})\cdot \mathrm{d}\boldsymbol{s}=\int_S \boldsymbol{J}\cdot \mathrm{d}\boldsymbol{s} \tag{1-53}$$

因积分式对任意曲面 S 都成立，则满足：$\nabla\times\boldsymbol{H}=\boldsymbol{J}$，说明恒定磁场是有旋的。

例 1-7　试求载流无限长同轴电缆产生的磁感应强度（见图 1-21）。

解：这是平行平面磁场，选用圆柱坐标系：$\boldsymbol{B}=B(\rho)\boldsymbol{e}_\phi$。

（1）$0<\rho<R_1$时，取安培环路（$\rho<R_1$）交链的部分电流

$$I'=\frac{I}{\pi R_1^2}\pi\rho^2=I\frac{\rho^2}{R_1^2}$$

应用安培环路定律，得

$$\oint_l \boldsymbol{B}\cdot \mathrm{d}\boldsymbol{l}=\int_0^{2\pi}B\rho\,\mathrm{d}\phi=\mu_0\frac{I\rho^2}{R_1^2}$$

$$\boldsymbol{B}=\frac{\mu_0 I\rho}{2\pi R_1^2}\boldsymbol{e}_\phi$$

（2）$R_1 \leqslant \rho < R_2$时，有

$$B = \frac{\mu_0 I}{2\pi\rho} e_\phi$$

（3）$R_2 \leqslant \rho < R_3$时，有

$$I' = I - I\frac{\rho^2 - R_2^2}{R_3^2 - R_2^2} = I\frac{R_3^2 - \rho^2}{R_3^2 - R_2^2}$$

$$B = \frac{\mu I}{2\pi\rho}\frac{R_3^2 - \rho^2}{R_3^2 - R_2^2} e_\phi$$

（4）$R_3 \leqslant \rho < \infty$时，有

$$B = 0$$

综上，磁场分布如图 1-22 所示。

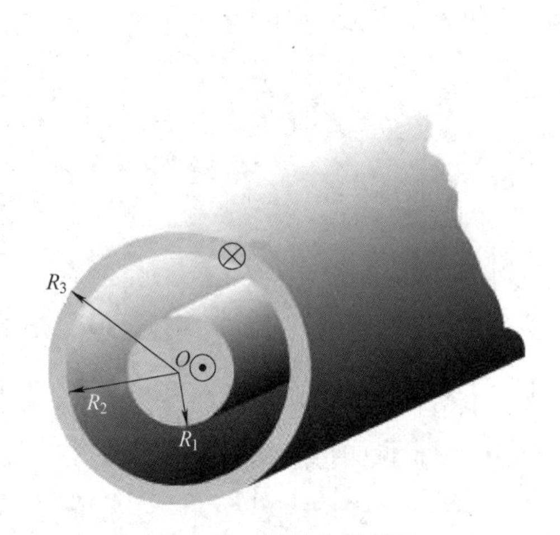

图 1-21　同轴电缆截面

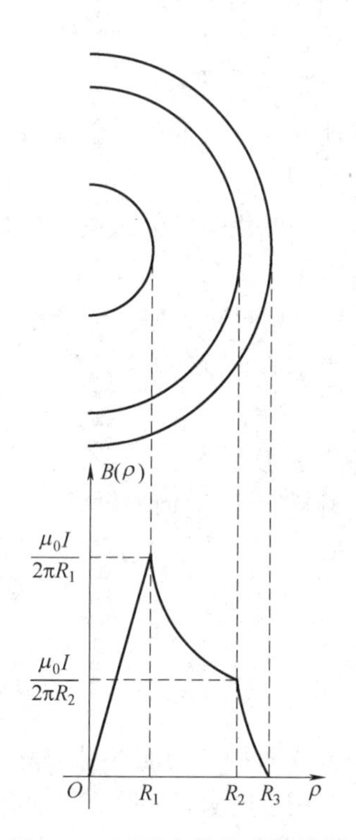

图 1-22　同轴电缆的磁场分布

1.3.6　介质的静电平衡与弛豫时间

1. 静电平衡过程

假定有一孤立的线性均匀各向同性媒质，电容率为 ε，电导率为 γ，体电荷密度为 ρ_v，为了达到静电平衡，电荷间静电排斥力的作用会将剩余电荷转移到导体表面。但是在导体迁徙的过程中，电流连续性方程必须满足。即在媒质中任一点有

$$\nabla \times \boldsymbol{H} = \boldsymbol{J} + \frac{\partial \boldsymbol{D}}{\partial t} \tag{1-54}$$

由 $\nabla\cdot\boldsymbol{D}=\rho_v$ 可得

$$\nabla\cdot\boldsymbol{J}+\frac{\partial\rho_v}{\partial t}=0 \tag{1-55}$$

将 $\boldsymbol{J}=\gamma\boldsymbol{E}$ 代入式（1-55）得

$$\gamma\nabla\cdot\boldsymbol{E}+\frac{\partial\rho_v}{\partial t}=0 \tag{1-56}$$

再由 $\nabla\cdot\boldsymbol{E}=\frac{\rho_v}{\varepsilon}$，得

$$\frac{\partial\rho_v}{\partial t}+\gamma\frac{\rho_v}{\varepsilon}=0 \tag{1-57}$$

整理后

$$\frac{\partial\rho_v}{\partial t}+\frac{\gamma}{\varepsilon}\rho_v=0 \tag{1-58}$$

解微分方程，可得

$$\rho_v=\rho_0\mathrm{e}^{-(\gamma/\varepsilon)t} \tag{1-59}$$

式中　ρ_0——$t=0$ 时刻的剩余体电荷密度。

式（1-59）表明静电平衡过程将按照指数规律进行。理论上讲，它是导电媒质内部剩余电荷永无休止的衰减过程。

2. 弛豫时间

可以证明，ε/γ 具有时间量纲，将其称为弛豫时间 τ（relaxation time），即：$\tau=\varepsilon/\gamma$。弛豫时间用于度量导电媒质达到静电平衡的快慢程度。当 $t=5\tau$ 时，媒质内电荷密度将降至不足初始值的 1%（e^{-5}），通常认为 5 倍弛豫时间后，导体达到静电平衡状态。

弛豫时间与媒质的电导率成反比，电导率越大，达到静电平衡的时间越短。所以良导体瞬间就达到静电平衡（时间短到忽略不计）。比如铜 $\gamma=5.8\times10^7\mathrm{S/m}$，$\varepsilon\approx\varepsilon_0$，弛豫时间 $\tau=1.52\times10^{-19}\mathrm{s}$，表明铜几乎能瞬间达到静电平衡。纯水的弛豫时间约为 40ns，琥珀约为 70min。

3. 介电弛豫过程模拟

介电弛豫时间：介质从非极化到极化，或者从一种极化状态改变为另一种极化状态的变化过程，称为电极化弛豫过程；模拟介质的弛豫过程要用瞬态电场求解方法；如果是液体介质，还要考虑分子动力学特性。

1.3.7　两个媒质分界面上的场量连续性条件

根据电场基本方程，介质分界面上电场的法向分量和切向分量分别满足

$$D_{2n}-D_{1n}=\sigma(\text{法向分量}) \tag{1-60}$$

$$E_{2t}=E_{1t}(\text{切向分量}) \tag{1-61}$$

根据磁场的基本方程，磁场的法向分量和切向分量分别满足

$$B_{1n}=B_{2n}(\text{法向分量}) \tag{1-62}$$

$$H_{2t}-H_{1t}=k(\text{切向分量}) \tag{1-63}$$

根据恒定电场的基本方程，恒定电场的法向分量和切向分量分别满足

$$J_{1n}=J_{2n}(\text{法向分量}) \tag{1-64}$$

$$J_{2t}=J_{1t}(\text{切向分量}) \tag{1-65}$$

媒质界面上的折射定律：

同光在传输过程中会发生折射，光线满足折射定律的情况相同，电场和磁场在媒质中传播时，也满足折射定律。介质分界面的表面自由电荷密度为0时，电场入射角和折射角之间满足折射定律，如式（1-66）所示。当媒质分界面不存在自由面电流时，磁场的入射角和折射角之间满足折射定律，如式（1-67）所示。

$$\frac{\tan\alpha_1}{\tan\alpha_2}=\frac{\varepsilon_1}{\varepsilon_2} \tag{1-66}$$

$$\frac{\tan\beta_1}{\tan\beta_2}=\frac{\mu_1}{\mu_2} \tag{1-67}$$

式中　α_1和α_2——电场的入射角和折射角；

β_1和β_2——磁场的入射角和折射角。

1.4　边值问题的数学描述

给定区域内电磁场问题的求解，最终都可以归结为求解边值问题。

边值问题：给定此场域的边界形状及未知函数在边界上某种形式的值，称之为给定边界约束条件或给定边界条件。上述求解问题，称之为边值问题。

边值问题包括控制方程和边界条件：

1）控制方程：对于一个具体的待求解问题来说，某个区域中待求解场量满足的约束关系，通常用数学方程组形式表示。

2）边界条件：各个媒质分界面上满足的场量的约束关系。对于2D模型，边界是一条线；对于3D模型边界是一个面。

以静电场为例，描述一下边值问题的控制方程和边界约束方程。

（1）第一类边值问题（狄里克莱（Dirichlet）问题）

$$\nabla^2\varphi=\begin{cases}-\rho/\varepsilon(\text{有自由电荷体密度区域})\\ 0(\text{无自由电荷体密度区域})\end{cases} \tag{1-68}$$

给定每一导体表面的电位，$\varphi|_{\Gamma_i}=C_i$（已知常数）。

在不同介质的分界面，满足连接条件，即

$$\begin{cases}D_{1n}=D_{2n} & \varepsilon_1\dfrac{\partial\varphi_1}{\partial n}\Bigg|_{\Gamma12}=\varepsilon_2\dfrac{\partial\varphi_2}{\partial n}\Bigg|_{\Gamma12}(\text{分界面上无自由电荷})\\ E_{1t}=E_{2t} & \varphi_1|_{\Gamma12}=\varphi_2|_{\Gamma12}\end{cases} \tag{1-69}$$

当电荷分布于有限空间时，指定在场的无限远边界处电位为零，即$\varphi|_{\Gamma_\infty}=0$。

（2）第二类边值问题（诺以曼（Neumann）问题）

$$\nabla^2\varphi=\begin{cases}-\rho/\varepsilon(\text{有自由电荷体密度区域})\\ 0(\text{无自由电荷体密度区域})\end{cases} \tag{1-70}$$

给定每一导体表面每点的自由电荷面密度为

$$-\varepsilon \frac{\partial \varphi}{\partial n}\bigg|_{\Gamma_i} = \sigma_i \tag{1-71}$$

或给定每一导体的总电荷量为

$$\oint_{\Gamma_i} -\varepsilon \frac{\partial \varphi}{\partial n} \mathrm{d}s = q_i \tag{1-72}$$

在不同介质的分界面，满足连接条件，即

$$\begin{cases} D_{1n} = D_{2n} & \varepsilon_1 \dfrac{\partial \varphi_1}{\partial n}\bigg|_{\Gamma 12} = \varepsilon_2 \dfrac{\partial \varphi_2}{\partial n}\bigg|_{\Gamma 12} \text{（分界面上无自由电荷）} \\ E_{1t} = E_{2t} & \varphi_1 \big|_{\Gamma 12} = \varphi_2 \big|_{\Gamma 12} \end{cases} \tag{1-73}$$

这种边值问题中，电位值可相差一任意常数，该常数由电位参考点确定，因此一般要求给参考点。

（3）第三类边值问题（洛平（Robin）条件）

$$\nabla^2 \varphi = \begin{cases} -\rho/\varepsilon \text{（有自由电荷体密度区域）} \\ 0 \text{（无自由电荷体密度区域）} \end{cases} \tag{1-74}$$

给定一二类条件的线性组合，即某些导体中每一导体的表面电位值，及其他另外某些导体中每一导体的总电荷量（或某些导体每一导体表面的自由电荷面密度）为

$$\begin{cases} \varphi \big|_{\Gamma_i} = C_i \\ \displaystyle\oint_{\Gamma_i} -\varepsilon \frac{\partial \varphi}{\partial n} \mathrm{d}s = q_i \text{或} -\varepsilon \frac{\partial \varphi}{\partial n}\bigg|_{\Gamma_i} = \sigma_i \end{cases} \tag{1-75}$$

在不同介质的分界面，满足连接条件，即

$$\begin{cases} D_{1n} = D_{2n} & \varepsilon_1 \dfrac{\partial \varphi_1}{\partial n}\bigg|_{\Gamma 12} = \varepsilon_2 \dfrac{\partial \varphi_2}{\partial n}\bigg|_{\Gamma 12} \text{（分界面上无自由电荷）} \\ E_{1t} = E_{2t} & \varphi_1 \big|_{\Gamma 12} = \varphi_2 \big|_{\Gamma 12} \end{cases} \tag{1-76}$$

（4）边值问题小结

1）介质分界面的边界条件满足式（1-73）和式（1-76），不需要施加条件，自动满足，又称为“自然边界条件”。

2）问题求解区域外边界的条件可以设置为狄里克莱边界（比如接地 $\varphi=0$），也可以设置为诺以曼边界（比如电场平行边界）或者是两者之间的结合。

第 2 章　工程电磁场问题的数值模型

2.1　静电场问题

根据电磁场理论，当空间中电荷静止并且量值不随时间变化时，属于静电场问题。工程实际中，完全满足这一定义要求的工况很少，通常认为直流电压源或者低频电压源激励的场可作为静电场处理。比如架空输电线路周围电场分布、高压直流标称电场分布、高压电气设备外、内绝缘计算问题等，可通过静电场的计算，获得导体的工作电容、系统的部分电容等参数。

建立静电场数值模型通常需要满足的条件如下：

1）从场的特征上来看，要求电场的频率较低，通常低于 100Hz。

2）介质的电导率很小，电导率的作用可忽略不计。

3）介质的电容率是影响电场的分布的主要因素。

1. 静电场的泊松方程和拉普拉斯方程

推导微分方程的基本出发点是静电场的基本方程，如图 2-1 所示。

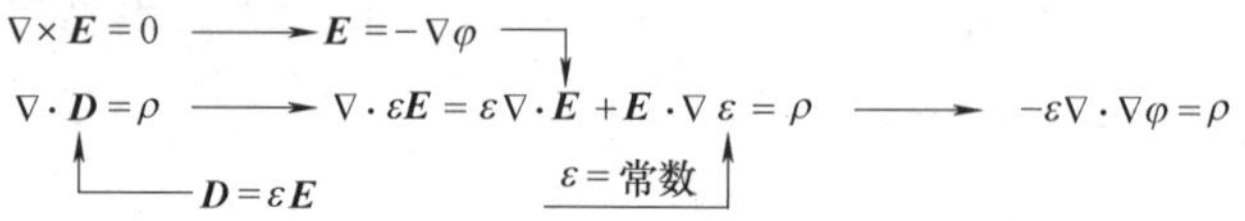

$\nabla\times\boldsymbol{E}=0 \longrightarrow \boldsymbol{E}=-\nabla\varphi$

$\nabla\cdot\boldsymbol{D}=\rho \longrightarrow \nabla\cdot\varepsilon\boldsymbol{E}=\varepsilon\nabla\cdot\boldsymbol{E}+\boldsymbol{E}\cdot\nabla\varepsilon=\rho \longrightarrow -\varepsilon\nabla\cdot\nabla\varphi=\rho$

$\boldsymbol{D}=\varepsilon\boldsymbol{E}$　　$\varepsilon=$常数

图 2-1　静电场泊松方程推导过程

泊松方程为

$$\nabla^2\varphi=-\frac{\rho}{\varepsilon} \tag{2-1}$$

当 $\rho=0$ 时，为拉普拉斯方程，即

$$\nabla^2\varphi=0 \tag{2-2}$$

式中　∇^2——拉普拉斯算子，且 $\nabla^2=\nabla\cdot\nabla$，此处 $\nabla^2=\frac{\partial^2}{\partial x^2}+\frac{\partial^2}{\partial y^2}+\frac{\partial^2}{\partial z^2}$。

泊松方程与拉普拉斯方程只适用于各向同性、线性的均匀媒质。

2. 介质分界面边界条件

1）电位移矢量 $\boldsymbol{D}$ 的衔接条件为

$$D_{2n}-D_{1n}=\sigma \tag{2-3}$$

分界面两侧的 $\boldsymbol{D}$ 的法向分量不连续。当 $\sigma=0$ 时，$\boldsymbol{D}$ 的法向分量连续。

2）电场强度 $\boldsymbol{E}$ 的衔接条件为

$$E_{2t}=E_{1t} \text{或} \boldsymbol{n}\times(\boldsymbol{E}_2-\boldsymbol{E}_1)=0 \tag{2-4}$$

分界面两侧 $\boldsymbol{E}$ 的切向分量连续。

3. 用电位函数 φ 表示分界面上的衔接条件

$$\varphi_1=\varphi_2 \tag{2-5}$$

表明：在介质分界面上，电位是连续的，此条件等价于 $E_{1t}=E_{2t}$。故

$$\varepsilon_1\frac{\partial\varphi_1}{\partial n}-\varepsilon_2\frac{\partial\varphi_2}{\partial n}=\sigma \tag{2-6}$$

由此表明：一般情况下（$\sigma\neq0$），电位的导数是不连续的。

4. 静电场边值问题的施加方式说明

（1）场域内

导体的激励或者边界条件通常可按照如下规则设置：

1）给定某导体 i 的电位值 C_i（由于导体是等位体，因而对于导体 i 的表面而言，其各点的电位值应是同一已知常数 C_i）。

2）给定某导体 i 表面每一点的自由电荷面密度 σ_i，实际上，往往很难事先知道导体表面各点的自由电荷面密度，因而通常会遇到的另一种情况是，给定某导体的电荷总量 q_i，另外限定所求的电位函数必须满足导体表面为等位面这一要求。

3）给定静电场中某些导体的电位值，同时给定另外一些导体的电荷量（或一些导体表面每点的自由电荷面密度），即场的所有赋值的边界由上面二种情况组合而成。

（2）场域外边界

可以根据工程实际情况设置为电位边界（比如接地 $\varphi=0$），也可以设置为电场平行边界，或者是一部分边界设置为电位边界，一部分边界设置为电场边界。

5. 电场边值问题示例

如图 2-2 所示，给出了求解域内包含 3 种绝缘材料、1 个导体时静电场边值问题控制方程和边界条件的设置。

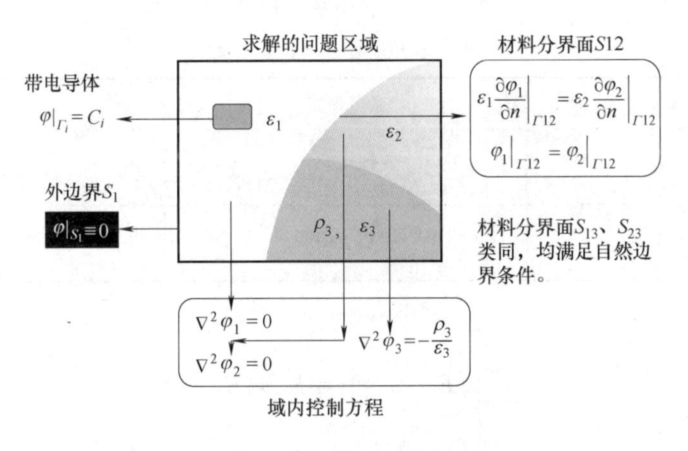

图 2-2　静电场问题示例

例 2-1　图 2-3 所示长直同轴电缆横截面。已知缆芯截面是一边长为 $2b$ 的正方形，铅皮

半径为 a，内外导体之间电介质的介电常数为 ε，并且在两导体之间接有电源 U，试写出该电缆中静电场的边值问题。

解：根据场分布对称性，确定场域。阴影区域为求解区域（1/4 模型）。

场的边界条件列写如下：

$$\nabla^2\varphi=\frac{\partial^2\varphi}{\partial x^2}+\frac{\partial^2\varphi}{\partial y^2}=0(\text{阴影区域})$$

$$\varphi\big|_{(x=b,0\leqslant y\leqslant b\text{或}y=b,0\leqslant x\leqslant b)}=U$$

$$\varphi\big|_{(x^2+y^2=a^2,x\geqslant 0,y\geqslant 0)}=0$$

$$\left.\frac{\partial\varphi}{\partial x}\right|_{(x=0,0\leqslant y\leqslant a)}=0$$

$$\left.\frac{\partial\varphi}{\partial y}\right|_{(y=0,0\leqslant x\leqslant a)}=0$$

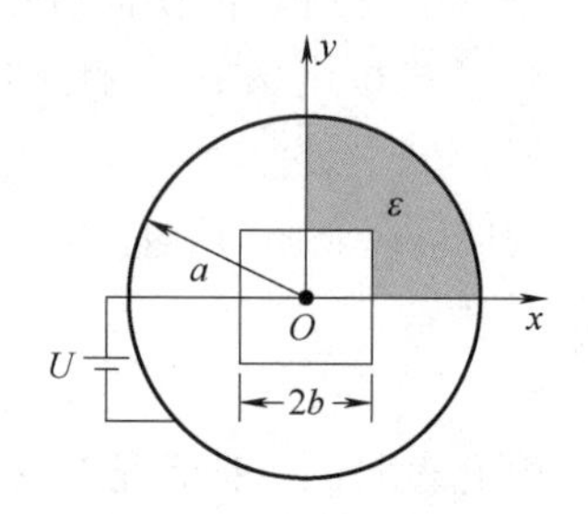

图 2-3 长直同轴电缆横截面

2.2 恒定电场问题

当电荷在电场的作用下运动，就会产生电流，描述导体媒质中传导电流与电压降之间的作用关系归属于电流场。恒定电场问题特指传导电流为直流时，或者频率极低时的电场问题，分析时不考虑电流的磁效应。工程实际中，通常认为直流电流源或者低频电流源激励的电场可作为恒定电场处理，比如直流接地极电场分布和散流问题、电力系统接地计算、电接触问题等。可通过恒定电场的计算，获得接地电阻、接触电阻等参数。

建立恒定电场数值模型通常需要满足的条件如下：

1）从场的特征上来看，要求电场的频率较低，通常低于 100Hz。

2）媒质的电容率较低，电容率的影响可忽略不计。

3）媒质的电导率是影响电场的分布的主要因素。

1. 恒定电场（电源外）的基本方程（见表 2-1）和边界条件

表 2-1 恒定电场基本方程

积分形式	微分形式	本构方程
$\oint_S \boldsymbol{J}\cdot \mathrm{d}\boldsymbol{S}=0$	$\nabla\cdot\boldsymbol{J}=0$	$\boldsymbol{J}=\gamma\boldsymbol{E}$
$\oint_l \boldsymbol{E}\cdot \mathrm{d}\boldsymbol{l}=0$	$\nabla\times\boldsymbol{E}=0$	—

在边界上

$$\begin{cases}\oint_l \boldsymbol{E}\cdot\mathrm{d}\boldsymbol{l}=0\Rightarrow E_{1t}=E_{2t}\\ \oint_S \boldsymbol{J}\cdot\mathrm{d}\boldsymbol{S}=0\Rightarrow J_{1n}=J_{2n}\end{cases}\tag{2-7}$$

式（2-7）说明分界面上电场强度的切向分量是连续的，电流密度法向分量是连续的，如图 2-4 所示。

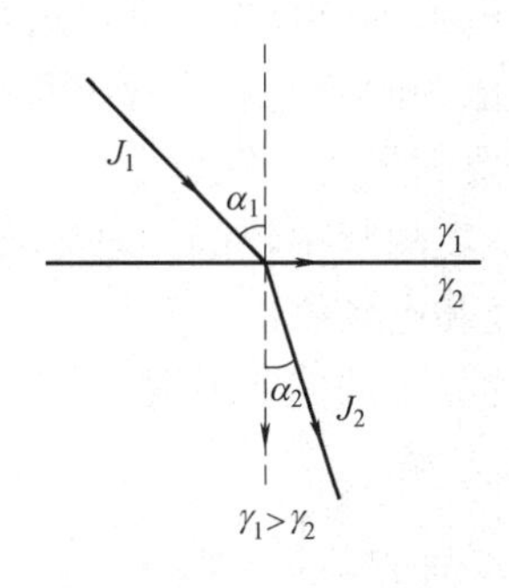

图 2-4　电流线的折射

2. 恒定电场的拉普拉斯方程

推导拉普拉斯方程的基本出发点是恒定电场的基本方程。

由本构方程 $\boldsymbol{J}=\gamma\boldsymbol{E}$ 与 $\boldsymbol{E}=-\nabla\varphi$ 可得

$$\boldsymbol{J}=-\gamma\nabla\varphi \tag{2-8}$$

由基本方程 $\nabla\cdot\boldsymbol{J}=0$ 可得

$$\nabla\cdot\boldsymbol{J}=-\gamma\nabla\cdot\nabla\varphi=0 \tag{2-9}$$

故

$$\nabla^2\varphi=0 \tag{2-10}$$

即为恒定电场的拉普拉斯方程。

3. 介质分界面以电位函数为变量的边界条件

在不同介质分界面，满足连接条件，即

$$J_{1n}=J_{2n} \tag{2-11}$$

$$\gamma_1\frac{\partial\varphi_1}{\partial n}\bigg|_{\Gamma12}=\gamma_2\frac{\partial\varphi_2}{\partial n}\bigg|_{\Gamma12} \tag{2-12}$$

$$E_{1t}=E_{2t} \tag{2-13}$$

$$\varphi_1\big|_{\Gamma12}=\varphi_2\big|_{\Gamma12} \tag{2-14}$$

同静电场情况类似，恒定电场媒质分界面的边界条件也属于“自然边界条件”，求解时不需要再另外施加，自动满足。问题求解区域外边界的条件可以设置为狄里克雷边界（比如接地 $\varphi=0$），也可以设置为诺依曼边界（比如电场平行边界）或者是两者之间的结合。

静电场和恒定电场的控制方程和边界条件类似，可以进行比拟求解：当静电场内部和分界面上没有自由电荷分布时，若各个媒质 ε/γ 相等即可。

2.3　静磁场问题

电荷的运动会产生电流，电流存在的标志是它具有磁效应。但是磁场问题与电场问题有着本质的不同。通电直流导线除了有电场效应外，还会在周围产生恒定磁场。通常认为磁场的分析更为重要，这也是磁场问题比恒定电场问题更为熟知的原因。工程实际中，面临的磁场计算更多更为普遍。通常认为直流电流源或低频电流源以及永久磁铁激励的磁场可作为恒定电场处理，比如架空输电线路周围磁场分布；高压电缆、套管、接地极周围磁场分布等问题。当电流的频率较低时，不考虑电磁感应效应，可将磁场与电场解耦，进行近似计算，精度仍然满足工程要求。可通过恒定磁场的计算，获得线圈直流电感参数。

建立恒定磁场数值模型通常需要满足的条件为：

1）从场的特征上来看，要求磁场的频率较低，通常低于100Hz。

2）不考虑电磁感应效应，磁场和电场解耦。

3）媒质的磁导率是影响磁场的分布的主要因素。

1. 矢量磁位及其所满足的泊松方程

引入矢量磁位 $\boldsymbol{A}$，并令 $\boldsymbol{B}=\nabla\times\boldsymbol{A}$ 与 $\boldsymbol{H}=\frac{1}{\mu}(\nabla\times\boldsymbol{A})$

由于任一旋度场的散度恒为零，即

$$\nabla\cdot(\nabla\times\boldsymbol{A})\equiv 0 \tag{2-15}$$

由于 $\nabla\times\boldsymbol{H}=\boldsymbol{J}$，故

$$\nabla\times\left(\frac{1}{\mu}\nabla\times\boldsymbol{A}\right)=\boldsymbol{J} \tag{2-16}$$

当媒质均匀或分区均匀时，有

$$\nabla\times(\nabla\times\boldsymbol{A})=\mu\boldsymbol{J} \tag{2-17}$$

由矢量恒等式有

$$\nabla\times(\nabla\times\boldsymbol{A})=\nabla(\nabla\cdot\boldsymbol{A})-\nabla^2\boldsymbol{A} \tag{2-18}$$

故此式可简化为

$$\nabla(\nabla\cdot\boldsymbol{A})-\nabla^2\boldsymbol{A}=\mu\boldsymbol{J} \tag{2-19}$$

式（2-19）即为矢量磁位 $\boldsymbol{A}$ 满足的微分方程。如能从上述方程中解得矢量磁位，则可求得磁感应强度 $\boldsymbol{B}$。

在引入 $\boldsymbol{A}$ 场并确定其旋度后，还须进一步确定其散度。根据磁场的性质，确定 $\boldsymbol{A}$ 的散度为零，能使方程简化为

$$\nabla^2\boldsymbol{A}=-\mu\boldsymbol{J}\ (\text{矢量磁位所满足的泊松方程}) \tag{2-20}$$

$$\nabla^2\boldsymbol{A}=0\ (\text{无电流密度区域}) \tag{2-21}$$

矢量磁位 $\boldsymbol{A}$ 单位为 Wb/m，它不具有直接的物理意义，但却是一个用途广泛的重要计算量。

2. 矢量磁位 A 的边界条件

矢量磁位 $\boldsymbol{A}$ 满足泊松方程，亦可作为边值问题进行求解。它同样具有唯一性定理，即：**满足泊松方程且满足一定边界条件的磁场矢量位函数是唯一的。**

由于 $\boldsymbol{B}=\nabla\times\boldsymbol{A}$ 则矢量磁位 $\boldsymbol{A}$ 在分界面必有 $A_1=A_2$。它说明在不同媒质分界面处，矢量磁位 $\boldsymbol{A}$ 具有连续性。此边界条件与 $\boldsymbol{B}_{1n}=\boldsymbol{B}_{2n}$ 等效。

在不同媒质交界处，磁场的另一边界条件为 $\boldsymbol{H}_{1t}-\boldsymbol{H}_{2t}=\boldsymbol{a}$。以矢量磁位表示为

$$\frac{1}{\mu_1}\frac{\partial\boldsymbol{A}_1}{\partial n}-\frac{1}{\mu_2}\frac{\partial\boldsymbol{A}_2}{\partial n}=\alpha \tag{2-22}$$

当界面电流线密度为零时，即 $\alpha=0$ 时，则有

$$\frac{1}{\mu_1}\mathrm{rot}_t\boldsymbol{A}_1=\frac{1}{\mu_2}\mathrm{rot}_t\boldsymbol{A}_2 \tag{2-23}$$

因而在分界面处，矢量磁位所满足的边界条件为

$$\begin{cases} \boldsymbol{A}_1 = \boldsymbol{A}_2 \\ \dfrac{1}{\mu_1}\mathrm{rot}_t\boldsymbol{A}_1 - \dfrac{1}{\mu_2}\mathrm{rot}_t\boldsymbol{A}_2 = \begin{cases} a \\ 0 \quad \text{（无电流密度区域）} \end{cases} \end{cases} \tag{2-24}$$

当磁场为平行平面场时，磁场只有 x、y 方向分量，此时电流必沿 z 轴方向流动，可知矢量磁位亦仅有 z 方向分量，且矢量磁位沿 z 轴方向的变化率为零。则边界 $y=c$（常数）直线上，矢量磁位 $\boldsymbol{A}$ 的法向导数正好是磁感应强度的 x 分量（切向分量），边界上各个场量分别满足

$$\boldsymbol{B}_{x1} = \mathrm{rot}_x\boldsymbol{A}_1 = \frac{\partial \boldsymbol{A}_1}{\partial y} \tag{2-25}$$

$$\boldsymbol{B}_{x2} = \mathrm{rot}_x\boldsymbol{A}_2 = \frac{\partial \boldsymbol{A}_2}{\partial y} \tag{2-26}$$

此时的边界条件为

$$\begin{cases} \boldsymbol{A}_1 = \boldsymbol{A}_2 \\ \dfrac{1}{\mu_1}\mathrm{rot}_x\boldsymbol{A}_1 - \dfrac{1}{\mu_2}\mathrm{rot}_x\boldsymbol{A}_2 = a \end{cases} \tag{2-27}$$

3. 标量磁位 φ_m 与拉普拉斯方程

由于矢量磁位 $\boldsymbol{A}$ 在 3D 计算中每个节点上有 3 个自由度，计算量较大，因此早期计算能力不足时，通常采用标量磁位 $\boldsymbol{\varphi_m}$ **作为求解变量**。

磁场中电流密度 $\boldsymbol{J}=0$ 处，$\nabla\times\boldsymbol{H}=0$

引入标量磁位 φ_m，$\boldsymbol{H}=-\nabla\varphi_m$

任意方向 $\boldsymbol{l}$ 上的磁场强度为 $\boldsymbol{H}_l=-\dfrac{\partial\varphi}{\partial\boldsymbol{l}}$，代入标量磁位可得

$$U_{mAP} = \int_A^P \boldsymbol{H}\cdot \mathrm{d}\boldsymbol{l} \tag{2-28}$$

U_{mAP} 定义为 A、P 两点间的磁压。选定 P 为参考点时，则得 A 点的磁位函数为

$$\varphi_{mA} = \int_A^P \boldsymbol{H}\cdot \mathrm{d}\boldsymbol{l} \tag{2-29}$$

在磁场的无电流区域，即 $\boldsymbol{J}=0$ 处，$\nabla\times\boldsymbol{H}=0$，可得

$$\boldsymbol{H} = -\nabla\varphi_m \tag{2-30}$$

空间媒质的磁导率 μ 为常数情况下，$\nabla\times\boldsymbol{B}=0$。

根据磁场的无散性特征，$\nabla\cdot\boldsymbol{B}=0$，代入标量磁位可得

$$\nabla\cdot\boldsymbol{B} = \nabla\cdot(\mu\boldsymbol{H}) = -\mu\nabla\cdot(\nabla\varphi_m) = 0 \tag{2-31}$$

故

$$\nabla^2\varphi_m = 0 \tag{2-32}$$

4. 标量磁位函数的边值问题

同静电场推导过程类似，以磁位函数所表示的媒质内控制方程及分界面处边界条件为

$$\nabla^2\varphi_m = 0 \tag{2-33}$$

$$\varphi_{m1}\big|_{\Gamma 12} = \varphi_{m2}\big|_{\Gamma 12} \qquad (H_{1t}=H_{2t}) \tag{2-34}$$

$$\mu_1 \frac{\partial \varphi_{m1}}{\partial n}\bigg|_{\Gamma 12} = \mu_2 \frac{\partial \varphi_{m2}}{\partial n}\bigg|_{\Gamma 12} \qquad (B_{1n} = B_{2n}) \tag{2-35}$$

根据唯一性定理：满足拉普拉斯方程，且满足一定边界条件标量磁位函数是唯一的。解上述边值问题，可得到磁场问题的解。

5. 标量磁位的多值性与磁障碍面

磁位函数为一多值函数。当两点间积分路径穿越载流回路时，则磁位函数有一附加常数 I。

$$\oint_l \boldsymbol{H} \cdot \mathrm{d}\boldsymbol{l} = \int_{ALPnA} \boldsymbol{H} \cdot \mathrm{d}\boldsymbol{l} = \int_{ALP} \boldsymbol{H} \cdot \mathrm{d}\boldsymbol{l} + \int_{PnA} \boldsymbol{H} \cdot \mathrm{d}\boldsymbol{l} = I \tag{2-36}$$

所以

$$U_{mALP} = \int_{AnP} \boldsymbol{H} \cdot \mathrm{d}\boldsymbol{l} + I = U_{mAnP} + I \tag{2-37}$$

若积分路径穿越的方向改变时（见图 2-5）有

$$U_{mALP} = U_{mAnP} - I \tag{2-38}$$

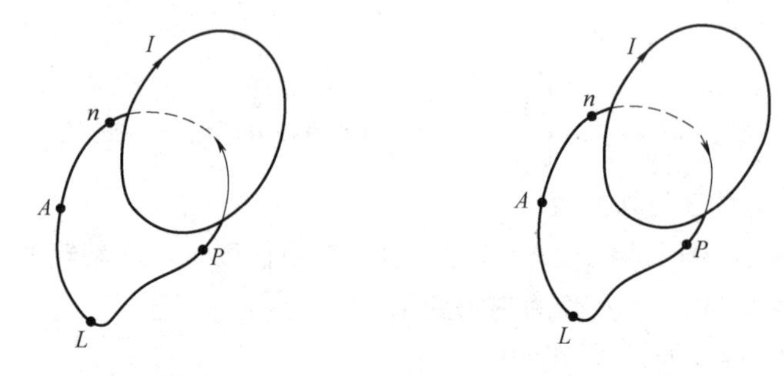

图 2-5 积分路径穿越载流回路方向改变时

当积分路径穿越某载流回路 k 次时，回路如图 2-6 所示。此时

$$U_{mALP} = U_{mAnP} \pm kI \tag{2-39}$$

两点间的磁压要随积分路径而变。

为了使磁位函数具有单值性，通常约定在求载流回路空间的磁位时，不得穿越载流回路所界定的面积，此面积称之为**磁障碍面**。这样，磁位函数即为单值函数，磁压亦为单值函数。

从原则上讲，磁障碍面可任意选取，然而为方便起见，对于平面载流回路，一般选择平面载流回路所界定的平面。如果只是通过磁位函数去寻求磁场强度，那么就没有必要拘泥于磁障碍面的考虑，因为在由磁位函数推求磁场强度时，附加常数将无意义。

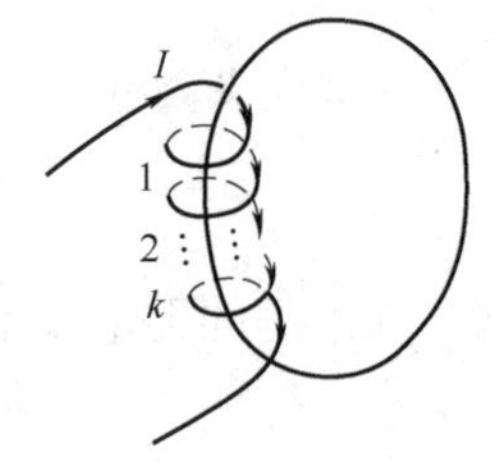

图 2-6 积分路径 k 次穿越载流回路

2.4 时变电场问题

2.4.1 稳态电场与时变电场

1. 稳态电场（即不随时间改变的电场，包括静电场与恒定电场）

静电场是由静止电荷激发的不随时间而改变的电场，其求解问题一般可归结为电位 φ

的求解问题。在空间场域中不存在自由体电荷时，其控制方程为

$$\nabla\varphi \cdot \nabla\varepsilon+\varepsilon\nabla^2\varphi=0 \tag{2-40}$$

式中　ε——介电常数。

可见，静电场中电位的分布与电介质介电常数相关。当求解区域内的介电常数为常数时，式（2-40）变为静电场的拉普拉斯方程

$$\varepsilon\nabla^2\varphi=0 \tag{2-41}$$

恒定电场是由运动电荷激发的不随时间而改变的电场。其控制方程为

$$\nabla\gamma \cdot \nabla\varphi+\gamma\nabla^2\varphi=0 \tag{2-42}$$

式中　γ——电导率。

可见，恒定电场中电位的分布与导电媒质电导率或电阻率相关。当求解区域内的介电常数为常数时，上式变为恒定电场的拉普拉斯方程：

$$\gamma\nabla^2\varphi=0 \tag{2-43}$$

2. 时变电场（即随时间变化的电场，时谐电场是时变电场的一种）

麦克斯韦方程组是求解时变电场的基本依据。我国工业用电为 50Hz（也叫工频）正弦交流电，电气工程中设备工作在工频下，通常需要分析工频下的电磁场。工频下电气设备的尺寸远小于电磁波的波长，内部电场和磁场耦合非常弱，时谐电场分布计算时，可忽略磁场耦合影响，令式（1-25）中的 $\partial \boldsymbol{B}/\partial t=0$，经过推导，即得时变电场的控制方程为

$$\nabla \cdot \left(\gamma E+\varepsilon\frac{\partial E}{\partial t}\right)=0 \tag{2-44}$$

可见，时变电场分布与材料的电导率和介电常数均有关，求解时不仅要考虑介电常数的影响，同时要考虑电导率或电阻率的影响。

从式（2-44）可以看出，当求解区域材料电导率较低或者为 0 时，式中传导电流密度 $\gamma E\to 0$（理想介质区域），可以采用静电场控制方程近似求解，这与上节的分析一致。

当求解区域激励源为直流或者电源频率较低时，式（2-44）中位移电流密度 $\varepsilon\frac{\partial E}{\partial t}\to 0$，可以采用恒定电场控制方程求解，这也从另一方面说明了静电场和恒定电场是时变电场在特殊情况下的两种简化形式。

2.4.2　静电场与恒定电场的等效

静电场和恒定电场分布虽然分别由媒质的介电常数和电导率控制，但是在某些特殊情况下，二者是可以等效的。

1. 在均匀介质中

以电位函数 φ 表示静电场和恒定电场的控制方程对比见表 2-2。

表 2-2　静电场和恒定电场控制方程对比

静电场	恒定电场
$-\nabla\cdot(\varepsilon\nabla\varphi)=-\rho$	$\nabla\cdot(\gamma\nabla\varphi)=0$

当场中的自由电荷体密度$\rho=0$时，两式均化简为

$$\nabla^2\varphi=0 \tag{2-45}$$

此时两种场的控制方程完全一致，若这两种场的边界形状与赋值也完全相同，那么在均匀介质中，静电场与恒定电场的计算结果也应相同。

2. 当场域内有两种以上介质时

此时存在介质分界面，虽然在各介质中静电场和恒定电场控制方程仍然是$\nabla^2\varphi=0$，但在介质分界面处静电场和恒定电场的边界条件不再相同。对于一个具体的场分布来说，不同的边界条件意味着不同的场分布状态。应用有限元法求解静电场和恒定电场的偏微分方程时，必须给出相应的边界条件，才能确保场唯一。

在静电场中，当分界面自由电荷面密度为0时，分界面处的边界条件为

$$\begin{cases}\varepsilon_1\dfrac{\partial\varphi_1}{\partial n}\bigg|_{\Gamma12}=\varepsilon_2\dfrac{\partial\varphi_2}{\partial n}\bigg|_{\Gamma12}\\ \varphi_1\big|_{\Gamma12}=\varphi_2\big|_{\Gamma12}\end{cases} \tag{2-46}$$

式中　n——垂直于分界面的法向；

Γ_{12}——不同介质的分界面；

φ_1，φ_2——分界面两侧的电位函数；

ε_1，ε_2——分界面两侧不同介质的介电常数。

在恒定电场中，不同介质分界面的边界条件为

$$\begin{cases}\gamma_1\dfrac{\partial\varphi_1}{\partial n}\bigg|_{\Gamma12}=\gamma_2\dfrac{\partial\varphi_2}{\partial n}\bigg|_{\Gamma12}\\ \varphi_1\big|_{\Gamma12}=\varphi_2\big|_{\Gamma12}\end{cases} \tag{2-47}$$

式中　γ_1，γ_2——分界面两侧不同介质的电导率。

从上述对比可以发现，采用静电场求解非均匀介质电场时，分界面处电场是按照介电常数ε分布的。而采用恒定电场时，分界面处电场是按照电导率γ分布的。根据电场的唯一性，边界条件不同势必造成电场分布的差异。因此，对于存在n种介质的电场问题，只有介质的材料参数满足

$$\frac{\varepsilon_1}{\gamma_1}=\frac{\varepsilon_2}{\gamma_2}=\frac{\varepsilon_3}{\gamma_3}=\cdots=\frac{\varepsilon_n}{\gamma_n} \tag{2-48}$$

静电场与恒定电场计算结果才会相同（静电比拟条件）。

2.4.3 准静态场

当求解域内电场的频率较低时，电场的分布和变化特征与静电场相近，但是其物理本质又不同于静电场，故称之为准静态场，包括电准静态场和磁准静态场。由于工程中低频电场的分析涉及场景较多，通常采用静电场的模型进行分析，可以在工程要求的计算精度下，节省计算时间，提高效率。

在工程上，经常会遇到交直流混合的复杂情况，在计算电场时需要采用时变电场的模型求解。为了保证计算结果的精确度，在时变电场求解时，需要划定较短的时间步长，而每一步对求解器来讲，都需要对整个模型重新进行完整的计算，量大且耗时长。尤其对于求解一

些复杂的模型，即便采用高性能的计算设备也很难完成。因此在研究此类问题时，当频率较低时（1kHz 以下），可作为准静态场分析，采用静态场进行计算，在一定程度上，这可以大为减少所需要的计算量。但是静态场类型选取的不恰当，会引入一定的误差，对仿真模型的深入分析产生不利影响。

以电位 φ 为求解变量，由时变电场的控制方程可以得到

$$\nabla^2\left(\gamma\varphi+\varepsilon\frac{\partial\varphi}{\partial t}\right)=0 \tag{2-49}$$

当式（2-49）中 $\gamma\varphi$ 起主要作用时，$\varepsilon\partial\varphi/\partial t$ 可以忽略，该式近似等效为 $\nabla\cdot(\gamma\nabla\varphi)=0$，即可等效为恒定电场的控制方程。

当 $\varepsilon\partial\varphi/\partial t$ 起主要作用时，$\gamma\varphi$ 可以忽略，式（2-49）近似等效为 $-\nabla\cdot\left(\varepsilon\nabla\frac{\partial\varphi}{\partial t}\right)=0$，两边对 t 求积分，即可得到静电场控制方程。

1. 交流电压和操作过电压下电场分布

设工程问题为求解交流架空输电线路周围电场分布，激励源为工频交流正弦电压，则

$$\varphi=A\sin(\omega t+\phi) \tag{2-50}$$

式中 ω——角频率，且 $\omega=100\pi$；

ϕ——初相角；

A——电压幅值。

由于频率很低，可视为电准静态场。在求解电场过程中，由于电介质的电导率 γ 很小，一般小于 10^{-12}S/m。

时域下有

$$\frac{\partial\varphi}{\partial t}=A\omega\sin\left(\omega t+\phi+\frac{\pi}{2}\right) \tag{2-51}$$

将式（2-51）变换到频域，可得 $|\omega\varepsilon\varphi|\geqslant\gamma\varphi$，即 $\varepsilon\ \partial\varphi/\partial t\geqslant\gamma\varphi$，因此 $\gamma\varphi$ 可以忽略，工频交流电压下架空输电线路周围电场可视为电准静态场，等效为静电场计算。

若激励源为操作过电压（见图 2-7）情况下，以 500/2500μs 的操作冲击电压为例，其波形近似为双指数公式，如下所示：

$$\varphi(t)=2713.85(e^{-380t}-e^{-5869t}) \tag{2-52}$$

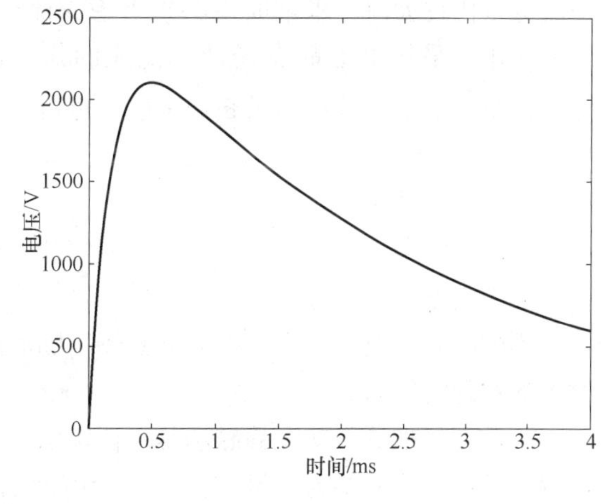

图 2-7　操作过电压波形

对其进行求导得

$$\frac{\partial\varphi}{\partial t}=2713.85(-380e^{-380t}+5869e^{-5869t}) \tag{2-53}$$

取 $\gamma=10^{-12}$S/m，$\varepsilon=8.8510^{-12}$F/m，各个时刻下 $\left|\varepsilon\frac{\partial\varphi}{\partial t}\right|$ 和 $\gamma\varphi$ 的大小如图 2-8 所示。

显然，$\varepsilon\partial\varphi/\partial t\geqslant\gamma\varphi$，$\gamma\varphi$ 可以忽略，故操作过电压的电场控制方程可以近似等效为电准静态场控制方程，同样可以采用静电场模型进行求解。但是由于此时频率较高，可能会带来一定的误差。

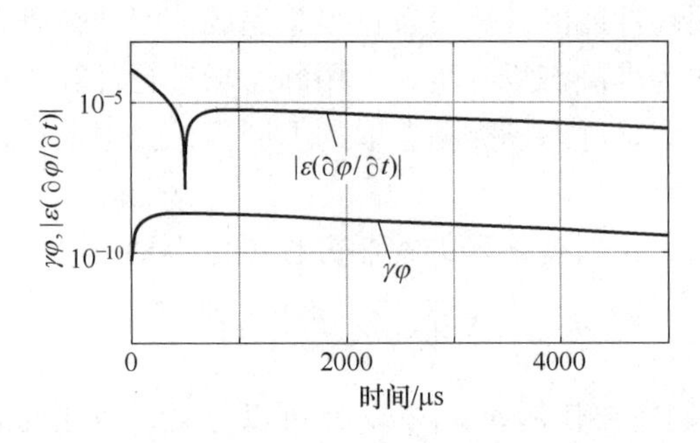

图 2-8　电导率与相对介电常数的作用对比

2. 典型直流电压下电场分布

设工程问题为求解直流换流站内高压设备附近区域电场分布，激励源为直流叠加交流谐波分量。

对于直流电压，以典型极线电压为例，波形如图 2-9 所示，呈现一定的波动性。但仍以直流为主。

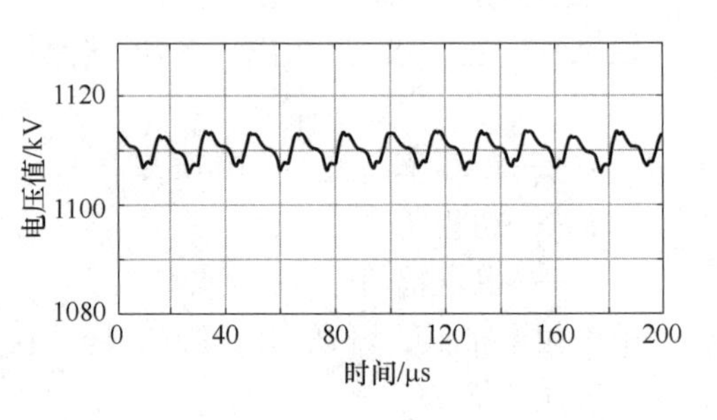

图 2-9　直流电压下的典型极线电压波形

此时 $\frac{\partial\varphi}{\partial t}$ 较小，$\left|\varepsilon\frac{\partial\varphi}{\partial t}\right|$ 与 $\gamma\varphi$ 相比可以忽略，控制方程可以简化为 $\nabla\cdot(\gamma\nabla\varphi)=0$，即直流电压下可以用恒定电场进行求解。当叠加的交流分量比较大时，求解时也必须考虑交流分量的作用，采用电准静态场计算交流的作用，然后再与恒定电场计算结果叠加求解。也可采用瞬态电位加载法进行计算。

2.5　时变磁场问题

1. 静磁场

不随时间而改变的磁场称为静磁场，随时间变化的磁场叫作时变磁场。时谐磁场是时变磁场的一种特殊形式。

由前面的推导可知，静磁场是由恒定电流或者永磁体激发的不随时间而改变的磁场，其求解问题通常可归结为矢量磁位 $\boldsymbol{A}$ 的求解问题。其控制方程为

$$\nabla^2\boldsymbol{A}=-\mu\boldsymbol{J}\quad\text{（矢量磁位所满足的泊松方程）}\tag{2-54}$$

$$\nabla^2\boldsymbol{A}=0\quad\text{（无电流密度区域）}\tag{2-55}$$

式中　μ——介质的磁导率。

可见，静磁场中矢量磁位的分布与磁媒质磁导率和空间的自由电流密度相关。

2. 时变磁场

时变磁场是由变化的电流产生的随时间而改变的磁场，包括源电流和感应电流激发的磁场（包含导体运动产生的涡流场），其控制方程中需要引入矢量磁位 $\boldsymbol{A}$ 和标量电位 φ

$$\boldsymbol{B}=\nabla\times\boldsymbol{A}\tag{2-56}$$

$$\nabla\times\left(\boldsymbol{E}+\frac{\partial \boldsymbol{A}}{\partial t}\right)=0 \tag{2-57}$$

根据旋度为0的矢量可表示为某一标量的梯度，改写为

$$\boldsymbol{E}=-\nabla\varphi-\frac{\partial \boldsymbol{A}}{\partial t} \tag{2-58}$$

可得在涡流导体区域中矢量磁位和标量电位表示的控制方程为

$$\nabla\times\left(\frac{1}{\mu}\nabla\times\boldsymbol{A}\right)+\sigma\ \nabla\varphi+\sigma\ \frac{\partial \boldsymbol{A}}{\partial t}-\sigma\boldsymbol{v}\times\nabla\times\boldsymbol{A}=0 \tag{2-59}$$

在非涡流区域中控制方程可写为

$$\nabla\times\left(\frac{1}{\mu}\nabla\times\boldsymbol{A}\right)=\boldsymbol{J}_S \tag{2-60}$$

麦克斯韦方程组是求解时变磁场的基本依据。工频下电气设备的尺寸远小于电磁波的波长，内部电场和磁场耦合非常弱，忽略电场变化产生的位移电流磁效应影响，即得低频时变磁场的控制方程。

根据唯一性定理和边值问题的要求，在整个求解域内求解矢量磁位 $\boldsymbol{A}$ 和标量电位 φ 的控制方程，称为 $\boldsymbol{A}$-φ 法：在导体涡流区域，采用以矢量磁位和标量电位作为求解变量；在非导体区域采用矢量磁位 $\boldsymbol{A}$ 作为求解变量。媒质分界面的衔接条件满足自然边界条件，通过设置适当的外边界条件就可以采用数值方法进行求解了。求解过程可以分为时谐方式和瞬态方式，根据激励源的类型来确定。

2.6 电流与磁通的趋肤效应、涡流和邻近效应

1. 趋肤效应

当导线半径远大于电磁波的透入深度时，电磁波在进入导体表面极薄层区域后，就已衰竭。这种情况下电场强度与磁场强度在表面处有最大值，沿半径进入导线内部后，则其振幅逐渐衰减而趋于零，因而电流密度（$\boldsymbol{J}=\gamma\boldsymbol{E}$）、磁感应强度（$\boldsymbol{B}=\mu\boldsymbol{H}$）均在表面处有最大值。深入导体内部后，二者亦逐渐衰减为零。这种现象称之为**趋肤效应**。

频率较高时趋肤效应更显著，导线电阻增加甚快。同时由于导线内磁链的相应减少，导线的内电感随之下降。因而在高频传输情况下，通常采用多股绝缘导线，以增大导线的有效截面积而使电阻值降低。在有的仿真软件中，通过设置导线类型来激活导线内部趋肤效应：铰链导线（strand）不考虑导线内部的趋肤效应，块状导体（solid）可以模拟导线内部的趋肤效应。

2. 涡流

根据电磁感应原理，空间中变化的磁场可以产生感应电动势，当感应电动势施加在导体上时，即可以产生电流，服从传导电流的规律，涡流与导体的电导率有关。当铁磁媒质中存在交变磁通时，感应的涡电流会引起焦尔热耗，而且此涡电流具有去磁作用，使得磁通拥挤于媒质的表层，媒质的导磁性能变坏。

为了减少媒质热损耗及改善媒质的导磁性能，导磁设备（如变压器铁心）系由涂有绝缘漆层的薄硅片叠压而成，以加长涡流路经而使涡流电阻增大，从而减小涡流，使涡流损耗

下降。这种做法同时增大了导磁媒质的有效截面，使其导磁性能改善。低频磁场求解时，通过设置导体区域内部的标量电位自由度，就可以计算出涡流的分布，建模时对剖分的网格要求较高。

3. 邻近效应

相互靠近的导体通有交变电流时，会受到邻近导体的影响，这种现象称为邻近效应。即若干个载流导体间的相互电磁干扰，此时各载流导体截面的电流分布，较之于孤立载流导体截面上的电流分布是不同的。通有方向相反（见图 2-10、图 2-11）的电流的两根邻近汇流线，在相互靠近的两内侧面电流密度最大；而当两汇流线中电流方向相同时，则两外侧面的电流密度最大：

1）在一般情况下，邻近效应也使得等效电阻加大，内电感减小。

2）频率越高，导体靠得越近，邻近效应愈显著。邻近效应与趋肤效应共存，它会使导体的电流分布更不均匀。

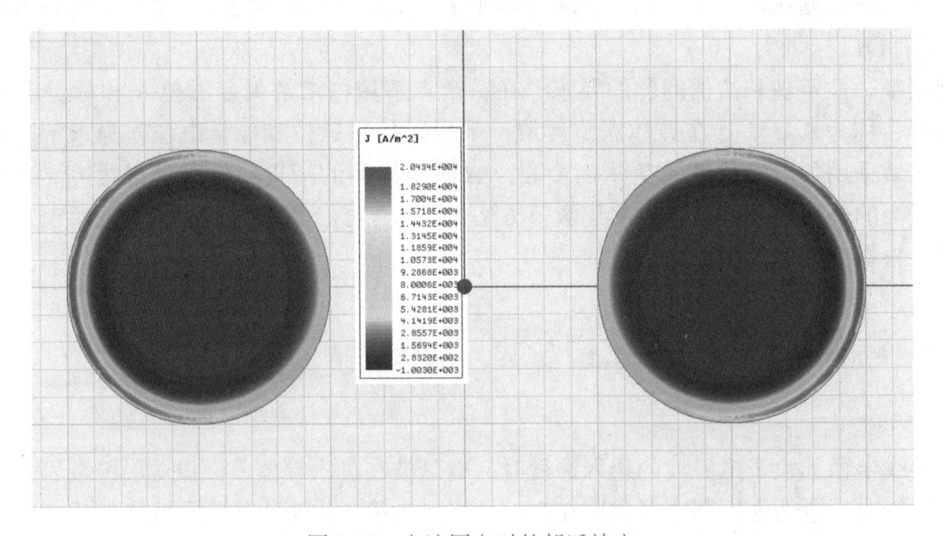

图 2-10　电流同向时的邻近效应

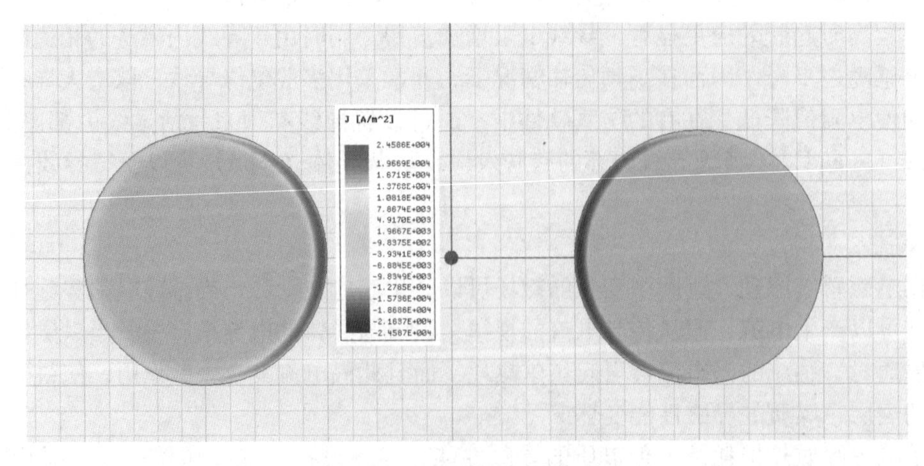

图 2-11　电流反向时的邻近效应

2.7 边界条件的对比和说明

2.7.1 电场问题

1. 2D 模型

边界为一条线，设定求解区域模型及边界如图 2-12 所示，电位 φ 为求解自由度，则有

1）狄里克雷边界为

$$\varphi=f(x,y) \tag{2-61}$$

$$\varphi=C\big|_{y=n}\quad \varphi=0\big|_{x=m}\quad \varphi=0\big|_{y=0} \tag{2-62}$$

2）纽曼边界为

$$\frac{\partial\varphi}{\partial n}=0\bigg|_{x=0} \tag{2-63}$$

在 $x=0$ 直线上，n 的方向为 x 方向，所以有

$$\frac{\partial\varphi}{\partial x}=0\bigg|_{x=0} \tag{2-64}$$

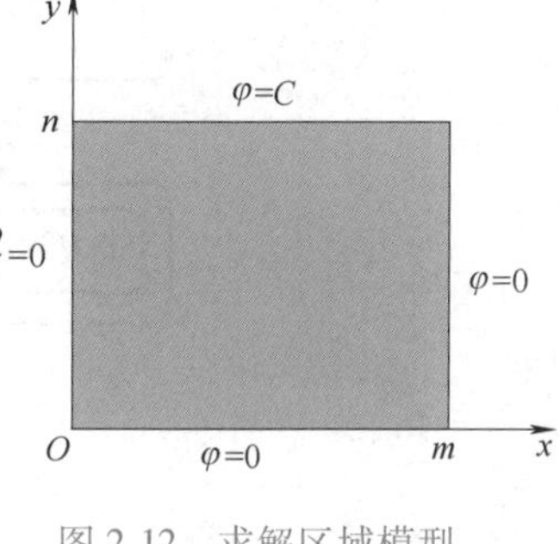

图 2-12 求解区域模型

其中，求解区域的控制方程为

$$\nabla^2\varphi=-\frac{\rho}{\varepsilon} \tag{2-65}$$

或

$$\nabla^2\varphi=0 \tag{2-66}$$

位函数与电场的关系为

$$-\nabla\varphi=\boldsymbol{E} \tag{2-67}$$

综上即

1）在 $x=m$ 边上：$E_x=\frac{\partial\varphi}{\partial x}\neq0$，$E_y=\frac{\partial\varphi}{\partial y}=0$，因为 φ 在 $x=m$ 这条边上电位为 0，处处相等；电场只有 x 分量，垂直于这个边界。

2）在 $y=n$ 边上：$E_x=\frac{\partial\varphi}{\partial x}=0$，$E_y=\frac{\partial\varphi}{\partial y}\neq0$，因为 φ 在 $y=n$ 这条边上电位为 C，处处相等；电场只有 y 分量，垂直于该边界。

3）在 $x=0$ 边上：$E_x=\frac{\partial\varphi}{\partial x}=0$，$E_y=\frac{\partial\varphi}{\partial y}\neq0$，电场平行于该边界。

电场情况下，如果施加狄里克雷条件，规定边界上的电位值为零或者是一个常量，即为电场垂直边界。如果施加纽曼齐次边界条件，规定边界上的位函数法向导数为零，则为电场平行边界。

2. 对称边界条件的含义

对称边界可分为偶对称边界与奇对称边界，如图 2-13 所示。图 2-13c 和图 2-13d 分别给出了偶对称边界和奇对称边界与纽曼边界、狄里克雷边界以及电场平行和电场垂直边界之间的对应关系。

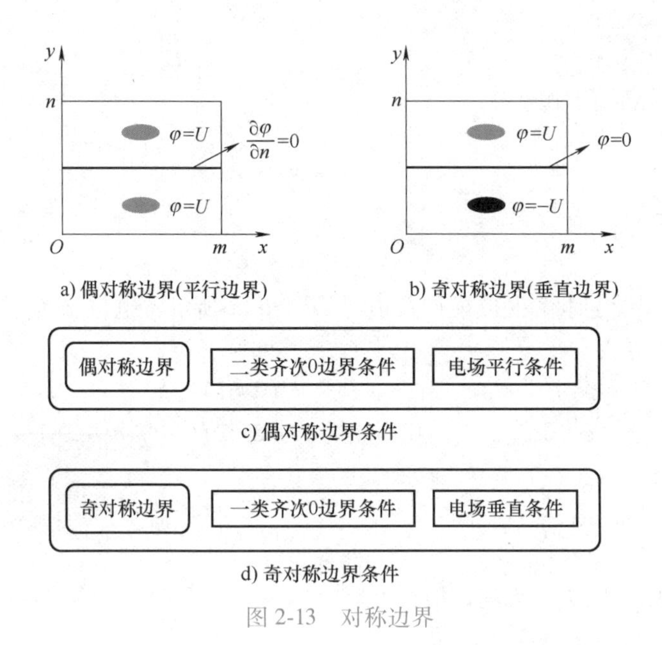

图 2-13 对称边界

3. 3D 模型

边界为一个平面，如图 2-14 所示，在整个平面内，边界面的法向 n 为 z 方向。故

1）$E_x=\dfrac{\partial\varphi}{\partial x}=0$，$E_y=\dfrac{\partial\varphi}{\partial y}=0$，$E_z=\dfrac{\partial\varphi}{\partial z}\neq 0$，因为 φ 在该平面内处处相等；电场只有 z 分量，垂直于该平面，为垂直边界条件。

2）$E_x=\dfrac{\partial\varphi}{\partial x}\neq 0$，$E_y=\dfrac{\partial\varphi}{\partial y}\neq 0$，$E_z=\dfrac{\partial\varphi}{\partial n}=\dfrac{\partial\varphi}{\partial z}=0$，电场有 x，y 分量，平行于该平面，为平行边界条件。

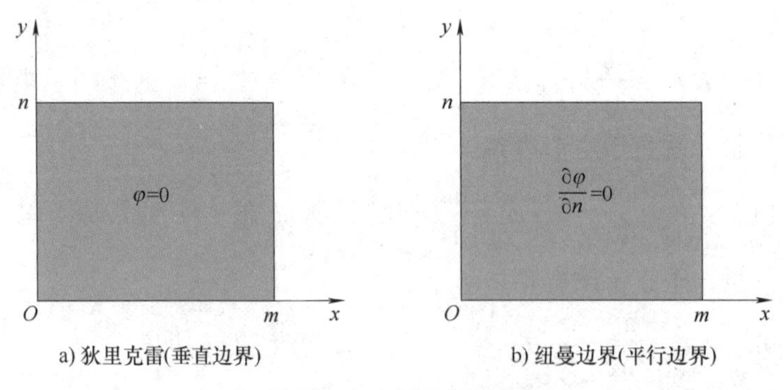

图 2-14 边界条件说明

可见对于 3D 模型而言，边界上的情况与 2D 模型一致。即狄里克雷边界相当于电场垂直边界，纽曼边界相当于电场平行边界。

2.7.2 磁场问题

1. 2D 模型

边界为一条线，设定求解区域模型及边界如图 2-15 所示，矢量磁位 **A** 为求解自由度。

2D 情况下，$\boldsymbol{A}$ 只有 z 分量，则有

1）狄里克雷边界为

$$A_z=f(x,y) \tag{2-68}$$

$$A_z=C\big|_{y=n}\quad A_z=0\big|_{x=m}\quad A_z=0\big|_{y=0} \tag{2-69}$$

2）纽曼边界为

$$\frac{\partial \boldsymbol{A}_z}{\partial n}=0\bigg|_{x=0} \tag{2-70}$$

在 $x=0$ 直线上，n 的方向为 x 方向，所以有

$$\frac{\partial \boldsymbol{A}_z}{\partial x}=0\bigg|_{x=0} \tag{2-71}$$

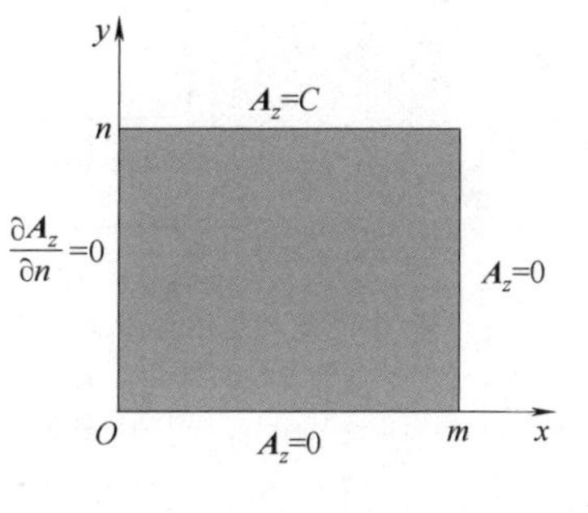

图 2-15　求解区域模型

其中，求解区域的控制方程为

$$\nabla^2\boldsymbol{A}=-\mu\boldsymbol{J} \tag{2-72}$$

或者

$$\nabla^2\boldsymbol{A}=0 \tag{2-73}$$

位函数与磁场的关系为

$$\nabla\times\boldsymbol{A}=\boldsymbol{B} \tag{2-74}$$

1）在 $x=m$ 边上：$\boldsymbol{B}_x=\dfrac{\partial \boldsymbol{A}_z}{\partial y}=0$，$\boldsymbol{B}_y=\dfrac{\partial \boldsymbol{A}_z}{\partial x}\neq 0$，因为 $\boldsymbol{A}_z$ 在 $x=m$ 这条边上取值为 0，处处相等，y 方向无变化；电场只有 y 分量，平行于这个边界。

2）在 $y=n$ 边上：$\boldsymbol{B}_x=\dfrac{\partial \boldsymbol{A}_z}{\partial y}\neq 0$，$\boldsymbol{B}_y=\dfrac{\partial \boldsymbol{A}_z}{\partial x}=0$，因为 $\boldsymbol{A}_z$ 在 $y=n$ 这条边上处处相等，x 方向无变化；电场只有 x 分量，平行于该边界。

3）在 $x=0$ 边上：$\boldsymbol{B}_x=\dfrac{\partial \boldsymbol{A}_z}{\partial y}\neq 0$，$\boldsymbol{B}_y=\dfrac{\partial \boldsymbol{A}_z}{\partial x}=0$，磁场垂直于该边界。

磁场情况下，如果施加狄里克雷条件，规定边界上的矢量磁位值为零或者是一个常量，即为磁场平行边界。如果施加纽曼齐次边界条件，规定边界上的位函数法向导数为零，则为磁场垂直边界。

2. 对称边界条件的含义

对称边界可分为偶对称边界与奇对称边界。如图 2-16 所示，图 2-16a 所示为偶对称边界，边界线上磁场是垂直的；图 2-16b 所示为奇对称边界，对称边界线上磁场是平行的。图 2-16c 和图 2-16d 分别给出了奇对称边界和偶对称边界与狄里克雷、纽曼边界以及磁场平行和垂直边界之间的对应关系。

3. 3D 模型

3D 情况下，边界为一个平面，如图 2-17 所示，在整个平面内，边界面法向 n 为 z 方向。

1）$\boldsymbol{B}_x=\dfrac{\partial \boldsymbol{A}_z}{\partial y}-\dfrac{\partial \boldsymbol{A}_y}{\partial z}=-\dfrac{\partial \boldsymbol{A}_y}{\partial z}\neq 0$，$\boldsymbol{B}_y=\dfrac{\partial \boldsymbol{A}_x}{\partial z}-\dfrac{\partial \boldsymbol{A}_z}{\partial x}=\dfrac{\partial \boldsymbol{A}_x}{\partial z}\neq 0$，$\boldsymbol{B}_z=\dfrac{\partial \boldsymbol{A}_y}{\partial x}-\dfrac{\partial \boldsymbol{A}_x}{\partial y}=0$，因为 $\boldsymbol{A}$ 在该平面内处处相等，对 x，y 的偏导数为 0；磁场无 z 分量，平行于该平面，为磁场平行边界条件。

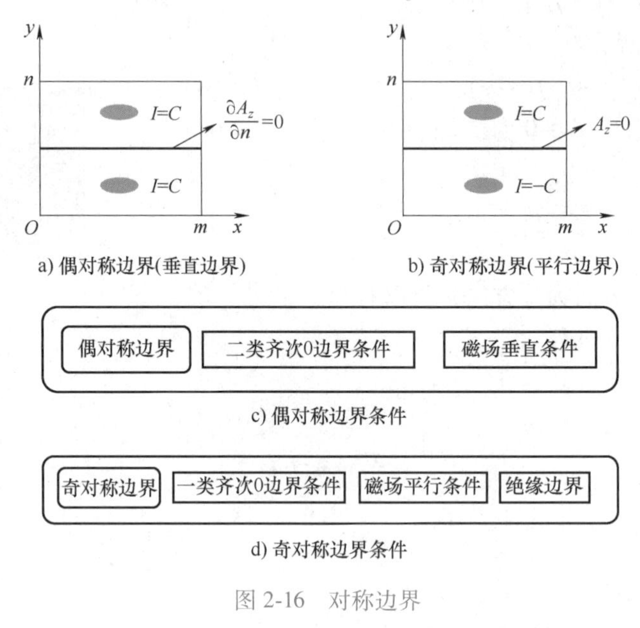

图 2-16　对称边界

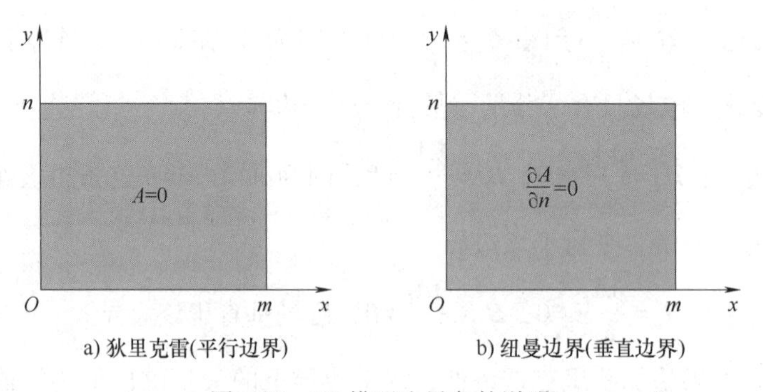

图 2-17　3D 模型边界条件说明

2）$\boldsymbol{A}$ 只有切向分量，且 $\boldsymbol{A}$ 的切向分量与 z 方向矢量的偏导数为 0，可以证明，磁场只有 z 分量，垂直于该平面，为磁场垂直边界条件。

对于 3D 模型而言，边界上的情况与 2D 模型一致。即狄里克雷边界相当于磁场平行边界，纽曼边界相当于磁场垂直边界。

与前面的电场情况相比，发现狄里克雷条件和纽曼条件所对应的边界上场量特征正好相反，这是读者需要多加留心的。边界上的场量关系与分析的物理场有关，也与所选择的自由度函数有关。（如果选取标量磁位作为自由度，则场量特征和电场时的情况一致）

第 3 章　工程电磁场常用数值分析方法

工程电磁场问题常用的分析方法包括解析法和数值法，如图 3-1 所示。本章重点从各种方法的原理、实现过程以及简单算例出发，介绍常见的数值分析方法。

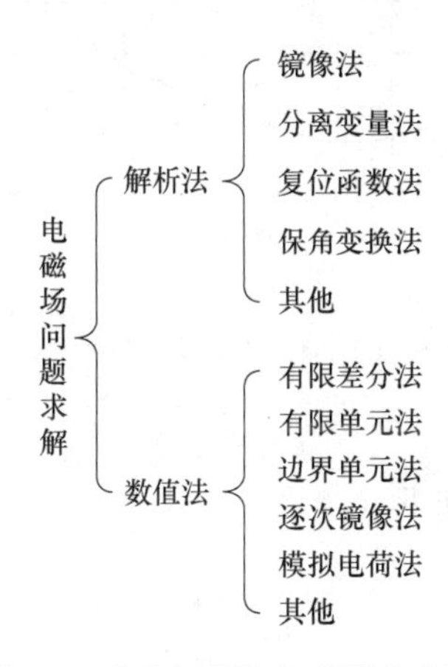

图 3-1　边值问题的各种研究方法

3.1　有限差分法

有限差分法（finite differential method）是基于差分原理的一种数值计算法。其基本思想：将场域离散为许多小网格，应用差分原理，将求解连续函数的控制方程的问题转换为求解网格节点上场量的差分方程组的问题。

数值计算法的基本思想是将整体连续的场域划分为若干个细小区域（一般称之为网格或单元），如图 3-2 所示。然后用所求的网格交点（一般称为节点或离散点）的数值解，来代替整个场域的真实解。

数值解，即是所求场域离散点的解。虽然数值解是一种近似解法，但当划分的网格或单元愈密时，离散点数目也愈多，近似解（数值解）也就愈逼近于真实解。

3.1.1　二维电场泊松方程的差分格式

如图 3-2 所示，求解时通常将场域分成足够小的正方形网格，网格线之间的距离为 h，节点 0、1、2、3、4 上的电位分别用 φ_0，φ_1，φ_2，φ_3和 φ_4表示。

由静电场泊松方程（泊松方程）

$$\nabla^2\varphi=-\frac{\rho}{\varepsilon} \tag{3-1}$$

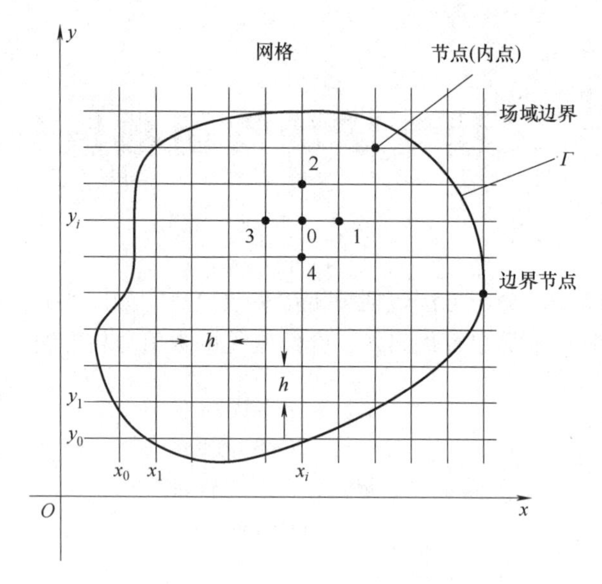

图 3-2　空间计算场域网格剖分示意图

$$\varphi|_L = f(s) \tag{3-2}$$

二维静电场求解的边值问题如下（见图 3-3）：

$$\frac{\partial^2 \varphi}{\partial x^2}+\frac{\partial^2 \varphi}{\partial y^2}=-\frac{\rho}{\varepsilon}=F \tag{3-3}$$

$$\varphi|_L = f(s) \tag{3-4}$$

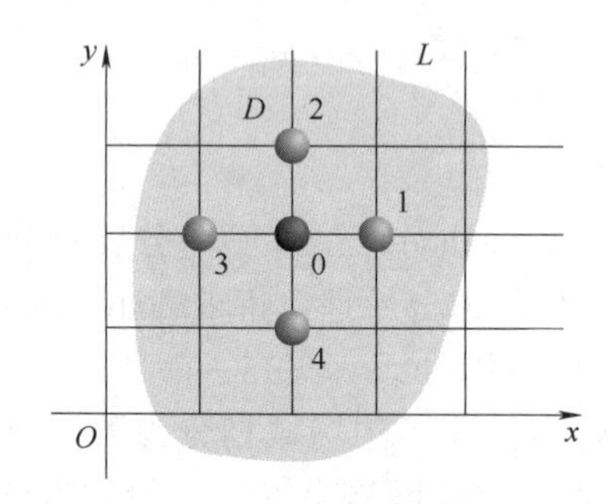

图 3-3　有限差分的网格分割

设函数 φ 在 x_0 处可微，则沿 x 方向在 x_0 处的泰勒公式展开为

$$\varphi_x = \sum_{K=0}^{n} \frac{\varphi^{(K)}}{K!}(x-x_0)^K + 0[(x-x_0)^n] \tag{3-5}$$

将 $x=x_1$ 和 x_3 分别代入式（3-5）得

$$\varphi_1 = \varphi_0 + h\left(\frac{\partial \varphi}{\partial x}\right)_0 + \frac{1}{2!}h^2\left(\frac{\partial^2 \varphi}{\partial x^2}\right)_0 + \frac{1}{3!}h^3\left(\frac{\partial^2 \varphi}{\partial x^3}\right)_0 + \cdots \tag{3-6}$$

$$\varphi_3 = \varphi_0 - h\left(\frac{\partial \varphi}{\partial x}\right)_0 + \frac{1}{2!}h^2\left(\frac{\partial^2 \varphi}{\partial x^2}\right)_0 - \frac{1}{2!}h^3\left(\frac{\partial^3 \varphi}{\partial x^3}\right)_0 + \cdots \tag{3-7}$$

由式（3-6）和式（3-7）得到

$$\left(\frac{\partial\varphi}{\partial x}\right)_{x=x_0}\approx\frac{\varphi_1-\varphi_3}{2h} \tag{3-8}$$

式（3-6）和式（3-7）相加得到

$$\left(\frac{\partial^2\varphi}{\partial x^2}\right)_{x=x_0}\approx\frac{\varphi_1-2\varphi_0+\varphi_3}{h^2} \tag{3-9}$$

同理

$$\left(\frac{\partial\varphi}{\partial y}\right)_{y=y_0}\approx\frac{\varphi_2-\varphi_4}{2h} \tag{3-10}$$

$$\left(\frac{\partial^2\varphi}{\partial y^2}\right)_{y=y_0}\approx\frac{\varphi_2-2\varphi_0+\varphi_4}{h^2} \tag{3-11}$$

将式（3-9）和式（3-10）代入式（3-3），得到泊松方程的五点差分格式为

$$\varphi_1+\varphi_2+\varphi_3+\varphi_4-4\varphi_0=Fh^2 \tag{3-12}$$

即

$$\varphi_0=\frac{1}{4}(\varphi_1+\varphi_2+\varphi_3+\varphi_4-Fh^2) \tag{3-13}$$

场域中，由 $\rho=0$ 得到拉普拉斯方程的五点差分格式为

$$\varphi_1+\varphi_2+\varphi_3+\varphi_4-4\varphi_0=0 \tag{3-14}$$

即

$$\varphi_0=\frac{1}{4}(\varphi_1+\varphi_2+\varphi_3+\varphi_4) \tag{3-15}$$

若场域离散为矩形网格，如图 3-4 所示，其差分格式为

$$\frac{1}{h_1^2}(\varphi_1+\varphi_3)+\frac{1}{h_2^2}(\varphi_2+\varphi_4)-\left(\frac{1}{h_1^2}+\frac{1}{h_2^2}\right)2\varphi_0=F \tag{3-16}$$

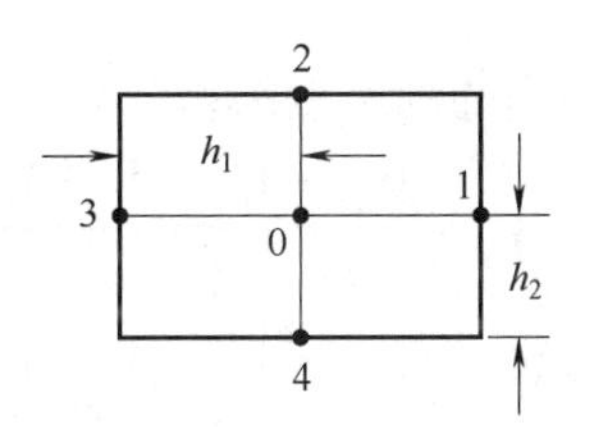

图 3-4　矩形网格的差分格式

3.1.2　边界条件的离散化处理

1）第一类边界条件：给边界离散节点直接赋已知电位值。

2）第二类边界条件：边界线与网格线相重合的差分格式

$$\left(\frac{\partial\varphi}{\partial n}\right)_0\approx\frac{\varphi_1-\varphi_0}{h}=f_2,\varphi_0=\varphi_1-f_2h \tag{3-17}$$

3）介质分界面衔接条件的差分格式：

如图 3-5 所示，介质分界面两侧的材料介电常数分别为 ε_a 和 ε_b，则

$$\varphi_0=\frac{1}{4}\left(\frac{2}{1+K}\varphi_1+\varphi_2+\frac{2K}{1+K}\varphi_3+\varphi_4\right) \tag{3-18}$$

式中　$K=\varepsilon_a/\varepsilon_b$。

由

$$\begin{cases}\varepsilon_a E_{an}=\varepsilon_b E_{bn}\\ E_{at}=E_{bt}\end{cases} \tag{3-19}$$

得到

$$\begin{cases}\varepsilon_a\dfrac{\varphi_3-\varphi_0}{h}=\varepsilon_b\dfrac{\varphi_0-\varphi_1}{h}\\ \dfrac{\varphi_2-\varphi_0}{h}=\dfrac{\varphi_0-\varphi_4}{h}\end{cases} \tag{3-20}$$

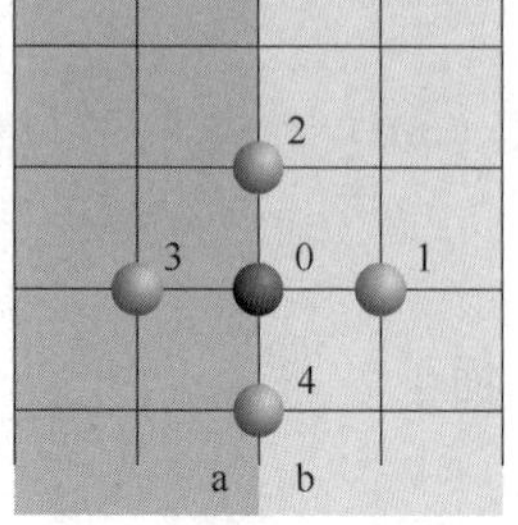

图 3-5　材料分界面边界条件的离散化处理

3.1.3　二维磁场泊松方程的差分格式

1. 静磁场泊松方程的差分格式

静磁场泊松方程为

$$\begin{cases}\nabla^2 A=-\mu_0 \boldsymbol{J}\\ A\mid_{\Gamma}=f(s)\end{cases} \tag{3-21}$$

平面直角坐标系下，$\boldsymbol{A}$ 和 $\boldsymbol{J}$ 只有 z 分量，则 2D 静磁场泊松方程为

$$\begin{cases}\dfrac{\partial^2 A_z}{\partial x^2}+\dfrac{\partial^2 A_z}{\partial y^2}=-\mu_0 J_z=F\\ A_z\mid_L=f(s)\end{cases} \tag{3-22}$$

五点差分格式为

$$A_{i,j}=\frac{1}{4}(A_{i,j+1}+A_{i,j-1}+A_{i+1,j}+A_{i-1,j}-Fh^2) \tag{3-23}$$

根据图 3-6 所示网格，$(i,\ j)$ 0 点与相邻的 4 点的差分如下：

$$\begin{cases}\left(\dfrac{\partial A}{\partial x}\right)_0\approx\dfrac{A_{i,j+1}-A_{i,j}}{h}\approx\dfrac{A_{i,j}-A_{i,j-1}}{h}\\ \left(\dfrac{\partial A}{\partial y}\right)_0\approx\dfrac{A_{i+1,j}-A_{i,j}}{h}\approx\dfrac{A_{i,j}-A_{i-1,j}}{h}\end{cases} \tag{3-24}$$

即

$$\begin{cases}\left(\dfrac{\partial^2 A}{\partial x^2}\right)_0\approx\dfrac{A_{i,j+1}-2A_{i,j}+A_{i,j-1}}{h^2}\\ \left(\dfrac{\partial^2 A}{\partial y^2}\right)_0\approx\dfrac{A_{i+1,j}-2A_{i,j}+A_{i-1,j}}{h^2}\end{cases} \tag{3-25}$$

2. 均匀媒质中泊松与拉普拉斯方程的差分离散格式

针对 2D 平面磁场求解问题，如图 3-6 所示，对求解区域进行网格划分，划分成矩形小区域，编号为 1-16。其中 5-16 是边界上的节点，边界条件已知；节点 1-4 位于区域内部，是

待求解的节点。其求解步骤如下：

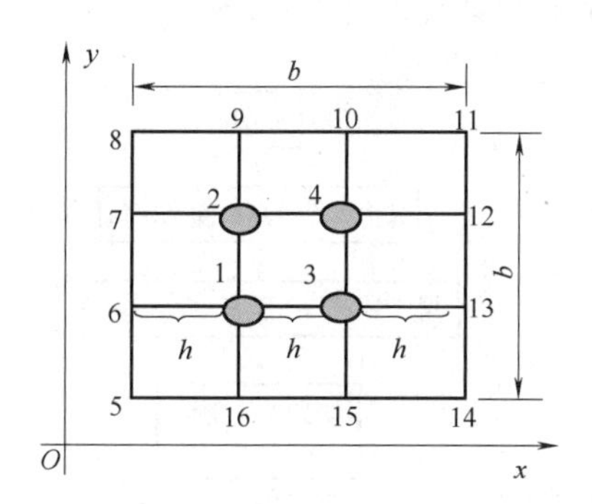

图 3-6 2D磁场求解区域节点编号

第一步：把连续的场域进行离散化，从而将求解场域内矢量磁位函数的问题，转化为求1，2，3，4各内点的矢量磁位值的问题。

第二步：内点泊松方程的差分表达式

由内点1，2，3，4

内点1： $$A_2+A_3+A_{16}+A_6-4A_1=-h^2\mu_0 J \tag{3-26}$$

内点2： $$A_1+A_4+A_9+A_7-4A_2=-h^2\mu_0 J \tag{3-27}$$

内点3： $$A_1+A_{15}+A_{13}+A_4-4A_3=-h^2\mu_0 J \tag{3-28}$$

内点4： $$A_3+A_{12}+A_{10}+A_2-4A_4=-h^2\mu_0 J \tag{3-29}$$

可以得到

$$\begin{cases} -4A_1 + A_2 + A_3 = -h^2\mu_0 J - f_6 - f_{16} \\ A_1 - 4A_2 + A_4 = -h^2\mu_0 J - f_7 - f_9 \\ A_1 - 4A_3 + A_4 = -h^2\mu_0 J - f_{13} - f_{15} \\ A_2 + A_3 - 4A_4 = -h^2\mu_0 \delta - f_{10} - f_{12} \end{cases} \tag{3-30}$$

3.1.4 差分方程组的求解方法

（1）高斯-赛德尔迭代法（见图3-7）

$$\varphi_{i,j}^{(k+1)}=\frac{1}{4}[\varphi_{i-1,j}^{(k+1)}+\varphi_{i,j-1}^{(k+1)}+\varphi_{i+1,j}^{(k)}+\varphi_{i,j+1}^{(k)}-Fh^2] \tag{3-31}$$

式中，$i,j=1,2,\cdots$；$k=0,1,2,\cdots$。

迭代顺序可按先行后列，或先列后行进行。迭代过程遇到边界节点时，代入边界值或边界差分格式，直到所有节点电位满足$|\varphi_{i,j}^{(k+1)}-\varphi_{i,j}^{(k)}|<\varepsilon$为止。

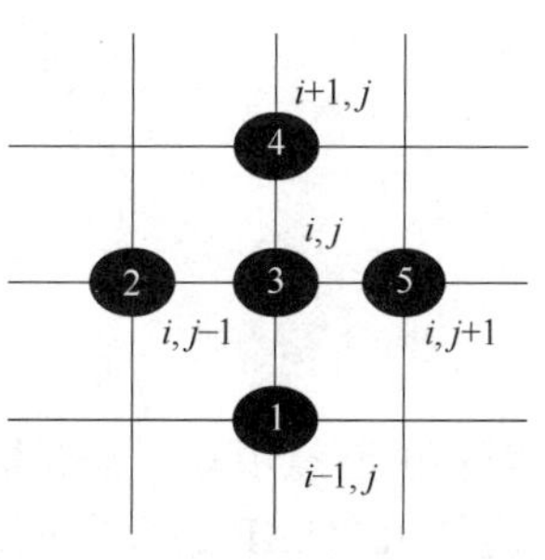

图 3-7 高斯-赛德尔迭代法

（2）超松弛迭代法

$$\varphi_{i,j}^{(k+1)}=\varphi_{i,j}^{(k)}+\frac{\alpha}{4}[\varphi_{i-1,j}^{(k+1)}+\varphi_{i,j-1}^{(k+1)}+\varphi_{i+1,j}^{(k)}+\varphi_{i,j+1}^{(k)}-Fh^2-4\varphi_{i,j}^{(k)}] \tag{3-32}$$

式中 α——加速收敛因子，满足 $1<\alpha<2$。

常见的超松弛法迭代的程序流程图如图 3-8 所示。

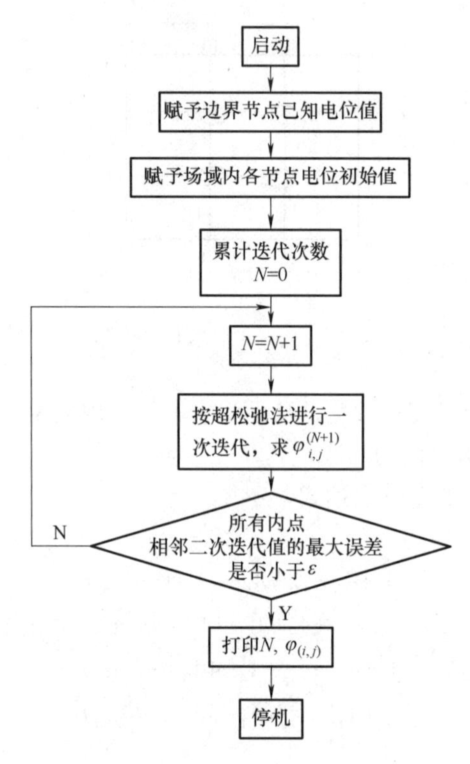

图 3-8 迭代解程序流程框图

例 3-1 试用超松弛迭代法求解接地金属槽内电位的分布。

已知：给定边值如图 3-9 所示。给定初值：$\varphi_{i,j}^{(0)}=0$；误差范围 $\varepsilon=10^{-5}$；α 未知。计算：迭代次数 N 及 $\varphi_{i,j}$分布。

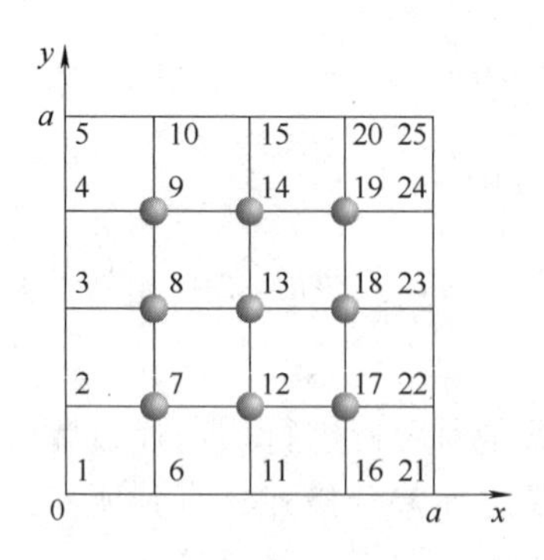

图 3-9 接地金属槽的网格剖分

解：由题意可知，金属槽内无自由电荷分布，故其中电位满足拉普拉斯方程。

通过 MATLAB 编程实现金属槽内电位的超松弛迭代法求解，核心程序如图 3-10 所示。

分别设置加速收敛因子 $\alpha=1.2$、1.5 及 1.8，计算所得结果见表 3-1。

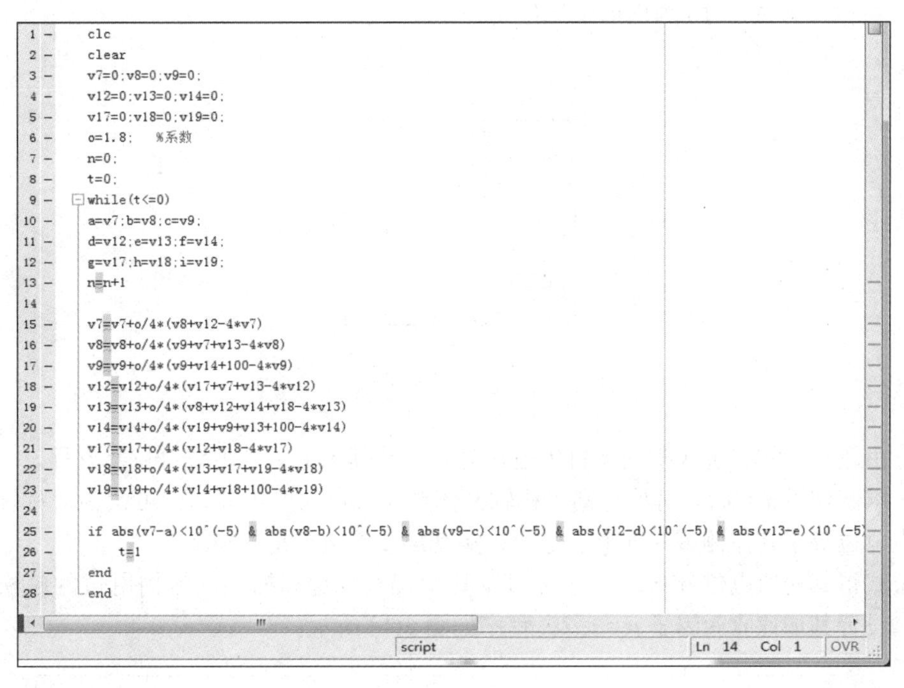

clc
clear
v7=0;v8=0;v9=0;
v12=0;v13=0;v14=0;
v17=0;v18=0;v19=0;
o=1.8;   %系数
n=0;
t=0;
while(t<=0)
a=v7;b=v8;c=v9;
d=v12;e=v13;f=v14;
g=v17;h=v18;i=v19;
n=n+1
v7=v7+o/4*(v8+v12-4*v7)
v8=v8+o/4*(v9+v7+v13-4*v8)
v9=v9+o/4*(v9+v14+100-4*v9)
v12=v12+o/4*(v17+v7+v13-4*v12)
v13=v13+o/4*(v8+v12+v14+v18-4*v13)
v14=v14+o/4*(v19+v9+v13+100-4*v14)
v17=v17+o/4*(v12+v18-4*v17)
v18=v18+o/4*(v13+v17+v19-4*v18)
v19=v19+o/4*(v14+v18+100-4*v19)
if abs(v7-a)<10^(-5) & abs(v8-b)<10^(-5) & abs(v9-c)<10^(-5) & abs(v12-d)<10^(-5) & abs(v13-e)<10^(-5
t=1
end
end
script
Ln 14 Col 1 OVR

图 3-10　超松弛迭代法求解程序

表 3-1　超松弛迭代法计算结果

计算结果	α		
	1.2	1.5	1.8
迭代次数 N	13	25	70
φ_7/V	8.0856	8.0856	8.0856
φ_8/V	21.7129	21.7129	21.7129
φ_9/V	51.8805	51.8805	51.8805
φ_{12}/V	10.6295	10.6295	10.6295
φ_{13}/V	26.8855	26.8855	26.8855
φ_{14}/V	55.6415	55.6415	55.6415
φ_{17}/V	7.5469	7.5469	7.5469
φ_{18}/V	19.5581	19.5581	19.5581
φ_{19}/V	43.7999	43.7999	43.7999

例 3-2　按对称场差分格式求解电位的分布。已知：$a=4\text{cm}$，$h=\frac{40}{40}\text{mm}=1\text{mm}$；给定边值如图 3-11 所示。给定初值 $\varphi_{i,j}=\frac{\varphi_2-\varphi_1}{p}(j-1)=\frac{100}{40}(j-1)$；误差范围 $\varepsilon=10^{-5}$。计算：

（1）迭代次数 N 及 $\varphi_{i,j}$分布

（2）按电位差 $\Delta\varphi=10$ 画出槽中等位线分布图

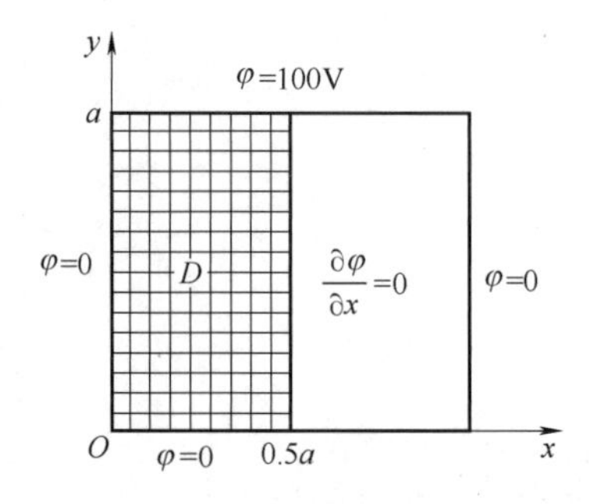

图 3-11　接地金属槽内半场域的网格剖分

解：由题意可知，金属槽内无自由电荷分布，故其中电位满足拉普拉斯方程。

由于求解域沿 $x=0.5a$ 对称，则对称轴两侧对应节点电位相等，则可认为对称轴右侧第一列节点电位等于其左侧第一列节点电位，实现第二类边界条件施加。

由公式得其初值电位分布，通过 MATLAB 编程实现金属槽半场域内电位的超松弛迭代法求解，设置其加速收敛因子 $\alpha=1.2$，程序如图 3-12 所示。

```
1  -  clc
2  -  clear
3  -  v(22,41)=0;  %包含边界
4  -  for j=2:40
5  -      v(2:21,j)=100/40*(j-1-1);
6  -      v(22,j)=v(20,j);
7  -  end
8  -  for i=2:22
9  -      v(i,41)=100;
10 -  end
11
12 -  o=1.2;   %系数
13 -  n=0;t=0;s=0;
14
15 -  while(t<=0)
16 -  q(:,:)=v(:,:)
17 -  n=n+1
18
19 -  for i=2:21
20 -      for j=2:40
21 -          v(i,j)=v(i,j)+o/4*(v(i-1,j)+v(i,j-1)+v(i+1,j)+v(i,j+1)-4*v(i,j));
22 -          v(22,j)=v(20,j);
23 -      end
24 -  end
25
26 -  for i=2:21
27 -      for j=2:40
28 -          if abs(v(i,j)-q(i,j))>10^(-5)
29 -              s=s+1
30 -          end
31 -      end
32 -  end
33
34 -  if s<=0
35 -      t=1
36 -  end
37
38 -  s=0
39 -  end
```

图 3-12　超松弛迭代法误差判断

取迭代次数 $N=1117$ 计算所得结果，槽中等位线分布图如图 3-13 所示。

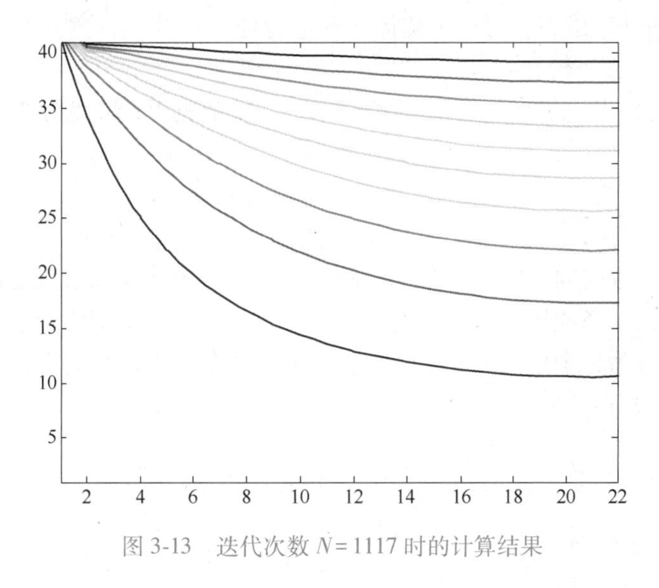

图 3-13　迭代次数 $N=1117$ 时的计算结果

3.2　有限元法

3.2.1　方法原理

1. 求解区域数学模型

图 3-14 给出了矩形求解区域内包含两种材料时的电场边值问题数学模型，包括控制方程和边界条件。

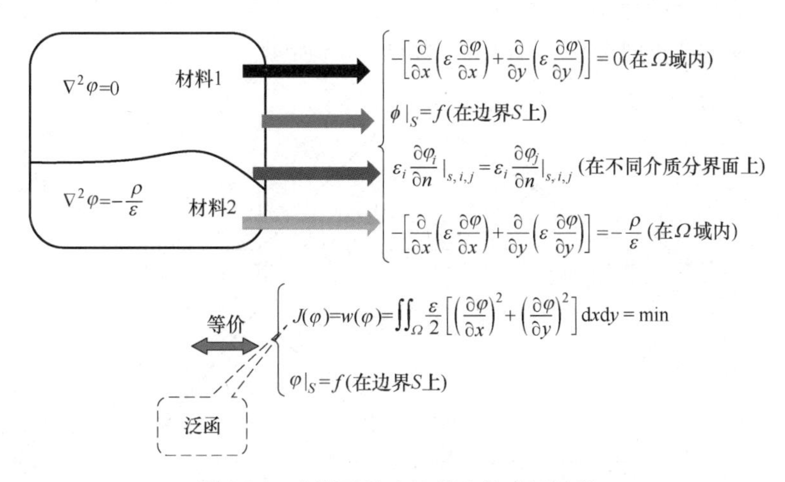

图 3-14　有限元法在边界上的求解过程

2. 场域剖分与单元分析

将连续场域进行剖分离散，网格划分如图 3-2 所示。将整个求解场域分割为有限个单元，并在每一个单元体上做近似能量积分，然后再进行求和来进行求解。

1）有限元计算的方法：加权余量法中的伽辽金法和变分法中的里海-里兹法。

2）有限元法的处理思想：对一个整体问题进行局部化处理；微分方程简化为求解代数方程组。

3）有限元法的特点：优点为可处理多种介质、复杂边界；缺点为遇到开域问题，计算量较大。

3.2.2 节点与单元

首先用简单的一维问题来阐释有限元法的单元刚度矩阵建立和求解过程。对于一维问题来说，单元的形状是一条线段，如图 3-15 所示。一维电场问题求解域为一条线段，为了简化起见，求解域划分为三个单元 $e_1 \sim e_3$，每个单元有两个节点，总共有四个节点 $x_1 \sim x_4$，节点上的电位函数记为 $\phi_1 \sim \phi_4$。

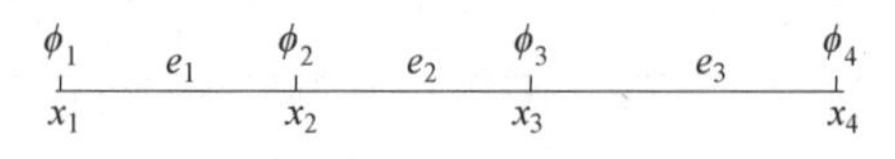

图 3-15 一维问题的节点和单元

3.2.3 一维单元的形函数

1. 一维单元形函数的定义

形函数代表了单元上近似解的一种插值关系，它决定了近似解在单元上的形状。

对于一维有限元来说，形函数分段线性。对于一维一阶有限元来说，形函数为一个直线段；对于一维高阶有限元来说，形函数为一个曲线段。

选择形函数时，可以使一个任意单元上的形函数只与该单元所对应的节点势函数有关而与其他各点的值无关。

对于任意一个节点的形函数在该节点上的值为 1，并在与该节点相邻的两个单元上线性减小，直到在相邻的节点时分别减小为 0，如图 3-16 所示。

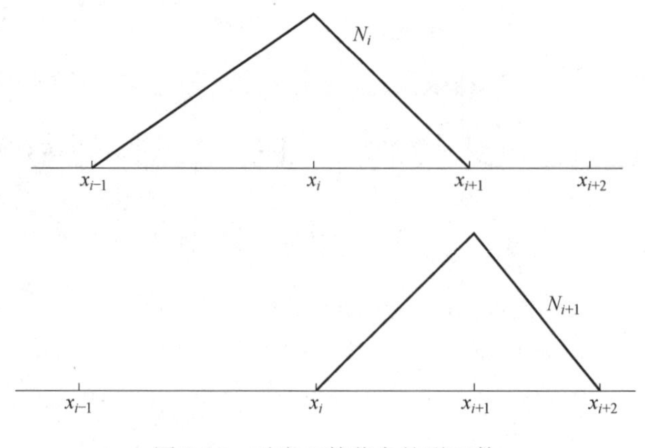

图 3-16 对应于某节点的形函数

2. 形函数表达式中系数的确定

任意一个一维单元有两个节点 x_i 和 x_{i+1}，这两个节点上的电势分别为 φ_i 和 φ_{i+1}，它们为

选定的未知量。对于一维一阶有限元来说，其形函数可表示为

$$N_i=\begin{cases}1, & x=x_i\\ 0, & x=x_{i+1}\end{cases} \tag{3-33}$$

即

$$\begin{cases}1=\alpha_i+\beta_i x_i\\ 0=\alpha_i+\beta_i x_{i+1}\end{cases} \tag{3-34}$$

将 α_i 和 β_i 代入形函数 N_i 的表达式即可求得 N_i。

3.2.4 整体系数矩阵

应用有限元法求解导出的矩阵方程可写为

$$\boldsymbol{K\phi}=\boldsymbol{f} \tag{3-35}$$

式中 $\boldsymbol{K}$——$n\times n$ 阶系数矩阵；
$\boldsymbol{\phi}$——$n\times 1$ 阶节点势函数矩阵；
$\boldsymbol{f}$——$n\times 1$ 阶激励矩阵。

该方程表示了整个区域内未知势函数值与问题的几何结构和激励源的关系，系数矩阵中

$$K_{ij}=\sum_{e=1}^{m}\int_{\Omega^e}\nabla N_i\nabla N_j\mathrm{d}\Omega=\sum_{e=1}^{m}K_{ij}^e \tag{3-36}$$

$$K_{ij}^e=\int_{\Omega^e}\nabla N_i^e\nabla N_j^e\mathrm{d}\Omega \tag{3-37}$$

当 $q=0$ 即激励为零时，$f_i=0$。

3.2.5 局部系数矩阵

由于形函数的分段线性的特殊形式，系数矩阵中系数的求解可以局部化处理。整个区域被分为许多单元，系数矩阵的任意一个元素，可以先针对每一个单元分别进行计算，然后将各单元的积分结果相加得到整体系数矩阵。

若用 m 表示单元的个数，则 K_{ij} 的计算过程可写成

$$\begin{cases}K_{ij}=\sum_{e=1}^{m}\int_{\Omega^e}\nabla N_i\nabla N_j\mathrm{d}\Omega=\sum_{e=1}^{m}K_{ij}^e\\ K_{ij}^e=\int_{\Omega^e}\nabla N_i^e\nabla N_j^e\mathrm{d}\Omega\end{cases} \tag{3-38}$$

式中 K_{ij}^e——局部系数矩阵中的元素；
Ω^e——对应于某个单元的子区域；
上标 e——对应于某个单元的量。

同样的原理可以将整体激励矩阵的某一元素表示为对应于各个单元的积分之和

$$f_i=\sum_{e=1}^{m}\int_{\Omega^e}qN_i\mathrm{d}\Omega=\sum_{e=1}^{m}f_i^e \tag{3-39}$$

$$f_i^e=\int_{\Omega^e}q\nabla N_i^e\mathrm{d}\Omega \tag{3-40}$$

这样当计算整体系数矩阵和整体激励矩阵的元素时，只需依次对每一个单元进行“局部”的“单独”的计算。

3.2.6 局部系数矩阵与整体系数矩阵

一个一维有限元 e 对整体系数矩阵的贡献为

$$\boldsymbol{K}^e=\begin{bmatrix} K_{ii}^e & K_{ij}^e \\ K_{ji}^e & K_{jj}^e \end{bmatrix} \tag{3-41}$$

$$\boldsymbol{f}^e=\begin{bmatrix} f_i^e \\ f_j^e \end{bmatrix} \tag{3-42}$$

其中矩阵元素K_{ij}^e位于整体系数矩阵中的第 i 行和第 j 列，并与其他单元对该整体系数矩阵元素的贡献相加。矩阵元素 f_i^e 位于整体激励矩阵的第 i 行并与其他单元对该整体激励矩阵元素的贡献相加。

按照图 3-15 的单元和节点划分情况，可以列写出各个单元的矩阵元素以及组装后的整体系数矩阵如下：

$$\boldsymbol{K}^1=\begin{bmatrix} K_{11}^1 & K_{12}^2 \\ K_{21}^1 & K_{22}^1 \end{bmatrix} \quad \boldsymbol{K}^2=\begin{bmatrix} K_{22}^2 & K_{23}^2 \\ K_{32}^2 & K_{33}^2 \end{bmatrix} \quad \boldsymbol{K}^3=\begin{bmatrix} K_{33}^3 & K_{34}^3 \\ K_{43}^3 & K_{44}^3 \end{bmatrix} \tag{3-43}$$

$$\boldsymbol{f}^1=\begin{bmatrix} f_1^1 \\ f_2^1 \end{bmatrix} \quad \boldsymbol{f}^2=\begin{bmatrix} f_2^2 \\ f_3^2 \end{bmatrix} \quad \boldsymbol{f}^3=\begin{bmatrix} f_3^3 \\ f_4^3 \end{bmatrix} \tag{3-44}$$

$$\boldsymbol{K}=\begin{bmatrix} K_{11}^1 & K_{12}^1 & 0 & 0 \\ K_{21}^1 & K_{22}^1+K_{22}^2 & K_{23}^2 & 0 \\ 0 & K_{32}^2 & K_{33}^2+K_{33}^3 & K_{34}^3 \\ 0 & 0 & K_{43}^3 & K_{44}^3 \end{bmatrix} \tag{3-45}$$

$$\boldsymbol{f}=\begin{bmatrix} f_1^1 \\ f_2^1+f_2^2 \\ f_3^2+f_3^3 \\ f_4^3 \end{bmatrix} \tag{3-46}$$

则需要求解的单元刚度矩阵如下：

$$\boldsymbol{K\phi}=\boldsymbol{f}=\begin{bmatrix} K_{11}^1 & K_{12}^1 & 0 & 0 \\ K_{21}^1 & K_{22}^1+K_{22}^2 & K_{23}^2 & 0 \\ 0 & K_{32}^2 & K_{33}^2+K_{33}^3 & K_{34}^3 \\ 0 & 0 & K_{43}^3 & K_{44}^3 \end{bmatrix}\begin{bmatrix} \phi_1 \\ \phi_2 \\ \phi_3 \\ \phi_4 \end{bmatrix}=\begin{bmatrix} f_1^1 \\ f_2^1+f_2^2 \\ f_3^2+f_3^3 \\ f_4^3 \end{bmatrix} \tag{3-47}$$

从式中可以看出有限元法获得的单元刚度矩阵的具有对称稀疏特性。随着节点个数的增加，单元刚度矩阵稀疏性越强，因为大多节点之间无联系，其系数矩阵相应位置的元素为零，呈现出高度的“带状稀疏性”。

3.2.7 边界条件施加

1. 狄利克雷边界条件

满足狄利克雷边界条件非常简单，只需要令狄利克雷边界上的各节点电势为给定的值即可。

若节点 1 和节点 4 上分别有狄利克雷边界条件：$\phi_1=0$，$\phi_4=1$，则加入边界条件后的矩阵方程为

$$\begin{bmatrix} K_{11}^1 & K_{12}^1 & 0 & 0 \\ K_{21}^1 & K_{22}^1+K_{22}^2 & K_{23}^2 & 0 \\ 0 & K_{32}^2 & K_{33}^2+K_{33}^3 & K_{34}^3 \\ 0 & 0 & K_{43}^3 & K_{44}^3 \end{bmatrix} \begin{bmatrix} 0 \\ \phi_2 \\ \phi_3 \\ 1 \end{bmatrix} = \begin{bmatrix} f_1^1 \\ f_2^1+f_2^2 \\ f_3^2+f_3^3 \\ f_4^3 \end{bmatrix} \tag{3-48}$$

这样，狄利克雷边界上的势函数值不再是未知数了，而是由狄利克雷边界条件所确定的已知量。对式（3-48）进行简单的变换，即可求解未知变量 ϕ_2，ϕ_3。

2. 齐次纽曼边界条件

在有限元法的处理过程中，齐次纽曼边界条件是自动满足的，不需要进行特别处理。此处不再详细证明，可参见相应的文献。

3.2.8 单元上的势函数求解

节点上的势函数求出后，势函数在其他位置的值可以用插值的原理来表示。

任意一个单元 e 上的势函数分布由节点 x_i 和 x_{i+1} 上的势函数 ϕ_i 和 ϕ_{i+1} 及相应的形函数 N_i 和 N_{i+1} 表达，如图 3-17 所示。

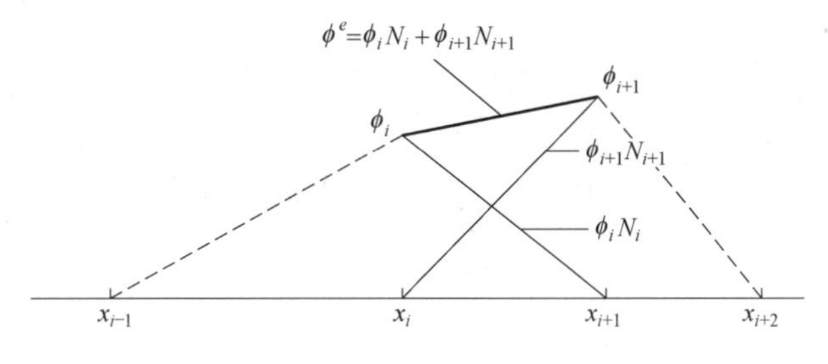

图 3-17　单元 e 上的势函数

3.2.9 二维单元问题

$$\begin{cases} J(\varphi)\approx J(\tilde{\varphi})=\sum\limits_{k=1}^{m}\iint_{e_k}\dfrac{\varepsilon}{2}\left[\left(\dfrac{\partial\tilde{\varphi}}{\partial x}\right)^2+\left(\dfrac{\partial\tilde{\varphi}}{\partial y}\right)^2\right]\mathrm{d}x\mathrm{d}y=\min \\ \tilde{\varphi}\mid_s=f \end{cases} \tag{3-49}$$

式中　e_k——单元剖分体；

m——单元体个数；

$\tilde{\varphi}$——单元体电位函数。

为了在每个剖分单元上，近似做出能量积分，必须构造单元内的解函数，即电位函数。如果假设在每个单元体内，电位与空间坐标呈线性关系，若设节点 1、2、3 为三角形单元 e_1 的顶点，如图 3-18 所示。

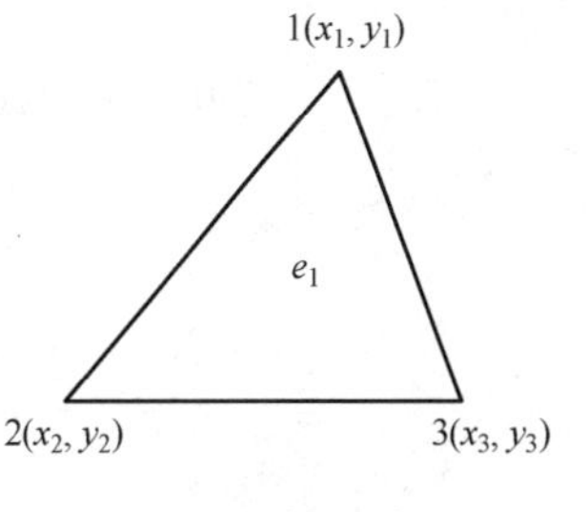

图 3-18　剖分单元

单元体内插值函数 $\tilde{\varphi}(x,y)$ 的具体形式可通过节点上的电位函数值φ_1，φ_2，φ_3及坐标表示出来：

$$\left.\begin{aligned} ax_1+by_1+c=\tilde{\varphi}_1 \\ ax_2+by_2+c=\tilde{\varphi}_2 \\ ax_3+by_3+c=\tilde{\varphi}_3 \end{aligned}\right\} \Rightarrow a,b,c \Rightarrow \tilde{\varphi}(x,y)=ax+by+c \tag{3-50}$$

根据节点电位和节点-单元形函数，可得到单元内电位函数的一般形式为

$$\tilde{\varphi}(x,y)=\sum_{j=1}^{3}\varphi_i N_i^e \tag{3-51}$$

式中　N_i^e——与节点坐标有关的形函数。

$$\begin{cases} \left(\dfrac{\partial\tilde{\varphi}}{\partial x}\right)^2=\displaystyle\sum_{i,j=1}^{3}\frac{\partial N_i^e}{\partial x}\frac{\partial N_j^e}{\partial x}\varphi_i\varphi_j \\ \left(\dfrac{\partial\tilde{\varphi}}{\partial y}\right)^2=\displaystyle\sum_{i,j=1}^{3}\frac{\partial N_i^e}{\partial y}\frac{\partial N_j^e}{\partial y}\varphi_i\varphi_j \end{cases} \tag{3-52}$$

式中

$$\begin{cases} N_1^e=\dfrac{1}{2\Delta e}(\eta_1 x+\xi_1 y+\omega_1) \\ N_2^e=\dfrac{1}{2\Delta e}(\eta_2 y+\xi_2 y+\omega_2) \\ N_3^e=\dfrac{1}{2\Delta e}(\eta_3 x+\xi_3 y+\omega_3) \end{cases} \tag{3-53}$$

$$\begin{cases} \eta_1=y_2-y_3 \\ \eta_2=y_3-y_1 \\ \eta_3=y_1-y_2 \end{cases} \tag{3-54}$$

$$\begin{cases} \xi_1=x_3-x_2 \\ \xi_2=x_1-x_3 \\ \xi_3=x_2-x_1 \end{cases} \tag{3-55}$$

$$\begin{cases} \omega_1=x_2y_3-x_3y_2 \\ \omega_2=x_3y_1-x_1y_3 \\ \omega_3=x_1y_2-x_2y_1 \end{cases} \tag{3-56}$$

式中　Δe——单元三角形的面积；

　　　N_i^e——三角形单元线性插值基函数。

泛函为

$$J_{e1}(\tilde{\varphi})=\frac{1}{2}\sum_{i,j=1}^{3}a_{ij}^{e1}\varphi_i\varphi_j=\frac{1}{2}[\varphi_1 \quad \varphi_2 \quad \varphi_3]\begin{bmatrix} a_{11}^{e1} & a_{12}^{e1} & a_{13}^{e1} \\ a_{21}^{e1} & a_{22}^{e1} & a_{23}^{e1} \\ a_{31}^{e1} & a_{32}^{e1} & a_{33}^{e1} \end{bmatrix}\begin{bmatrix} \varphi_1 \\ \varphi_2 \\ \varphi_3 \end{bmatrix} \tag{3-57}$$

场域节点为 n 时为

$$J(\tilde{\varphi}) = \sum_{k=1}^{n} J_{e_k} = \frac{1}{2}\sum_{i,j=1}^{n} a_{ij}\varphi_i\varphi_j \tag{3-58}$$

对能量函数的变分，求极值，可推导出待求解的整体系数（刚度）矩阵，其形式可写为

$$\frac{\partial J(\tilde{\varphi})}{\partial \varphi_k} = \frac{\partial}{\partial \varphi_k}\left(\frac{1}{2}\sum_{i,j=1}^{m} a_{ij}\varphi_i\varphi_k\right) = 0 \Longrightarrow \begin{bmatrix} a_{11}, a_{12}, \cdots, a_{1s} \\ a_{21}, a_{22}, \cdots, a_{2s} \\ \vdots \\ a_{s1}, a_{s2}, \cdots, a_{ss} \end{bmatrix} \begin{bmatrix} \varphi_1 \\ \varphi_2 \\ \vdots \\ \varphi_s \end{bmatrix} = \begin{bmatrix} -\sum a_{1k}\varphi_k \\ -\sum a_{2k}\varphi_k \\ \vdots \\ -\sum a_{sk}\varphi_k \end{bmatrix}$$

$$\Updownarrow$$

刚度矩阵是一个稀疏阵　　刚度（整体系数）矩阵 → $\boldsymbol{A\varphi}=\boldsymbol{G}$ ← 矩阵方程 (3-59)

3.2.10　有限元法小结

对有限元法总结如下：

1）单元和节点。

2）形函数、插值基函数。

3）整体系数矩阵、局部系数矩阵相互关系。

4）材料特性、激励源参数。

5）边界条件的处理。

6）单元刚度矩阵形成和求解。

7）节点解、单元解、后处理。

例 3-3　试用有限元法求解接地金属槽内电位的分布。

已知：给定边值如图 3-19 所示，金属槽上盖电位为 100V，其余三个边电位为 0V，求金属槽内部的电位分布。

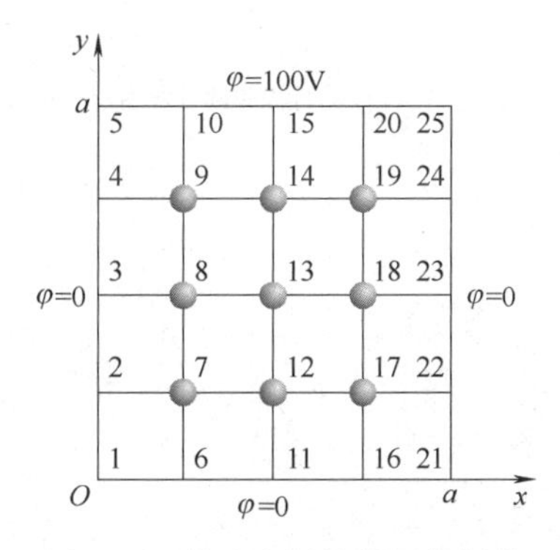

图 3-19　接地金属槽的网格剖分

解：由题意可知，金属槽内无自由电荷分布，故其中电位满足拉普拉斯方程。

采用一阶线性三角单元网格剖分求解区域，进行有限元法求解。如图 3-20 所示，按照计算精度要求，可离散成 10×10 或者 50×50 矩形，然后再分割成三角形，这样每个三角形的三个顶点和矩形的角点重合，方便后期程序对节点单元进行编号。计算结果见图 3-21b、c。

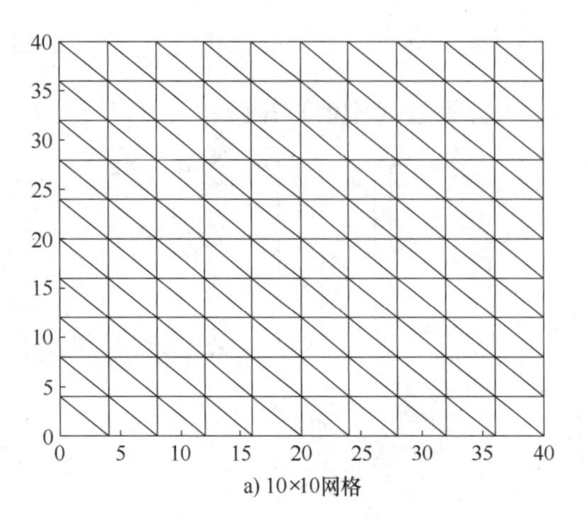

a) 10×10网格

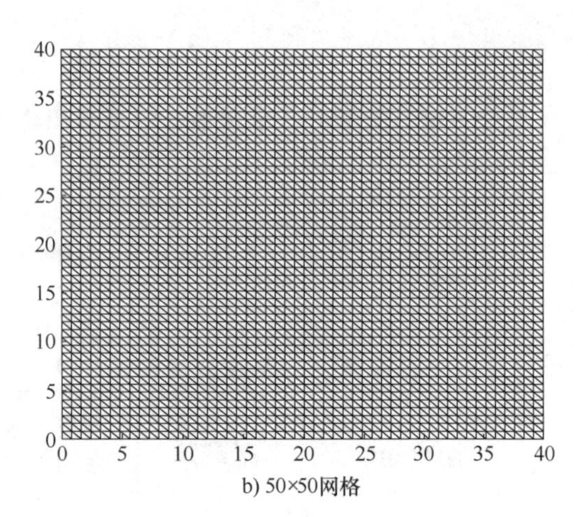

b) 50×50网格

图 3-20 网格离散

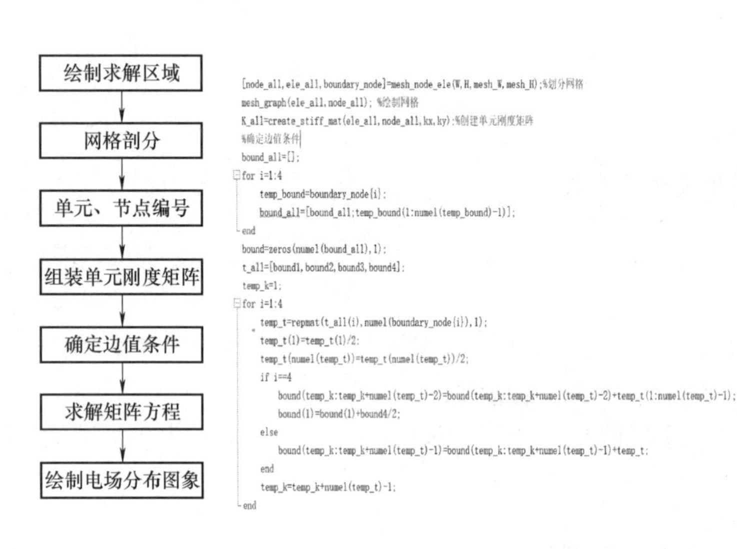

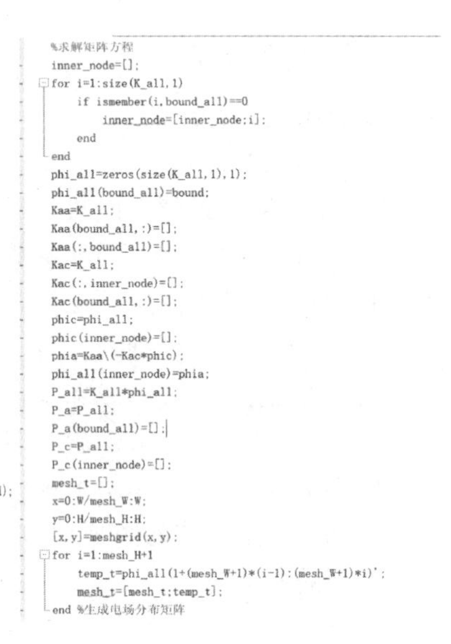

a) 计算过程和部分程序

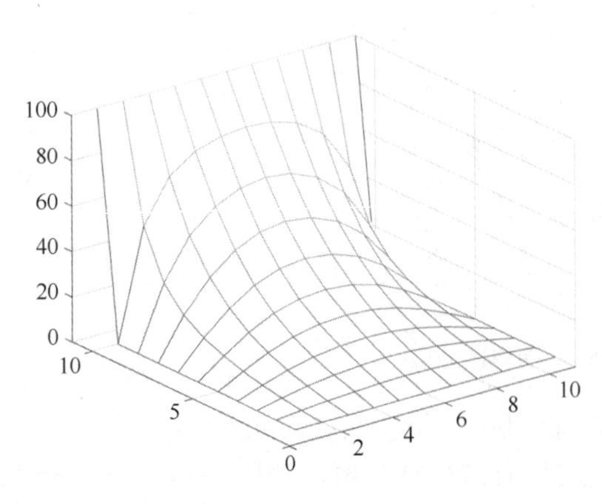

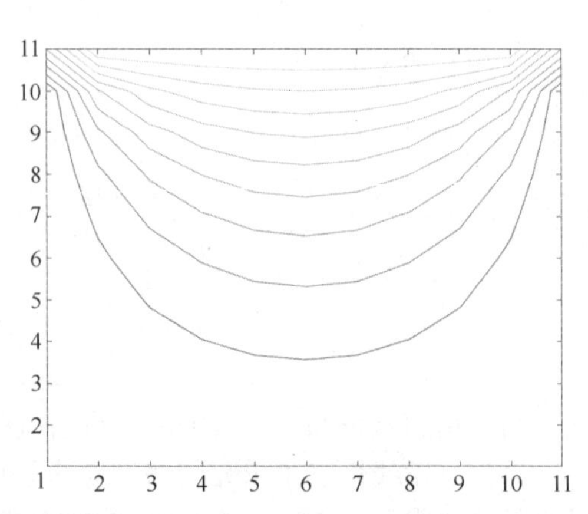

b) 10×10网格计算结果

图 3-21 计算过程和计算结果

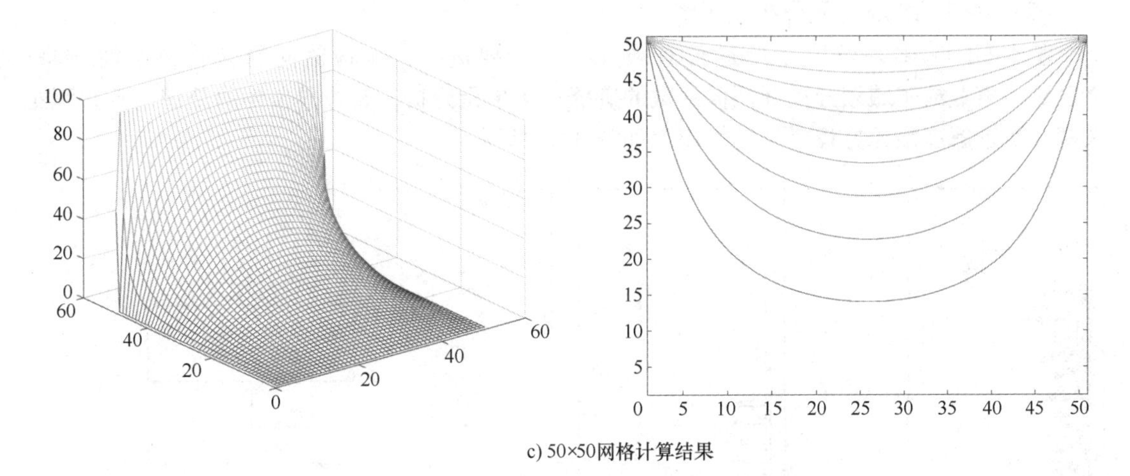

c) 50×50网格计算结果

图 3-21 计算过程和计算结果（续）

例 3-4 试用有限元法求解 110kV 绝缘子串电位和电场的分布。

本题需要建立绝缘子串的 2D 轴对称模型，属于二维有限元分析问题，此处采用一阶线性三角形剖分网格。

首先用一个 $1\times M$ 数组为二维区域内所有节点进行全局编号，并用另一个 $1\times M^e$ 数组给二维区域内所有剖分单元进行编号。然后，引入一个 $3\times M^e$ 整型数组 $n(i,e)$ 将单元编号与节点编号联系起来，$n(i,e)$ 中存储着单元 e 中三个节点的全局编号，此处 $i=1,2,3$；$e=1,2,\cdots,M^e$。每个剖分单元内，三个节点的局部编号按照逆时针排序，单元 e 内三个节点的编号如图 3-22 所示。

$n(3,e)$

$n(1,e)$ $n(2,e)$

图 3-22 单元 e 内三个节点的编号

（1）绝缘子串基本参数

本书绝缘子串的型号为 FXBW1-110/110，大伞 12 片，小伞 12 片，外径分别为 165.2mm 和 111.2mm。结构高度为 1200mm，最小电弧距离为 1000mm，两端金具长度为 100mm。

由于绝缘子结构轴对称，建立绝缘子串轴截面一半的 2D 模型，如图 3-23 所示。

本模型包括四种材料：芯棒、绝缘伞裙、空气以及金具，各介质的相对介电常数见表 3-2。

表 3-2 各介质的相对介电常数

芯棒	绝缘伞裙	空气	金具
3.0	3.5	1.0	1.0

根据几何模型的对称性建立绝缘子串的 2D 轴对称模型，为简化计算过程将金具用矩形替代，然后将绝缘子串模型用 1600mm×152mm 的空气体包起来，模拟无穷大区域，如图 3-23b 所示。**此处空气外层区域的尺寸选择较小，是因为受限于计算机的运算能力，MATLAB 所能建立的最大矩阵存在一定限制。**

（2）MATLAB 有限元分析流程图

基于 MATLAB 对绝缘子串进行有限元分析需要进行：**①边值问题转化待求解方程；②区域的离散或子域划分；③插值函数的选择；④单元分析；⑤边界条件的处理；⑥方程组求解；⑦求解有限元方程**，其计算流程如图 3-24 所示。

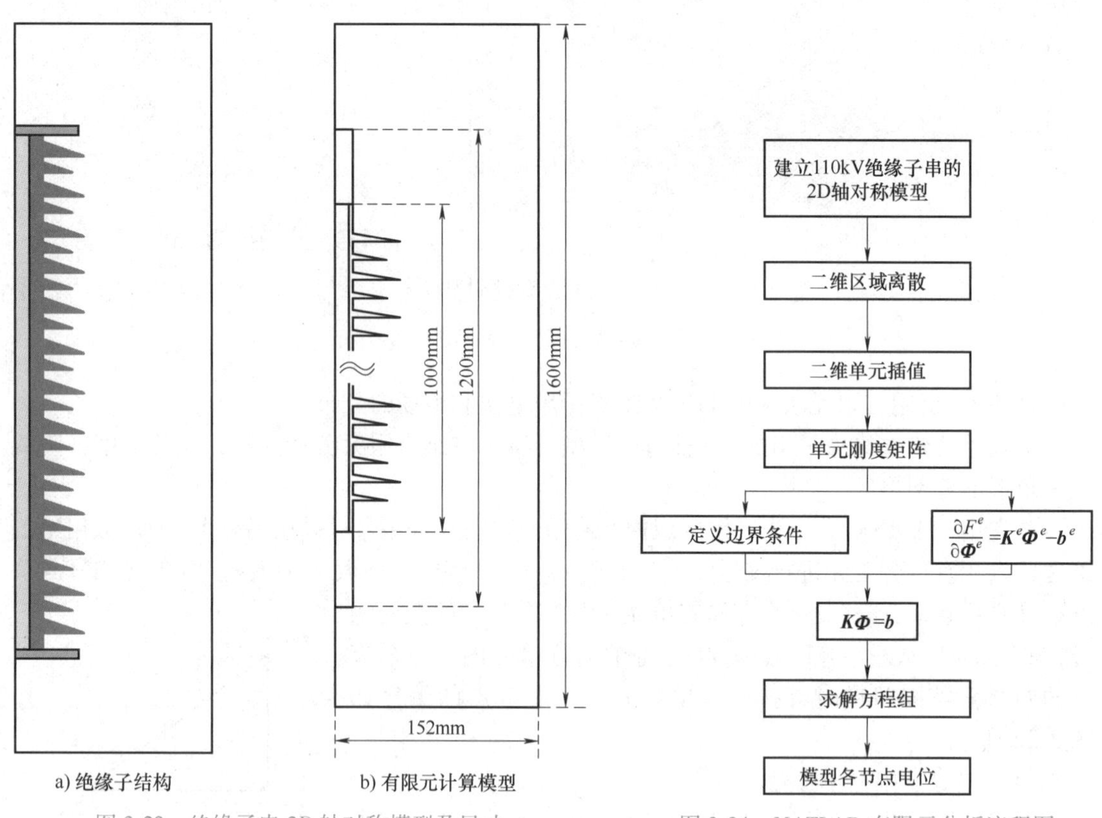

图 3-23　绝缘子串 2D 轴对称模型及尺寸

图 3-24　MATLAB 有限元分析流程图

（3）MATLAB 有限元分析结果

通过编写 MATLAB 有限元分析程序，可以计算得到模型中各个节点的电位以及电场强度。MATLAB 有限元分析程序代码详见附录 MATLAB 代码，各个计算结果如图 3-25～图 3-27 所示。

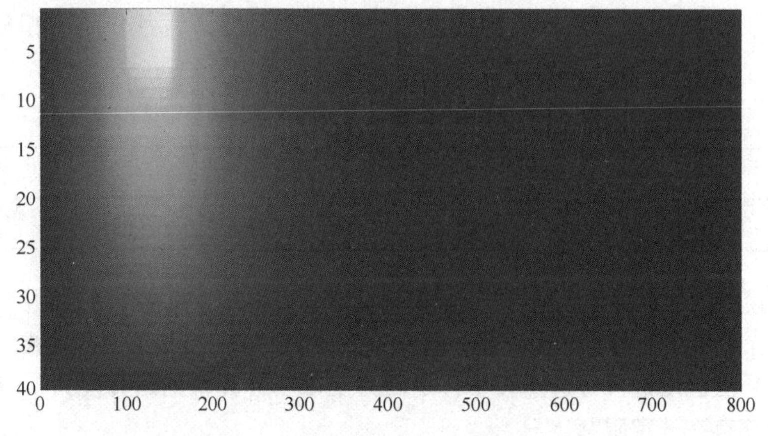

图 3-25　模型各节点电势分布云图

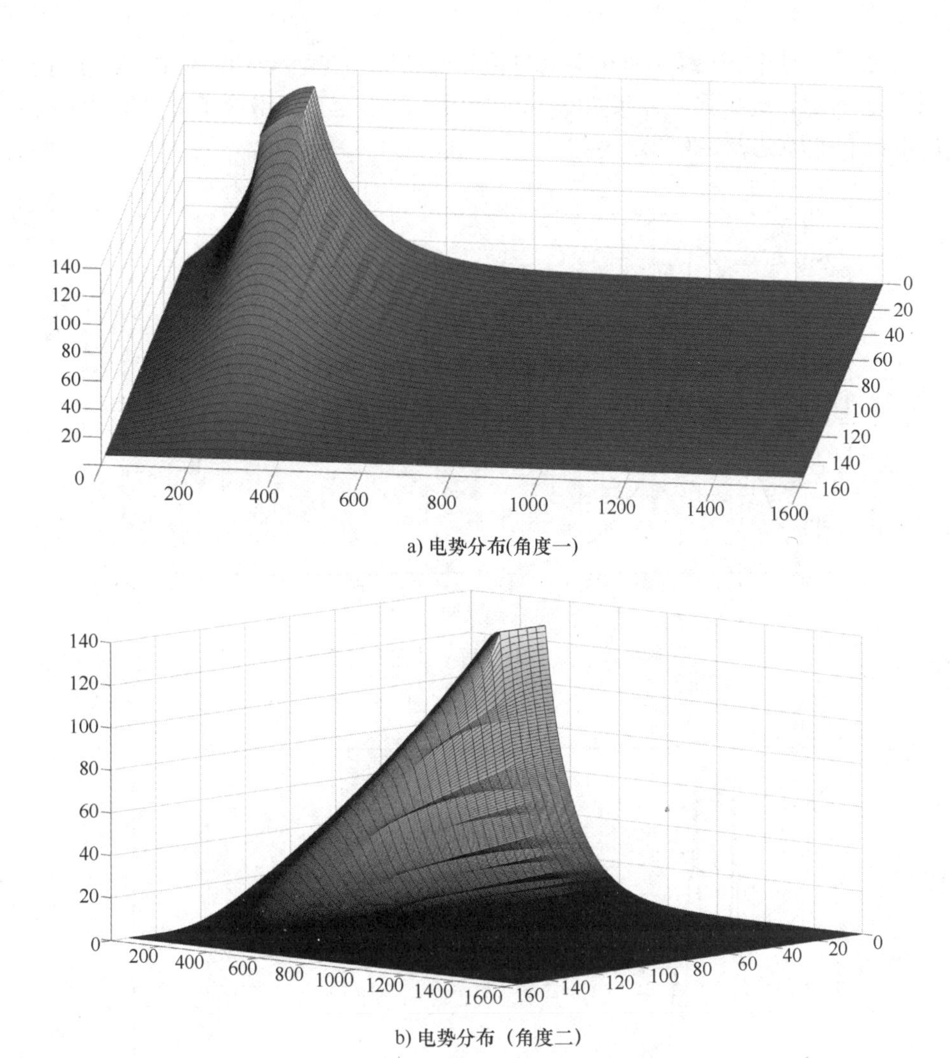

a) 电势分布(角度一)

b) 电势分布（角度二）

图 3-26　模型各节点电势分布 3D 云图

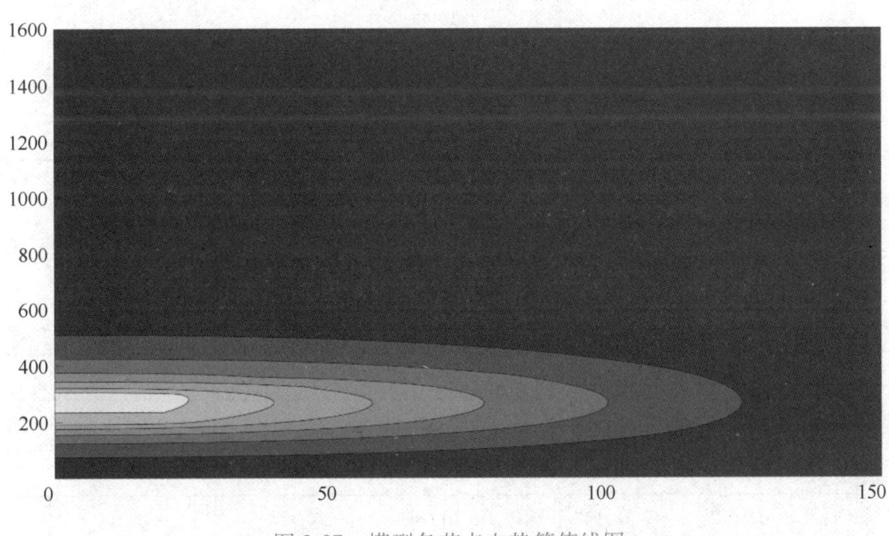

图 3-27　模型各节点电势等值线图

计算还可以得到各个绝缘子伞裙上的电位和电场值。在绝缘子串表面 y 轴方向上的电势分布如图 3-28 所示，电场强度分布如图 3-29 所示。从下至上给绝缘子伞裙编号 1~24，则各个伞裙的电位和电场见表 3-3 和表 3-4。

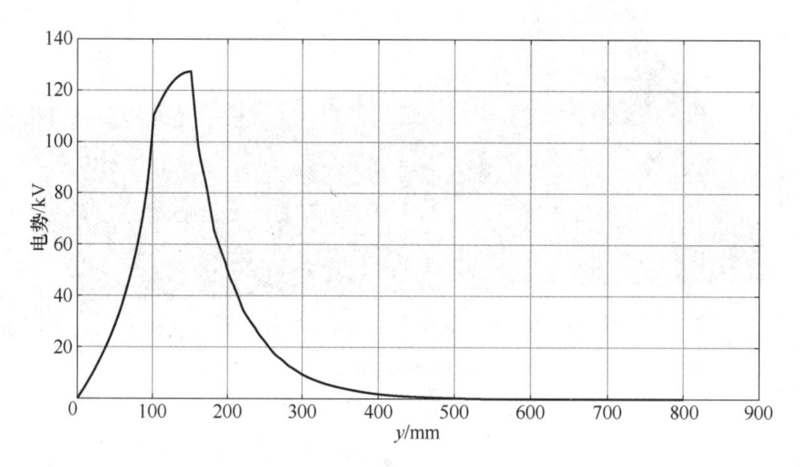

图 3-28 绝缘子串表面 y 轴方向电势分布

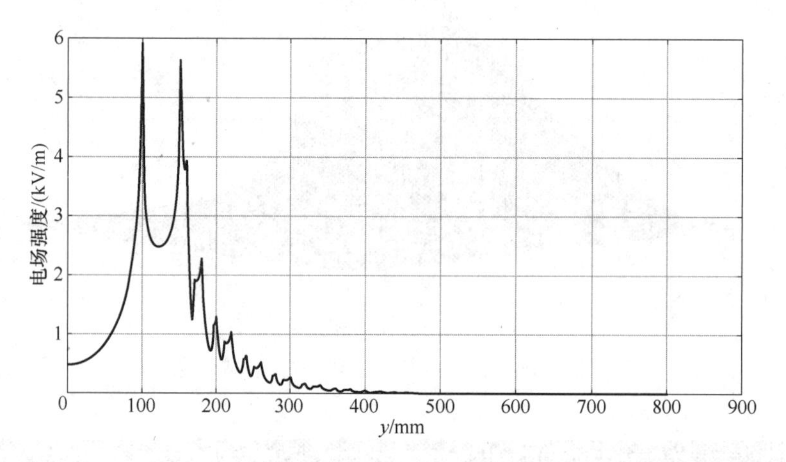

图 3-29 绝缘子串表面 y 轴方向电场强度分布

表 3-3 各绝缘子伞裙的电位

序号	1	2	3	4	5	6
U/kV	11.0532	7.0746	4.8179	3.4119	2.4586	1.7617
序号	7	8	9	10	11	12
U/kV	1.2796	0.9186	0.6681	0.4797	0.3489	0.2506
序号	13	14	15	16	17	18
U/kV	0.1823	0.1309	0.0952	0.0684	0.0498	0.0357
序号	19	20	21	22	23	24
U/kV	0.0260	0.0187	0.0137	0.0098	0.0072	0.0052

表 3-4　各绝缘子伞裙的电场强度

序号	1	2	3	4	5	6
E/(kV/mm)	3.7656	2.2402	1.2402	1.0191	0.6181	0.5222
序号	7	8	9	10	11	12
E/(kV/mm)	0.3206	0.2720	0.1673	0.1420	0.0874	0.0742
序号	13	14	15	16	17	18
E/(kV/mm)	0.0456	0.0387	0.0238	0.0202	0.0125	0.0106
序号	19	20	21	22	23	24
E/(kV/mm)	0.0065	0.0055	0.0034	0.0029	0.0018	0.0015

3.3　边界元法

3.3.1　基本原理

边界单元法简称边界元法，是一种积分法。同有限元法和有限差分法中要求对整个场域离散不同，边界元法仅仅要求对场域的边界离散。对于三维问题，场域的边界是面，边界面上的离散单元可以是平面单元，也可以是曲面单元。对于二维问题，场域的边界是线，边界元法的离散单元可以是直线单元，也可以是曲线单元。

1. 基本解

二维电场问题的边界元求解域如图 3-30 所示。

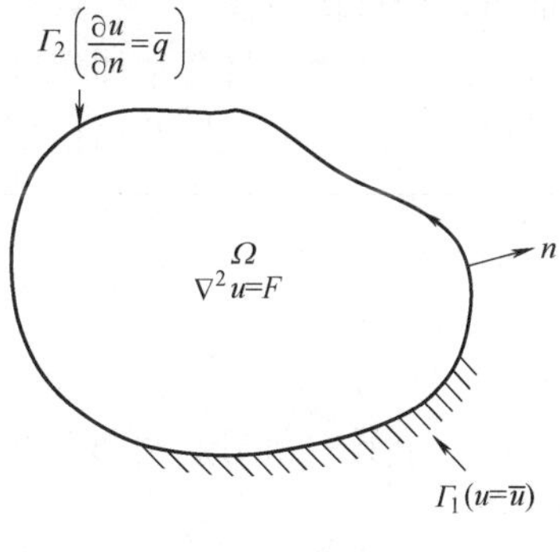

令求解区域内电位满足泊松方程，边界由两部分组成，即 Γ_1 和 Γ_2；n 表示边界的外法线方向；在边界 Γ_1 上电位 u 已知，q 为电场强度的边界外法线分量，q 在边界 Γ_2 上已知。静电场问题一般描述为

$$\begin{cases} \nabla^2 u = F & \text{区域 } \Omega \text{ 中} \\ u = \overline{u} & \text{边界 } \Gamma_1 \text{ 上} \\ q = \partial u/\partial n = \overline{q} & \text{边界 } \Gamma_2 \text{ 上} \end{cases} \tag{3-60}$$

图 3-30　边界元法静电场问题场域示意图

其二维问题的基本解为

$$\begin{cases} u^* = \dfrac{1}{2\pi}\ln\dfrac{1}{r} \\ q^* = -\dfrac{1}{2\pi r}\dfrac{\partial r}{\partial n} \end{cases} \tag{3-61}$$

其三维问题的基本解为

$$\begin{cases} u^* = \dfrac{1}{4\pi r} \\ q^* = -\dfrac{1}{4\pi r^2}\dfrac{\partial r}{\partial n} \end{cases} \tag{3-62}$$

式中　r——源点到场点的距离；

u——位函数。

从以上的基本解的定义可以看出，基本解的实质是集中量（点源）在空间产生的效应。就线性微分方程而言，如果激励场源是一种连续分布量，那么它产生的效应可以根据线性叠加原理，表示成无数个集中量所产生的效应的叠加。也就是说，连续分布量所产生的效应可以用基本解乘以连续分布量的密度函数的积分来表示。

显然，如本例中的静电场泊松方程的基本解，其物理意义为在无界空间位置为 r' 的点上放置电量为 ε_0 的正电荷，它在与其相距 r 处所产生的电位值，如式（3-62）所示。则呈体电荷密度 ρ 分布的场源在该场点产生的电位就等于此基本解乘以电荷密度，除以 ε_0，然后再对整个源区电荷进行积分，即

$$u=\int_{V'}\frac{\rho}{4\pi\varepsilon_0 r}\mathrm{d}V' \tag{3-63}$$

2. 加权余量法

运用加权余量法来推导边界元方程，用近似解函数 $\tilde{u}$ 代替欲求的未知解函数 u，若令 R_0、R_1 和 R_2 分别表示场的偏微分方程及场域边界上的余量，则

$$\begin{cases}R_0=\nabla^2\tilde{u}-F & \text{区域 }\Omega\text{ 中}\\ R_1=u-\tilde{u} & \text{边界 }\Gamma_1\text{ 上}\\ R_2=q-\partial\tilde{u}/\partial n & \text{边界 }\Gamma_2\text{ 上}\end{cases} \tag{3-64}$$

显然，准确解的所有余量都恒等于零。对于近似解，欲使其余量方程为零是不可能的，因而可以令近似解在场域和其边界上，在平均意义下，其余量方程为零，近似于平均意义下的误差最小，采用对余量加权做加权平均的思想进行处理。选取加权函数 w，使得余量在整个求解域和边界上，按照加权平均的意义为零。具体做法将加权函数 w 乘以余量 R，在整个域内和边界上的积分为零。

有

$$\int_D \boldsymbol{R}\cdot\boldsymbol{w}\mathrm{d}\Omega=0 \tag{3-65}$$

将整个域 D 展开，可推导出边界元方程。根据式（3-65），有

$$\int_\Omega(\nabla^2\tilde{u}-F)w\mathrm{d}S+\int_{\Gamma_1}(u-\tilde{u})w\mathrm{d}l+\int_{\Gamma_2}\left(q-\frac{\partial\tilde{u}}{\partial n}\right)w\mathrm{d}l=0 \tag{3-66}$$

如果令域内所有点所选的近似解函数 $\tilde{u}$ 在求解域内满足泊松方程，设 f_1 和 f_2 为边界上物理量的连续函数，则式（3-66）可变为

$$\int_{\Gamma_1}(f_1-\tilde{u})w\mathrm{d}l+\int_{\Gamma_2}\left(f_2-\frac{\partial\tilde{u}}{\partial n}\right)w\mathrm{d}l=0 \tag{3-67}$$

则未知量仅包括边界上的节点的物理量。若将边界划分成 $N_0(n+m)$ 个单元 l_j，其中 l_1^j $(j=1,2,\cdots,n)$，取在 Γ_1 上，l_2^j $(j=n+1,n+2,\cdots,n+m)$；取在 Γ_2 上，则有

$$\sum_{j=1}^{n}\int(f_1-\tilde{u})w_1^j\mathrm{d}\Gamma_1^j+\sum_{j=n+1}^{n+m}\int\left(f_2-\frac{\partial\tilde{u}}{\partial n}\right)w_2^j\mathrm{d}\Gamma_2^j=0 \tag{3-68}$$

如果选取一种特殊的权函数——单位函数，即

$$w_k^j=\begin{cases}1 & \Gamma_k^j\text{上}(k=1,2)\\0 & \Gamma_k^i\text{上}(i\neq j)\end{cases} \tag{3-69}$$

且设近似解具有下述线性组合形式：

$$\tilde{u}=\sum_{i=1}^{N_0}a_iH_i \tag{3-70}$$

式中　a_i——特定系数；

　　H_i——与坐标有关的已知试探函数。

将式（3-68）和式（3-69）代入式（3-70）中，得到有关参数 a_i 的线性方程组，即为边界单元方程组

$$\int_{\Gamma_1^j}f_1\mathrm{d}l_1^j=\int_{\Gamma_1^j}\sum_{j=1}^{N_0}a_i\,H_{i_1}\mathrm{d}l_1^j=\sum_{j=1}^{N_0}a_i\int_{\Gamma_1^j}H_i\mathrm{d}l_1^j(j=1,2,\cdots,n) \tag{3-71}$$

$$\int_{\Gamma_2^j}f_2\mathrm{d}l_2^j=\int_{\Gamma_1^j}\sum_{i=1}^{N_0}\frac{\partial}{\partial n}(a_i\,H_i)\,\mathrm{d}l_2^j=\sum_{i=1}^{N_0}a_i\int_{\Gamma_2^j}\frac{\partial}{\partial n}(H_i)\,\mathrm{d}l_2^j(j=n+1,n+2,\cdots,n+m-1,N_0) \tag{3-72}$$

如果试探函数已知，则可从上式解出全部参数 a_i。将其代入式（3-70），即可求得边界上的近似解函数 $\tilde{u}$。

3.3.2 边界元法实施过程

在给定边界条件和场域几何形状的情况下，边界元法借助于边界网格划分技术，其实现过程如下：

1）边界 S（3D）或者 L（2D）被离散成一系列边界单元，在每个单元上，假定位势函数及其导数是按照节点值的内插函数形式变化。

2）基于边界积分方程，按边界单元上节点的配置，在相应节点上建立离散方程。

3）采用数值积分法，计算每个单元上的相应积分项。

4）按给定的边界条件，确立一组线性代数方程组，即边界元方程。然后采用适当的代数解法，解出边界上待求的位势或者其导数的离散解。

5）同样基于边界积分方程，在上述边界元法所得的离散解的基础上，可得场域内任一点的位函数与场量解。

以图3-30的二维电场为例，从最简单的常数单元开始，推导边界元方程。

常数单元是指每个边界单元上的 $\boldsymbol{u}$ 和 $\boldsymbol{q}$ 值都设定为相应的常数，且等于该单元中点上的值。各单元中心即其两端点连线的中心点，亦称节点，如图3-31所示。

设场域 D 内位函数 u 满足拉普拉斯方程，则直接积分方程可以写为

$$a_iu_i=\int_L\left(wq-u\frac{\partial w}{\partial n}\right)\mathrm{d}l \tag{3-73}$$

当边界离散后，按边界单元上节点的配置，上式可改写为

$$a_iu_i+\sum_{j=1}^{N}\int_{L_j}u\frac{\partial w}{\partial n}\mathrm{d}l=\sum_{j=1}^{N}\int_{L_j}wq\mathrm{d}l \tag{3-74}$$

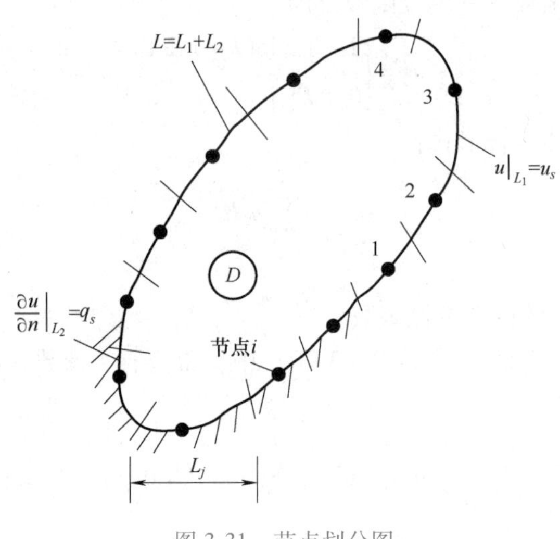

图 3-31 节点划分图

式中 i——节点序号；

j——单元序号。

由于在各个边界单元 L_j（$j=1,2,\cdots,N$）上 u 与 q 均分别设定为相应的常数，故可将其提出积分号，得

$$a_i u_i + \sum_{j=1}^{N} u_j \int_{L_j} \frac{\partial w}{\partial n} \mathrm{d}l = \sum_{j=1}^{N} q_j \int_{L_j} w \mathrm{d}l \tag{3-75}$$

各单元上的积分仅与节点 i 和单元 j 相关。令

$$H'_{ij} = \int_{L_j} \frac{\partial w}{\partial n} \mathrm{d}l \tag{3-76}$$

$$G_{ij} = \int_{L_j} w \mathrm{d}l \tag{3-77}$$

H'_{ij}和 G_{ij}一般可由数值积分算出，对于几何形状较为简单的模型，可以得到解析解。式（3-75）代入可整理为

$$a_i u_i + \sum_{j=1}^{N} u_j H'_{ij} = \sum_{j=1}^{N} q_j G_{ij} \tag{3-78}$$

只有当场点和源点重合时（$i=j$），$a_i=1/2$（边界光滑时），其余均为零。故若再令

$$H_{ij} = \begin{cases} H'_{ij} \ (i \neq j) \\ H'_{ij} + \dfrac{1}{2} \ (i=j \text{ 边界光滑时}) \end{cases} \tag{3-79}$$

式（3-78）又可以改写为

$$\sum_{j=1}^{N} u_j H_{ij} = \sum_{j=1}^{N} q_j G_{ij} \tag{3-80}$$

根据模型特点，因为在边界 L_1上有 N_1个单元属于第一类边界条件，单元上的电位函数 u 是已知的，但是其 q 值未知；而边界 L_2上对应的 N_2个单元属于第二类边界条件，单元上的 q 值已知，但是 u 值未知。因此，离散的边界积分方程的未知量由 N_1个 q 值和 N_2个 u 值组成。上式是对应于第 i 个节点所列出的离散边界积分方程，就整体 N 个边界节点的几何而

言，即构成 N 个方程，可写成如下矩阵形式：

$$\boldsymbol{Hu}=\boldsymbol{Gq} \tag{3-81}$$

重新排列上式，将所有包含未知量的项移到方程的左端，已知项放在右端，可得到重排后的 N 阶线性方程组为

$$\boldsymbol{AX}=\boldsymbol{B} \tag{3-82}$$

式中 $\boldsymbol{X}$——由未知量 $\boldsymbol{u}$ 和 $\boldsymbol{q}$ 组成的列向量；

$\boldsymbol{B}$——N 维列向量，表示给定的边界条件；

$\boldsymbol{A}$——NN 阶系数矩阵，表征了节点 i 与各单元 j 之间的关联。

解上述方程组，就可以求得边界上所有未知的 $\boldsymbol{u}$ 和 $\boldsymbol{q}$。场域内任一点的位函数 u 的计算公式为

$$u_i=\sum_{j=1}^{N} q_j\,G_{ij}-\sum_{j=1}^{N} u_j H'_{ij} \tag{3-83}$$

值得注意的是：此时待求解的场点位于场域内部，节点 i 不会出现与单元 j 重合的情况，因此，$a_i=1$。

系数矩阵元素的确定：

1. 主对角线元素计算

$$H'_{ii}=\int_{L_i}\frac{\partial W}{\partial n}\mathrm{d}l=\int_{L_i}\boldsymbol{W}\cdot\boldsymbol{e}_n\mathrm{d}l \tag{3-84}$$

式中，被积函数是基本解 W 的梯度在单元 i 的法线方向 e_n 上的投影。可以看出，由于 e_n 与单位向量（W 的梯度方向）相互垂直，故积分为零。有：$H'_{ii}=0$

$$G_{ii}=\int_{L_i}W\mathrm{d}l=\int_0^{L_i}\frac{1}{2\pi}\ln\frac{1}{r}\mathrm{d}l \tag{3-85}$$

由于常数单元的节点，即等效源的源点，位于单元中心，因此，在 $0\leqslant l\leqslant L_i/2$ 区域内，l^0 与 r^0 的方向相反，如图 3-32 所示。

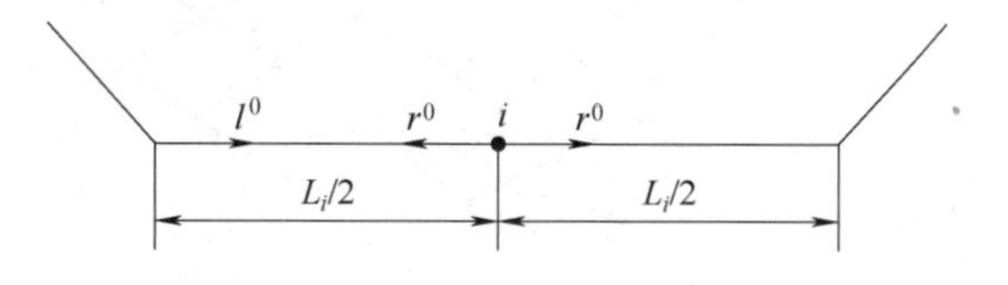

图 3-32 常数单元 i

所以，有

$$G_{ii}=\int_0^{L_i/2}\frac{1}{2\pi}\ln\frac{1}{L_i/2-l}\mathrm{d}l+\int_{L_i/2}^{L_i}\frac{1}{2\pi}\ln\frac{1}{l-L_i/2}\mathrm{d}l=\frac{L_i}{2\pi}\left(1-\ln\frac{L_i}{2}\right) \tag{3-86}$$

2. 非对角线元素计算（见图 3-33）

$$H_{ij}=\int_{L_j}\frac{\partial W}{\partial n}\mathrm{d}l=\int_{L_j}\frac{1}{2\pi}\frac{\partial}{\partial n}\left(\ln\frac{1}{r}\right)\mathrm{d}l=\int_{L_j}\frac{-1}{2\pi r}\frac{\partial r}{\partial n}\mathrm{d}l\approx\sum_{k=1}^{N}A_k f(\xi_k) \tag{3-87}$$

$$G_{ij}=\int_{L_j}W\mathrm{d}l=\int_{L_j}\frac{1}{2\pi}\ln\frac{1}{r}\mathrm{d}l\approx\sum_{k=1}^{N}A_k e(\xi_k) \tag{3-88}$$

式中 $\boldsymbol{e}_n$——单元 j 的法线方向；

A_k——权系数；

N——高斯积分点；

ξ_k——第 k 个高斯积分点的坐标。

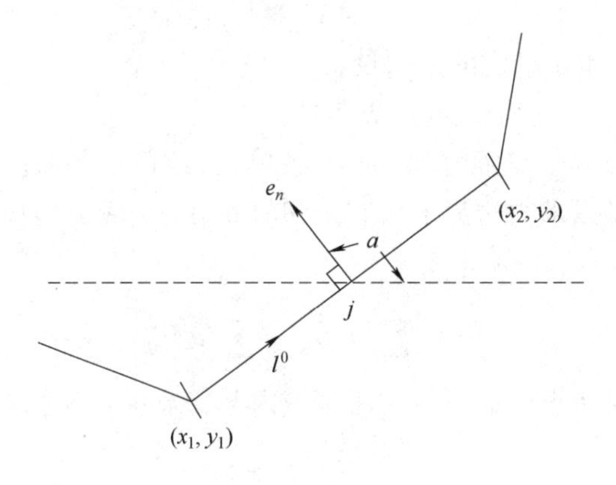

图 3-33　常数单元 j

3.3.3　三维问题的边界元法

三维边界元法的边界单元为面单元，本节只讨论拉普拉斯方程的三维边界元法离散过程。

在三维情况下边界元源点与场单元间的关系如图 3-34 所示。

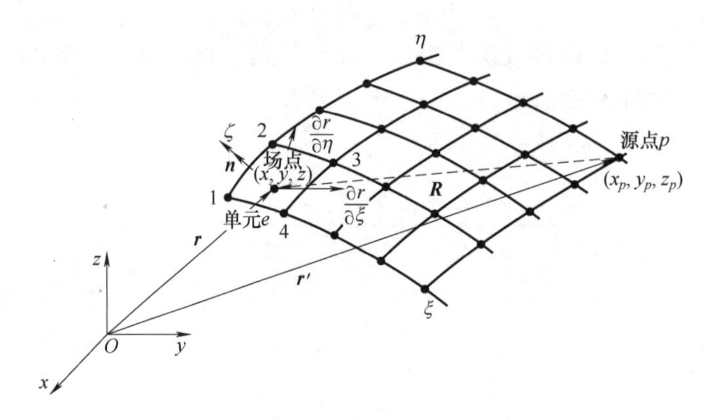

图 3-34　三维边界元源点与场单元示意图

图 3-34 所示的边界元法积分公式和基本解为

$$c(\boldsymbol{r}')u(\boldsymbol{r}') + \int_\Gamma u(\boldsymbol{r})\, q^*(\boldsymbol{r}',\boldsymbol{r})\,\mathrm{d}\Gamma = \int_\Gamma q(\boldsymbol{r})\, u^*(\boldsymbol{r}',\boldsymbol{r})\,\mathrm{d}\Gamma \tag{3-89}$$

$$u^*(\boldsymbol{r}',\boldsymbol{r}) = \frac{1}{4\pi|\boldsymbol{r}'-\boldsymbol{r}|} = \frac{1}{4\pi R} \tag{3-90}$$

基本解在外法向上的偏导为

$$q^*(\boldsymbol{r}',\boldsymbol{r})=\frac{\partial u^*(\boldsymbol{r}',\boldsymbol{r})}{\partial n}=\frac{\partial}{\partial n}\left(\frac{1}{4\pi R}\right)=\frac{1}{4\pi}\nabla\left(\frac{1}{R}\right)\cdot\hat{\boldsymbol{n}}=\frac{-R\cdot\hat{\boldsymbol{n}}}{4\pi R^3} \tag{3-91}$$

考虑4节点线性四边形单元，在单元e内，$u^e(\boldsymbol{r})$及$q^e(\boldsymbol{r})$可表示为

$$u^e(\boldsymbol{r})=\sum_{j=1}^{4}N_j^e U_j^e, q^e(\boldsymbol{r})=\sum_{j=1}^{4}N_j^e Q_j^e \tag{3-92}$$

$$\begin{cases}N_1^e=\dfrac{1}{4}(1-\xi)(1-\eta), N_2^e=\dfrac{1}{4}(1+\xi)(1-\eta)\\ N_3^e=\dfrac{1}{4}(1+\xi)(1+\eta), N_4^e=\dfrac{1}{4}(1-\xi)(1+\eta)\end{cases} \tag{3-93}$$

式中　U_j^e和Q_j^e——u和q在第e个单元的第j个节点上的值；

ξ、η——单元的局部坐标。

式（3-89）左端积分项在三维情况下可以表示为

$$\int_\Gamma u(\boldsymbol{r})q^*(\boldsymbol{r}',\boldsymbol{r})\mathrm{d}\Gamma=\sum_{e=1}^{m}\int_{\Gamma^e}u(\boldsymbol{r})q^*(\boldsymbol{r}',\boldsymbol{r})\mathrm{d}\Gamma=\sum_{e=1}^{m}\sum_{j=1}^{4}H_{i,j}^e U_j^e \tag{3-94}$$

其中单元$\boldsymbol{H}$矩阵中的元素表示为

$$H_{i,j}^e=\int_{\Gamma^e}N_j^e\frac{-\boldsymbol{R}\cdot\boldsymbol{n}}{4\pi R^3}\mathrm{d}\Gamma=\frac{-1}{4\pi}\int_{-1}^{1}\int_{-1}^{1}N_j^e\frac{\boldsymbol{R}\cdot\boldsymbol{n}}{R^3}J(\xi,\eta)\mathrm{d}\xi\mathrm{d}\eta \tag{3-95}$$

式（3-89）的右端可以表示为

$$\int_\Gamma q(\boldsymbol{r})u^*(\boldsymbol{r}',\boldsymbol{r})\mathrm{d}\Gamma=\sum_{e=1}^{m}\int_{\Gamma^e}q^e(\boldsymbol{r})u^*(\boldsymbol{r}',\boldsymbol{r})\mathrm{d}\Gamma=\sum_{e=1}^{m}\sum_{j=1}^{4}Q_j^e G_{i,j}^e \tag{3-96}$$

$$G_{i,j}^e=\int_{\Gamma^e}N_j^e\frac{1}{4\pi R}\mathrm{d}\Gamma=\frac{1}{4\pi}\int_{-1}^{1}\int_{-1}^{1}N_j^e\frac{1}{R}J(\xi,\eta)\mathrm{d}\xi\mathrm{d}\eta \tag{3-97}$$

式中

$$\boldsymbol{R}=(x-x_p)\boldsymbol{x}+(y-y_p)\boldsymbol{y}+(z-z_p)\boldsymbol{z} \tag{3-98}$$

$$\boldsymbol{n}=\frac{\dfrac{\partial\boldsymbol{r}}{\partial\xi}\times\dfrac{\partial\boldsymbol{r}}{\partial\eta}}{\left|\dfrac{\partial\boldsymbol{r}}{\partial\xi}\times\dfrac{\partial\boldsymbol{r}}{\partial\eta}\right|} \tag{3-99}$$

$J(\xi,\eta)$为雅可比行列式，且

$$J(\xi,\eta)=\left|\frac{\partial\boldsymbol{r}}{\partial\xi}\times\frac{\partial\boldsymbol{r}}{\partial\eta}\right| \tag{3-100}$$

$$\frac{\partial\boldsymbol{r}}{\partial\xi}=\frac{\partial x}{\partial\xi}\boldsymbol{x}+\frac{\partial y}{\partial\xi}\boldsymbol{y}+\frac{\partial z}{\partial\xi}\boldsymbol{z}=\sum_{j=1}^{4}\frac{\partial N_j^e}{\partial\xi}x_j\boldsymbol{x}+\sum_{j=1}^{4}\frac{\partial N_j^e}{\partial\xi}y_j\boldsymbol{y}+\sum_{j=1}^{4}\frac{\partial N_j^e}{\partial\xi}z_j\boldsymbol{z} \tag{3-101}$$

$$\frac{\partial\boldsymbol{r}}{\partial\eta}=\frac{\partial x}{\partial\eta}\boldsymbol{x}+\frac{\partial y}{\partial\eta}\boldsymbol{y}+\frac{\partial z}{\partial\eta}\boldsymbol{z}=\sum_{j=1}^{4}\frac{\partial N_j^e}{\partial\eta}x_j\boldsymbol{x}+\sum_{j=1}^{4}\frac{\partial N_j^e}{\partial\eta}y_j\boldsymbol{y}+\sum_{j=1}^{4}\frac{\partial N_j^e}{\partial\eta}z_j\boldsymbol{z} \tag{3-102}$$

在边界元法中，源点i在各个场单元中循环，得到每个场单元中的$H_{i,j}^e$和$G_{i,j}^e$。将$H_{i,j}^e$和$G_{i,j}^e$进行叠加得到$\boldsymbol{H}$矩阵和$\boldsymbol{G}$矩阵，形成边界元系统方程组

$$\boldsymbol{HU}=\boldsymbol{GQ} \tag{3-103}$$

3.3.4　典型算例

以长直接地金属槽（见图3-35）中电位和电场强度分布的计算为例，具体阐述二维边

界元法的实施及其计算精度的评价。金属槽侧壁和底面电位为零，顶盖电位的相对值为100V。基于场分布的对称性，此二维电场的求解区域可进而压缩而归结为$D/2$。

因此，对应于该算例的数学模型为

$$\begin{cases}\varphi(x,y)=0 \quad (x,y)\in D/2 \\ \varphi\big|_{y=b,0<x<a/2}=100 \\ \varphi\big|_{y=0,0\leqslant x\leqslant a/2}=\varphi\big|_{x=0,0\leqslant y\leqslant a/2}=0 \\ q=\dfrac{\partial\varphi}{\partial n}\Big|_{x=a/2,0\leqslant y\leqslant b}=0\end{cases}$$

设置边长为10，每个边上设置20个单元，采用节点中线性单元的离散化模式，单元的中部为节点，一共80个单元，80个中间节点，沿计算场域边界按逆时针方向编写单元的节点号，如图3-36所示。在MATLAB中使用边界元法进行求解时，首先需要确定所求矩形金属槽的各项参数，即输入矩形槽的各边长及电位值，并设置金属槽内求解位置的坐标，以便获得金属槽内电位分布。然后根据矩形槽参数设置上下左右各侧单元初值。

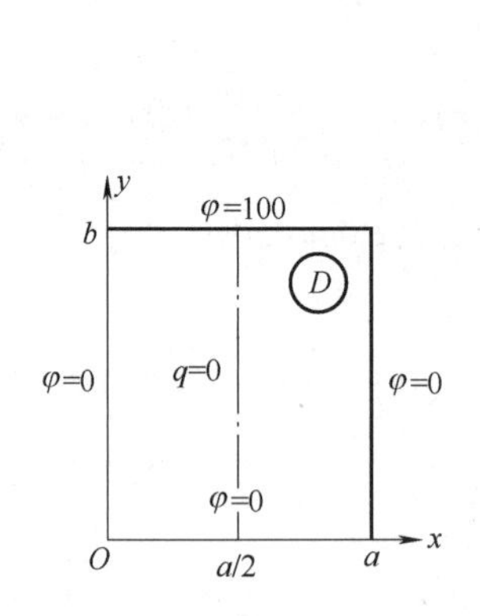

图3-35　长直接地金属槽

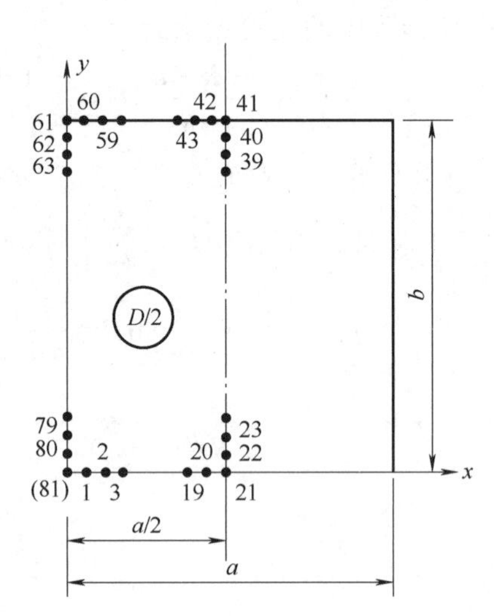

图3-36　线性单元离散化边界

接下来基于线性插值函数建立系数矩阵$\boldsymbol{H}$和$\boldsymbol{G}$，可按照式（3-85）~式（3-88）计算得到。但当场点i与源点j相等时，在这一单元上的节点可能是重合的，即图3-32中的r^0为零，则该重合点为奇异点，此时矩阵$\boldsymbol{H}$为常数，矩阵$\boldsymbol{G}$需要根据式（3-87）进行计算。由图3-36中节点分布可发现上下侧节点的纵坐标y不随节点位置改变，而左右侧节点的横坐标x不随节点位置改变，所以当场点与源点不重合时，需要根据各节点位置分不同情况进行计算。此外，求解之前应按边界单元上节点的配置在相应节点上建立离散方程。

在用MATLAB进行计算时，还需要对式（3-86）进行简化变形。例如当节点位于右侧时，此时r为场点与源点之间的直线，可由勾股定理求出，n为垂直于斜边的法向，即x方向上的距离，为场点x坐标x_2与源点x坐标x_1的差值，则简化后变为式（3-103），$\boldsymbol{H}$系数矩阵求解的MATLAB程序实现见图3-37。随后可通过梯形法求解积分，再根据电荷与电位的分布对得到的矩阵整序。

$$H_{ij}=\int_{L_j}\frac{-1}{2\pi r}\frac{\partial r}{\partial n}\mathrm{d}l=\int_{L_j}\frac{-1}{2\pi r}\frac{x_2-x_1}{r}\mathrm{d}l=\frac{-1}{2\pi}\int_{L_j}\frac{x_2-x_1}{r^2}\mathrm{d}l \tag{3-104}$$

当节点位于上下侧，n 为 y 轴方向上的距离，$\boldsymbol{G}$ 矩阵求解时同理。

```
%% 3.H矩阵h_ij确定

for i=1:TOTAL       % 场点循环
    for j=1:TOTAL   % 源点循环

        if (i==j)  % 奇异点处理
            h_ij(i,j)=C;
        else
            fieldpoint_x=point(1,i);    % 场点X坐标
            currentpoint_x=point(1,j);  % 源点X坐标
            fieldpoint_y=point(2,i);    % 场点Y坐标
            currentpoint_y=point(2,j);  % 源点Y坐标

            current_x=linspace(currentpoint_x-minstep_a/2,currentpoint_x+minstep_a/2,NN); %  X积分变量离散
            current_y=linspace(currentpoint_y-minstep_b/2,currentpoint_y+minstep_b/2,NN); %  Y积分变量离散


            if (j>0 & j<N+1)|(j>2*N & j<3*N+1)  %  上下侧

                quad=abs(fieldpoint_y-currentpoint_y)./...
                    ((fieldpoint_x-current_x).^2+(currentpoint_y-fieldpoint_y).^2);
                h_ij(i,j)=-(1/(2*pi))*trapz(current_x,quad);  %梯形法求解积分


            else    %  左右侧

                quad=abs(fieldpoint_x-currentpoint_x)./...
                    ((fieldpoint_x-currentpoint_x).^2+(current_y-fieldpoint_y).^2);
                h_ij(i,j)=-(1/(2*pi))*trapz(current_y,quad);    %梯形法求解积分

            end;
        end;
    end;
end;
```

图 3-37 ***H*** 系数矩阵的求解程序

由所得边界元方程解出边界上的未知量后，即可根据电压和电荷矩阵计算并输出场域内任一点的电位与场强。以上采用线性单元边界元法的数值求解过程，可应用线性单元边界元法的通用计算程序（BEM-2D）来实现，具体程序见附录。

在场域边界剖分完全相同的前提下，表 3-5 和表 3-6 给出当 $a=20$、$b=17$ 时，分别应用有限元法、边界元法和解析法计算典型场点处电位及电场强度的分布，并列出所得数值解的相对误差。由表 3-5、表 3-6 计算结果可以看出，边界元法和有限元法对于位函数的计算，都有令人满意的计算程度。但是在计算场强时，边界元法较之于有限元法有更高的计算精度，这是因为采用边界元法计算时，场强与位函数有同阶的计算精度，而用有限元法求场强时，则需再进行一次微分运算，从而导致计算精度的降低。

表 3-5　典型场点处的电位分布及其误差

坐标（x，y）	方法			相对误差（%）	
	有限元法	边界元法	解析法	有限元法	边界元法
1，1	0.444	0.445	0.443	0.225	0.451
3，10	20.137	20.151	20.126	0.055	0.124

（续）

坐标（x，y）	方法			相对误差（%）	
	有限元法	边界元法	解析法	有限元法	边界元法
3，14.1	48.482	48.522	48.537	0.113	0.031
1，16.5	69.540	70.346	70.915	1.939	0.802
6，4	9.638	9.673	9.635	0.311	0.394
6，10	33.342	33.433	33.362	0.060	0.213
6，16	87.559	87.608	87.608	0.056	0
9.5，1	2.772	2.776	2.772	0	0.144
9.5，10	39.171	39.33	39.204	0.084	0.321
9.5，16.5	94.888	95.084	94.751	0.145	0.351
4，16.5	91.432	91.478	91.147	0.313	0.363
7，16.5	94.301	94.331	94.298	0.003	0.035

表 3-6　典型场点处的场强分布及其误差

坐标（x，y）	方法			相对误差（%）	
	有限元法（$\|E_x\|$，$\|E_y\|$）	边界元法（$\|E_x\|$，$\|E_y\|$）	解析法（$\|E_x\|$，$\|E_y\|$）	有限元法	边界元法
1/3，1/3	0.223，0	0.148，0.149	0.148，0.148	6.5	0.3384
16/3，1/3	0.328，2.488	0.218，2.697	0.213，2.692	7.068	0.1993
10.3，1/3	0.859，7.230	0.553，7.682	0.547，7.684	4.325	0.0203
43/3，1/3	5.045，21.083	2.952，22.551	3.031，22.738	5.4968	0.8533
1/3，19/3	2.384，0	2.334，0.076	2.339，0.077	1.8687	0.2149
16/3，19/3	3.321，1.273	3.214，1.344	3.212，1.344	2.1475	0.0529
10.3，19/3	6325，2.849	6.154，2.874	6.156，2.866	2.1586	0.0231
43/3，19/3	10.470，2.831	10.447，2.615	10.446，2.596	0.7641	0.0517
1/3，28/3	2.772，0	2.679，0.029	2.758，0.015	0.5060	2.86
16/3，28/3	3790，0.260	3.721，0.255	3.720，0.249	1.8932	0.0376
10.3，28/3	6.634，0.536	6.518，0.498	6.523，0.486	1.751	0.0624
43/3，28/3	9.484，0.450	9.435，0.390	9.426，0.375	0.6489	0.1018

3.4　逐次镜像法

架空输电线路电磁环境分析通常需要计算导线周围电场、无线电干扰和可听噪声。导线表面电场强度是影响输电线路周围电磁环境的主要因素，也是进行线路电磁环境计算的首要条件，输电线路下方距地面 1.5m 处电场强度的大小是确定输电线路最小对地高度、划定线路走廊宽度的依据。

超高压及以上电压等级输电线路通常采用分裂导线，用于计算分裂导线表面场强和空间场强的方法很多，有基于求取等效半径的马克特—门得尔法（Markt and Mengele）、有限元法（finite element method）、模拟电荷法（simulator charges）、矩量法（moment methods）和逐次镜像法（successive images）等。

逐次镜像法在导线间的最小距离与导线半径之比大于 10 时，镜像 1 次就能使计算误差小于 2%，故适合于计算导线表面的电场强度和线路下方的工频电场。

3.4.1 逐次镜像法原理

逐次镜像法的基本原理是：以维持各导线表面成等位面为边界条件，在各个导线内逐次放置镜像电荷。这样，多导线系统中每根导线上的分布电荷可被一系列的点电荷等效表示。由于每一次镜像过程都使系统中每根导线的表面向等电位面趋近一步，当所研究的问题在某次镜像后已得到满足精度要求的结果时，逐次镜像过程即可结束。

如图 3-38 所示的 n 导线系统（$n=12$），各导线对地电位和表面电荷分别假定为 $V_1, V_2, \cdots, V_n$ 和 $\lambda_1, \lambda_2, \cdots, \lambda_n$；大地的影响用镜像导线来等效，其电位和电荷分别为 $-V_1, -V_2, \cdots, -V_n$ 和 $-\lambda_1, -\lambda_2, \cdots, -\lambda_n$。因此，地面之上的导线被一个 $2n$ 根导线的等效系统取代。

每根导线上的电荷，都可以用所有其他导线上的电荷来表示。在放置这些电荷时，要求使被考虑的导线表面成为一个等电位面。例如第 i 根导线，经第一次镜像后的所有镜像电荷如图 3-39 所示。其他导线对第 i 根导线的镜像电荷都设置在该导线的内部，该导线上的镜像电荷总个数为（$2n-1$），而这些电荷的代数和仍为 λ_i，即本导线上总电荷量。依此类推，当第一次镜像过程结束时，每根导线上都有了（$2n-1$）个电荷。

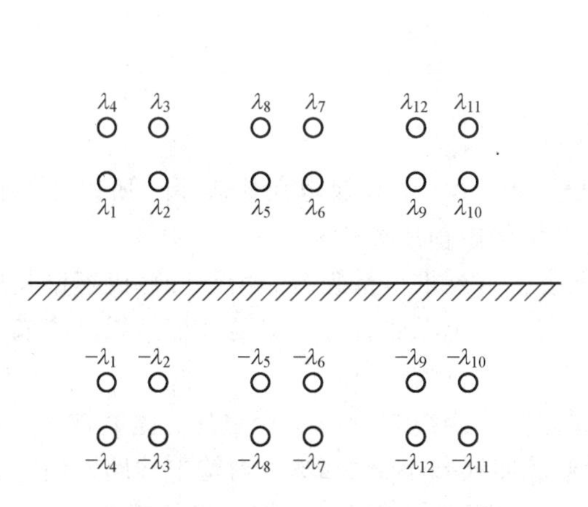

图 3-38　n 导线系统及其镜像

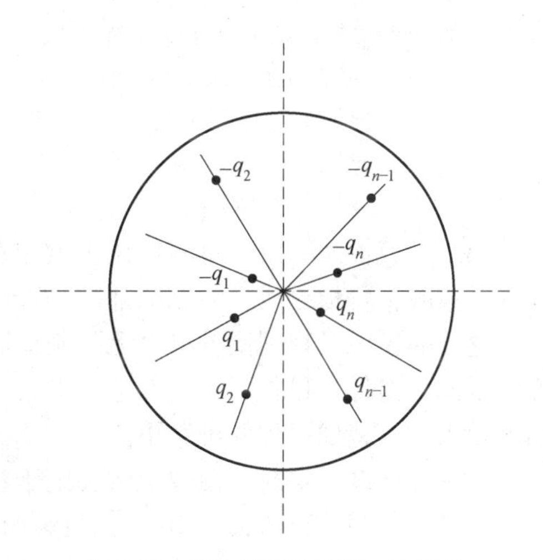

图 3-39　第 i 根导线的第一次镜像

3.4.2 逐次镜像法应用过程

第一次镜像时，镜像电荷的位置（见图 3-40）由下式确定

$$d_{ij}=\frac{r_i}{D_{ij}} \tag{3-105}$$

式中　r_i——第 i 根导线半径；

　　D_{ij}——第 i 根导线至第 j 个电荷的距离。

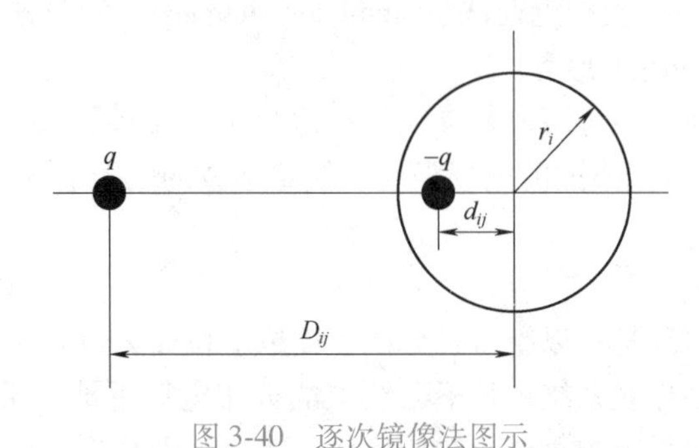

图 3-40　逐次镜像法图示

每根导线上的电荷量可根据麦克斯韦电位系数法求得：其中，r_i为第 i 根导线半径

$$\boldsymbol{Q}=\boldsymbol{P}^{-1}\boldsymbol{V} \tag{3-106}$$

式中　$\boldsymbol{Q}$——单位长度导线电荷列向量；

　　$\boldsymbol{V}$——导线对地电位列向量；

　　$\boldsymbol{P}$——电位系数矩阵，由下式求得

$$P_{ii}=\frac{1}{2\pi\varepsilon_0}\ln\frac{2H_i}{r_i} \tag{3-107}$$

$$P_{ij}=\frac{1}{2\pi\varepsilon_0}\ln\frac{D_{ij}}{D'_{ij}} \tag{3-108}$$

式中　H_i——导线 i 的高度；

　　r_i——导线 i 的半径；

　　D_{ij}——导线 i 到导线 j 的直线距离；

　　D'_{ij}——导线 i 到导线 j 的镜像的直线距离；

　　ε_0——空气介电常数。

第二次镜像时，由于每根导线上的电荷都被（$2n-1$）个等效电荷所表示，所以当镜像过程结束时，每根导线上的电荷都被 $2(2n-1)$ 个镜像电荷所取代。

这样的镜像过程理论上可以无限制地进行下去，直到求得精确解。由于计算机容量及速度的限制，镜像过程不可能一直进行下去，而且实际上也无此必要，只要计算结果已能满足精度要求时，镜像过程便可结束。

当计算精度一定时，镜像次数决定于各导线之间的距离与导线半径之比，比值越大，镜像次数越少。当该比值大于 10 时，只镜像一次便能使误差小于 0.2%。对输电线路来说，分裂间距与导线半径之比一般均超过 20，故只进行一次镜像便能求得足够精确的解。

求得镜像电荷及其位置坐标后，便可计算空间任意一点的电位和电场强度。例如对空间点（X_0,Y_0），电位由叠加定理计算

$$V=\sum_{i=1}^{n(2n-1)}P_i\,Q_i \tag{3-109}$$

$$P_i=\frac{1}{2\pi\varepsilon_0}\ln\frac{\sqrt{(Y_i+Y_0)^2+(X_0-X_i)^2}}{\sqrt{(Y_i-Y_0)^2+(X_0-X_i)^2}} \tag{3-110}$$

式中　X_i，Y_i——各镜像电荷的位置坐标。

由电荷在该点产生的场强的垂直和水平分量为

$$E_V = \sum_{i=1}^{n\cdot(2n-1)} \frac{Q_i}{2\pi\varepsilon_0}\left[\frac{Y_i - Y_0}{(Y_i - Y_0)^2 + (X_0 - X_i)^2} + \frac{Y_i + Y_0}{(Y_i + Y_0)^2 + (X_0 - X_i)^2}\right] \tag{3-111}$$

$$E_H = \sum_{i=1}^{n\cdot(2n-1)} \frac{Q_i}{2\pi\varepsilon_0}\left[\frac{X_0 - X_i}{(Y_i - Y_0)^2 + (X_0 - X_i)^2} - \frac{X_0 - X_i}{(Y_i + Y_0)^2 + (X_0 - X_i)^2}\right] \tag{3-112}$$

工程算例： 本例取典型 500kV 同塔双回架空输电线模型参数如下：线路全长 50km 且不换位，采用 4 分裂导线，导线型号为 4×LGJ-400/50，直径 27.6mm，分裂导线相邻子导线间隔距离 450mm，假设双回线路首末两端电源参数、导线与地线参数都相同，输电线路采用贝瑞隆模型，杆塔参数及布置如图 3-41 所示。

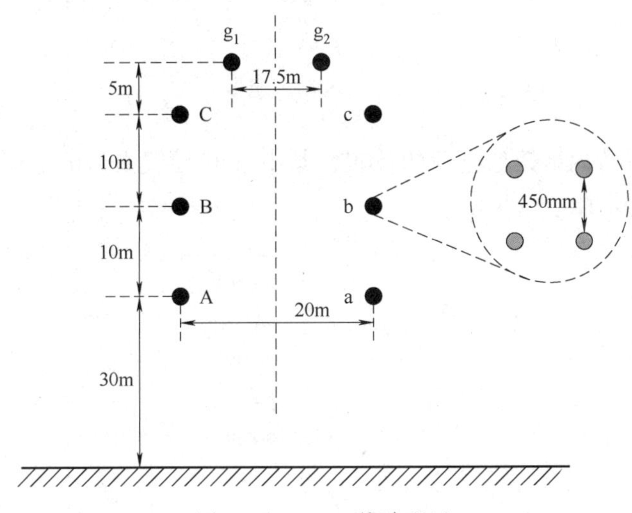

图 3-41　500kV 线路配置

（1）参数初始化（见图 3-42）：

```
clear all;
V_line=500e3; %线电压500kV
Xabc=[10 10 10 -10 -10 -10]; %双回输电线横坐标
Yabc=[30 40 50 30 40 50]; %双回输电线纵坐标
Xg=[8.75 -8.75]; %地线横坐标
Yg=[55 55]; %地线纵坐标
d=450e-3; %分裂导线间距
r=(27.6e-3)/2; %导线半径
N=26; %双回输电线路导线数目
Vm=V_line*sqrt(2)/sqrt(3); %相电压幅值
Va=Vm*sin(pi/6); %A相电压
Vb=Vm*sin(pi/6-2*pi/3); %B相电压
Vc=Vm*sin(pi/6+2*pi/3); %C相电压
Vabc=[Va Vb Vc];
```

图 3-42　参数初始化

（2）计算导线及其镜像导线的位置，程序及运行结果如图 3-43 所示。

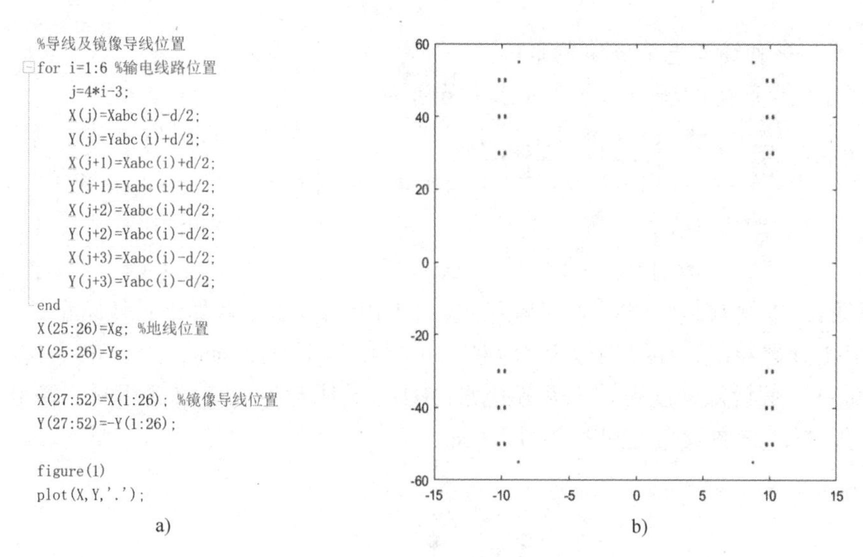

%导线及镜像导线位置
for i=1:6 %输电线路位置
j=4*i-3;
X(j)=Xabc(i)-d/2;
Y(j)=Yabc(i)+d/2;
X(j+1)=Xabc(i)+d/2;
Y(j+1)=Yabc(i)+d/2;
X(j+2)=Xabc(i)+d/2;
Y(j+2)=Yabc(i)-d/2;
X(j+3)=Xabc(i)-d/2;
Y(j+3)=Yabc(i)-d/2;
end
X(25:26)=Xg; %地线位置
Y(25:26)=Yg;
X(27:52)=X(1:26); %镜像导线位置
Y(27:52)=-Y(1:26);
figure(1)
plot(X,Y,'.');
60
40
20
0
-20
-40
-60
-15
-10
-5
0
5
10
15
a)
b)

图 3-43　计算导线和镜像导线的位置并画图

（3）计算各个导线内部镜像电荷的位置，其中 A 相导线内部的电荷位置如图 3-44b 所示，程序如图 3-44a 所示。

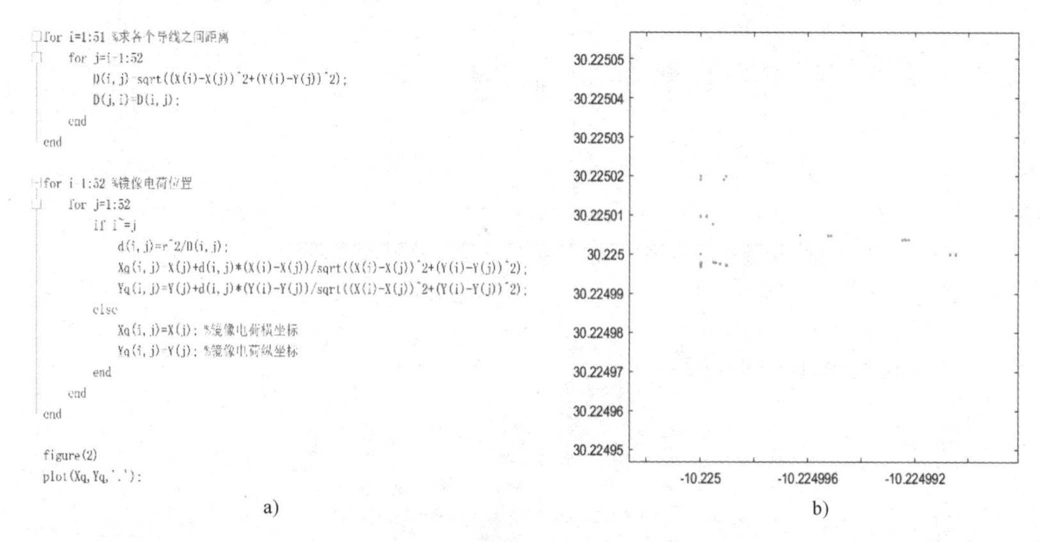

for i=1:51 %求各个导线之间距离
for j=i+1:52
D(i,j)=sqrt((X(i)-X(j))^2+(Y(i)-Y(j))^2);
D(j,i)=D(i,j);
end
end
for i=1:52 %镜像电荷位置
for j=1:52
if i~=j
d(i,j)=r^2/D(i,j);
Xq(i,j)=X(j)+d(i,j)*(X(i)-X(j))/sqrt((X(i)-X(j))^2+(Y(i)-Y(j))^2);
Yq(i,j)=Y(j)+d(i,j)*(Y(i)-Y(j))/sqrt((X(i)-X(j))^2+(Y(i)-Y(j))^2);
else
Xq(i,j)=X(j); %镜像电荷横坐标
Yq(i,j)=Y(j); %镜像电荷纵坐标
end
end
end
figure(2)
plot(Xq,Yq,'.');
30.22505
30.22504
30.22503
30.22502
30.22501
30.225
30.22499
30.22498
30.22497
30.22496
30.22495
-10.225
-10.224996
-10.224992
a)
b)

图 3-44　计算镜像电荷的位置并画图

（4）导线电荷密度计算（见图 3-45）。

求得双回输电线路每根导线上单位长度的电荷量见表 3-7。

表 3-7　双回输电线路各导线电荷密度计算值　　单位：C

	分裂导线 1	分裂导线 2	分裂导线 3	分裂导线 4
a 相	8.5234×10^{-07}	8.5217×10^{-07}	7.9690×10^{-07}	7.9671×10^{-07}
b 相	-1.4905×10^{-06}	-1.4961×10^{-06}	-1.4973×10^{-06}	-1.4918×10^{-06}
c 相	8.3039×10^{-07}	8.2742×10^{-07}	8.7473×10^{-07}	8.7757×10^{-07}

（续）

	分裂导线 1	分裂导线 2	分裂导线 3	分裂导线 4
A 相	8.5217×10^{-07}	8.5234×10^{-07}	7.9671×10^{-07}	7.9690×10^{-07}
B 相	-1.4961×10^{-06}	-1.4906×10^{-06}	-1.4918×10^{-06}	-1.4973×10^{-06}
C 相	8.2742×10^{-07}	8.3039×10^{-07}	8.7758×10^{-07}	8.7473×10^{-07}
地线 g1	−3.8362×10−07			
地线 g2	−3.8362×10−07			

```
for i=1:3 %双回输电线路导线电压
    V(4*i-3)=Vabc(i);
    V(4*i-2)=Vabc(i);
    V(4*i-1)=Vabc(i);
    V(4*i)=Vabc(i);
    V(4*(i+3)-3)=Vabc(i);
    V(4*(i+3)-2)=Vabc(i);
    V(4*(i+3)-1)=Vabc(i);
    V(4*(i+3))=Vabc(i);
end
V(25:26)=0; %地线电压为0
V(27:52)=-V(1:26); %镜像导线电压

e0=8.854187817*10^(-12); %空气的介电常数
for i=1:26 %求解电位系数矩阵
    for j=1:26
        if j==i
            P(i,j)=log(2*Y(i)/r)/(2*pi*e0);
        else
            P(i,j)=log(D(i,j+26)/D(i,j))/(2*pi*e0);
        end
    end
end

Q0(1:26)=P\(V(1:26))'; %导线单位长度电荷量
Q0(27:52)=-Q0(1:26);   %镜像导线单位长度电荷量
```

图 3-45　电荷密度计算程序

（5）导线表面电位校核。

将各个导线上的电荷在各导线表面位置产生的电位进行叠加，计算程序如图 3-46 所示，求得双回输电线路每根导线上电位值见表 3-8。

```
X0=X(1:26);
V0=zeros(26,1);
for i=1:26
    Y0(i)=Y(i)-r; %导线表面纵坐标
end

for n=1:26 %计算各导线表面电位
    for i=1:26
        for j=1:26*2
            if i~=j
                V0(n)=V0(n)+
(-Q0(i))/(4*pi*e0)*(log((Yq(i,j)+Y0(n))^2+(Xq(i,j)-X0(n))^2)-
log((Yq(i,j)-Y0(n))^2+(Xq(i,j)-X0(n))^2));
            end
        end
    end
end
```

图 3-46　导线表面电位计算程序

表 3-8　双回输电线路各导线表面电位计算值　　单位：V

	分裂导线 1	分裂导线 2	分裂导线 3	分裂导线 4	实际电位
a 相	204064. 41	204064. 39	204059. 17	204059. 16	204124. 14
b 相	-408130. 05	-408130. 91	-408136. 89	-408136. 06	-408248. 29
c 相	204054. 50	204054. 05	204064. 61	204065. 04	204124. 14
A 相	204064. 39	204064. 41	204059. 16	204059. 17	204124. 14
B 相	-408130. 91	-408130. 05	-408136. 06	-408136. 89	-408248. 29
C 相	204054. 05	204054. 50	204065. 04	204064. 61	204124. 14
地线 g1	-0. 4154				0
地线 g2	-0. 4154				0

从表 3-8 中可以看出，应用逐次镜像法计算得到的导线表面电位与导线实际电位之间的误差约为 0. 03%，说明逐次镜像法求解的结果较为精确。

（6）导线表面电场强度分布求解，程序如图 3-47 所示。

求得双回输电线路每根导线表面电场强度见表 3-9。

```
Ev0 = zeros(26,1);
Eh0 = zeros(26,1);
for n=1:26
    for i=1:2*26
        for j=1:26
            if i~=j
                Ev0(n)=Ev0(n)+(-Q0(i))/(2*pi*e0)*((Yq(i,j)-Y0(n))
                /(((Yq(i,j)-Y0(n))^2+(Xq(i,j)-X0(n))^2))+(Yq(i,j)+Y0(n))
                /((Yq(i,j)+Y0(n))^2+(Xq(i,j)-X0(n))^2)); %电场强度垂直分量
                Eh0(n)=Eh0(n)+(-Q0(i))/(2*pi*e0)*(-(Xq(i,j)-X0(n))
                /(((Yq(i,j)-Y0(n))^2+(Xq(i,j)-X0(n))^2))+(Xq(i,j)-X0(n))
                /((Yq(i,j)+Y0(n))^2+(Xq(i,j)-X0(n))^2)); %电场强度水平分量
            end
        end
    end
end
Em= sqrt(Ev0.^2+Eh0.^2);%导线表面电场强度
```

图 3-47　导线表面电场强度计算程序

表 3-9　导线表面电场强度计算值　　　　单位：V/m

	分裂导线 1	分裂导线 2	分裂导线 3	分裂导线 4
a 相	997510.72	997374.17	1123443.68	1123111.00
b 相	1762491.56	1769456.99	2130180.38	2122837.30
c 相	990465.18	986774.32	1253721.44	1257521.53
A 相	997374.17	997510.72	1123111.00	1123443.68
B 相	1769456.99	1762497.56	2122837.30	2130180.38
C 相	986774.32	990465.18	1257521.53	1253721.44
地线 g1	512022.11			
地线 g2	512022.11			

（7）空间电场强度。将导线表面电荷密度及其镜像电荷作为迭代对象，求得空间中任一点的电场强度值，要注意按照垂直分量和水平分量分别叠加，计算过程和典型结果如图 3-48 所示。

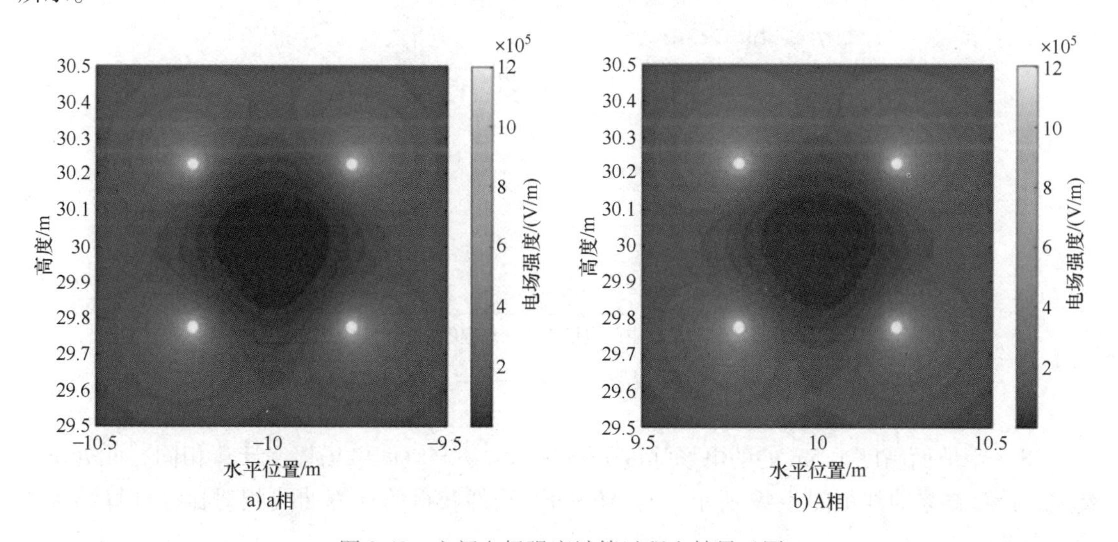

图 3-48　空间电场强度计算过程和结果云图

```
X1=-15:5e-3:15;
Y1=0:5e-3:60;%求解空间范围
Ev=zeros(length(X1),length(Y1));
Eh=zeros(length(X1),length(Y1));

for m=1:length(X1)
    for n=1:length(Y1)
        for o=1:26
            if ((X1(m)-X(o))^2+(Y1(n)-Y(o))^2)<r^2
```

```
                Ev(m,n)=NaN;Eh(m,n)=NaN;%把导线内部的点去掉
            end
        end
        for i=1:26*2
            for j=1:26
            if i~=j
                Ev(m,n)=Ev(m,n)+(-Q0(i))/(2*pi*e0)*((Yq(i,j)-
Y1(n))/(((Yq(i,j)-Y1(n))^2+(Xq(i,j)-
X1(m))^2))+(Yq(i,j)+Y1(n))/((Yq(i,j)+Y1(n))^2+(Xq(i,j)-X1(m))^2));
                Eh(m,n)=Eh(m,n)+(-Q0(i))/(2*pi*e0)*(-(Xq(i,j)-
X1(m))/(((Yq(i,j)-Y1(n))^2+(Xq(i,j)-X1(m))^2))+(Xq(i,j)-
X1(m))/((Yq(i,j)+Y1(n))^2+(Xq(i,j)-X1(m))^2));
                end
            end
        end
    end
end

Evh=sqrt(Ev.^2+Eh.^2);%待求点的场强大小
[X2,Y2]=meshgrid(X1,Y1);
Evh=Evh';

figure(3);
contourf(X2,Y2,Evh,50,'lines','no');
xlabel('水平位置(m)');
ylabel('高度(m)');
axis equal
```

c) 空间电场强度计算程序

图 3-48　空间电场强度计算过程和结果云图（续）

（8）距地面高度 1.5m 处的电场强度分布计算方法与空间电场强度计算相同，此处不再赘述，计算结果曲线如图 3-49 所示。与 ANSOFT 软件获得的计算曲线相对比，计算结果正确，误差在 1%之内。

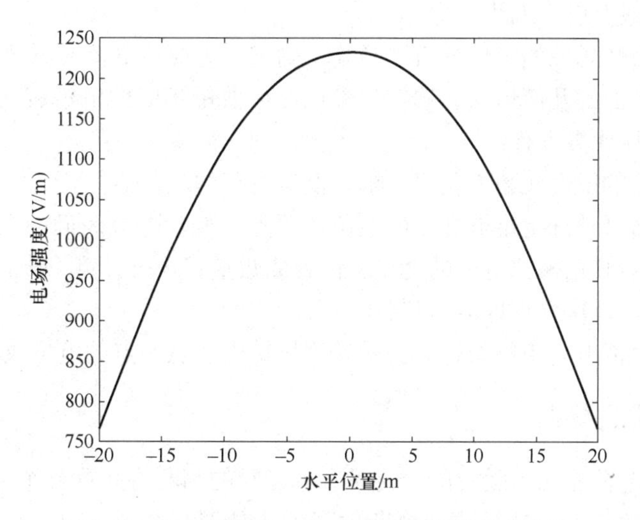

图3-49　距地面高度1.5m处的电场强度分布曲线

3.5　模拟电荷法

模拟电荷法（Charge Simulation Method，CSM）是基于电磁场的唯一性原理，将电极表面连续分布的自由电荷或介质分界面上连续分布的束缚电荷用一组离散化的模拟电荷予以等值替代，这样应用叠加原理，将离散的模拟电荷在空间所产生的场量叠加，即得原连续分布电荷所产生的空间电场分布。其优点在于原理简单、求解速度快、精度高，但当电极形状或场域结构较为复杂时，很难凭直观与经验合理地设置模拟电荷，获得满意的计算精度。

从本质上看，模拟电荷法可以看作是广义的镜像法，但它在数值处理和工程实用方面远优于镜像法。模拟电荷现有点、线、环、面、椭圆、双曲面等多种形态，其多样性使之能分析形态复杂的电极和场结构的电场分布，具有重要的工程使用价值。

3.5.1　模拟电荷法流程

在计算场域外（电极内部）设置n个模拟电荷Q_j（$j=1,2,\cdots,n$）。在给定边界条件的电极上，设定数量等同于模拟电荷数的匹配点M_i（$i=1,2,\cdots,n$），各匹配点上的电位值φ_i（$i=1,2,\cdots,n$）已知，根据叠加原理，对应于各匹配点M_i，列出由设定的模拟电荷所建立的电位表达式

$$\boldsymbol{PQ}=\boldsymbol{\varphi} \tag{3-113}$$

系数矩阵$\boldsymbol{P}$的元素P_{ij}表示第j个单位模拟电荷源在第i个匹配点上产生的电位值，通常称其为电位系数，$\boldsymbol{P}$则为电位系数矩阵。φ为已知参数，求解模拟电荷方程组，算得各模拟电荷值$\boldsymbol{Q}$。

在电极表面处取若干个校核点，校核计算精度。若不符合要求，则重新修正模拟电荷（位置、个数和形态），直至满足计算精度要求为止。基于最终算得的模拟电荷离散解$\boldsymbol{Q}$，任意场点处的电位或场强即可由相应的解析式得到。

模拟电荷法一般有以下五步：

1）根据对电极和场域的定性分析和经验，确定一组模拟电荷的类型、位置和数量。

2）根据电极表面的几何形状，选定与模拟电荷数量相同的电极表面电位匹配点，然后建立模拟电荷的线性代数方程组。

3）解模拟电荷的线性代数方程组，求解模拟电荷的电荷值。

4）在电极表面另外选定足够数量的电位校验点，校验电极表面的电位计算精度。如果不符合要求，则重新修正模拟电荷的类型、位置或数量，再行计算，直到达到所要求的计算精度为止。一般经过几次修正即能达到要求。

5）按所得的模拟电荷用解析计算公式计算场域内任意一点的电位或电场强度。

3.5.2 模拟电荷法特点

人为设定模拟电荷是相当随意的，这时直观经验的判断将起重要作用。一般按场分布的特征，即场源分布的特点，选择模拟电荷的类型、位置、个数，以满足电极表面等位值的要求。

首先选择匹配点的位置，然后决定相应的模拟电荷位置。在电场剧烈变化处或在所关心的场区域，匹配点和模拟电荷可以分布密些。在场的奇异点处不应设置匹配点。模拟电荷宜正对匹配点放置，并以落在边界的垂线上为佳。模拟电荷并不是越多越好，当匹配点数增多时，有可能导致系数矩阵病态。

当存在介质分界面时，需在分界面两侧分别布置模拟电荷，来等效束缚电荷；若有多种介质，且分布多处时，相应的模拟电荷会增加很多，计算量将会大大增加。因此，对于三种介质及以上的静电场问题，尤其是介质分界面较多时不宜使用模拟电荷法。

3.5.3 三维模拟电荷法

针对大跨越线路，如图 3-50 所示，当输电线路跨越峡谷、河流时，由于挡距较大，弧垂也较大，导线悬挂点与档距中央高度相差很大，不满足二维场的计算条件，只能用三维场的计算方法。

图 3-50　带弧垂的大跨越线路

此时导线在空间中的可采用悬链线方程式（3-114）来求解，空间中每一段的导线高度为

$$y=\frac{\sigma_0 h}{\gamma L_{h=0}}\left[\sinh\frac{\gamma l}{2\sigma_0}+\sinh\frac{\gamma(2x-l)}{2\sigma_0}\right]-\left[\frac{2\sigma_0}{\gamma}\sinh\frac{\gamma x}{2\sigma_0}\sinh\frac{\gamma(l-x)}{2\sigma_0}\right]\sqrt{1+\left(\frac{h}{L_{h=0}}\right)^2} \tag{3-114}$$

式中　l——两悬挂点的水平距离；

h——两悬挂点的垂直距离；

γ——单位长度导线所受重力与导线截面的比值；

σ_0——导线最低点的应力（导线单位截面所受的张力）；

$$L_{h=0}=\frac{2\sigma_0}{\gamma}\sinh\frac{\gamma l}{2\sigma_0}$$

根据式（3-114）可以得到悬链线上各离散节点的坐标，通过调节 γ 和 σ_0 值大小，可调整线路的弧垂。

采用线性分布线电荷单元模型，将导线剖分为 N 个单元，每个单元用一线段表示，可得到三维模拟电荷法中电荷的位置，如图 3-51 所示。

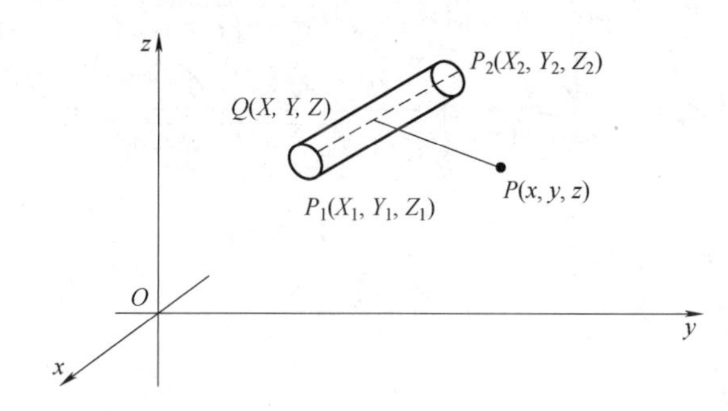

图 3-51　三维模拟电荷法

设某单元两端点坐标分别为（X_1, Y_1, Z_1）、（X_2, Y_2, Z_2），转换为标准坐标 u，单元上任一点的坐标可写为

$$X(u)=X_1+\frac{l}{L}u \tag{3-115}$$

$$Y(u)=Y_1+\frac{m}{L}u \tag{3-116}$$

$$Z(u)=Z_1+\frac{n}{L}u \tag{3-117}$$

式中　L——单元的长度。

u 从 $0\sim L$，$l=X_2-X_1$，$m=Y_2-Y_1$，$n=Z_2-Z_1$。线电荷密度 τ 在单元内线性分布。

$$A=aL, B=b \tag{3-118}$$

$$E=l^2+m^2+n^2 \tag{3-119}$$

$$F=-2[l(x-X_1)+m(y-Y_1)+n(z-Z_1)] \tag{3-120}$$

$$G=(x-X_1)^2+(y-Y_1)^2+(z-Z_1)^2 \tag{3-121}$$

设单元两端点的线电荷密度分别为

$$\tau(0)=\tau_1 \tag{3-122}$$

$$\tau(L)=\tau_2 \tag{3-123}$$

上面积分式有闭式解为

$$\phi=\frac{L}{4\pi\varepsilon_0}\left[\frac{2E+F}{2\sqrt{E^3}}\ln\left(\frac{F+2E+2\sqrt{E(E+F+G)}}{F+2\sqrt{EG}}\right)-\frac{1}{E}(\sqrt{E+F+G}-\sqrt{G})\right]\tau_1+$$
$$\frac{L}{4\pi\varepsilon_0}\left[\frac{-F}{2\sqrt{E^3}}\ln\left(\frac{F+2E+2\sqrt{E(E+F+G)}}{F+2\sqrt{EG}}\right)+\frac{1}{E}(\sqrt{E+F+G}-\sqrt{G})\right]\tau_2 \tag{3-124}$$

据此可采用类似于有限元法的过程建立电位系数矩阵$\boldsymbol{P}$，以各节点的线电荷密度τ_i为未知量，建立矩阵方程，最后解得τ_i。设$A=\tau_2-\tau_1$，$B=\tau_1$。可用下式计算关心区域点的场强分别为

$$E_x=-\frac{\partial\phi}{\partial x}=\frac{L}{4\pi\varepsilon_0}\int_0^1\frac{(At+B)(x-X_1-lt)}{(\sqrt{Et^2+Ft+G})^3}\mathrm{d}t \tag{3-125}$$

$$E_y=-\frac{\partial\phi}{\partial y}=\frac{L}{4\pi\varepsilon_0}\int_0^1\frac{(At+B)(y-Y_1-mt)}{(\sqrt{Et^2+Ft+G})^3}\mathrm{d}t \tag{3-126}$$

$$E_z=-\frac{\partial\phi}{\partial z}=\frac{L}{4\pi\varepsilon_0}\int_0^1\frac{(At+B)(z-Z_1-nt)}{(\sqrt{Et^2+Ft+G})^3}\mathrm{d}t \tag{3-127}$$

第 4 章　电气工程的电磁场问题建模方法

4.1　电场问题

4.1.1　架空输电线路电场问题

高压架空输电线路是电能输送和分配的重要设施。目前我国各种电压等级的架空输电线路总长度超过 100 万 km，输电线路外绝缘问题和线路走廊电磁环境问题都是电力系统设计和运维环节十分关注的话题。高压架空输电线路如图 4-1 所示，线路包括杆塔、导线、连接金具线夹、绝缘子串、间隔棒等部件，开展电场分析时，通常需要对输电线路的导线、地线以及周围的设施进行建模分析。距离杆塔较近时，还要考虑杆塔和绝缘子串的影响。

a) 高压架空输电线路照片

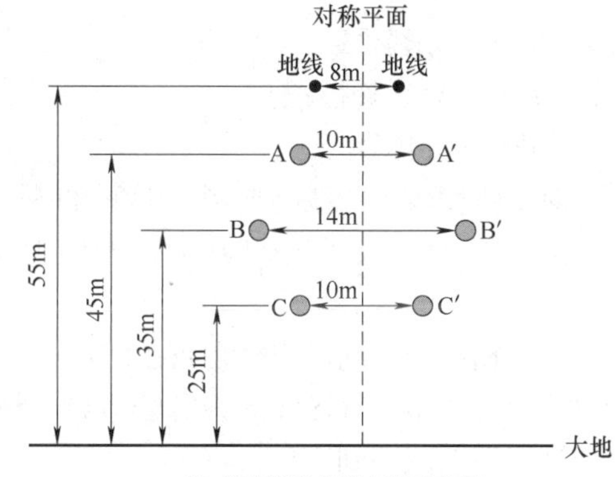

b) 曲型线路布置参数示意图

c) 分裂导线照片

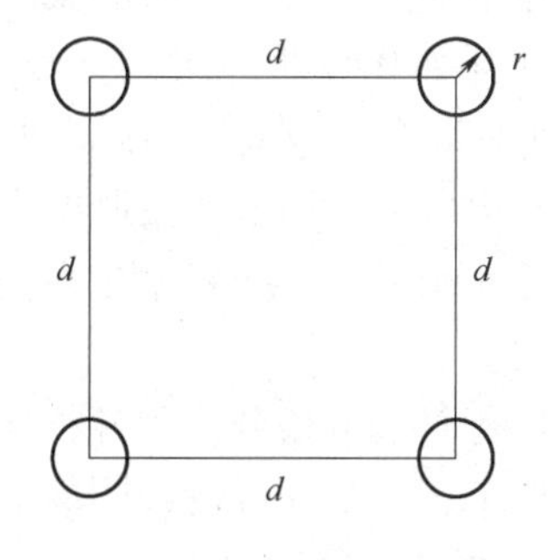

d) 分裂导线结构尺寸

图 4-1　高压架空输电线路结构形式

电磁环境是输电线路建设的重要控制指标，输电线路下方距地面 1.5m 处电场强度的大小是确定输电线路最小对地高度、划定线路走廊宽度的依据，因此地面上方 1.5m 处的电场强度也是计算关注的对象。

1. 物理场选择

对于交流输电线路，输电线路导线表面的电荷分布及导线表面各线路周围的电场强度均是按正弦规律变化的，但由于其变化频率较低（工频），其电荷及电场强度的分布，可按准静态电场进行计算。工程设计时，输电线路周围电场强度也可按静电场来计算。

对于直流输电线路，其下方空间中的电场强度，可以按照静电场方法计算，计算的结果称为标称电场。对于导线或者金具发生电晕后的合成电场，应考虑电晕电荷的作用，采用电力线法或者有限元法进行直流离子流场分析。

2. 模型设置

计算高压输电线路走廊的电场分布时，忽略线路弧垂的影响，认为线路是平行于大地平面的无限长圆柱形导体，可建立基于平面对称的二维场的计算模型。如果考虑临近杆塔的影响，以及导线弧垂的作用，需建立三维计算模型。对于超高压和特高压输电线路，导线通常采用分裂形式，如图 4-1c、d 所示。

有时为简化建模，可将分裂导线等效为一根导线，等效导线直径按式（4-1）进行计算：

$$d_{eq}=D\sqrt[S]{\frac{Sd}{D}} \tag{4-1}$$

式中 S——分裂根数；

D——分裂直径；

d——导体直径。

对于跨度较大的线路要考虑弧垂的影响，需要建立三维模型。先采用导线悬链线方程式（3-114）计算导线在空间中的位置，然后再按照导线位置坐标在三维空间中建立导线模型。

架空输电线路周围空气是自由空间，电场计算属于开域问题。考虑计算量，通常采用截断边界近似模拟空气区域的无穷远边界。模型设置时，空气域取 5 倍以上的模型大小，可使电场计算误差减小到 1%。

3. 激励和边界条件

模拟输电线路正常工作时的工况，若采用静电场分析，对各相导线施加工作电位的某一个时刻值（比如 0 时刻），地线和大地施加零电位，空气域外边界可施加零电位（截断边界），如图 4-2a 中的区域边界；也可以施加无穷远边界（即 ballon 边界）。模型中各个材料均需设置介电常数，即电场按照电容率的特性分布。不同的导线布置和加载设置，会产生不同的电场分布结果。导线相序排列的方式，按照相位超前和滞后的模式可分为正序和逆序两种排列方式。

如果进行时谐电场分析，各相导线施加工作电位的实部和虚部，材料特性的设置包括电容率和电导率，其余部分设置同静电场分析类同。

4. 线路电容参数计算

电场分析可以计算导线之间的部分电容参数。可将导线和地线设置为电容矩阵参数标记，不同电位的带电体之间的电容就可以通过电场计算求得。

500kV 同塔双回输电线路模型如图 4-2 所示，部分电容矩阵为 8×8 方阵，包括 6 根相导线和两根地线的自部分电容和互部分电容。

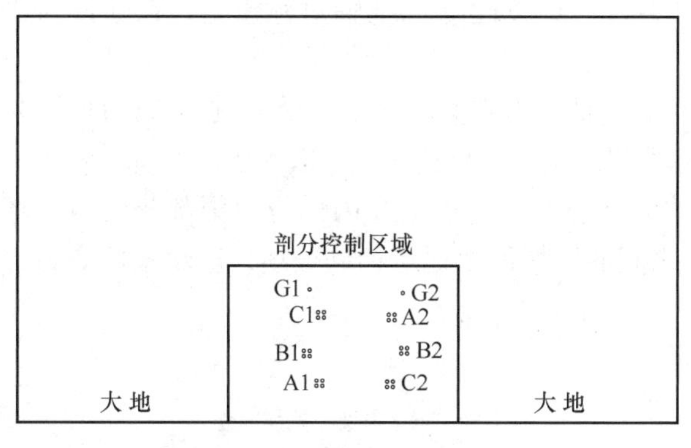

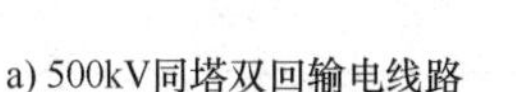
a) 500kV同塔双回输电线路

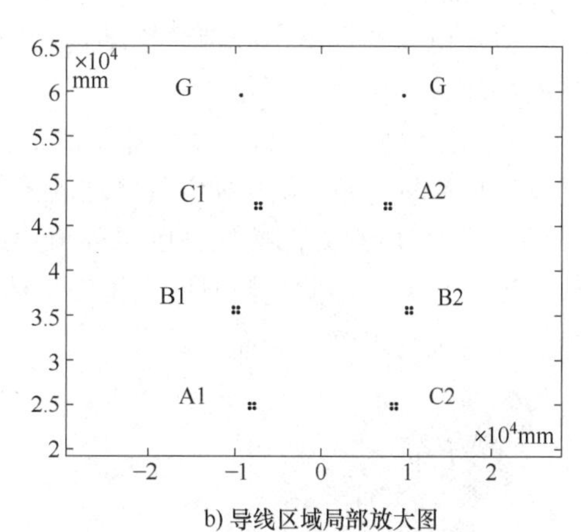

b) 导线区域局部放大图

图 4-2　二维仿真模型示意图

4.1.2　高压电缆接头及附件结构绝缘计算

高压电缆是电力输送的重要设备，其内部的电场分布决定着电缆的绝缘状态和运行可靠性，通常需要开展电场分析。高压电缆包括本体、接头及其附件。本体结构较为简单，包括导线（导线线芯）、绝缘层、屏蔽层和护层以及必要的填充元件和承拉元件等。接头和电缆附件作为电缆之间以及终端结构与其他设备之间的重要连接设备，与电缆本体一起构成电力输送网络。如图 4-3 所示为典型电力电缆中间接头和终端接线端照片，接头和附件内部电场应力非常集中，需要开展电场计算进行优化分析和特殊设计，以满足工程设计和运维的要求。

a) 中间接头

b) 电缆终端接线端

图 4-3　电力电缆接头和终端照片

1. 物理场选择

对于交流电缆，导线上的电压以及绝缘部分的电场均按照正弦规律变化，其工作频率较低时（工频），可按照准静态场进行计算。工程设计时，其内部电场强度通常可按照静电场方法计算（电场按照材料电容率分布）。对于直流电缆，其内部电场强度，可以按照恒定电场方法计算，电场强度按照电导率分布；若考虑绝缘材料内部空间电荷（来源于导线芯的电荷注入）的作用，则需要采用更为复杂的方法进行空间电荷场分析。

2. 模型设置

高压电缆本体呈中心轴对称结构（见图 4-4)，可以建立二维轴对称模型。在建模时需要对模型进行必要的简化：

1）如果电缆接头置于空气中，其周围的空气是自由空间，属于开域问题。考虑计算量，通常采用截断边界近似模拟空气区域的无穷远边界。空气域外边界宜选取 5 倍以上模型尺寸。

2）如果电缆外部接地，则以外部接地体为外边界。由于电缆内部应力锥部分区域电场应力变化较大，因此建模时应力锥和导体芯之间的区域需要尽量精确描述，应尽量使应力锥外表面与电缆绝缘层表面相切。

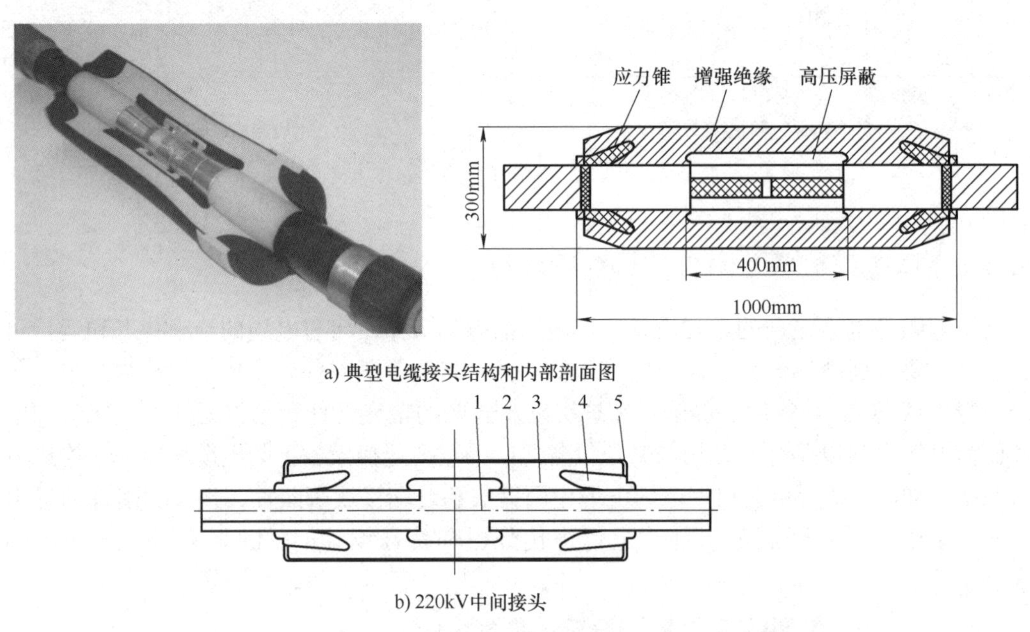

图 4-4　典型电力电缆内部结构图

1—线芯（铜）　2—电缆绝缘层　3—硅橡胶　4—应力锥　5—接地铜屏蔽

3. 激励和边界条件

典型模型（见图 4-5）的加载情况：导线芯加载电缆工作电压，左侧与线芯重合的分界面即为高电位；接地屏蔽段和应力锥为 0 电位，如图 4-6a 所示浅色区域；上下两平行外边界为电场平行边界，如图所示边界区域，加载自然边界条件，即纽曼边界条件。

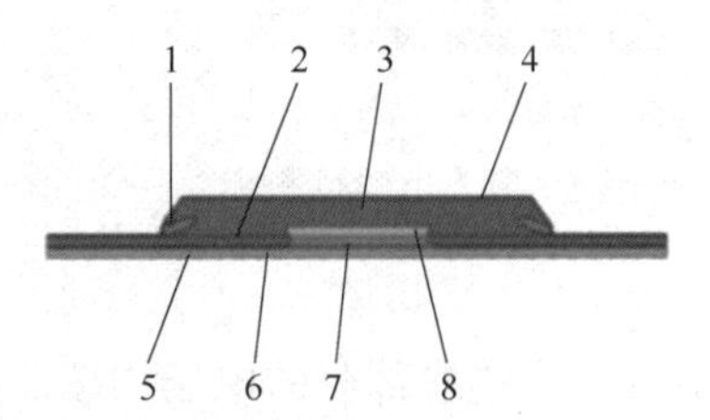

图 4-5　电缆接头模型及边界条件（2D 轴对称模型）

1—应力锥　2—XLPE 绝缘层　3—硅橡胶绝缘　4—外半导体层

5—线芯　6—内半导体层　7—连接金具　8—高压屏蔽层

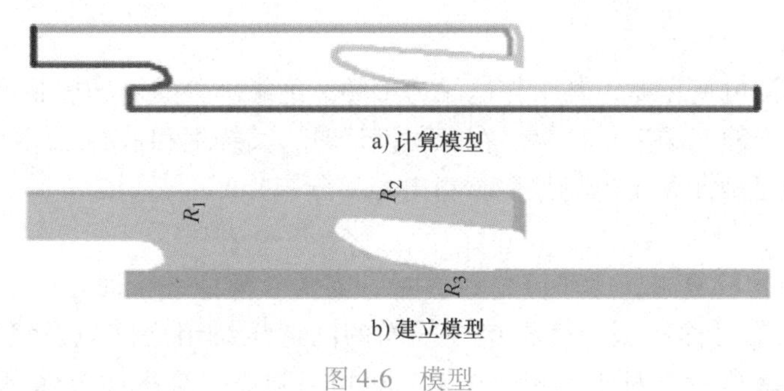

a) 计算模型

b) 建立模型

图 4-6　模型

4.1.3　变压器绕组绝缘问题

变压器是电力系统中的核心枢纽设备，其运行状态直接影响着供电的可靠性。实际运行中的变压器在过负荷或者承受内部或外部过电压入侵时，其内部电场强度发生畸变，局部电场强度增大，若超过绝缘结构的许用场强值，则可能破坏变压器的绝缘结构，造成绝缘故障。所以在设计和运维环节，对变压器进行电场计算是必不可少的。

如图 4-7 所示为典型变压器照片，常见的有油浸式和干式。其结构主要包括线圈绕组、铁心及其夹件、绝缘油以及绝缘纸板、散热器等。

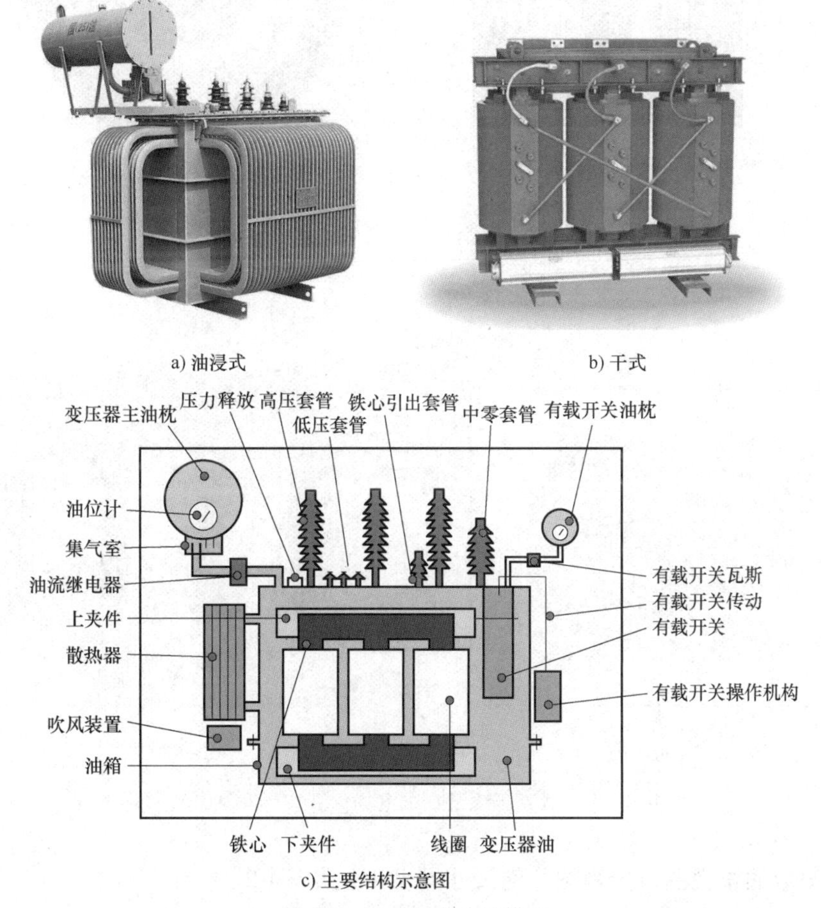

a) 油浸式

b) 干式

c) 主要结构示意图

图 4-7　变压器照片及模型

1. 物理场选择

电力系统用的配电变压器，其工作电压为工频，绝缘部分的电场按照正弦规律变化，可采用工频电场或者准静态场进行计算。在工程设计时，其绕组和铁心之间内部电场强度，通常也可按照静电场模型计算（电场按照材料电容率分布）。

2. 模型设置

变压器的结构比较复杂，为了降低计算量，需要对模型进行简化。以圆柱形铁心中心为轴线，建立二维轴对称模型，分析单柱线圈的高低压绕组之间以及绕组对铁心之间的电场分布，如图 4-8 所示。对于三相变压器，也可以建立二维平面对称模型，分析各相绕组之间的电场分布，如图 4-9 所示。考虑求解量的限制，建模时需要对模型进行必要的简化：①择取其中高压绕组第一个线饼作为计算对象；②对其他绕组进行等效，忽略其他线饼对该计算对象的影响；③忽略引线对端部电场的作用；④将上、下铁轭视为无限大的平板。

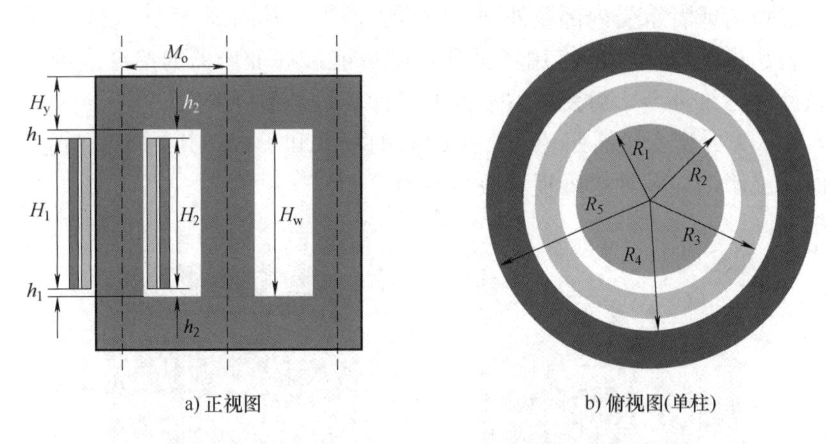

图 4-8 变压器二维电场计算模型

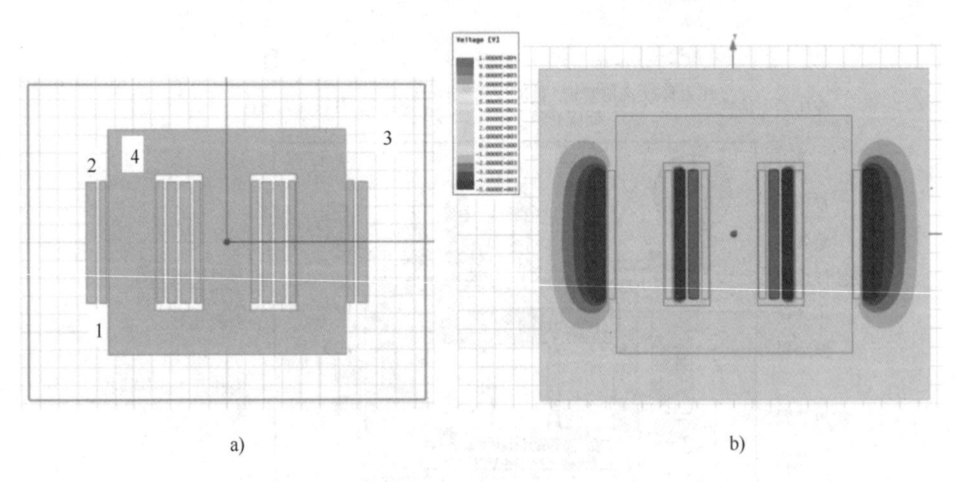

图 4-9 变压器高压绕组二维电场计算边界和加载设置

结构图对应的正视图及俯视图几何尺寸见表 4-1 和表 4-2。

表 4-1　结构图对应的正视图参数表　　单位：mm

正视图几何参数	尺寸
铁心窗高 H_w	380.0
心柱中心距 M_o	255.0
铁轭高 H_y	125.0
高压绕组高 H_1	340.0
高压绕组两端距铁轭上下侧高度 h_1	20.0
低压绕组高 H_2	341.0
低压绕组两端距铁轭上下侧高度 h_2	19.5

表 4-2　结构图对应的俯视图参数表　　单位：mm

俯视图几何参数	尺寸
芯柱中心距芯柱外侧 R_1	65.0
芯柱中心距低压绕组内侧 R_2	68.5
芯柱中心距低压绕组外侧 R_3	87.5
芯柱中心距高压绕组内侧 R_4	96.5
芯柱中心距高压绕组外侧 R_5	123.0

由于在高压线匝的匝间绝缘是电场强度最不均匀的地方，也是绝缘最容易发生破坏的地方，所以该处的剖分精度应相对较高。主空道和空气部分（或绝缘筒）是电场分布最均匀的地方，所以该处的剖分精度应相对较低。由于对高压绕组进行二维电场分析只能得到高压绕组其中某些截面的电场分布情况，其存在一定的局限性。为了进一步研究高压绕组整体电场的分布情况和得到电场强度最大值出现的具体位置，还需对其建立三维计算模型。

3. 激励和边界条件

典型模型的加载情况：电场仿真时，高低压绕组分别加载相应的工作电压值，外壳和铁心导体为接地，加载零电位。对称轴和对称面为电场平行条件。

如图 4-9 所示，求解器设置为静电场求解器：1 为内层低压绕组，2 为外层高压绕组，分别设置为三相各自的工作电压；3 为变压器油，为介质；4 为铁心导体，电位设置为 0V。图 4-9a 外线框表示为外壳内壁，为求解边界，电位设置为 0。计算后得到典型的电位分布结果如图 4-9b 所示。

4.1.4　高压绝缘子串、避雷器均压环及绝缘表面电场分布计算问题

绝缘子作为输电线路和变电站的重要绝缘部件，承担着电气绝缘和机械支撑的任务，如图 4-10 所示。绝缘子与高压导线、母线端金具接线比较复杂，绝缘子串周围空间的电场强度分布不均甚至会严重畸变，并且每片绝缘子承受电压也不均等。这种场强、电压的不均匀分布可能导致绝缘子连接金具起晕、伞裙和芯棒劣化，在电能损耗增大的同时产生无线电干扰和噪声干扰，缩短绝缘子的使用寿命。

过电压与绝缘配合是输变电工程在设计和运维中重点关注的因素，高压避雷器是限制电力系统之中的操作过电压和雷电过电压的常用部件。电力系统中常用的避雷器有保护间隙避雷器、管型避雷器、阀型避雷器和氧化锌避雷器。氧化锌避雷器以其良好的非线性伏安特

a) 220kV线路绝缘子串　b) 500kV氧化锌避雷器　c) 氧化锌避雷器元件
d) 复合绝缘子　e) 瓷绝缘子元件　f) 玻璃绝缘子串

图 4-10　绝缘子串和避雷器照片

性，已经成为主流的产品。它没有放电间隙，利用氧化锌的非线性特性起到泄流和开断的作用，保护性能优越、质量轻、耐污秽、性能稳定。避雷器元件由氧化锌电阻片、绝缘支架、密封垫、压力释放装置等组成，内部一般充氮气或 SF_6 气体，在 220kV 及以上避雷器顶部均安装有均压环，用于改善电场分布。对绝缘子和高压避雷器进行电场计算，获得连接金具、绝缘伞裙表面电场分布，给这些设备的电晕控制、结构形状优化设计提供重要的参考依据。

1. 物理场选择

对于交流系统，绝缘子和避雷器端部连接导线以及连接金具上的电压均按照正弦规律变化，绝缘芯棒、伞裙、避雷器阀片中的电场也按照正弦特征变化，其工作频率较低时（工频），可按照准静态场进行计算。工程设计时，其内部和外部电场强度通常可按照静电场方法计算（电场按照材料电容率分布）。对于直流系统，绝缘子类设备内部电场强度依然按照静电场方法计算；避雷器设备可以按照恒定电场方法计算，电场强度按照电导率分布；外绝缘计算中若考虑空气中空间电荷（来源于导线与金具的电晕电荷）的作用，则需要采用更为复杂的方法进行空间电荷场分析。

2. 模型设置

高压绝缘子和避雷器总体上本体呈中心轴对称结构，可以建立二维轴对称模型。典型的氧化锌避雷器内部的法兰和接线孔用于连接以形成多级避雷器；弹簧的作用为压实阀片，并与环氧管、填充胶相配合对避雷器的整体结构进行固定；硅橡胶伞裙用于绝缘，防止沿面放电。除上述结构外，在超特高压线路或者变电站上，绝缘子串和避雷器通常配备均压环，以减少乃至杜绝电晕的产生，如图 4-11a、b 所示。但避雷器顶端氧化锌电阻片承担的电压一般要高于避雷器底部电阻片承担的电压。由于避雷器安装的复杂性和多变性，需要适当简化避雷器几何形状和边界条件。实际建模时应对模型进行如下简化：①避雷器电阻片组件材料均按均匀介质处理，三片或四片层叠在一起的电阻片单元建立为一个实体，实体高度为电阻片单元实际高度，金属垫块也按此方式处理；②法兰外部呈圆柱体，内部嵌套瓷件，其直径等于实际最大外径，高度等于实际高度；③均压环、防晕环用圆环实体表示，忽略环支撑杆；④忽略每节避雷器元件内起连接作用的螺栓及绝缘支撑杆和固定板等；⑤忽略高压导线。

绝缘子和避雷器置于空气中，其周围的空气是自由空间，属于开域问题。考虑计算量，通常采用截断边界近似模拟空气区域的无穷远边界。空气域外边界宜选取 5 倍以上模型尺寸，如图 4-11 所示。

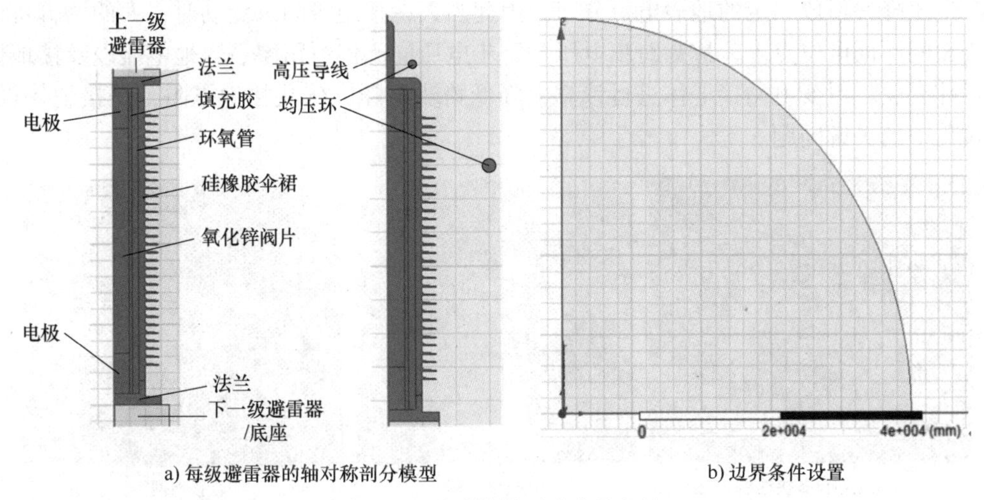

图 4-11　避雷器模型及边界条件

3. 激励和边界条件

模型中与高压端连接的金属部件，电位均按照工作电压加载；接地的金属部件，电位设置为 0；其余未知电位的金属部件，均设置为悬浮电位（比如中间连接法兰）。求解区域外边界，设置为对称边界或者是 0 电位边界。

典型模型的加载情况：以 1000kV 典型高压避雷器三维模型为例，如图 4-12 所示：出线端法兰和高压端均压环（1，2）加载工作电压；其余各级法兰（3）材料为金属，设置悬浮电位；接地支架（5）和大地为 0 电位；选取求解区域为模型的 5 倍，外边界加载 0 电位。

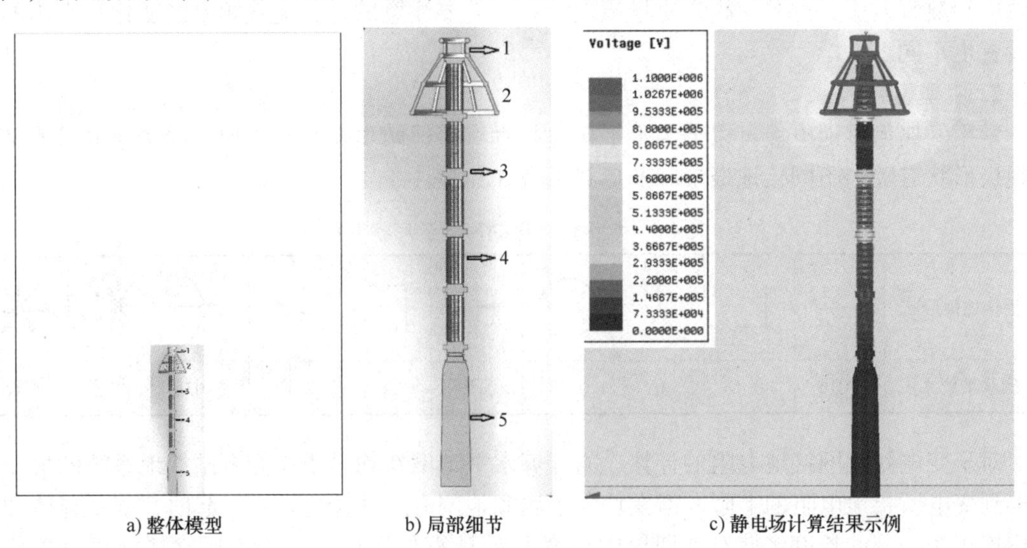

图 4-12　高压避雷器三维模型

4.1.5 变电站接地点跨步电压和接地体接地电阻计算问题

架空输电线路杆塔、变电站的建筑物和电气设备出于安全和保护的需求，均需要通过金属导体接地。如图 4-13 所示，接地通常分为保护性接地和工作接地，其接地形式、接地体选择以及阻抗要求不同。由于土壤电阻的存在，电流自接地电极往周围土壤流散时，会在土壤中产生压降并形成一定的地表电位分布。因此当人在接地极附近走动时，人的两脚将处于大地表面的不同电位点上，称为跨步电压。跨步电压同土壤电阻率、入地电流以及接地体的形状尺寸有关。对变电站接地体进行计算，降低跨步电压，优化接地电阻，是接地体设计、运维过程中的关键问题。

a) 变电站设备接地引下线

b) 接地工程

c) 接地网

图 4-13　接地体和接地系统照片

1. 物理场选择

工频接地电阻的计算，连接导线以及接地体上的电压和电流均按照正弦规律变化，土壤中的电场也按照正弦特征变化，其工作频率较低时（工频），可按照准静态场进行计算。工程设计时，简化计算可按照恒定电流场方法考虑（电场按照材料电阻率分布）。直流接地电阻的计算，连接导线和接地体上的电流为直流，可按照恒定电流场模型计算，电场强度按照电导率分布；冲击接地电阻的计算，由于接地体上的电流为冲击电流，要考虑土壤的火花击穿效应和散流效应，可采用瞬态磁场模型计算。需要注意的是，随着频率的变化，土壤的参数设置也不同。

2. 模型设置

常用的典型接地电极可以分为水平接地与垂直接地两类。水平接地极的接地电阻值又与接地极形状有关，不同接地极形状及形状系数 A 见表 4-3。

表 4-3　水平接地极的形状及形状系数

水平接地极形状										
形状系数 A	-0.6	-0.18	0	0.48	0.89	1	2.19	3.03	4.71	5.65

对于变电站地网接地电阻的计算，需计算水平地网在均匀土壤变电站接地系统的最小值来得到变电所接地电阻的上限，但在均匀土壤和地网有接地棒连接在一起时，水平导体和接地棒连接在一起的长度将使对被埋导体长度 L_T 的计算偏于保守，因为通常接地棒每单位长

度散流更有效。随着所埋导体的长度的增加，这个区别将会减小，并且当 L_T 达到无限长度时，这种区别将趋近于零，即达到一块实心板的条件。

对于口字形、半球形或者环形接地体，根据对称性，可建立二维平面对称或者轴对称模型。土壤为无限远边界，为了尽可能模拟土壤作用，可选择 10 倍以上的接地体尺寸作为土壤外边界。对于分层土壤，设置不同的电导率参数。如图 4-14a、b 所示。

仿真建模时可对模型进行如下简化：①忽略接地引下线与接地体之间的接触电阻；②忽略接地体与土壤之间的接触电阻；③工频电阻和直流电阻计算时，忽略土壤的火花击穿效应；④当模型求解区域较大时，可忽略接地体的半径。

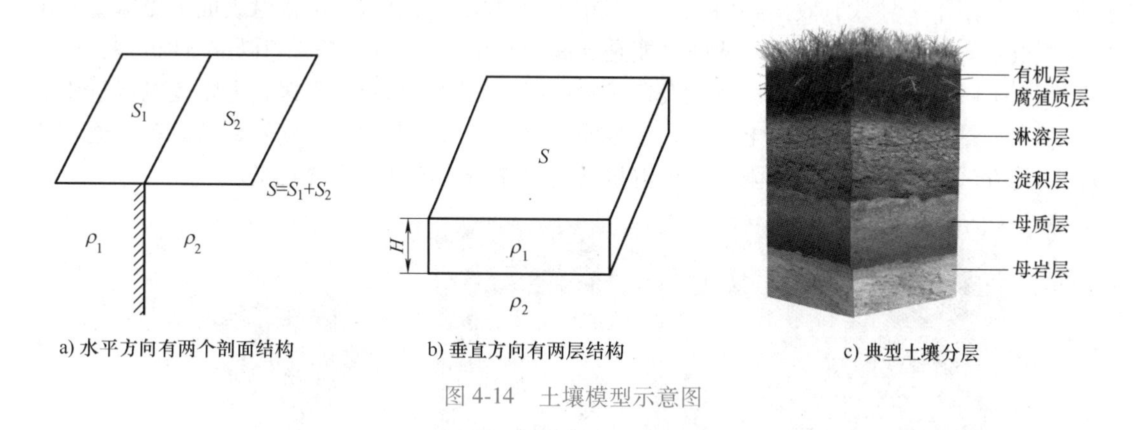

a) 水平方向有两个剖面结构　b) 垂直方向有两层结构　c) 典型土壤分层

图 4-14　土壤模型示意图

3. 激励和边界条件

以半球形接地体接地电阻计算为例，如图 4-15 所示：模型中接地体内加载给定的接地电流，要注意接地引下线较多时，电流载荷满足电流连续性原理。加载时选取电流流入的截面（钢球与大地平行截面 1），加载入地电流值 I_m（也可以选择电流输入的导体平面，加载给定电位）。电流从接地体流入，从周围土壤中流出，电流密度变小，最终从边界流出。模型的外边界设置为电位为零边界条件，图中的四个侧面外边界面（见图 4-15 中 3）和底部边界面。大地水平面（见图 4-15 中边界面 2）电流平行于边界，满足二类纽曼边界条件，设置为电场平行边界条件。

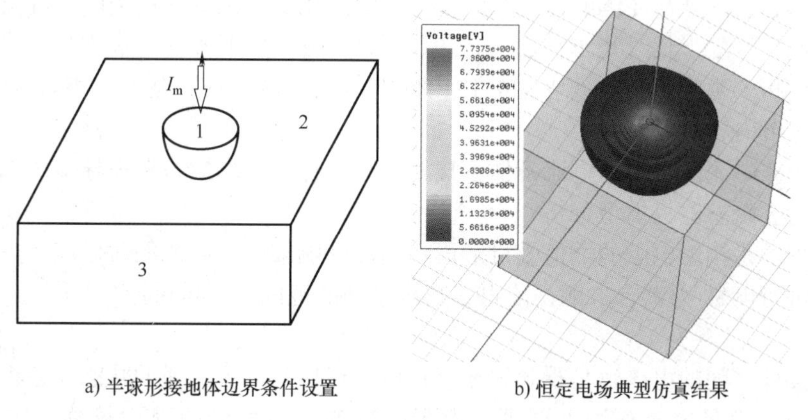

a) 半球形接地体边界条件设置　b) 恒定电场典型仿真结果

图 4-15　边界条件和激励设置

4.1.6 母线、汇流排接触电阻计算

超高压和特高压输变电工程中母线、汇流排承载着高电压和大电流，在大负荷条件下接触电阻对设备整体发热和安全稳定运行影响严重。如图 4-16 所示，电气设备之间的导线连接有多种方式，包括管母与开关出线端之间的硬连接、开关柜母线汇流排（简称母排）之间的搭接以及开关触点之间的动态连接等。接触电阻指电流在通过金属连接件接触处时产生的一种附加电阻，由收缩电阻和膜电阻组成，反映了接触表面磨损情况、沉积物数量等，是衡量电接触可靠性的重要参数。收缩电阻主要同接触处的表面光滑状态相关：微观角度下的接触表面凸凹不平导致有效接触面积小于视在接触面积。膜电阻是由接触表面上覆盖着一层导电性很差的薄膜引起的，这些薄膜可能是金属的氧化物、硫化物等，其导电性很差；也可能是落在接触表面上的灰尘、污物或夹在接触面间的油膜、水膜等。接触电阻是电接触中的一个基本参量，其数值与材料电导率、接触面状况、压力、温度、湿度等参数有关，通过数值计算的方法准确计算接触电阻对保证电接触的可靠与稳定具有重要意义。

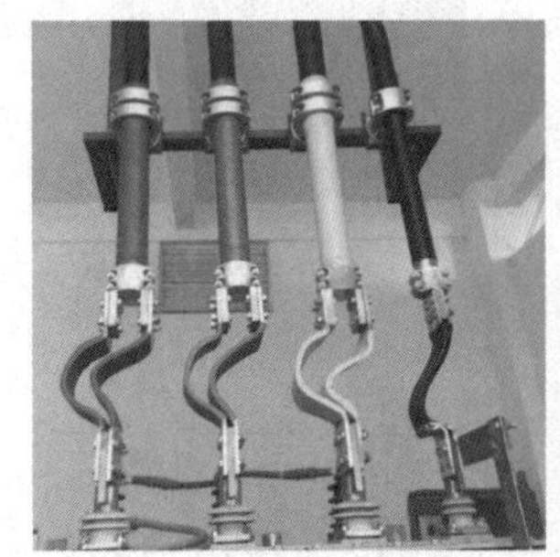
a) 管型母线连接

b) 汇流排连接

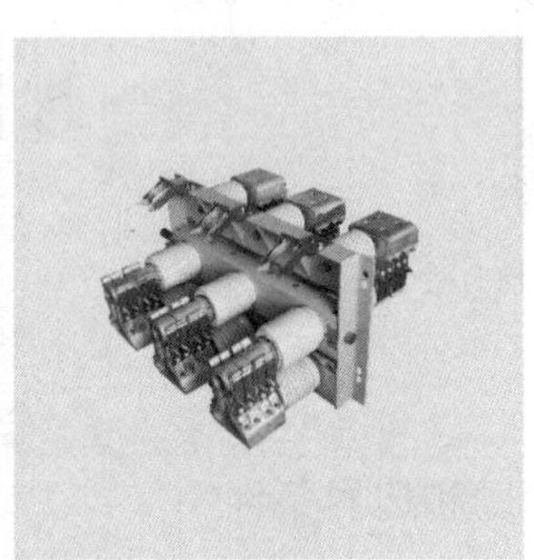
c) 开关触点

图 4-16 母线和汇流排照片

1. 物理场选择

由于加载的电流是直流，导体内没有涡流和趋肤效应，直流条件下接触电阻的计算，应建立恒定电流场进行分析。

工频条件下接触电阻的计算，要考虑接触面金属材料的电导率、磁导率的特性与频率的关系，可根据趋肤深度与导体的通流截面尺寸之间的比例关系选择适当的物理场。当趋肤深度大于通流截面等效半径（矩形截面为长边的 1/2）时，可不考虑趋肤效应，建立恒定电流场模型进行分析。否则，则需要考虑导体内部电流的趋肤效应，建立时变磁场模型进行分析，参见 4.2 节内容。

高频、短路电流或者冲击电流条件下接触电阻的计算，均应该考虑导体内部电流趋肤效应的影响，建立瞬态磁场模型分析。

需要注意的是接触电阻的数值受接触面压力的影响较大，必要的时候应考虑接触面预应力的作用，进行电磁-力耦合求解，该内容超出本书的范围，不再讨论。

2. 模型设置

金属连接件之间的电接触是指导体相互接触，可以使电流流通的状态。建模时首先要考虑电流的效应，满足电流连续性原理。由于影响电接触性能的因素较多，比如接触材料（铜、银、铝等合金及镀层）、表面状态（粗糙度和硬度）、接触方式（静态接触和动态接触

等）、载荷类型（电流波形和机械载荷等）和环境因素（润滑脂、气氛、湿度和温度等）等。模型中要对材料的特性和接触面上的形状进行适当的刻画。

收缩电阻及膜电阻的考虑：在宏观角度上看起来非常光滑的金属表面上，而微观上都是凹凸不平的，当两个金属的表面相互接触的时候，仅有较少一部分突出的点形成了实际的接触，这些实际接触的金属触点才可以传导电流。电流流经这些非常小的导电斑点时，电流线一定会产生收缩现象，导致流过这部分导电斑点附近区域的电流路径明显增加，减小了有效的导电截面，故电阻值会变大。对于开关类型的触指来说，触指与导体间的接触在微观层次上看是凹凸不平的，接触面由多片触指组合而成，是众多接触斑点构成的集合，因此两个接触面的接触形式并不是面接触，而是由许许多多的点接触构成。为了体现这种特性，简化模型中可以考虑设置有效接触系数来模拟面接触时的点接触，或是设置一个特殊的接触电阻区域，在局部区域用等效的电阻率来模拟接触面的状况，如图 4-17a 中的斜线区域所示。由于电流仅在导体区域中流通，求解时电导率为零的材料就可以不考虑，求解模型中仅建立问题区域中导体材料的模型即可，求解区域的边界通常与电流的流入和流出端相切，外边界并不需要设置 5~10 倍的模型大小，这与静电场和工频电场计算模型不同。

3. 激励和边界条件

以开关柜母排接触电阻计算为例，如图 4-17a 所示：模型中母排中加载给定的工作电流 I，要注意实际问题中当母排连接线较多时，电流载荷加载要满足电流连续性原理。加载时选取电流流入的截面（1，2 截面），加载工作电流值 I。（也可以选择电流输入的导体平面，加载给定电位）。电流从横向母排流入，从连接的母排中流出，电流密度发生变化，最终从边界流出。模型的外边界设置为电位为零边界条件，母排周围的空气电导率为零，对母排内部电流密度和接触点的电流密度分布没有影响，可以不考虑。接触点的电阻（斜线区域）可以用接触电阻率 p_j 来表示。接触电阻计算模型中典型的电流密度分布如图 4-17b 所示。

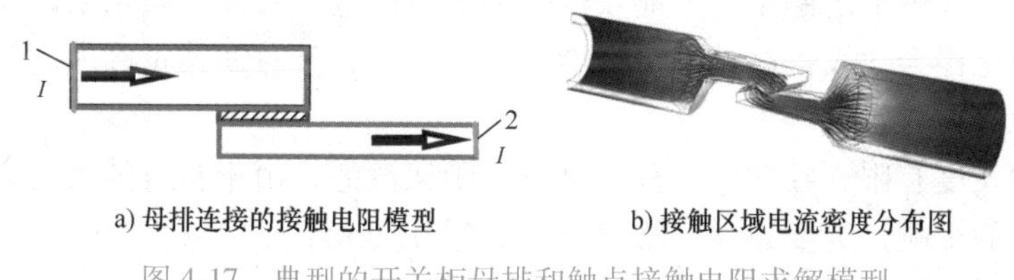

a) 母排连接的接触电阻模型　　b) 接触区域电流密度分布图

图 4-17　典型的开关柜母排和触点接触电阻求解模型

4.2 磁场问题

4.2.1 架空输电线路磁场问题

架空输电线路正常工作时，导线内部电流会在线路附近产生磁场，从而对线路下方及其附近的环境产生影响。磁场是线路电磁环境的控制指标之一，在线路建设和运维期间，通常会开展线路走廊磁场强度的计算和测量工作。

1. 物理场选择

对于交流输电线路，导线传输的电流及线路周围的磁场强度均是按正弦规律变化的，但由于其变化频率较低（工频），其磁感应强度及磁场强度的分布，可按准静态磁场进行计算。工程设计时，输电线路周围磁场强度也可按静磁场来计算。

对于直流输电线路，其下方空间中的磁场强度可以按照静磁场方法计算。

2. 模型设置

超高压和特高压架空输电线路又通常采用多分裂形式的钢芯铝绞线，如图 4-18 所示。额定工作电流频率较低（工频或者直流），当子导线的半径较小时，可以忽略导线的趋肤效应，认为电流在铝导线截面内均匀分布。在计算架空输电线路磁场时，需要作几点假设：①假设输电线路无限长且平行于大地；②线路电流为稳态电流，沿线路的轴线流动，电流的有效值和相位没有变化；③忽略杆塔、绝缘子、金具的影响；④假设地面为无穷大平面，且沿线地面相对磁导率为 1。根据上述假设，可建立二维平面对称模型进行磁场求解。

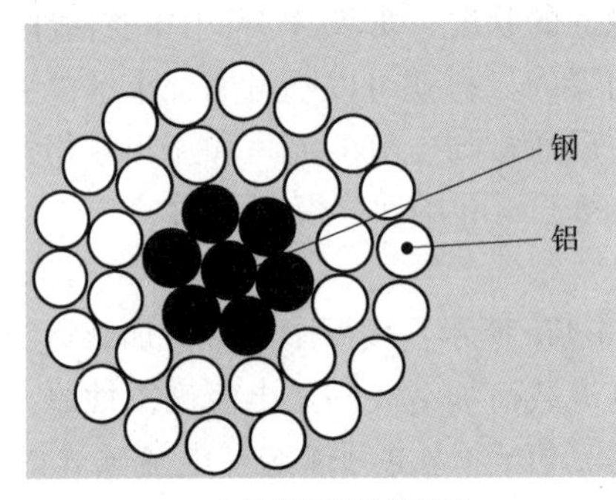

a) 导线实际几何模型

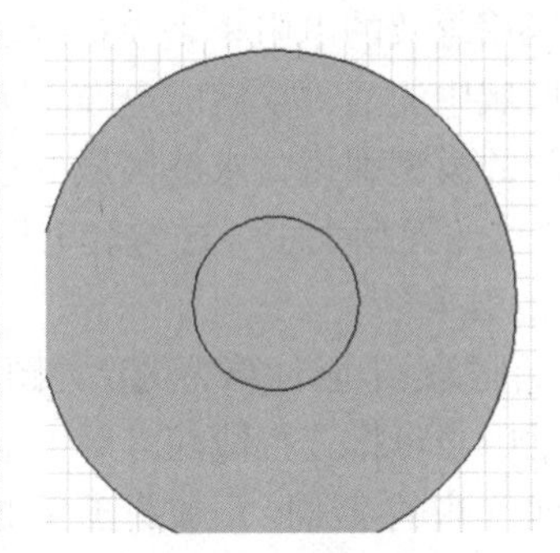

b) 简化后的导线几何模型

图 4-18　钢芯铝绞线导线的横截面

当计算要求考虑导线内部电流的趋肤效应时，应对钢芯铝绞线的形状进行精细建模，并精细控制各个子导线内部的网格，才能获得较为准确的电流密度分布结果以及导线的交流电阻和电抗值。但这样会大大提高计算量，增大求解时间，且对线路走廊内的磁场强度影响不大，因为此处距离源点较远。

输电线路的长度有限，在实际工程中是分档距架设的，由于自身的重力会有弧垂。

要考虑弧垂的影响，需要建立三维模型，先采用悬链线方程式（3-113）计算导线在空间中的位置，然后再根据坐标建立导线模型。

架空输电线路周围空气是自由空间，磁场计算属于开域问题。考虑计算量，通常采用截断边界近似模拟空气区域的无穷远边界。模型设置时，空气域取 5 倍以上的模型大小，可使磁场计算误差减小到 1%。此处需要注意的是：大地并不是磁场的求解边界。与电场求解时不同，磁场求解时，大地的材料属性与空气一样，大地平面也不是等势面，因此大地对磁场没有影响，模型区域设置如图 4-19 所示。架空地线中电流近似为零，求解模型中可以不考虑地线。

3. 激励和边界条件

对于直流线路，采用静磁场分析，对正、负极导线施加工作电流，空气域外边界可施加零矢量磁位（截断边界），也可以施加无穷远边界（ballon 边界）。模型中各个材料均需设置磁导率，即磁场按照磁导率的特性分布，要注意此时大地不再是求解边界。

对于交流线路，需准确模拟输电线路正常工作时的工况。若采用静磁场分析，对各相导线施加工作电流的某一个时刻值（比如 0 时刻），空气域外边界可施加零矢量磁位（截断边

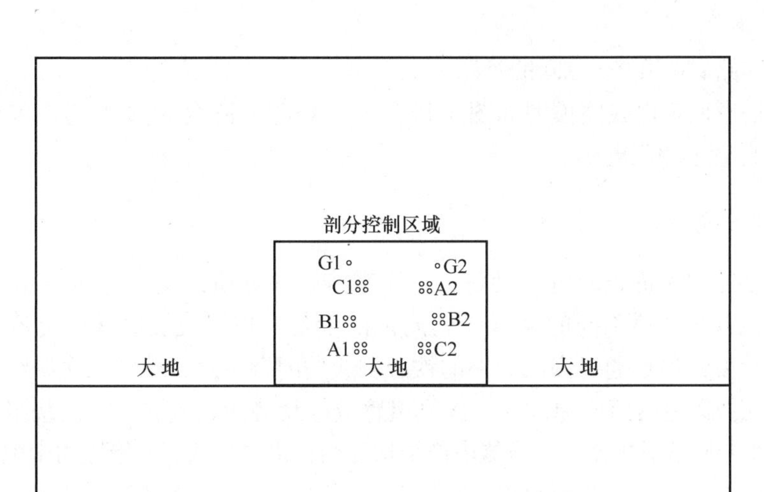

a) 输电线路磁场分析模型

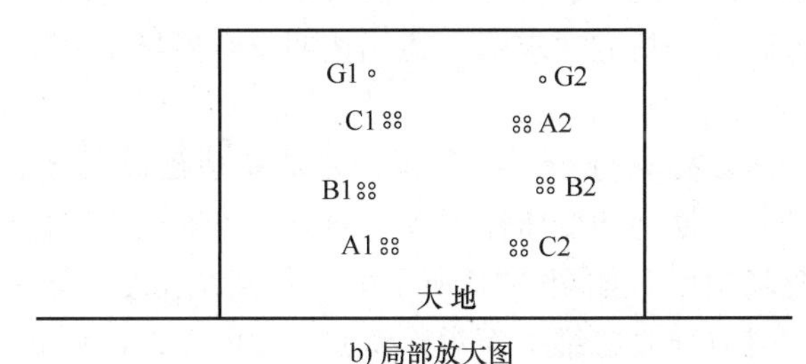

b) 局部放大图

图 4-19　500kV 同塔双回输电线路二维磁场仿真模型示意图

界），也可以施加无穷远边界（ballon 边界），如图 4-19 所示。模型中各个材料均需设置磁导率，即磁场按照磁导率的特性分布。不同的导线布置和加载设置，会产生不同的磁场分布结果。导线相序排列的方式，按照相位超前和滞后的模式可分为正序和逆序两种排列方式。

若进行工频时谐磁场分析，各相导线分别施加工作电流的实部和虚部，材料特性的设置包括磁导率和电导率，其余部分设置与静磁场分析类同。计算分两步进行，分别获得实部和虚部的结果，然后在后处理中进行整合。

4. 线路电感参数计算

磁场分析可以计算导线之间所形成的回路的电感矩阵参数。将导线和地线设置为电感矩阵参数标记，不同电流的带电体回路之间的电感就可以通过磁场计算求得。

电感计算的原理如下：设线路共有 n 个回路，每个回路流过的电流量为 i_1，i_2，…，i_n；各个回路交链的磁链为ψ_1，ψ_2，…，ψ_n；则各个回路之间的磁链关系可以表示为

$$\begin{cases} \psi_1 = L_{11}i_1 + L_{12}i_2 + \cdots + L_{1i}i_i + \cdots + L_{1n}i_n \\ \quad\vdots \\ \psi_i = L_{i1}i_1 + L_{i2}i_2 + \cdots + L_{ii}i_i + \cdots + L_{in}i_n \\ \quad\vdots \\ \psi_n = L_{n1}i_1 + L_{n2}i_2 + \cdots + L_{ni}i_i + \cdots + L_{nn}i_n \end{cases} \tag{4-2}$$

式中　L_{ii}——回路 i 的自感；

$L_{ij(i\neq j)}$——回路 i 和回路 j 之间的互感。

500kV 同塔双回输电线路模型如图 4-19 所示，电感矩阵为 8×8 方阵，包括 6 根相导线和两根地线的自电感和互电感。

4.2.2 变压器绕组、铁心磁场分析

电力变压器是一种静止的电气设备，是用来将某一数值的交流电压（电流）变成频率相同的另一种或几种数值不同的电压（电流）的设备。当一次绕组通以交流电时，就产生交变的磁通，交变的磁通通过高磁导率的铁心构成的闭合磁路，就在二次绕组中感应出交流电动势。根据法拉第电磁感应原理，二次绕组感应电动势的高低与一二次绕组匝数的多少有关，即电压大小与匝数成正比。变压器内部结构复杂，绕组、铁心和绝缘油中电磁场分布决定变压器的绝缘和温度特性，在设计和运维环节，通常需要对变压器内部的磁场进行数值计算。

1. 物理场选择

电力系统用的配电变压器，其工作电流为工频，绕组和铁心内部磁场按照正弦规律变化，可采用工频磁场或者准静态磁场进行计算。在简化计算时，其绕组、铁心、外壳之间磁场强度，有时也可按照静磁场分析方法求解（磁场按照材料磁导率分布）。

2. 模型设置

与电场求解不同，变压器磁场分析时必须保证铁心构成磁路的闭合性对磁场分布的影响。建模时考虑线圈、铁心、铁轭和变压器周围的油箱、瓷绝缘子等器件的影响，所有的磁回路均看作一个连续的磁场空间。如图 4-20 所示的三相两绕组变压器三维模型，考虑结构对称性和磁路的完整性，可以建立二维平面对称模型，如图 4-20b 所示。也可以建立 1/2 三维模型，即以如图 4-20b 所示的 xOy 平面为对称平面，选取 z 方向一半的模型作为求解区域，如图 4-20c 所示，可以节省一半计算量。

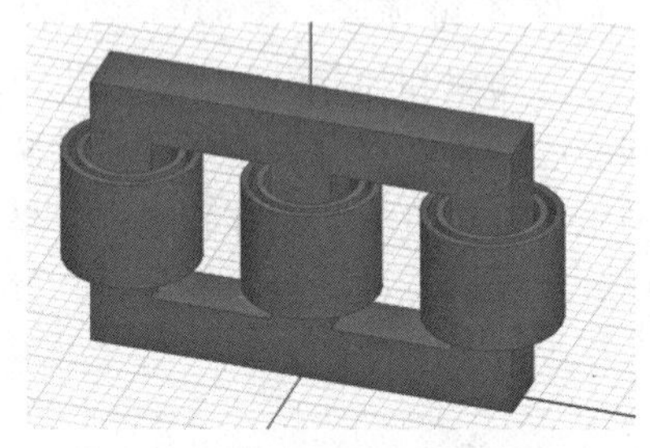

a) 3心柱变压器结构

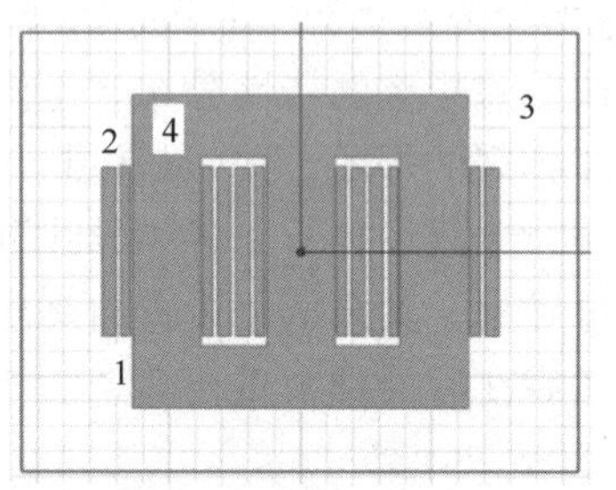

b) 二维平面对称模型

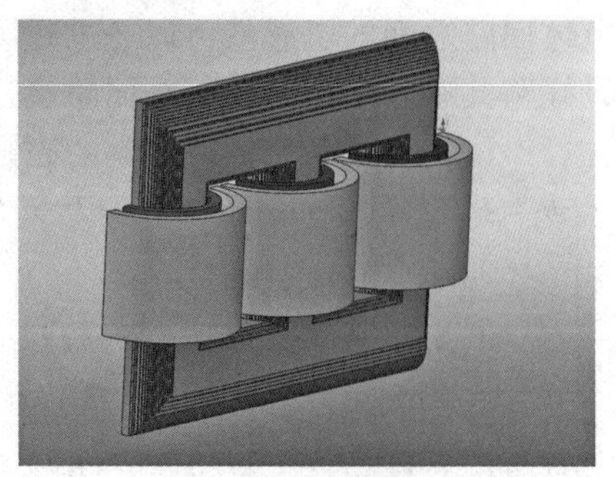

c) 1/2三维模型

图 4-20 三相两绕组变压器三维模型

在模型参数设置中，变压器铁心所用的叠层硅钢片材料的非线性曲线对计算结果的准确性影响大。有时为得到精确的铁心损耗和磁通密度分布计算结果，须根据材料的实测磁化特性曲线进行准确设定。

3. 激励和边界条件

磁场仿真时，激励源为电流，高低压绕组分别加载相应的工作电流值，求解区域外边界加载矢量磁位 0 边界条件。如果采用对称条件，模型的对称轴和对称面为磁场平行条件。

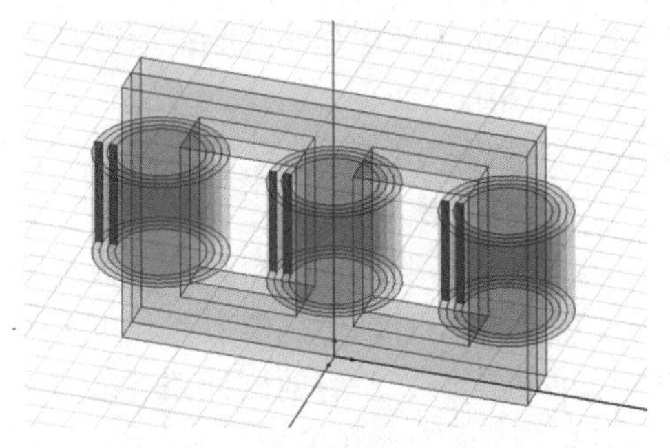

图 4-21 变压器三维简化模型加载图

三维模型的加载如图 4-21 所示，求解器设置为静磁场求解器。三个柱上的内层低压绕组和外层高压绕组分别选中（图中深色矩形区域），分别设置为三相各自在 0°时的工作电流。求解区域外边界为磁通平行条件，设置边界面上的矢量磁位为 0，计算后可得到典型的磁通密度分布结果。

4.2.3 电磁继电器线圈吸引力求解问题

电磁继电器是一种常用的电磁启动/制动装置，多用于电力系统、工业自动化控制系统中。其工作原理是利用电磁铁的电磁力驱动运动部件，控制开关触点的断开或者闭合。核心部分由电磁铁、衔铁、弹簧和动触点、静触点组成。如图 4-22 所示，工作电路可分为低压控制电路和高压工作电路两部分：当闭合低压控制电路中的开关，电流通过电磁铁的线圈产生磁场，从而对衔铁产生引力（即电磁继电器的线圈吸引力），使动、静触点接触，工作电路闭合，高压工作电路回路导通，电动机工作；当断开低压开关时，线圈中的电流消失，衔铁在弹簧的作用下，使动、静触点脱开，工作电路断开，电动机停止工作。

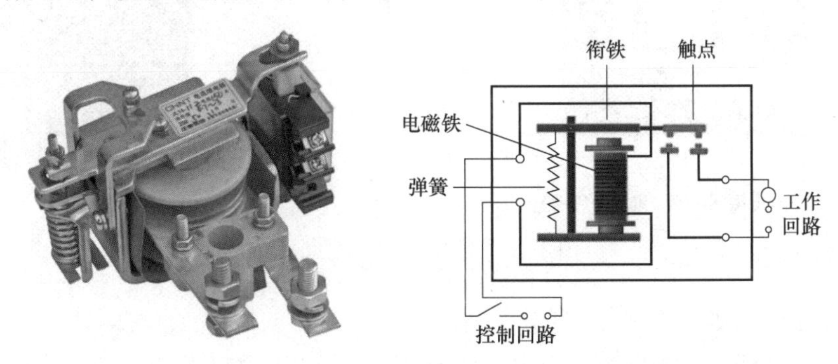

图 4-22 电磁继电器的结构和原理

在线圈两端加上一定的电压，线圈中就会流过一定的电流，从而产生电磁效应，衔铁就会在电磁力吸引的作用下克服返回弹簧的拉力吸向铁心，从而带动衔铁的动触点与静触点（常开触点）吸合。当线圈断电后，电磁的吸力也随之消失，衔铁就会在弹簧的反作用力下返回原来的位置，使动触点与原来的静触点（常闭触点）释放。

1. 物理场选择

对于直流类型的继电器、接触器以及电磁起重结构，其工作电流为直流，绕组和铁心内部磁场与电流大小有关，可采用静磁场方式进行求解。绕组内线圈没有趋肤效应，电流均匀分布；衔铁和心柱中不考虑由衔铁动作引起的涡流效应。

对于交流类型的设备，其工作电流为工频，绕组和铁心内部的磁场按照工频正弦规律变化，应采用工频磁场（涡流场）求解方法。绕组内线圈可根据导线半径和趋肤深度之间的关系，确定是否考虑趋肤效应；衔铁和心柱中的磁场变化应考虑涡流效应的作用。在简化计算时，其绕组、铁心、衔铁、外壳之间的磁场强度，也可按照静磁场分析方法求解（磁场按照材料磁导率分布）。

2. 模型设置

与电场求解不同，线圈类型设备磁场分析时必须保证衔铁和铁心构成磁路的闭合性对磁场分布的影响，否则仿真模型就会与实际模型存在较大的偏差。建模时考虑线圈、铁心、衔铁等器件的影响，所有的磁回路均看作一个连续的磁场空间，可建立二维轴对称模型，如图 4-23a 所示，线圈和衔铁、铁心均满足轴对称条件。但是其周围的附件比如开关触点、外壳等并不完全满足轴对称条件。有时候为了模型更准确，需要建立三维模型进行分析。三维模型计算量太大，有时会超过硬件的存储能力，根据对称性也可以建立 1/2 三维模型，即以如图 4-23a 所示的 Rz 平面为对称平面，绕 z 轴旋转 180°形成的图形作为求解区域，既考虑了周围非轴对称附件的影响，也可以节省一半计算量。

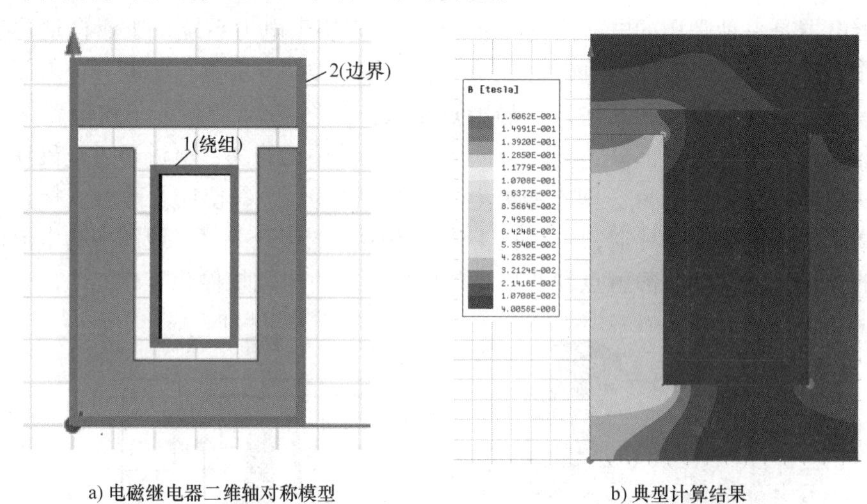

a) 电磁继电器二维轴对称模型　　b) 典型计算结果

图 4-23　电磁继电器仿真模型

3. 激励和边界条件

磁场仿真时，激励源为电流，继电器线圈绕组加载相应的工作电流值，求解区域外边界加载矢量磁位 0 边界条件。如果采用对称条件，模型的对称轴和对称面为磁场平行条件。

典型二维模型的加载如图 4-23a 所示，求解器设置为静磁场求解器，线圈绕组（图中矩形区域 1），加载工作电流 I。线圈的类型设置为 stranded（绞线，无趋肤效应）。求解区域外边界（实线 2 边界）为磁通平行条件，设置边界面上的矢量磁位为 0。计算后得到典型的磁通密度分布结果如图 4-23b 所示。

4.2.4　开关柜汇流排附近磁场问题

高压开关柜大量应用于电力系统中，承担着电能分配、控制输电回路通断的功能，其安

全稳定运行十分重要。实际运行时，低压侧母排流入电流一般会达到数 kA，会在开关柜内及其附近空间产生强大的电磁场，是配电房和变电站内的主要电磁污染源，并且这些配电房和变电站经常与人们的生活工作区域紧密相邻，其对周围人员的影响不容忽视。

开关柜结构通常包括：母线室、断路器室和低压室，母线室中包括进出线母排和接地开关等设备，低压室中一般为测量仪表元件，柜体由钢板组装而成，其三维模型如图 4-24 所示。

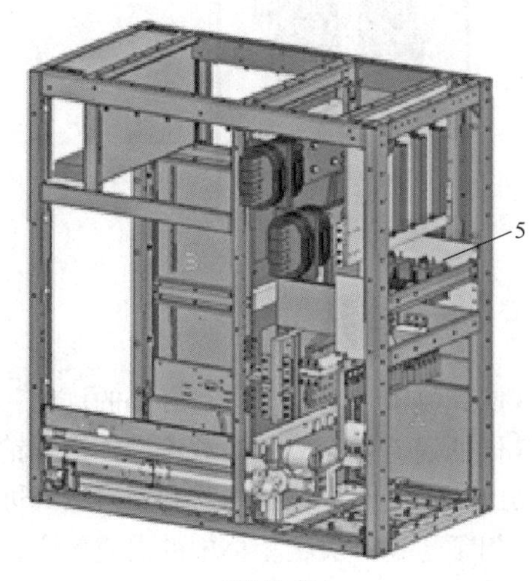

a) 整体模型图

b) 侧视图

图 4-24 直流开关柜三维结构模型

1—穿墙套管 2—进线主母排 3—出线主母排 4—绝缘子 5—测温元件
6—静触点 7—接地开关 8—接地母线 9—电缆接线排

1. 物理场选择

对于直流开关柜，其工作电压和电流为直流，开关柜内和外部的磁场可采用静磁场求解器进行求解。汇流排中没有趋肤效应，电流均匀分布；开关柜内金属构件以及柜体金属结构中无感应电流，磁场分布与材料的磁导率有关。

对于高压交流开关柜，其工作电流为工频，开关柜内部及其周围的磁场按照工频正弦规律变化，应采用工频磁场（涡流场）求解方法。涡流场计算时，磁场的分布同材料的磁导率和电导率都有关系。在正常工况下运行时，由于母排电流随时间变化的频率较低，电磁波的波长远大于所研究区域的尺寸，此时母排周围产生的电磁场可看作似稳场，不需要考虑位移电流的效应，只需考虑电磁感应效应。开关柜内工作电流较大，汇流排和导线截面半径通常大于电流的趋肤深度，因此要考虑趋肤效应，开关柜内金属构件以及柜体金属结构中应考虑涡流效应的作用。

2. 模型设置

开关柜内元器件众多，结构复杂。对于直流开关柜，由于磁场分布仅与载流导体和铁磁性材料有关，建模时应予以考虑；绝缘结构和非磁性导体对磁场均无影响，可以忽略。对开关柜内设备进行简化，建立三维模型如图 4-25 所示。需要注意的是：对于开域静磁场模型，开关柜的外壳并不是求解边界区域，应该设置 5 倍以上的模型区域作为求解外边界区域。

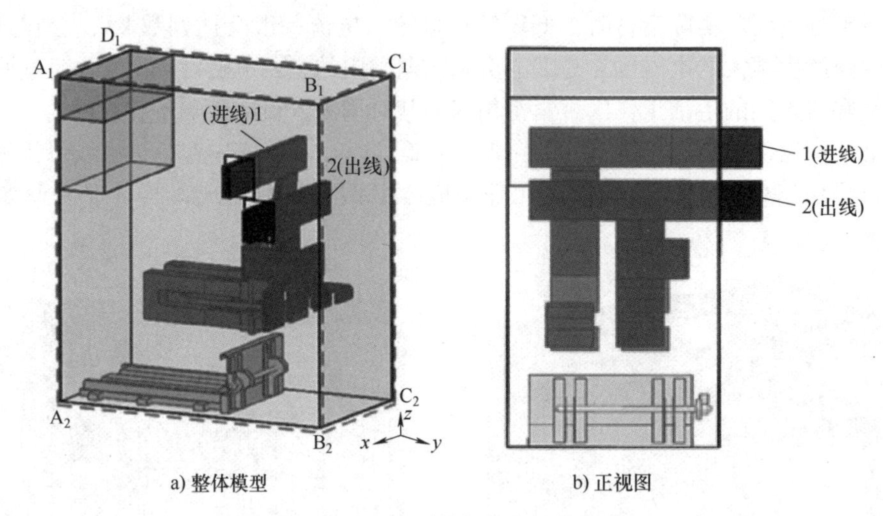

a) 整体模型　　b) 正视图

图 4-25　直流开关柜最终简化模型

对于高压交流开关柜，应考虑求解的关注区域和物理量对模型进行必要的优化：如果计算关注的是电流密度和损耗值，模型中应考虑导体的涡流效应，须对载流导体进行精细的建模和剖分；如果关注的是开关柜内、外磁场分布，可对载流导体的形状和连接方式进行适当的简化，不考虑汇流排及其导线中的趋肤效应，但须考虑开关柜柜体中的涡流效应，否则可能会引起较大的误差。

考虑到实际开关柜模型的结构过于复杂，直接进行有限元数值仿真会大大增加网格剖分难度和计算量，因此在保证求解精度的前提下，可对实际工程模型进行简化处理，简化的基本原则如下：

1）删除外壳和隔板上所有的安装孔，以及对磁场分布影响很小的零部件，如螺钉、螺母、连接件和紧固件等，并对剩余部件上的螺孔封闭处理。

2）对于母排、接地刀开关等一些体积较大零部件上的畸形部分，将其删除或者转化成长方体、圆柱体等较规则、易剖分的形状。

3）不考虑断路器内部结构，断路器正面和底面为钢板，其余部分为绝缘件和载流铜排，建立断路器的简易模型。

4）对于磁场计算来说，绝缘材料等同于空气，柜体内母排套管和绝缘隔板等绝缘件对磁场分布没有影响，因此可以将其全部去除。

3. 激励和边界条件

磁场仿真时，激励源为电流，汇流排和载流导线选取垂直于电流方向的截面，加载相应的工作电流值；求解区域外边界加载矢量磁位 0 边界条件。如果满足对称条件，可以建立奇、偶对称模型，模型对称面上分别加载奇对称（矢量磁位为 0，磁场平行）和偶对称（磁场垂直）边界条件，详细说明见 2.7 节的内容。

典型三维模型直流开关柜仿真模型如图 4-25a 所示，选择磁场求解器，设置截断边界模拟开域磁场问题，场域边界设置为模型尺寸的 500%。仿真直流开关柜在额定工作条件下运行工况：在进线主母排一端（见 1）加载一定额定运行电流，出线主母排（见 2）一端加载零电位，负载接入端通过电位耦合形成电流回路，使得电流在导体回路中流通。边界条件设

置为 0 边界条件，在求解区域外边界面施加磁通平行条件，进行自适应求解，即可获得磁场分布、电流密度分布等结果。

4.2.5 漏磁检测仿真优化问题

漏磁检测技术是一种钢铁材料的无损检测技术，能够在不破坏产品的情况下对损伤和缺陷进行有效检测，普遍应用在电力、石油、交通等行业。其工作原理是：采用外加磁场对钢制的设备进行励磁，当铁磁性材料被外磁场磁化后，材料内表面、外表面和内部的缺陷会在材料表面形成漏磁场，通过磁敏传感器对材料表面进行扫查，将表面缺陷漏磁场转化为缺陷信号，从而发现缺陷位置和缺陷参数。基于有限元法可对励磁系统进行优化设计，仿真模型的参数根据检测装置的实际情况来设定，模型运行前需确定励磁电流，获得最佳漏磁信号信噪比，从而提升检测设备的检测能力，实现探头和检测系统的优化设计。

1. 物理场选择

对于直流励磁、永久磁铁励磁或者是混合励磁的漏磁检测设备，其漏磁场均可视为静磁场，可采用静磁场求解器进行求解。

当检测速度较快时，励磁器、检测探头和试品之间的相对运动不能忽略，此时应采用瞬态磁场求解技术进行求解。由于钢铁材料的磁导率和电导率均很高，其内部的速度感应涡流效应需考虑，可采用时步有限元法进行求解，对钢铁材料内部进行精细建模和剖分。

2. 模型设置

以常见的钢管漏磁检测设备结构为例，在励磁系统优化设计问题中，考虑求解问题的轴对称性，可以用二维静磁场模型求解，如图 4-26 所示。励磁线圈采用双线圈励磁方式，霍尔探头组件安装在两个线圈之间，沿圆周向均匀分布。线圈通过直流励磁电流，在钢管壁内产生一轴向近似均匀的磁场，将钢管励磁到饱和状态。若钢管壁内有缺陷，就会在缺陷附近空气中形成漏磁场。检测时，钢管沿轴向匀速运动，当钢管壁内的缺陷通过霍尔探头时，霍尔探头就会拾取到缺陷漏磁通。由于磁场的方向同钢管运动的方向一致，当钢管的运动速度很低（约 0.5m/s）时，可近似按静磁场问题处理。在模型参数设置中，钢铁材料的非线性曲线对计算结果的准确性很重要，须根据材料的磁化特性曲线进行准确设定。

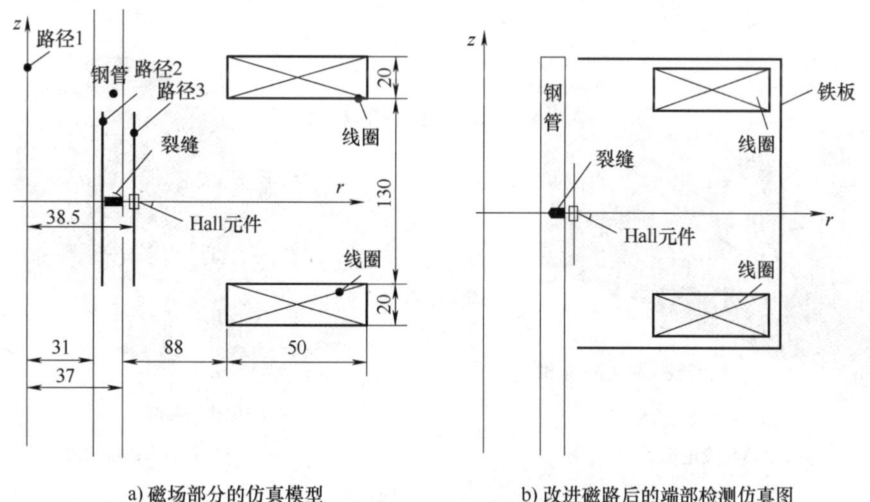

图 4-26 钢管漏磁检测仿真模型

3. 激励和边界条件

漏磁检测探头优化模型中，激励源可以是电流，也可以是永久磁铁，或者两者兼存。对于线圈励磁模型，如图 4-26 所示，选取两个励磁线圈中垂直于电流方向的截面，加载相应的励磁电流值；如果激励源是永久磁铁，则设置永久磁铁的材料参数，使得剩磁和矫顽力的大小、方向和励磁的方向一致，满足励磁强度的要求。

边界条件的设置：采用截断边界模拟开域磁场问题，场域边界设置为模型尺寸的 500%。边界条件设置为 0 边界条件，对称轴和求解区域外边界加载矢量磁位 0 边界条件。进行自适应求解，即可获得缺陷磁场分布、电流密度分布等结果。

4.2.6 电机内的电磁场

电机作为机电能量转换的核心装备，广泛应用在能源、交通、工业自动化等领域。在能源电力发电系统和交通电驱动系统中，电机是电能生产和使用的关键装备。在自动控制系统中，电机是执行部分的主要元件。按照能量转换的方式，电机可分为发电机和电动机两大类，如图 4-27 所示，给出了典型电动机和发电机的照片，根据用途不同，电机的性能、外观均有非常大的差异。

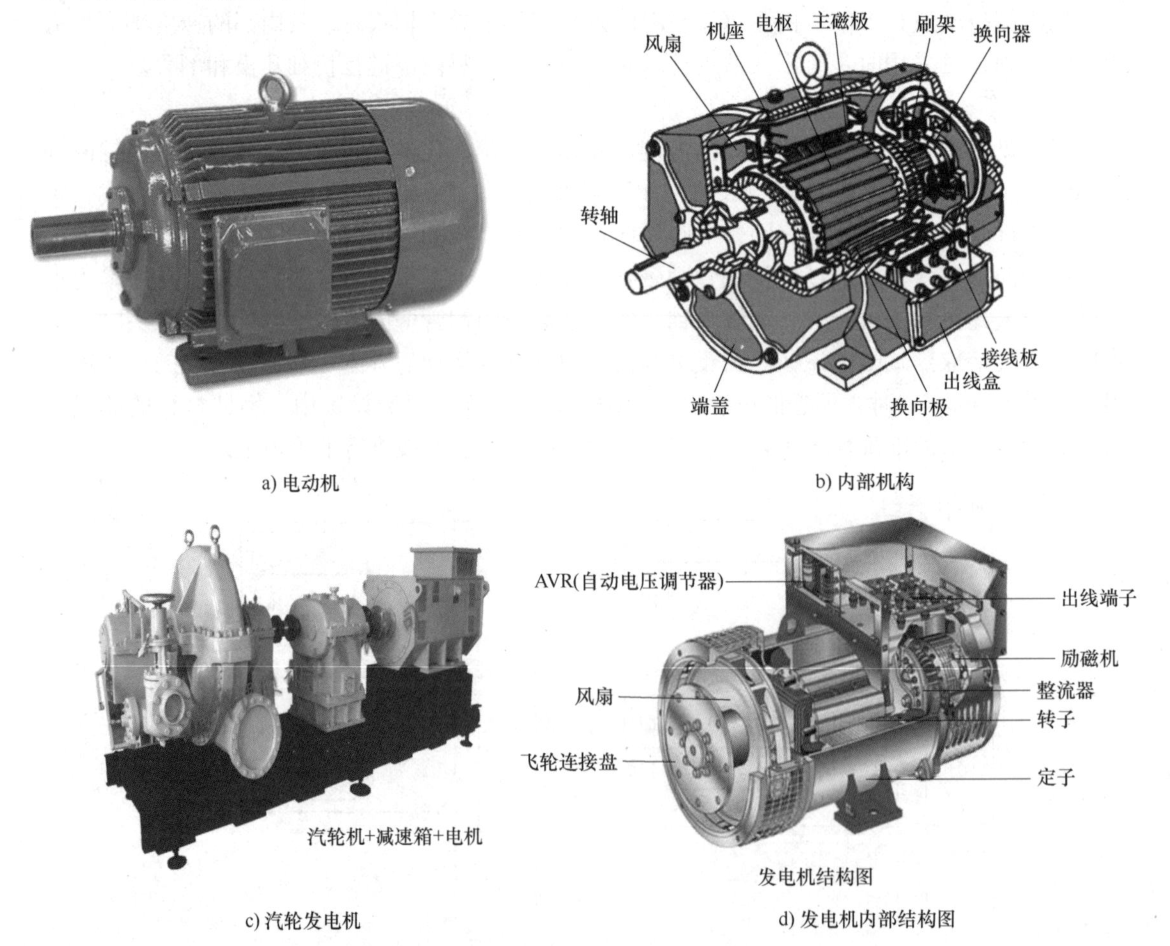

a) 电动机　b) 内部机构

c) 汽轮发电机　d) 发电机内部结构图

图 4-27　电机照片

当电机运行时，在它的内部空间以及铜（绕组）与铁（磁路）所占的空间区域，存在着电磁场。这个电磁场是由定子和转子的电流产生的。而电机的性能，正是由电磁场在不同的媒质中的分布特性，以及和电流的互相作用决定的。所以一般在设计和分析一款电机的时候，首要问题是研究电机中的电磁场。电机的内部结构十分复杂，且有运动部件，这都给计算带来较大的难度。在各种分析方法中，有限元法应用最为广泛，能够满足当今工程电磁问题分析的需求。

1. 物理场选择

对于直流励磁、永久磁铁励磁或者混合励磁发电机，以及直流电动机，其绕组内部、气隙磁场的变化受转子运动的影响，绕组和铁心中会产生速度感应涡流，应采用瞬态磁场求解方法求解。简化求解时也可以忽略转子运动，视为静磁场，采用静磁场求解器进行求解。

对于交流励磁发电机或交流电动机，其绕组内部、铁心、气隙磁场的变化与励磁电流的幅值、频率，以及转子运动有关，绕组和铁心中会产生电磁感应和速度感应涡流效应，应采用瞬态磁场求解方法进行求解。简化求解时，也可以忽略转子运动的影响，采用时谐磁场求解器进行求解。

由于钢铁材料的磁导率和电导率均很高，叠层铁心内部的速度感应涡流效应需考虑，应对钢铁材料内部进行精细建模和剖分。转子运动过程可采用时步有限元法进行求解：基于拉格朗日移动坐标系方法，改变每一时间步转子网格节点的坐标来模拟转子转动的作用。

2. 模型设置

二维电磁场有限元分析法可有效简化磁场计算，但不考虑电机端部效应，认为磁场在轴向方向上是均匀分布的，考虑模型的平面对称特性，建立二维静态电磁场来进行分析和计算，以矢量磁位 $\boldsymbol{A}_z$ 作为求解变量。有时二维电磁场有限元模型并不能完全反映电机内部的电磁场分布，可采用三维有限元模型对电机电磁场进行仿真数值计算，分析并比较二维与三维模型所得结果的差别，最终得到的三维有限元电磁分析结果更能接近实际电机磁场分布情况。模型如图 4-28 所示，其中二维模型采用三角形网格自由剖分，三维模型采用二维三角单元剖分，沿轴向拉伸成三维模型的剖分方法。

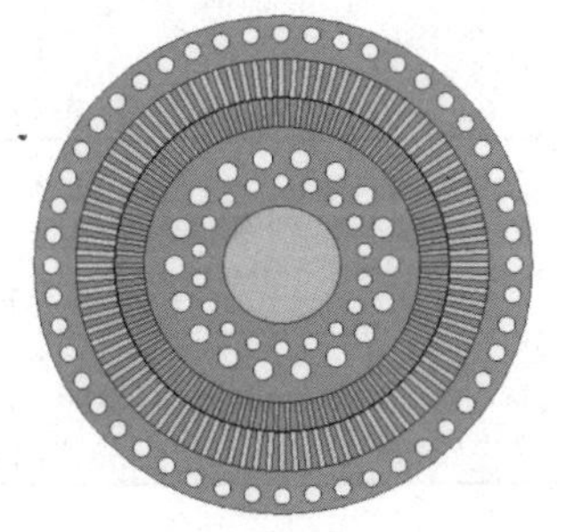

a) 电机二维模型

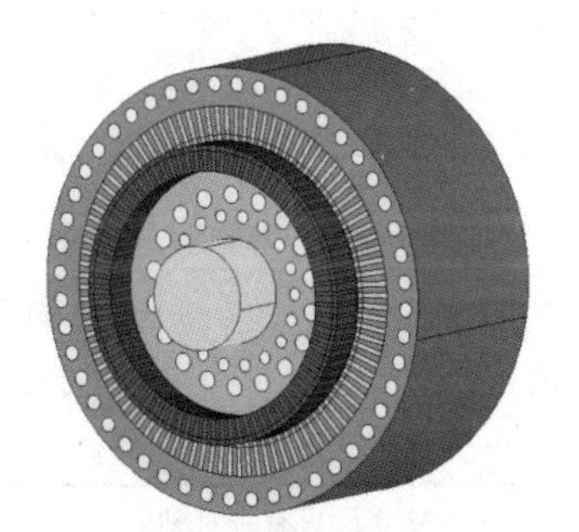

b) 电机本体三维模型

图 4-28　电机内电磁场求解模型

电机主体结构包括：转轴、转子铁心、鼠笼式转子、气隙、定子绕组、定子铁心，其中在定转子铁心都均匀分布着通风孔。建模时取消了定转子压片、槽楔等细微结构。二维模型选取的是垂直于电机轴的平面；三维模型鼠笼转子笼条两端建了端环，使鼠笼转子笼条通过端环连接。由于定子端部模型相当复杂，需要较大的计算量，且对气隙磁场分布影响不大，因此不予考虑利用有限元法进行计算。

在模型参数设置中，叠层硅钢片材料的非线性曲线对计算结果的准确性影响很大。为得到精确的损耗和电磁力计算结果，须根据材料的实测磁化特性曲线进行准确设定。

3. 激励和边界条件

电机内电磁场分析模型中，激励源通常是电流。选取线圈绕组中垂直于电流方向的截面，加载相应的工作电流值；根据习惯，可以加载总电流或电流密度值。求解结果如图 4-29 所示。

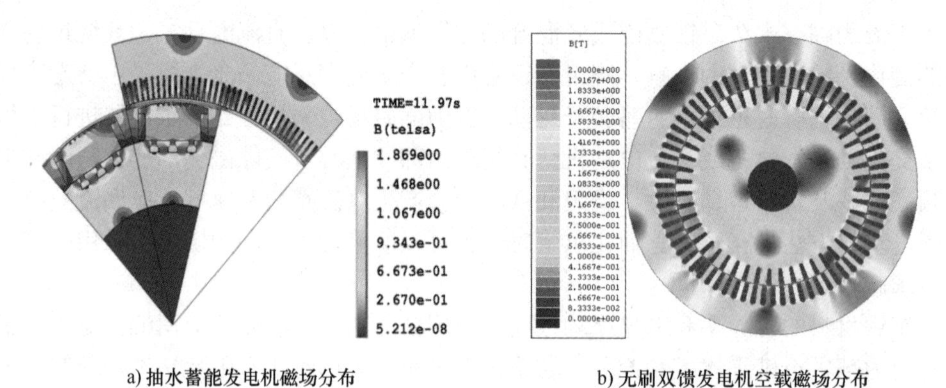

a) 抽水蓄能发电机磁场分布　　b) 无刷双馈发电机空载磁场分布

图 4-29　典型电机内电磁场求解结果

边界条件的设置：电机外壳是由高磁导率、高电导率的钢铁材料制成，具有良好的电磁屏蔽效能，通常可以作为求解区域的外边界。加载时选取外壳表面，边界条件设置为 0 边界条件（矢量磁位为 0）。如果采用对称模型，比如 1/2 对称或者 1/4 对称条件，对称面满足二类纽曼条件。当考虑转子运动的特性时，对称面上须加载周期边界条件，具体详见参考书。典型的求解边界条件设置和自由度变量选择见表 4-4 和表 4-5。

表 4-4　电动机求解模型边界条件设置（静磁场）

计算域边界	磁力线平行边界条件	磁力线垂直边界条件
二维	$A_Z=0$	自然满足
三维	$A_Z=0$	自然满足

表 4-5　求解自由度变量选择（瞬态磁场，时谐磁场）

单元自由度	涡流区	非涡流区
二维有限元	$(A_Z、V)$	A_Z
三维有限元	$(A_X、A_Y、A_Z、V)$	$(A_X、A_Y、A_Z)$

注：二维有限元法，求解区域变量只有垂直轴向分量。

4.3　其他问题

4.3.1　场路耦合——电磁线圈炮发射问题

感应线圈炮是电磁发射器中的一种，感应线圈炮具有发射速度高、电枢与驱动线圈之间无直接接触、可控性好等优点，可以用于发射具有特殊形状的大质量载荷，在军事领域具有十分广阔的应用前景。

典型线圈炮结构如图 4-30a 所示，单级实心电枢同步感应线圈炮的主要结构组成包括：线圈绕组、电枢、线圈本体和炮管。线圈炮结构不太复杂，但是发射时电磁场变化特征复杂，与电枢的位置有极强的相关性。线圈炮的优化设计必须借助于电磁场分析来开展，特别是多级线圈炮，线圈的匝数、位置、点火时间、以及电枢的参数都要进行优化设计，借助于电磁场有限元数值仿真工具，可以节约设计时间和费用，提高线圈炮发射的能效比。

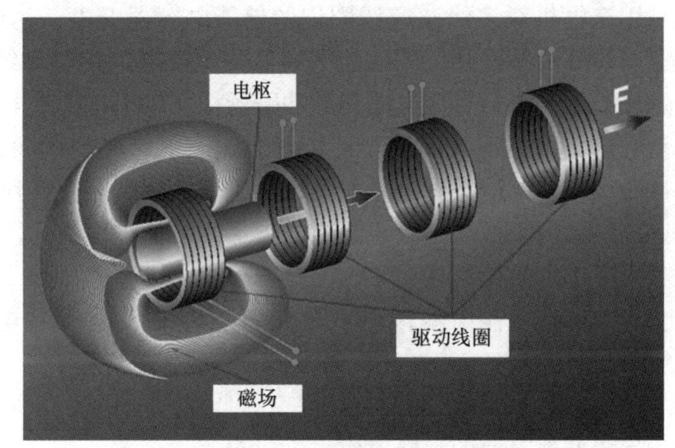

a) 同步感应线圈发射器工作原理示意图

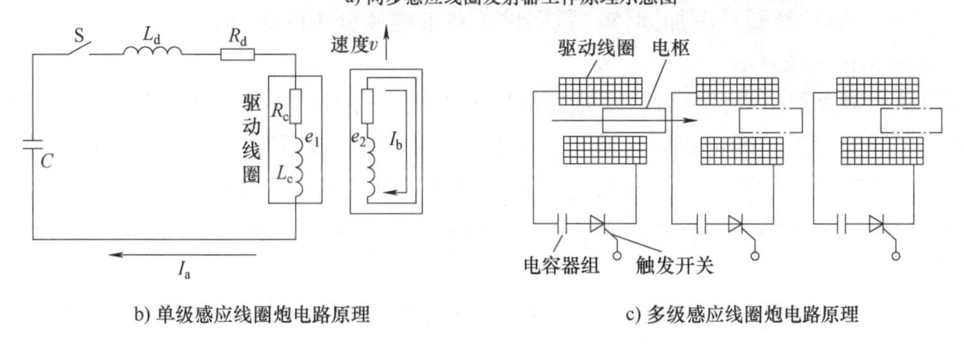

b) 单级感应线圈炮电路原理

c) 多级感应线圈炮电路原理

图 4-30 线圈炮驱动电路原理模型

1. 物理场选择

线圈炮工作时，驱动线圈电流为脉冲电流，脉冲宽度为 3 ~ 5ms，最高频率为几十 kHz，在电枢（弹丸）中感应出涡流，与线圈中的驱动电流相互作用，产生推力，驱动电枢前进，应采用瞬态磁场分析。由于线圈驱动电流通常由高压大容量电容放电形成，电流的波形与放电回路、线圈参数、电枢结构参数和位置有关，为了更准确模拟放电过程，可采用场-路耦合的方式求解，通过路模型获得每一个时间步驱动电流，作为激励耦合进磁场模型。获得每一个时间步的磁场强度、磁场力以及电枢位置的求解结果，然后直到求解时间结束，输出结果。

由于电枢中感应涡流分布对电枢所受的电磁力、运动速度影响很大，当采用时步有限元法进行求解时，须对电枢内部进行精细建模和剖分。

2. 模型设置

以常见的单级线圈炮模型为例，建立单级实心电枢感应线圈炮内磁场及涡流场的控制模型时需忽略电枢在电磁力的作用下的形变及电枢的横向偏移。由于当电枢中心偏离炮管和驱动线圈中心时，会改变电枢与炮管之间的气隙分布，从而不再满足轴对称条件，还需假设电枢轴线中心、炮管中心以及驱动线圈中心重合，满足轴对称条件，可建立二维轴对称模型。

同步感应线圈炮工作原理及外部馈电电路如图 4-30 所示。

单级线圈炮驱动电路可以简化为一个 RLC 电路，主要由驱动线圈、电枢、电容器组、触发开关等组成。多级线圈炮驱动电路有多个驱动线圈、触发开关以及放电电容组成，其工作原理为：首先利用充电机对多级感应线圈炮的储能电容器充电，达到额定电压时停止充电。闭合第 1 级驱动线圈的触发开关，储能电容器开始放电，在驱动线圈中激发脉冲磁场，在电枢中感应出感应电流，电枢感应电流和脉冲磁场相互作用，产生电磁力推动电枢向前加速运动。电枢运动到第 2 级驱动线圈的合适位置时，第 2 级驱动线圈的储能电容器触发放电，再次激发脉冲磁场，使电枢受到电磁力继续加速。依次类推，直到将电枢加速到非常高的速度。同单级感应线圈炮类似，多级线圈炮也满足二维轴对称条件，可建立二维轴对称模型，建模时需对其模型进行简化处理：

1）不考虑电枢在运动过程中偏离轴线的情况，即驱动线圈和电枢的轴线始终保持重合。

2）忽略驱动线圈各层、各匝之间的绝缘厚度，假设放电电流在驱动线圈截面上均匀分布，不考虑线圈子导线截面电流的趋肤效应。

3）不考虑驱动线圈外围加固体、紧固件等对电磁场分布的影响。

3. 激励和边界条件

线圈炮发射过程仿真模型中，激励源是脉冲电流。对于二维轴对称模型，选取线圈中垂直于电流方向的截面（图中矩形区域），加载相应的电流值或者事先定义的电流随时间变化曲线；若采用场路耦合方式，则需要选取线圈截面，建立绕组（winding）模型，然后在路模型中会产生一个电感线圈模型，且名字和场模型中的绕组名字相一致，如图 4-31b 中的 Coil4。

边界条件的设置：采用截断边界模拟开域磁场问题，场域边界设置为模型尺寸的 500%。边界条件设置为 0 边界条件，对称轴和求解区域外边界加载矢量磁位 0 边界条件。电枢运动部分采用滑动运动带方法处理，将电枢可能运动的区域建一个运动带，命名为“band”，band 把电枢和线圈分开，在设置中设置为电枢平动方式。然后设置时间自适应求解，即开展场路耦合求解，可获得每个时间步的绕组和电枢电流密度分布、磁感应强度、电枢位置和速度等计算结果。

4.3.2 印制电路板电场绝缘设计问题

印制电路板（Print Circuit Board，PCB）作为电力电子设备的核心枢纽，被广泛地应用于汽车电子、通信设备、工控医疗、航空航天等领域。PCB 主要具备三个基本功能：①导线电路的电气信号导通；②导线电路之间的绝缘；③作为电子元器件的载体支撑部件。目前，PCB 一般由基板、阻焊层、互连线电路、焊盘、元器件等部分组成，常见的 PCB 主要有单面板、双层板、四层板、多层板等，如图 4-32 所示。双层板是目前应用较为广泛的一

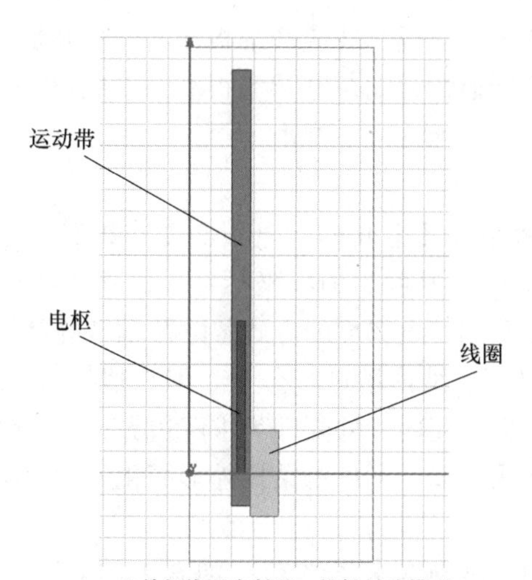

a) 单级线圈发射器二维轴对称模型

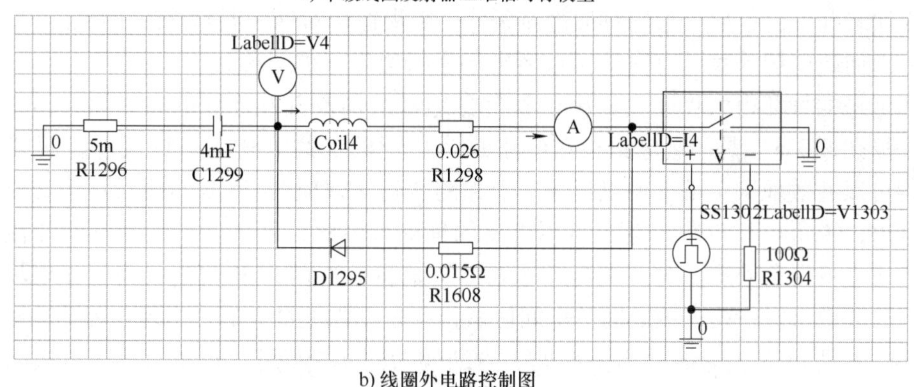

b) 线圈外电路控制图

图 4-31　线圈发射器模型场路耦合及其加载方法

种类型，双层板是顶层和底层两面都敷有铜的电路板，双层都可以布线进行焊接，在两层之间则为绝缘层，起到层与层之间绝缘的作用。当在双层 PCB 的顶层和底层之间加上别的层即构成了多层板，如在两层之间放置电源层和地层则构成了四层板。

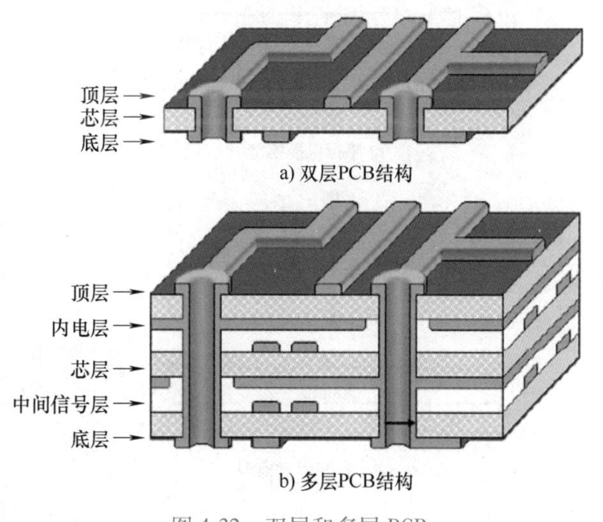

a) 双层PCB结构

b) 多层PCB结构

图 4-32　双层和多层 PCB

同高压电气设备不同，PCB 工作电压很低，通常在 15V 以下，但是由于元件布设密度较大，同样存在着绝缘问题，通常需要进行电路板布局优化设计，须开展电场计算。另外，有时需要对元件引线的寄生电容参数进行准确求解，也需要考虑元件周边其他元件及印制电路板布线的影响，开展电场计算。

1. 物理场选择

印制电路板大多数供电电源为直

流，印制电路板基板原料通常为电木板、玻璃纤维板或者环氧树脂等，其电导率近似为零，相对介电常数为3.5~6；导体层通常为铜，电导率很高，空间电场强度按照介电常数分布，应采用静电场方法求解。

2. 模型设置

由于PCB覆铜部分厚度太小（几十μm），基板厚度有数毫米，面积可达几千mm^2。建模时可以根据平面对称性，以PCB厚度为xOy坐标系，建立二维平面对称模型。考虑覆铜带内部近似为等电势体，可以采用等电势面的方式忽略覆铜带的厚度，节省计算量，简化网格剖分难度。必要时也可以建立三维模型进行分析，但在建模时需要对模型进行必要的简化：①印制电路板一般置于设备外壳内，外壳即为求解边界；②忽略覆铜带的厚度，以等电势面模型替代；③元件的引线为金属，元件的结构外形简化处理，材料为绝缘体。

3. 激励和边界条件

典型模型的加载情况：PCB覆铜带耦合电位，加载工作电压，接地屏蔽段以及求解区域外边界加载0电位；如果采用对称边界条件，则根据奇对称和偶对称的条件，分别选中对称面，分别加载电场垂直（奇对称）或者电场平行边界（偶对称）。

PCB绝缘的好坏很大程度上取决于其自身绝缘结构及其互连线的布线形式，平行互连线结构（见图4-33a）是印制电路板布线中最为广泛的走线方式，平行互连线两端的“圆弧”结构可以有效地避免端部的电场集中引起的“边缘效应”。PCB布线设计中应避免产生锐角和直角，锐角和直角布线会产生不必要的辐射，因此，PCB在布线拐角时往往采取钝角或对直角进行倒角处理。对于平行互连线结构来说，当在PCB两电极间施加电场时，电场最集中的区域出现在两电极之间的空间区域，且电场强度最大的点出现在梯形铜电极片底边夹角处，也是PCB绝缘的最为薄弱处。当结构为图4-33b所示模型时，两电极间的电场主要集中在两电极的拐角顶点处，此处是该模型电场畸变最为严重的地方，两电极的竖直部分的边缘处的场强畸变也较为严重，且其随着远离电极拐点而逐步衰减。当结构为图4-33c

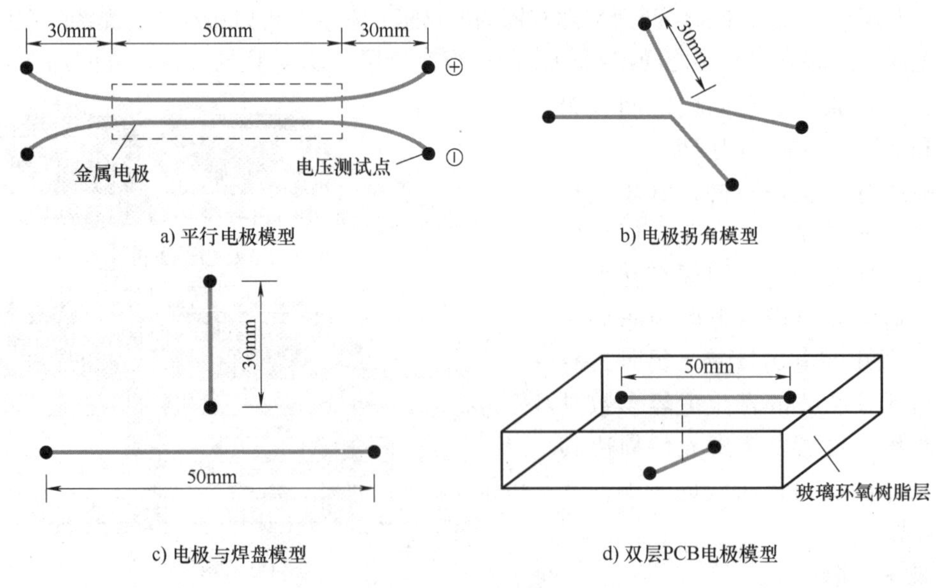

图4-33　电极模型

所示模型时，电场最为集中的地方出现在焊盘离电极最近处的边缘，而在 PCB 互连线电极边缘出现的电场畸变则要相对较小，因此，PCB 焊盘边缘将是 PCB 绝缘最为薄弱的环节。当结构为图 4-33d 所示模型时，PCB 层间电场畸变最严重的位置出现在两电极在垂直空间上相交的区域，此时两电极间垂直相交空间上的玻璃环氧树脂层为 PCB 的绝缘薄弱环节。

4.4 工程电磁场问题建模方法归纳

（1）电场问题归纳见表 4-6。

表 4-6 电场问题建模要点

问题类型	物理场选择	求解变量	激励	边界条件	备注
架空线路电场	静电场 工频电场	电位 电场强度	电位 电荷量 电荷密度	零电位（截断边界） 无穷远边界 （ballon 边界）	可计算线路电容
高压电缆接头及附件结构绝缘计算	静电场 准静态场	电位 电场强度	电位 电荷量 电荷密度	零电位边界 对称边界	
变压器绕组绝缘计算	工频电场 准静态场 静电场	电位 电场强度	电位 电荷量 电荷密度	零电位边界 对称边界	
高压绝缘子串、避雷器均压环及绝缘表面电场分布	静电场 恒定电场 工频电场	电位 电场强度	电位 电荷量 电荷密度	零电位（截断边界） 无穷远边界 （ballon 边界） 对称边界	
变电站接地点跨步电势和接地体接地电阻计算	恒定电场	电位 电场强度 电流密度	电流 电流密度	零电位边界 电场平行边界条件	跨步电压计算，接地电阻计算
母线、汇流排接触电阻计算	恒定电场	电位 电流密度 热生成率	电流 电流密度	零电位边界 对称边界	

（2）磁场问题归纳见表 4-7。

表 4-7 磁场问题建模要点

问题类型	物理场选择	求解变量	激励	边界条件	备注
架空输电线路磁场问题	静磁场 工频磁场	矢量磁位 磁场强度	电流 电流密度	零矢量磁位（截断边界），无穷远边界（ballon 边界）	可计算线路电感
变压器绕组、铁心磁场分析	静磁场 工频磁场 瞬态磁场	矢量磁位 标量电位 磁场强度 铁心损耗 绕组受力	电流 电流密度	零矢量磁位边界条件 对称边界：磁通平行条件	

（续）

问题类型	物理场选择	求解变量	激励	边界条件	备注
电磁继电器线圈吸引力求解问题	静磁场 工频磁场	矢量磁位 磁通密度 线圈受力	电流 电流密度	零矢量磁位边界条件 对称边界：磁场平行条件	
开关柜汇流排附近磁场问题	静磁场 工频磁场	矢量磁位 磁通密度	电流 电流密度	零矢量磁位边界条件 对称边界	
漏磁检测仿真优化问题	静磁场 瞬态磁场	矢量磁位 标量电位 磁通密度	电流 永久磁铁	零矢量磁位边界条件	
电机内的电磁场	静磁场 时谐磁场 瞬态磁场	矢量磁位 标量电位 磁通密度 绕组受力	电流 电流密度	零边界条件 对称边界：周期边界条件	

（3）其他问题归纳见表 4-8。

表 4-8　其他问题建模要点

问题类型	物理场选择	求解变量	激励	边界条件	备注
场路耦合-电磁线圈炮发射问题	瞬态磁场	矢量磁位 标量电位 磁场强度 磁场力	电容电压 脉冲电流	零边界条件 对称轴和求解区域外边界加载矢量磁位 0 边界条件	场路耦合
PCB 板电场绝缘设计问题	静电场	电位 电场强度	电位	零电位边界 对称边界	微电子

第5章　电磁场有限元分析软件 ANSYS 介绍及其工程算例

5.1　ANSYS

5.1.1　ANSYS 主要功能

ANSYS 程序是建立在有限元方法基础上，融结构、热、流体、电磁、声学于一体，功能强大的分析软件，它可以计算简单的、线性的、非线性的、静态的、暂态的、瞬态的等电磁场问题，其最大的优点在于能很好地处理空间形状复杂的、非线性的、暂态的动态电磁场问题。能解决的电磁场问题可以总结如下：

1）静电场的电位分布、电力线的分布和场的能量、导体系统的部分电容等。

2）恒定电场的电位分布、接地电阻、导体的能量损耗等。

3）恒定磁场的矢量磁位、标量磁位、磁力线的分布、磁通量、电感系数、磁场能量等。

4）时谐电磁场，高频电磁场。

5）涡流场。

6）耦合场。

7）其他。

ANSYS 有限元分析软件有容易理解的图形用户界面（GUI）。它能提供用户简单的、交互式的程序功能、命令、文件和参考材料。ANSYS 的直接的菜单系统有助于用户方便地运用 ANSYS 程序来分析工程问题；也可以通过利用 ANSYS 内部的命令来编写程序分析工程问题，这种方式有助于对程序的修改和编辑。两种方法也可以交替运用。

5.1.2　ANSYS 分析过程

1. 创建有限元模型

1）制定工作文件名和工作标题。

2）创建或读入几何模型。

3）定义单元类型。

4）定义单元实常数。

5）定义材料属性及有限元网格划分。

2. 加载求解

1）定义分析类型和分析选项。

2）加载。

3）指定载荷步选项。

4）求解初始化。

3. 查看求解结果

通用后处理器 POST1 和时间历程后处理器 POST26 查看结果。其中

1）POST1：用于查看整个模型或部分模型在某一时间步的计算结果。

2）POST26：用于查看模型的特定点在所有时间步内的计算结果。

5.1.3 建模途径

有限元分析的根本目的是对实际的工程系统重新建立的数学行为。也就是说，分析必须是实际原型的一个精确的数学模型。更广的意义上说，这个模型包含所有的节点、单元、材料属性、实常数、边界条件和用于代表物理系统的其他特征。建模的途径有：

1）在 ANSYS 里直接建立一个实体模型。

2）输入在计算机辅助设计（CAD）系统中建立的模型。

3）使用以前已建立的模型。

一般采用第一种方法进行建模，实体层次由低到高为点、线、面、体。建模时，可以由低级到高级进行建模，由点构成线，由线构成面，由面构成体。也可以由高级到低级建模，也就是直接建立体、面、线、点。直接建立体，就会自动生成面。直接建立面就会自动生成线，直接建立线就会自动生成点。这两种建模方法又称为自下向上和自上向下的建模方法。

每一个点、线、面、体在建立后都有一个编号，可以通过单击工具栏中 Utility Menu>List>Volumes（area，keypoint）或 Utility Menu>plotCtrls>Numbering 就会列表或直接在体、面上显示体（面，点）的编号。在后面的剖分操作中，可分别对不同编号的体、面、线进行操作，这样可以更好地控制所要解决的问题。

5.1.4 使用 ANSYS 须注意的问题

1）ANSYS 命令不可逆转，注意随时对你的模型进行保存，保存的方法是单击 ANSYS Toolbar/SAVE-DB。

2）重新编辑单击 RESUME-DB。在建模和加载的过程中可以使用工具栏中 mainmenu>plotCtrls>panzoomrotate，它可以从不同的角度和用不同的放大倍数来显示你所建立的实体和单元模型，便于在操作过程中观察所建立的模型。

3）在对模型的线、面、体编辑时，单击它的“热点”（Hotdot）就可选中它。热点分布在线、面、体的中心位置。

4）本书中的实例介绍了部分菜单功能和命令。很多功能需要自己在使用中摸索。

5）更进一步了解 ANSYS 的应用可以参考 Help>Helptutorials 中的其他实例。

5.2 ANSYS 中的节点和单元

1. 单元

单元是有限元法第一步也就是预处理中所要运用的。它是离散（或剖分）连续区域后

产生的小区域，对一维单元通常是短直线，它们连接起来组成原来的线域。二维所采用的单元通常是小三角形或矩形。对三维区域可划分成四面体、三棱柱或矩形块。其中，线性单元、三角形单元及四面体单元是用直线段、平面块、立体块建立曲线或面、体模型的基本一维、二维和三维单元。

2. 节点

相邻单元之间的交汇点。将连续区域无限个自由度的求解转化为离散区域有限个自由度的求解是有限元法的基本思想，有限个自由度即是剖分后节点上的所求的基本待求量，如图 5-1～图 5-3 所示分别为一维、二维、三维的基本单元和节点。在基本单元的两节点之间增加节点可形成更多节点的单元。

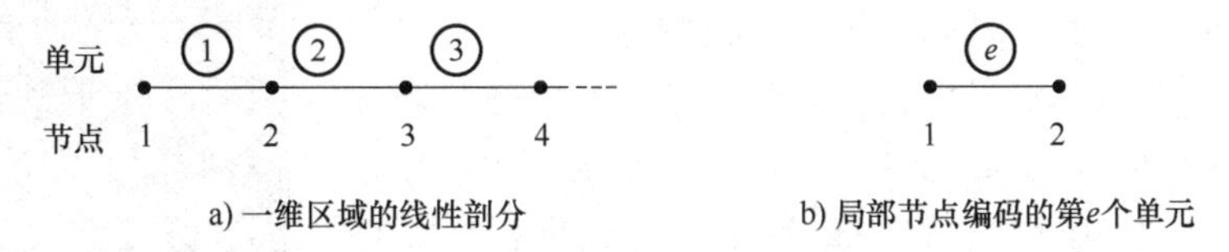

图 5-1　一维区域的基本单元

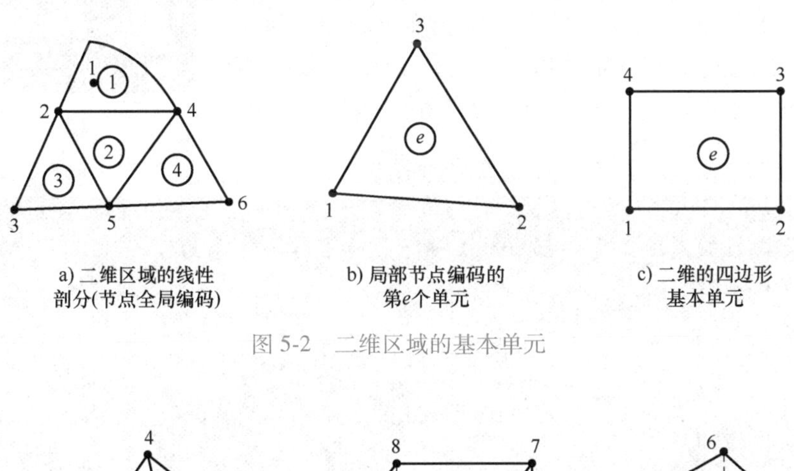

图 5-2　二维区域的基本单元

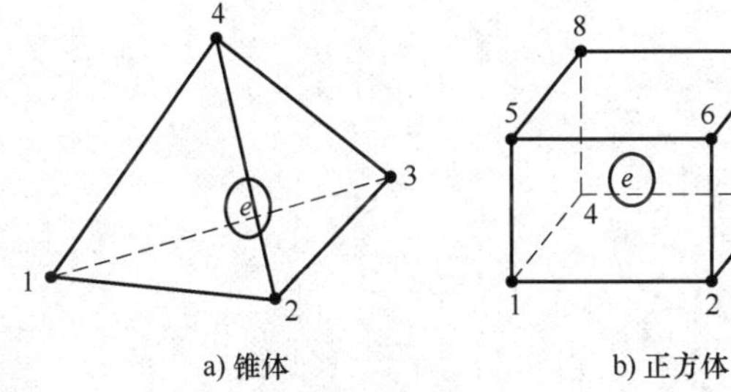

图 5-3　三维区域的基本单元

3. 单元插值函数

也称形状函数，它是由一组基函数组成。在有限元方法中，因为单元是很小的，所以定义在单元上的基函数可以很简单。这种函数对不规则边界问题很有用，它的功能是：由单元插值函数拼接而成的近似解来逼近无限个自由度（连续空间的无限多点上的位函数值）的精确解。

5.3 ANSYS 操作界面和文件系统介绍

5.3.1 ANSYS 的启动

在 ANSYS 安装完毕后，就可以启动运行 ANSYS 了，ANSYS 目前用得较多的版本是 ANSYS19.0。有几种方法可以启动 ANSYS：

1）单击“开始”菜单的“程序”，选择“ANSYS19.0”程序组中“ANSYS”并单击，系统将直接进入 ANSYS 的交互方式的用户图形界面（GUI），如图 5-5 所示。

2）单击桌面上的快捷图标（创建快捷图标可以在步骤 1）中单击“ANSYS”前单击鼠标右键“发送到桌面快捷方式”）。

3）在“开始”菜单的“程序”中选择“ANSYS”程序组中“ANSYS Products Launcher”，如图 5-4 所示，单击则出现如图 5-5 所示的对话框。在该对话框中，可以进行 ANSYS 运行环境的设置，如可以选择 ANSYS 软件的产品模块（与电磁场分析有关的通用程序为 ANSYS/Multiphysics）、工作目录的选择（ANSYS 运行所生成的文件都会在该目录下面）、工作文件名的设置等。在确定这些设置后，单击“Run”按钮，就可以进入 ANSYS 的操作界面（见图 5-6）。

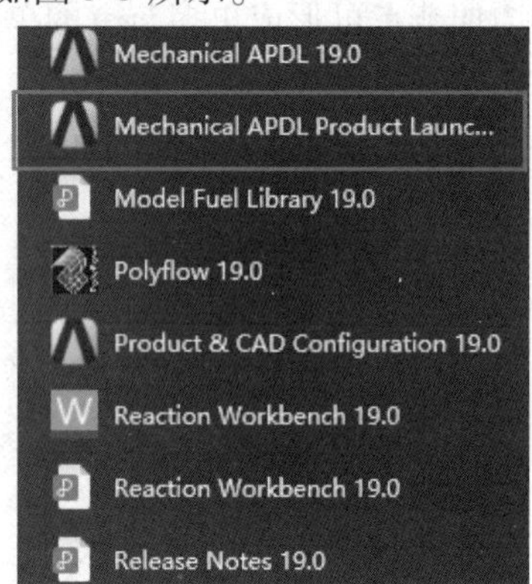

图 5-4 启动运行菜单

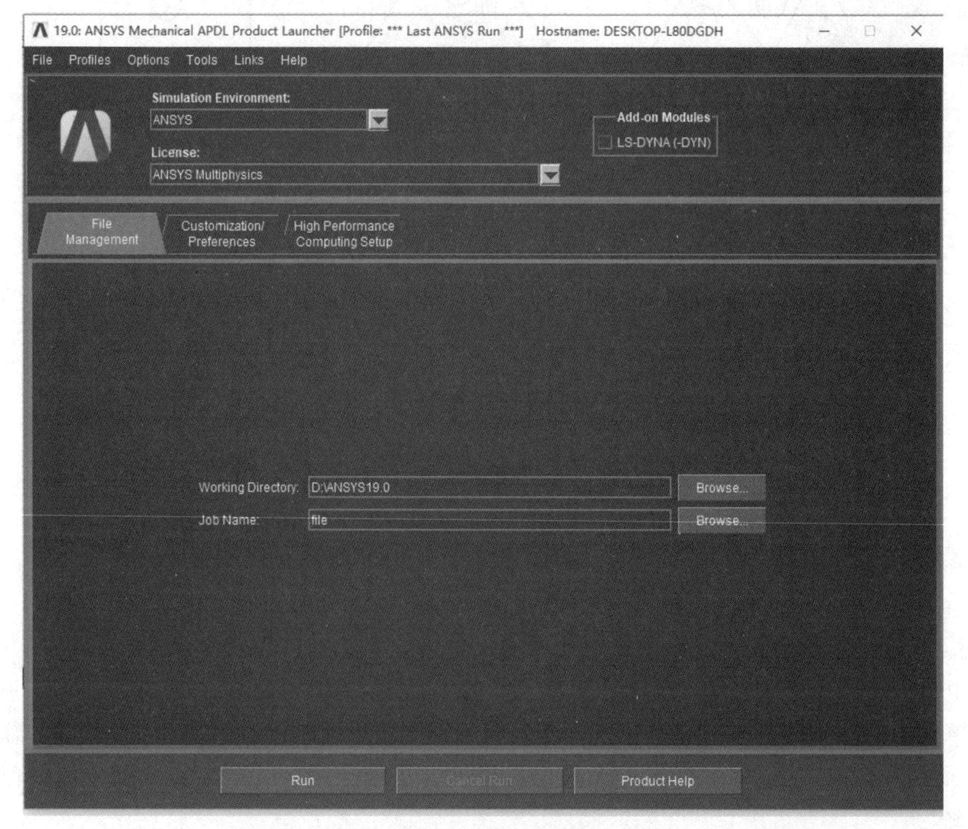

图 5-5 ANSYS 运行环境的设置对话框

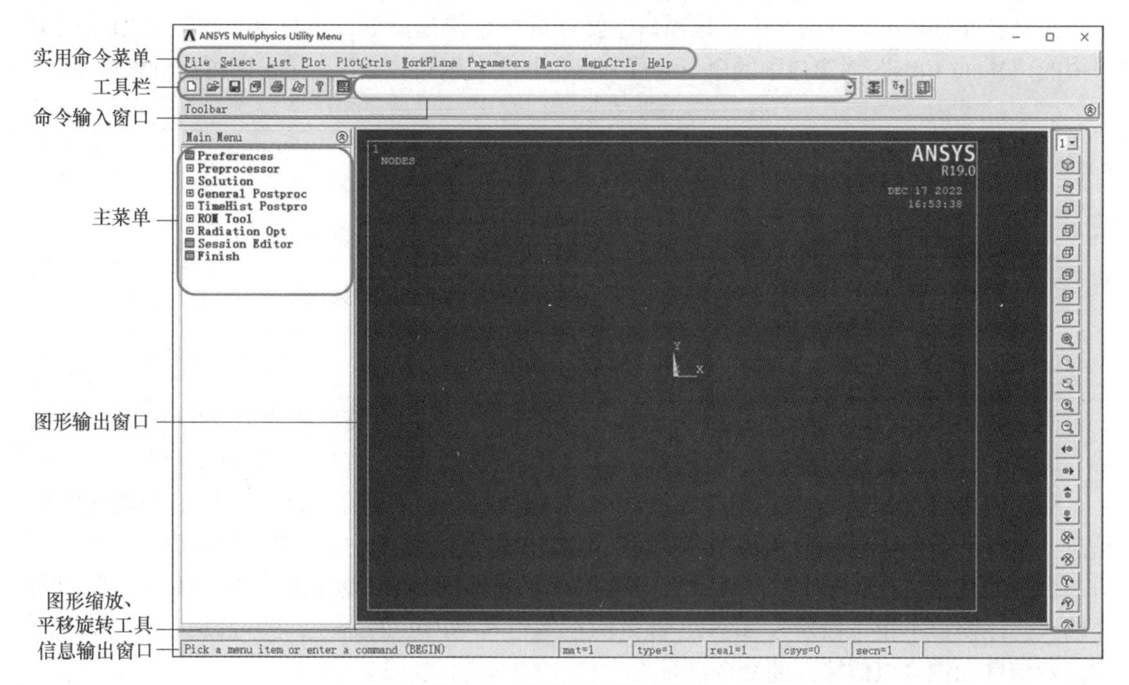

图 5-6　ANSYS 的操作界面

5.3.2　ANSYS 的操作界面

ANSYS 的操作界面由实用命令菜单（Utility Menu）、主菜单（Main Menu）、工具栏（Tool bar）、图形输出窗口（Graphics）、信息输出窗口（Output）和命令输入窗口（Input）六个部分组成，如图 5-6 所示。

实用命令菜单（Utility Menu）的子菜单都是下拉式菜单，包括文件、选择、列表、显示等子菜单，如图 5-7 所示。

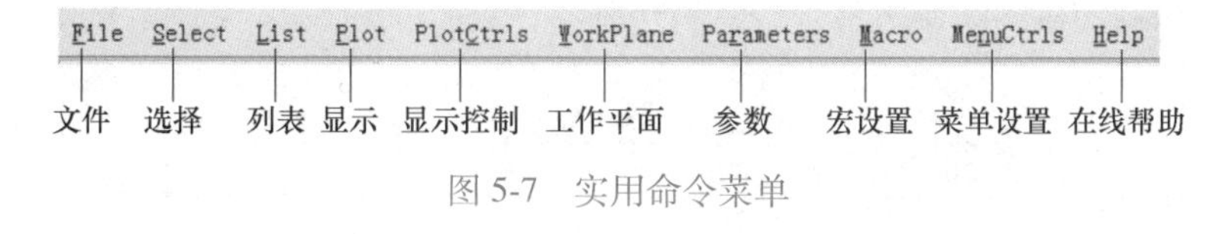

图 5-7　实用命令菜单

主菜单（Main Menu，见图 5-8）：为弹出式结构，如图 5-8 所示，它提供了用户完成工作的最主要的功能，包括前处理、求解和后处理等。其中选择学科是过滤掉无关的选项，以缩短菜单；前处理包括建立模型、选择单元、定义材料属性、剖分和加载等；求解器包括确定分析类型和分析选项、施加载荷到几何模型、选择求解方式和开始求解运算等；通用后处理对求解的结果进行处理，以列表彩色云图等值线等方式表达，直观形象。

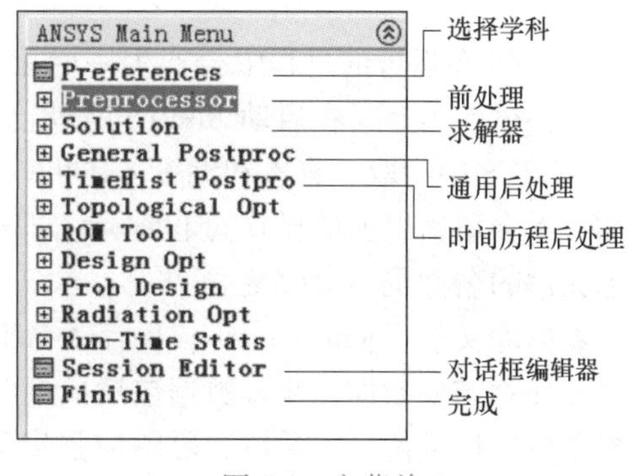

图 5-8　主菜单

工具栏（Toolbar，见图 5-9）：该窗口主要存放一些快捷命令，用户可根据需要用实用菜单中的“Menu Ctrls”对窗口中的命令进行编辑、修改和删除等操作，单击即可执行该命令。

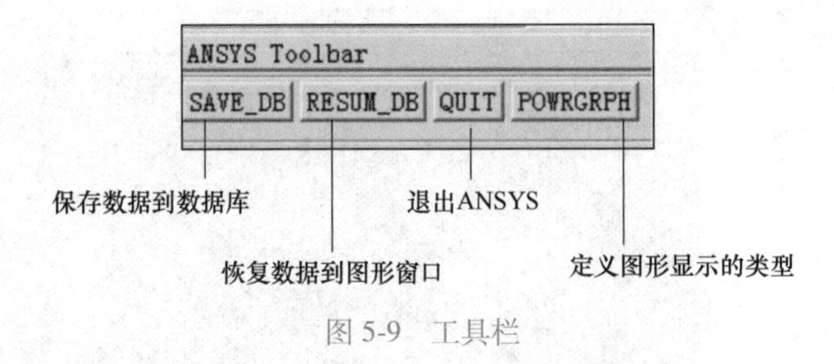

图 5-9　工具栏

图形输出窗口（Graphics）：用于显示在 ANSYS 中建立的模型或由其他软件传入的图形、网格、计算结果、云图、等值线等图形，该窗口是最大的窗口，还可调节大小。

信息输出窗口（Output）：用于显示 ANSYS 软件对已输入的命令或已使用的功能的响应信息，包括命令的出错信息和警告信息。在 GUI 方式下，用户可以随时访问该窗口。

命令输入窗口（Input）：在 ANSYS 值的操作中，除了采用 GUI 方式外，还可以采用命令输入，该窗口不仅可以输入 ANSYS 提供的汇编语言 APDL 的命令，还可以显示 GUI 输入的提示信息和浏览以前输入的命令。

5.3.3　ANSYS 的文件系统

在进行一个新的问题分析时，都要建立新的文件名，操作方式如下：

file>change jobname…

会出现图 5-10 所示的对话框，在 file 处中输入新的文件名 jobname（jobname 自己定义，file 为默认文件名）。

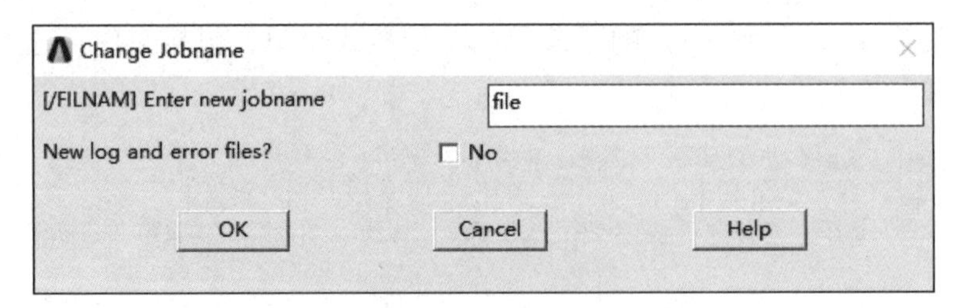

图 5-10　建立文件名对话框

ANSYS 在运行的过程中会产生一些工作文件，包括：日志文件（jobname. log）记录了所有操作过的命令，在启动 ANSYS 时就已经打开，并记录了所有的操作过程。日志文件可以在 ANSYS 中读取、查看和编辑，还可以将其输入，重复所进行的操作过程。该文件只会追加，不会覆盖以前的操作过程记录。即使在 ANSYS 的使用过程中改变工作文件的名称，日志文件的名称也不会改变。

数据库文件（jobname. db）保存了 ANSYS 在前处理、求解和后处理过程中输入的初始数据和计算结果数据，输入数据包括模型的几何尺寸、材料属性、载荷和边界条件等，结果数据则包括标量位、矢量位、磁感应强度等（对电磁场计算而言）。在用 ANSYS 建立模型时，建议随时保存模型，保存的方法有两种：

1）Utility Menu>File>Save as jobname 以工作文件名保存数据库文件。

2）Utility Menu>File>Save as…允许把数据库存储到另外一个名称的文件中，但不改变工作文件名。

另外利用工具栏上面的 Save_db 快捷方式也可以保存数据库文件，其作用相当于 Save as jobname. db。

读取数据库文件也有两种方法：

1）Utility Menu>File>Resume jobname. db 将读取上一次存储的数据库文件。

2）也可用 Resume_db Utility Menu>File>Resume from…与 Save as…对应，读取指定文件名的数据库文件，但当前工作文件名并没有改变。

为了防止由于操作失误引起的数据库文件丢失，建议采取以下措施；对每一个问题的分析求解，都单独设置一个工作文件名夹。

求解新问题时，采用新的工作文件名称并存储在新的工作文件夹的下面。

在分析的过程中，每隔一段时间存储一次数据库文件。

在问题分析完毕后，必须保存日志文件、数据库文件、结果文件（. rmg）、输出文件（. out）和载荷步文件（. so1，. so2，…）等。

5. 3. 4 ANSYS 命令的恢复和撤消

ANSYS 与其他软件不同，命令和菜单中没有一个具体的恢复和撤消操作的命令，但可以利用 ANSYS 的“Save_db”和“Resume_db”命令实现对操作命令的恢复和撤消操作。在进行会对问题求解产生重要影响的操作之前，应先用“Save_db”保存数据库文件，如该操作出现错误，还可以用“Resume_db”恢复到操作前的状态，这样当前的错误操作就可以取消。

另外，根据分析顺序，用户在不同的分析阶段使用“Save as…”命令，对问题分析各阶段进行保存，这样有利于以后仅对所建模型做适当的修改就可以应用于不同的状态，为分析问题节省时间。

5. 3. 5 ANSYS 的在线教程

可以通过四种方法进入帮助系统：

1）在“开始”菜单的“程序”中选择“ANSYS”程序组中“Help”并单击，系统将直接进入 ANSYS 的主要帮助界面。

2）单击实用菜单中的“Help”子菜单。

3）在 ANSYS 的对话框中单击“Help”按钮，可以查找相关内容的帮助信息。

4）通过输入命令窗口查看帮助信息。

5. 4 基于 ANSYS 软件的典型算例

5. 4. 1 上机实验一：静电场分析

一、功能

主要能解决有电荷分布及电压所引起的电场和电势（电压）分布以及多导体系统的部

分电容。

二、条件

材料为线性、均匀，各向同性，电场为线性的，电场正比于所加电压和电荷分布。

三、载荷和约束类型

- 约束（自由度）——电压（VOLT）。
- 力——电荷（CHRG）。
- 表面载荷——表面电荷密度（CHRGS），麦克斯韦力标志（MXWF），无限远表面标志（INF）。
- 体载荷——体电荷密度（CHRGD）。

四、所采用的主要有限元单元

- 二维面单元：PLANE121：平面单元，4 或者 8 节点；INFIN110：无限单元，4 或 8 节点。
- 三维实体单元：SOLID122：6 面体单元，20 节点；5 面体（三棱柱）单元，16 节点；SOLID123：四面体单元，10 节点；INFIN111：三维无限单元，8 或 20 节点。

五、具体步骤

（一）建模

- 首先给定分析的文件名和标题。
- 选择分析范围（电场、磁场、时谐场、温度场等）。
- 进入预处理：
  - 定义单元类型（补充静电场的单元类型）；
  - 材料属性（包括电容率、是否与温度有关以及是各向同性或各向异性）；
  - 采用统一的单位制。
- 建立几何模型，赋予属性并剖分。

（二）加载并求解

- 进入求解器。
- 定义分析类型：

在确定分析类型之前，做好以下工作：

1）从路径 Main Menu>Solution>Analysis Type>New Analysis 选择静态分析。

2）如果是新分析，发布命令 ANTYPE、STATIC、NEW。

3）如果想重新开始以前的分析（例如指定附加载荷），发布命令 ANTYTLE、STATIC、REST。可重新开始以前完成的一个静态分析，文件名为 Jobname. EMAT，Jobname. ESAV 以及以前运行的文件 Jobname. db。

- 定义分析属性。
- 加载：载荷可加在实体模型（点、线、面）上或无限单元模型（节点和单元）上。载荷为加在模型边界上的 DOF 约束，（可选择的）确定加载步骤选项。
- 保存数据库。
- 开始求解。
- 施加附加载荷。如果想施加额外的负载条件，重复前面所述的合适的步骤。
- 完成求解。

（三）观察结果（进入后处理，在后处理模块中执行）

静电场实例一——求圆柱载流导线周围的电场和对地电容

（一）模型描述

求无限长载流导线附近的电场分布，该题目属于入门级测试题。无限长载流导线位于大地上方自由空间中，截面为圆柱形，周围为空气介质，平面位置和尺寸如图 5-11a 所示：导线半径 $R_0=10\text{cm}$，导线对地高度 $h=5\text{m}$，空气的相对电容率为 $\varepsilon_r=1$，导线材料为铝，相对电容率为 $\varepsilon_r=1$。

对于无限长载流导线实体模型的电场和电容，只需建立二维静电场模型，采用能量法进行求解。

边界和激励设置：将大地和无限远处作为求解边界。求解区域外围空气（5 倍的模型尺寸）设置为截断边界，边界区域设置为半圆形，圆心位于导线圆心对地的垂足点，半径为 $H=50\text{m}$。边界上的电位为 0V。导线为一等电势体，导线截面内所有的电位均相等，电位设置为 100V，图 5-11b 为模型总体示意图。

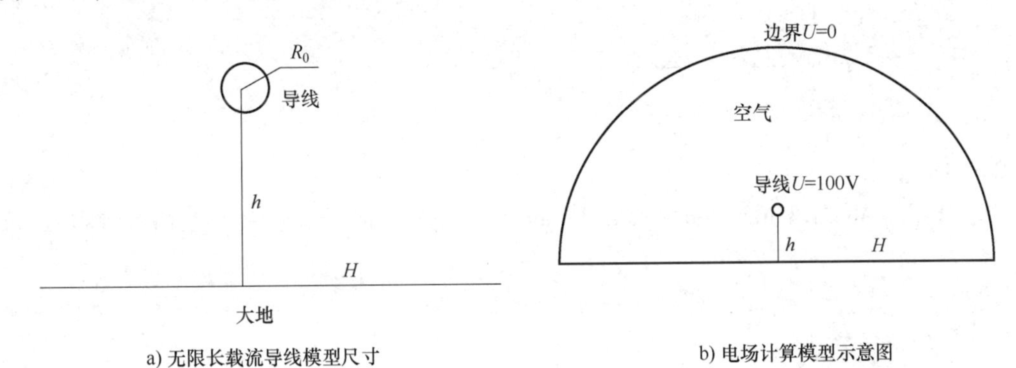

图 5-11　无限长载流导线模型及电场计算模型示意图

（二）电容的计算方法：

（1）定义式：

$$C=\frac{Q}{U} \tag{5-1}$$

式中　Q——带等量异号电荷的两导体的电量；

U——两导体间的电压。

（2）能量法：

$$C=\frac{2W}{(U_1-U_2)^2} \tag{5-2}$$

式中　W——两导体系统的电场能量；

U_1，U_2——两导体间的电压。

（3）ANSYS 中采用 CMATRIX 宏命令：

CMATRIX 可计算“对地”和“集总”电容矩阵。“对地”电容值表示一个导体的电荷与导体对地电压之比。“集总”电容值表示两个导体之间的电容值。详细情况见 ANSYS 理论手册第五章。调用 CMATRIX 宏命令，语法格式：

命令：CMATRIX

GUI：Main Menu>Solution>Solve>Electromagnet>Static Analysis>Capac Matrix

静电场实验一——单极直流导线周围电场分布

具体步骤如下：

1. 确定文件名，选择研究范围

单击 Utility Menu>File>Change Title，输入文件名。

例如“姓名_学号”（DZY_20101108001）

单击 Main Menu>Preferences，选择 Electric。

单击 Main Menu>Preprocessor>，进入前处理模块，后附命令输入，余同。

```
(command:/TITLE,DZY_20101108001
        /COM,Preferences for GUI filtering have been set to dis-
         play:
        /COM,Electric
        /PREP7  )
```

2. 定义参数

单击 Utility Menu>Parameters>Scalar Parameters，在下面“Selection”空白区域填入参数：

```
h=5
R0=0.1
U=100
```

每一个参数输入完毕，单击“Accept”按钮，输入的参数就导入上方“Items”指示的框中。等参数导入完毕后，单击“Close”按钮关闭对话框。

```
(command:*SET,h,5
       *SET,R0,0.1
       *SET,U,100 )
```

3. 定义单元类型

单击 Main Menu>Preprocessor>Element Type>Add/Edit/Delete，出现单元类型对话框“Element Types”，单击 Add，弹出单元类型选择库对话框“Library of ElementTpes”，选择 Electrostatic 和 2D Quad 121（二维四边形单元 plane121）。单击 OK，关闭单元类型选择库对话框，此时在单元类型对话框中显示所添加的单元类型“Type 1 PLANE121”，表示单元类型添加成功，单击 Close，关闭对话框。

```
(command:ET,1,PLANE121)
```

4. 定义材料属性

单击 Main Menu>Preprocessor>Material Props>Material Models，弹出材料模型参数对话框，单击对话框的右栏 Electromagnetics>Relative Permittivity>Constant，在弹出的对话框 PREX 一栏写入 1，单击 OK。然后单击该对话框左上角 Material>Exit，关闭该对话框。

```
(command:MP,PERX,1,1)
```

5. 创建几何模型

单击主菜单栏中的 PlotCtrls>Numbering，在弹出的对话框中，勾选 Keypoint numbers 为 on，Line numbers 为 on，Area numbers 为 on，单击 OK。

```
(command:/PNUM,KP,1
     /PNUM,LINE,1
     /PNUM,AREA,1)
```

创建求解区域半圆：单击 Main Menu>Preprocessor>Modeling>Create>Areas>Circle>By Dimensions，在弹出的对话框中第一栏 RAD1 输入 50，RAD2 和 THETA1 栏中输入 0，THETA2 栏中输入 180，之后单击 OK。

```
(command:PCIRC,50,0,0,180  )
```

创建导线：单击 Main Menu>Preprocessor>Modeling>Create>Areas>Circle>Solid Circle，在 WP X 栏中输入 0，在 WP Y 栏中输入 h，在 Radius 栏中输入 R0。单击 OK。

```
(command:cyl4,0,h,R0)
```

选中所有的实体，在主菜单栏中单击 Utility Menu>Select>Everything

```
(command:alls)
```

做布尔操作，排除面交叠。单击 Main Menu>Preprocessor>Modeling>Operate>Booleans>Overlap>Areas，在弹出的对话框中单击 Pick All。

```
(command:aovlap,all)
```

6. 准备剖分模型

单击 Main Menu>Preprocessor>Meshing>MeshTool，在 Size Controls 下的 Lines 栏中单击 Set，在弹出的对话框中，输入 1，单击 OK，再在新弹出的对话框的 NDIV 一栏中输入 100，单击 OK。重复上述操作，单击 Set 之后，在弹出的对话框中，输入 2，单击 OK；再在新弹出的对话框的 NDIV 一栏中输入 50，SPACE 一栏中输入 1/3，单击 OK。重复上述操作，单击 Set 之后，在弹出的对话框中，输入 3，单击 OK；再在新弹出的对话框的 NDIV 一栏中输入 50，SPACE 一栏中输入 3，单击 OK。

重复上述操作，单击 Set 之后，在弹出的对话框中，输入 4，5，6，7，单击 OK；再在新弹出的对话框的 NDIV 一栏中输入 20，SPACE 一栏中输入 1，单击 OK。

```
(command:
        lsel,s,,,1,
        lesize,all,,,100
        lsel,s,,,2
        lesize,all,,,50,1/3
        lsel,s,,,3
        lesize,all,,,50,3
        lsel,s,,,4,7,1
        lesize,all,,,20)
```

7. 剖分模型

在主菜单栏中选择 Utility Menu>Select>Everything。

```
(command:alls)
```

单击 Main Menu>Preprocessor>Meshing>MeshTool，在弹出的窗口中，Mesh 栏中选择 Areas。并在 Shape 栏中选择 Tri，以及 Free，然后单击 Mesh。在新弹出的对话框中，单击 Pick All。

```
(command:mshape,1,2d
        amesh,all)
```

8. 施加边界条件及载荷

单击 Main Menu>Solution>Define Loads>Apply>Electric>Boundary>Voltage>On Lines，在弹出的窗口中，输入 4，5，6，7，单击 OK，在新弹出的对话框的 VALUE Load VOLT value 一栏中，输入 U。重复上述操作，在弹出的窗口中，输入 1，2，3，单击 OK，在新弹出的对话框的 VALUE Load VOLT value 一栏中，输入 0，单击 OK。

```
(command:lsel,s,,,4,7,1
        dl,all,,volt,U
        lsel,s,,,1,3,1
        dl,all,,volt,0)
```

9. 求解

单击 Main Menu>Solution>Solve>Current LS，单击 OK，软件开始计算。计算完毕，在弹出 Solution is done！后单击 Close，计算过程结束。

```
(command:alls
        /solu
        solve)
```

10. 后处理显示

单击 Main Menu>General Postproc>Plot Result>Contour Plot>Nodal Solu，在弹出的对话框中，选择 DOF Solution>Electric potential，单击 OK，即可得到空间电位分布云图（见图 5-12）。

```
(command:/POST1
        PLNSOL,VOLT,,0  )
```

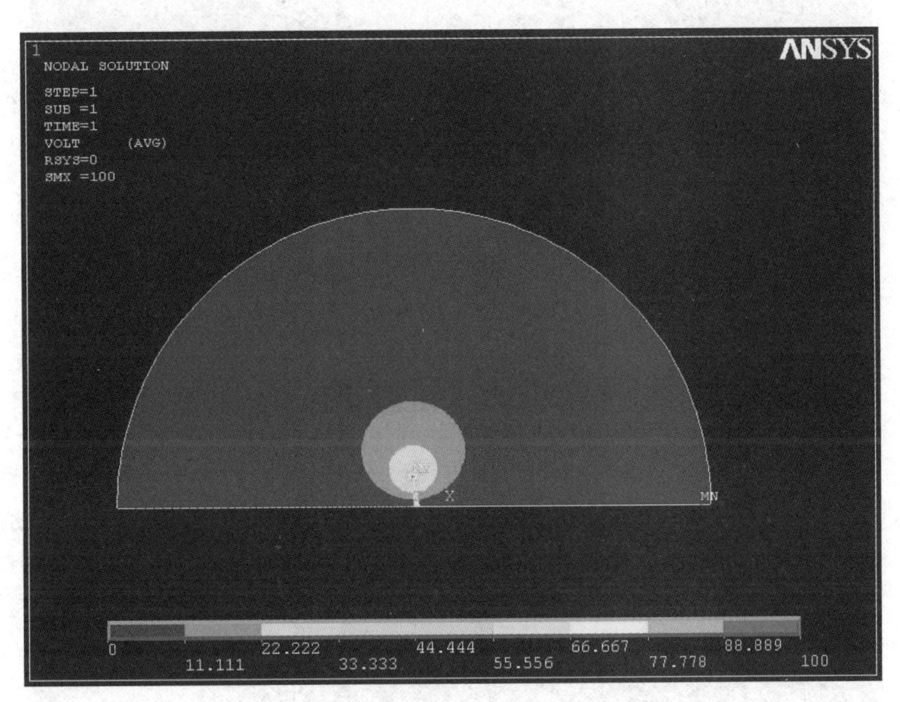

图 5-12　空间电位分布云图

单击 Main Menu>General Postproc>Plot Result>Contour Plot>Nodal Solu，在弹出的对话框中，选择 Electric Field>Electric field vector sum，单击 OK，即可得到空间电场强度分布云图。对电场图进行放大，就可以得到导线周围电场分布云图，如图 5-13 所示。

```
(command:PLNSOL,EF,SUM,0)
```

路径上电位和电场分布曲线显示：

单击 Main Menu>General Postproc>Path Operations>Define Path>By Location，弹出对话框，在 Name 栏目中填入路径名称 path1，在 Number of points 栏中填入 2，在 Number of data sets 中填入 30，在 Number of divisions 中填入 200，单击 OK。弹出新的对话框，定义路径起始点 1，在 NPT 栏中填入 1，在 X，Y，Z 栏中填入 0，0，0，单击 OK。弹出新的对话框，定义路径点 2，在 NPT 栏中填入 2，在 X，Y，Z 栏中填入 10 * h，0，0，单击 OK。弹出新的对话框，单击 Cancel。

单击 Main Menu>General Postproc>Path Operations>Map onto Path，在弹出的对话框中选择 Flux & gradient，再在右边栏目中选择 EFY，单击 OK。

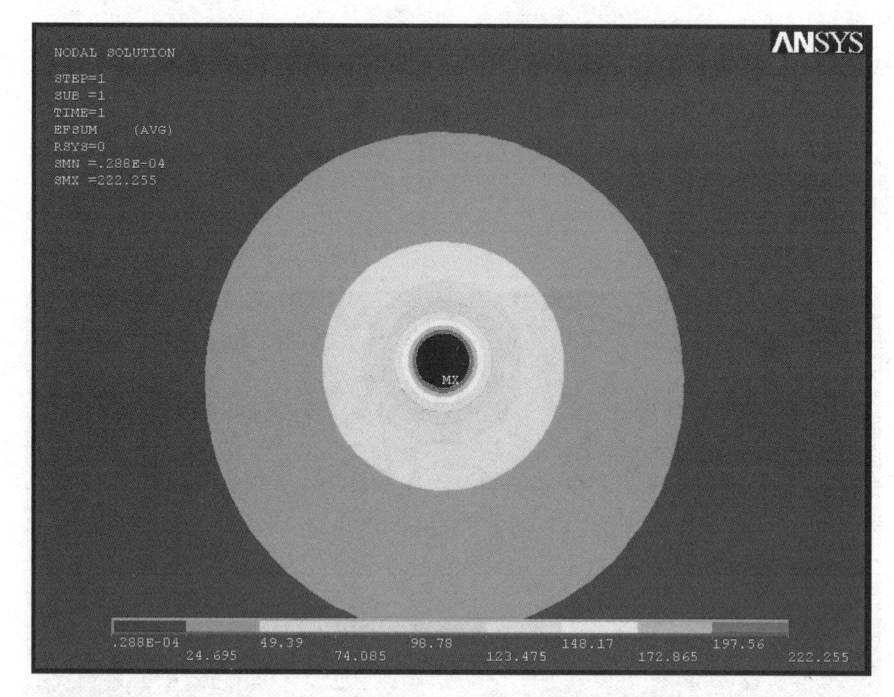

图 5-13　导线周围电场分布云图

单击 Main Menu>General Postproc>Path Operations>Plot Path Item>On Graph，在弹出的对话框中，选择 EFY，单击 OK，图形显示界面中（见图 5-14）会输入路径上（即地表）电场强度的 y 分量。

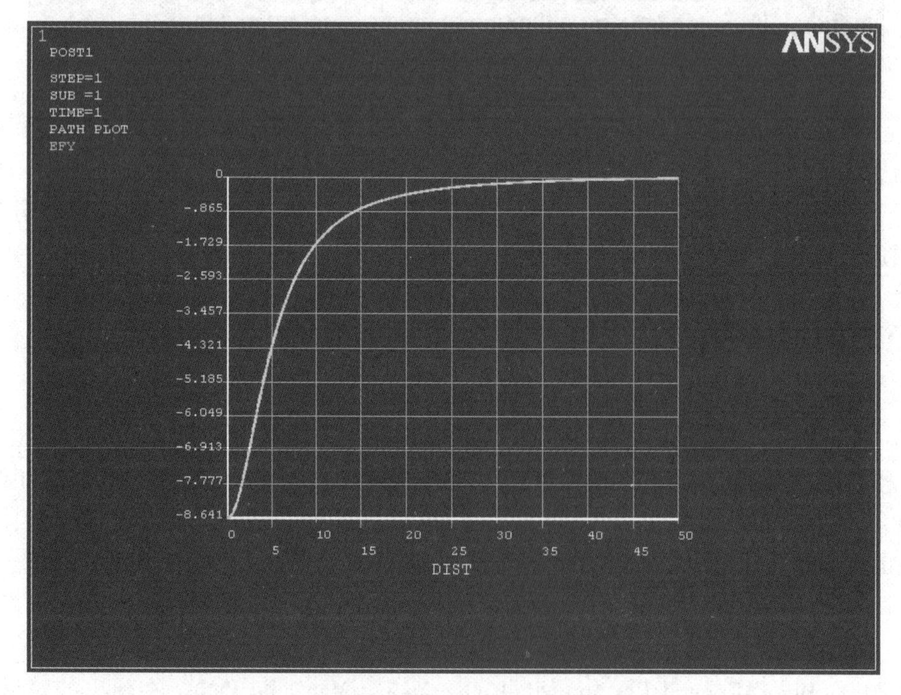

图 5-14　电场强度的 y 分量

```
(command:  PATH,path1,2,30,200,
     PPATH,1,0,0,0,0,0,
     PPATH,2,0,10 * h,0,0,0,
     PDEF,,EF,Y,AVG
     PLPATH,EFY  )
```

11. 参数计算

单极直流导线模型，如图 5-15 所示。

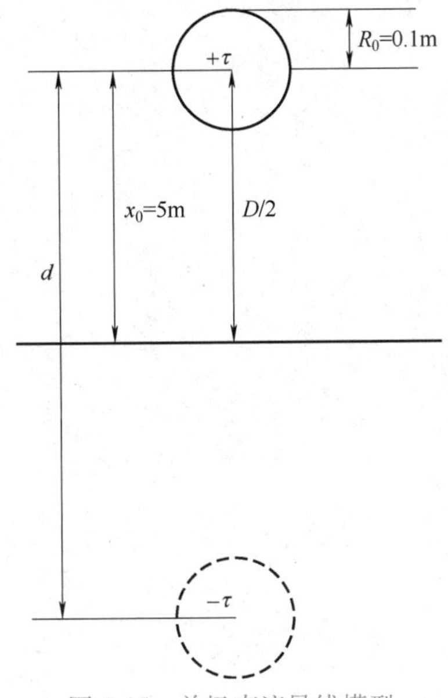

图 5-15　单极直流导线模型

根据镜像理论，可知上下平行导线间的电容为

$$C_0=\frac{\tau}{U}=\frac{\pi\varepsilon}{\ln\frac{d-(R+b)}{R-b}} \tag{5-3}$$

因此单极导线对地间的电容为

$$C=2C_0 \tag{5-4}$$

经解析计算得到，单极导线对地电容为 1.2081×10^{-11}F，在 ANSYS 软件中计算得到电容为 0.12133×10^{-10}F，计算误差为 0.43%。ANSYS 计算电容程序见下。

```
/prep7        !进入前处理

!参数设置
h=5
R0=0.1
U=100
```

```
!物理模型参数设置
et,1,plane121
mp,perx,1,1

!建模
PCIRC,50,0,0,180
!外包空气
cyl4,0,h,R0
alls
aovlap,all

!剖分
lsel,s,,,1,
lesize,all,,,100
lsel,s,,,2
lesize,all,,,50,1/3
lsel,s,,,3
lesize,all,,,50,3
lsel,s,,,4,7,1
lesize,all,,,20

mshape,1,2d
amesh,all
alls

!加载电位及边界条件
lsel,s,,,4,7,1
dl,all,,volt,U
lsel,s,,,1,3,1
dl,all,,volt,0

!求解
alls
/solu
Solve
!后处理
/POST1
PLNSOL,VOLT,,0
PLNSOL,EF,SUM,0
```

```
!路径上电位和电场曲线绘制

PATH,path1,2,30,200,
PPATH,1,0,0,0,0,0,
PPATH,2,0,10*h,0,0,0,
PDEF,,EF,Y,AVG
PLPATH,EFY

!求解电容
!定义组件
alls
lsel,s,radius,,R0
asll,s,1
nsla,s,1
cm,cond1,node

alls
lsel,s,,,1,3,1
nsll,s,1
cm,cond2,node

!计算电容矩阵
alls
cmatrix,1,'cond',2,0
```

静电场实验二——求微带传输线的电场分布以及电容

（一）模型描述

印制电路板（Print Circuit Board，PCB）尺寸很小，工作电压较低，属于弱电领域，但是通常需要求解其铜板附近区域的电场以及对地电容。求微带传输线的电场分布以及电容，属于静电场问题。虽然微带传输线通常工作在高频，但是求解时忽略磁场与电场的耦合作用，以及位移电流的影响。

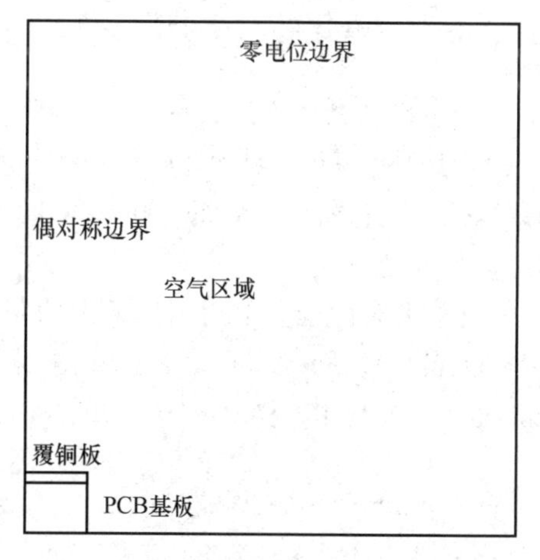

图 5-16 微带线电场仿真模型示意图

微带线位于 PCB 基板上，材料为铜，厚度大约为几十 μm，PCB 基板材料为环氧树脂，相对介电常数为 10。PCB 截面为矩形，周围为空气介质，平面位置如图 5-16 所示。采用二维平面对称建立静电场求解模型，考虑模型的偶对称性，模型的左边采用偶对称边界，可以节约一半计算量。模型的上部、右边、下部均为零电位边界条件。

对于微带线实体模型的电容求解，与前例相同，采用能量法进行求解。

边界和激励设置：求解区域外围空气（5 倍以上的模型尺寸）设置为截断边界。微带线覆铜板厚度很小，建模时采用一条等电势线表达微带线上电位的影响，电位加载为 1.5V，以此节约计算量。因为静电场中导体截面内所有的电位均相等，内部的电场强度为零。

（二）建模步骤

1. 确定文件名，选择研究范围

单击 Utility Menu>File>Change Title，输入文件名。

单击 Main Menu>Preferences，选择 Magnetic-Nodal 和 Electric。

```
(command:/BATCH,LIST
/PREP7
/TITLE )
```

2. 定义参数

单击 Utility Menu>Parameters>Scalar Parameters，在下面空白区域输入载荷参数 V1=1.5 并单击 Accept，在上面的空白区域出现所输入的参数；以同样的步骤输入另一个参数 V0=0.5。参数输入完毕，单击 Close 关闭对话框。

```
(command:V1=1.5
     V0=0.5)
```

3. 定义单元类型

单击 Main Menu>Preprocessor>Element Type>Add/Edit/Delete，出现单元类型设置对话框，单击 Add，弹出单元类型选择对话框，选择 Electrostatic 和 2D Quad 121（二维四边形单元 PLANE121）。单击 OK，确定所选择的单元类型。然后单击 close 按钮，关闭单元类型设置对话框。

```
(command:ET,1,PLANE121)
```

4. 定义材料属性

单击 Main Menu>Preprocessor>Material Props>Material Models，弹出材料设置对话框，单击对话框的右栏 Electromagnetics>Relative Permittivity>Constant，在弹出的对话框 PERX 一栏写入 1，单击 OK。

再单击对话框左上角工具条中的 Material>New Model，在弹出的对话框中，单击 OK。选中 Material Model Number 2，单击对话框的右栏 Electromagnetics>Relative Permittivity>Constant，在 PERX 栏写入 10，单击 OK。关闭材料设置对话框窗口。

```
(command:MP,PERX,1,1
     MP,PERX,2,10)
```

5. 创建几何模型并压缩面号

单击 Main Menu>Preprocessor>Modeling>Create>Areas>Rectangle>By Dimensions。

输入 X1、X2 分别为 0、0.5，Y1、Y2 分别为 0、1，单击 Apply，建立第一个矩形。

输入 X1、X2 分别为 0.5、5，Y1、Y2 分别为 0、1，单击 Apply，建立第二个矩形。

输入 X1、X2 分别为 0、0.5，Y1、Y2 分别为 1、10，单击 Apply，建立第三个矩形。

输入 X1、X2 分别为 0.5、5，Y1、Y2 分别为 1、10，单击 OK，建立第四个矩形。

查看所建立的四个面，单击 Utility>List>Areas，在弹出的窗口中显示有四个面，编号分别为 1，2，3，4。

粘贴面，单击 Main Menu>Preprocessor>Modeling>Operate>Booleans>Glue>Areas，单击 Pick All。

压缩面号（对建立的面重新编号），单击 Main Menu>Preprocessor>Numbering Ctrls>Compress Numbers，在 "Item to be compressed" 项选择 Area。单击 OK。

在图形上现实面的颜色和编号。单击 Utility Menu>PlotCtrls>Numbering，在弹出的菜单中，将 area numbers 选项选中，单击 OK。

图形刷新后，出现图 5-17 效果。

```
(command:RECTNG,0,0.5,0,1
     RECTNG,0.5,5,0,1
     RECTNG,0,0.5,1,10
     RECTNG,0.5,5,1,10
     ALIST
     AGLUE,ALL
     NUMCMP,AREA
     /NUMBER,AREA)
```

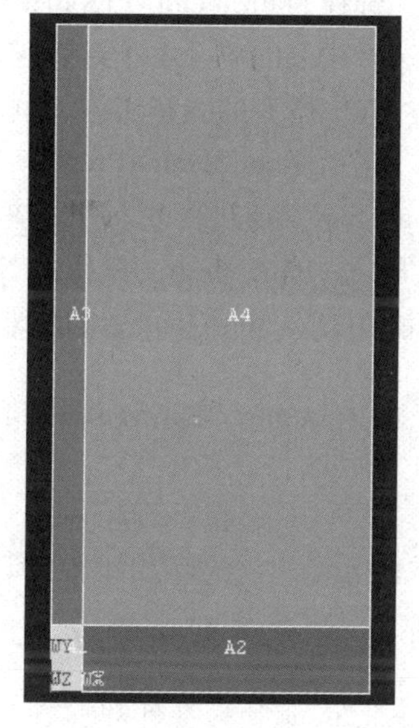

图 5-17 几何模型

6. 将模型区域赋予属性并准备剖分

选择实体，单击 Utility Menu>Select>Entities，出现对话框，将 "Nodes" 改为 "Areas"。

选择 "By Num/Pick"，单击 OK，出现采集菜单。采集面 1 和 2（图形底部两个面），采集面变色。单击 OK。

单击 Main Menu>Preprocessor>Meshing>Mesh Attributes>Picked Areas，单击 Pick All，出现属性面号对话框，将 "Material number" 项选择 2，单击 OK。

选中所有的面。单击 Utility Menu>Select>Everything。

选择 Utility Menu>Select>Entities，将顶部一项 "Areas" 改为 "Lines"，下面一项改为 "By Location."。单击 Y 坐标，在 "Min，Max" 输入 1，单击 Apply。然后单击 plot，此时在输出窗口显示 2 根线。再单击 X 坐标，并单击 Reselect，在 "Min，Max" 输入 0.25，单击 Apply。然后单击 plot，输出窗口显示一根线，表示被选中的线。然后单击 OK，关闭选择对话框。

查看所选中的线，单击 Utility>List>Lines，在弹出的对话框上单击 OK 按钮，新弹出的窗口中显示有所选中一条线信息，编号为 3。

```
(command:ASEL,S,AREA,,1,2
     AATT,2
     ASEL,ALL
     LSEL,S,LOC,Y,1
     LSEL,R,LOC,X,.25
     LLIST)
```

7. 剖分模型

选择 Main Menu>Preprocessor>Meshing>Size Ctrls>ManualSize>Lines>All Lines，出现所有被选择线上的单元大小对话框，在 "No. of element divisions"，输入 8，单击 OK。

选中所有的线和实体，单击 Utility Menu>Select>Everything。

选择 Main Menu>Preprocessor>Meshing>MeshTool，在弹出的 MeshTool 对话框中，单击 Smart Size。通过移动下方滑块，设定 Smart Size 为 3；mesh 部分选择 Areas；Shape 选择 Tri 和 Free，单击 Mesh，在新弹出的采集菜单中单击 Pick All。单击 MeshTool 对话框上的 Close 按钮，关闭 MeshTool。出现图 5-18 所示效果图。

```
(command:LESIZE,ALL,,,8
     LSEL,ALL
     SMRTSIZE,3
     MSHAPE,1
     AMESH,ALL)
```

8. 施加边界条件和载荷

单击 Utility Menu>Select>Entities，第一项选择 "Nodes."，第二项选择为 "By Location."，选择 Y Coordinates 和 From Full，在 "Min，Max" 输入 1，单击 Apply；然后单击 plot，窗口中显示所选中的线上节点。再单击 X Coordinates 和 Reselect，在"Min，Max" 输入 0，0.5，单击 Apply，主窗口中刷新显示所选中的线上节点。然后单击 OK，关闭选择对话框。

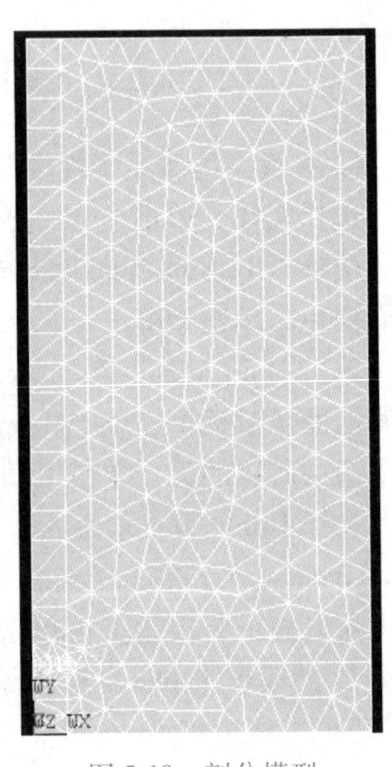

图 5-18　剖分模型

单击 Main Menu>Preprocessor>Loads>Define Loads>Apply>Electric>Boundary>Voltage>On Nodes，出现选择对话菜单，单击 Pick All，出现在节点上施加电压的对话框。在"Load VOLT Value" 输入 V1，单击 OK。

单击 Utility Menu > Select > Entities，在前面两项设为 "Nodes" 和 "By Location."，单击 Y Coordinates 和 From Full，在 "Min，Max" 输入 0，单击 Apply；单击 Also Select，在

"Min，Max" 输入 10，单击 Apply。单击 X Coordinates，在 "Min，Max" 输入 5，单击 Apply；然后单击 plot，主窗口中刷新显示所选中的线上节点，是模型中上、下、右侧的边界节点。然后单击 OK，关闭选择对话框。

单击 Main Menu>Preprocessor>Loads>Define Loads>Apply>Electric>Boundary>Voltage>On Nodes，出现选择对话菜单，单击 Pick All，出现节点施加电压对话框。在 "Value of voltage (VOLT)" 输入 V0，单击 OK。

```
(command:NSEL,S,LOC,Y,1
      NSEL,R,LOC,X,0,.5
      D,ALL,VOLT,V1
      NSEL,S,LOC,Y,0
      NSEL,A,LOC,Y,10
      NSEL,A,LOC,X,5
      D,ALL,VOLT,V0 )
```

9. 转换单位制，单位改为米制

选中所有的实体。单击 Utility Menu>Select>Everything。

单击 Main Menu>Preprocessor>Modeling>Operate>Scale>Areas，出现采集菜单。单击 Pick All，出现面积表度对话框，在 "RX，RY，RZ Scale Factors" 分别输入 0.01，0.01，0，在 "Items to be scaled" 设为 "Areas and mesh"，在 "Existing areas will be" 设为 "Moved."，单击 OK。

```
(command:NSEL,ALL
      ARSCALE,ALL,,,.01,.01,0,,0,1)
```

10. 求解

单击 Main Menu>Solution>Solve>Current LS，出现电流载荷步骤对话框，并弹出载荷步骤属性信息表。关闭载荷列表窗口，在对话框单击 OK 开始求解，弹出信息提示求解完成，关闭窗口。

单击 Main Menu>Finish。

```
(command:/SOLUTION
      SOLVE
      FINISH)
```

11. 进入后处理，画出电位和电场分布云图

进入后处理，单击 Main Menu>General Postproc。

查看电位分布云图：单击 Main Menu>General Postproc>Plot Results>Contour Plot>Nodal Solu，在 "Item to be contoured" 选中 "DOF solution>Electric potential"。单击 OK，显示电位分布云图，如图 5-19 所示。

查看电场分布云图：单击 Main Menu>General Postproc>Plot Results>Contour Plot>Nodal

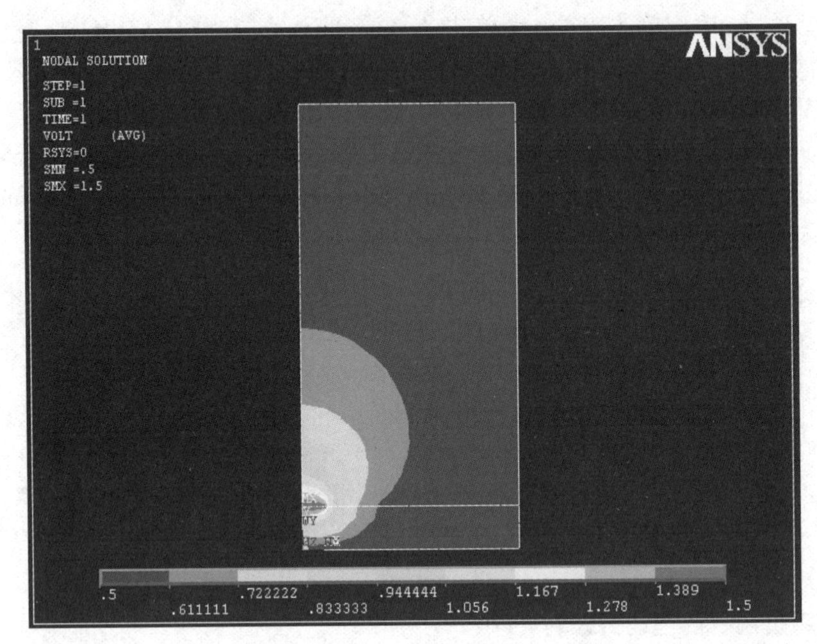

图 5-19 等电位图

Solu，在 "Item to be contoured" 选中 "Electric Field>Electric Field vector sum"。单击 OK，显示电场强度分布云图。

```
(command:/POST1
    PLNSOL,VOLT
    PLNSOL,EF,sum )
```

12. 储存分析结果

单击 Main Menu>General Postproc>Element Table>Define Table，出现添加单元表数据对话框。单击 Add 后，弹出单元表数据对话框，在 "User label for item" 输入 SENE，在滚动表 "Results data item" 选中 "Energy."，单击 OK。

再单击 Add，在 "User label for item" 中输入 EFX。在 "Results data item" 左栏中选中 "Flux & gradient"，右栏中选中 "Elec field EFX."，单击 OK。

再单击 Add，在 "User label for item" 输入 EFY，在 "Results data item" 左栏中选中 "Flux & gradient"，右栏中选中 "Elec field EFY."，单击 OK，单元表数据对话框现在显示所定义的 SENE、EFX 和 EFY。单击 Close 关闭对话框。在工具栏单击 SAVE_DB 存盘。

```
(command:
    ETABLE,SENE,SENE
    ETABLE,EFX,EF,X
    ETABLE,EFY,EF,Y)
```

13. 画出单元表分析结果

单击 Utility Menu>PlotCtrls>Numbering，将 "Numbering shown with" 设为 "Colors only"，

单击 OK。

单击 Main Menu>General Postproc>Plot Results>Vector Plot>User-defined，在 "Item" 输入 EFX，在 "Lab2" 输入 EFY。单击 OK，显示电场矢量绘图。

```
(command:/NUMBER,1
      PLVECT,EFX,EFY )
```

14. 完成电容计算

单击 Main Menu>General Postproc>Element Table>Sum of Each Item，出现信息对话框，单击 OK，弹出窗口显示输入的所有单元表和其值。单击左上角 file>CLOSE 关闭窗口。

单击 Utility Menu>Parameters>Get Scalar Data，出现获得的标量数据对话框，在 "Type of data to be retrieved" 选中 "Results data" 和 "Elem table sums."，单击 OK，出现得到的单元表总和结果对话框。在 "Name of parameter to be defined，" 输入 W，将 "Element table item" 设为 "SENE."，单击 OK。

单击 Utility Menu>Parameters>Scalar Parameters，出现标量参数对话框，输入 C=(w*2)/((V1-V0)**2)，单击 accept；再输入 C=((C*2)*1e12)，单击 accept，最后单击 Close，关闭参数设置对话框。

单击 Utility Menu>List>Status>Parameters>Named Parameter 出现定义的参数情况对话框，在 "Name of parameter" 突出 C，单击 OK 弹出的对话框显示 C 参数（电容）的值，大约为 178.114。单击 Close 关闭弹出窗口。

```
(command:SSUM
        *GET,W,SSUM,,ITEM,SENE
        C=(W*2)/((V1-V0)**2)
        C=((C*2)*1E12)
        *STATUS,C )
```

15. 完成分析

单击 Main Menu>Finish，然后退出。

```
(command:FINISH)
```

结果显示如下：

1）电容计算结果：

```
PARAMETER STATUS- C  (28 PARAMETERS DEFINED)
            (INCLUDING    22 INTERNAL PARAMETERS)

NAME            VALUE                  TYPE  DIMENSIONS
 C            178.940952                 SCALAR
```

2）能量结果显示：

```
SUM ALL THE ACTIVE ENTRIES IN THE ELEMENT TABLE

TABLE LABEL     TOTAL
SENE        0.447352E-10
EFX          5957.65
EFY        -1599.58
```

3）等电位图和电场矢量图分别如图 5-19 和图 5-20 所示。

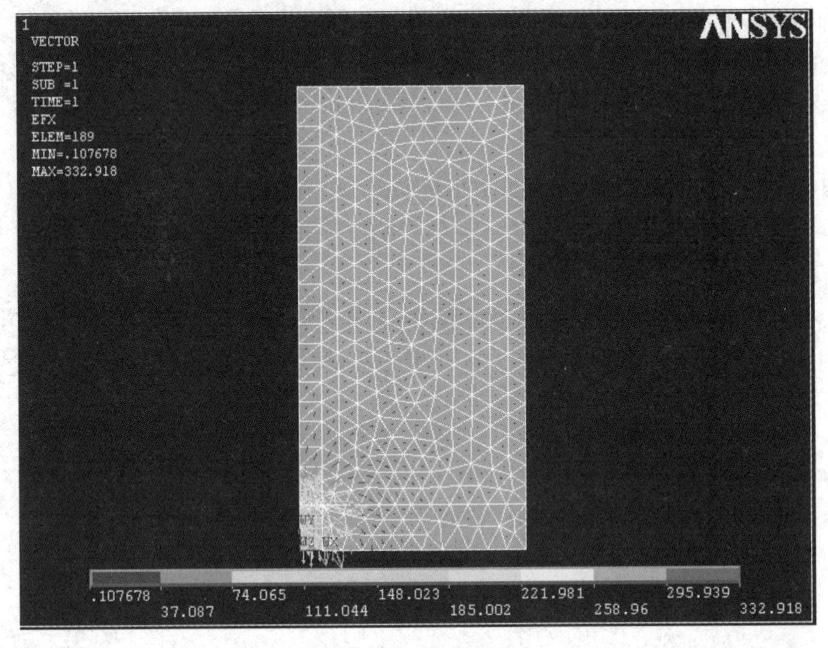

图 5-20　电场矢量图

练　　习

1. 求平行双输电线单位长度的电容。两导线相距 5m，高度 10m，导线半径为 0.01m。
2. 求三相架空输电线路空间场强分布以及各部分电容（不考虑换位）。

5.4.2　上机实验二：恒定电场的分析

一、计算内容及意义

- 电场
- 接地电阻
- 电流密度
- 电荷密度
- 导体焦耳热

恒定电场的 ANSYS 分析确定由直流电流或电压降所产生的电流密度和电位的分布。通过有限元法计算出来的主要未知量（节点自由度）是节点电位，其他场量由节点电位推导出来。恒定电场的分析在很多工程应用（如电力工程）、熔丝、传输线等的设计中起着重要的作用。

二、条件

稳态电流分析假定为线性的，也就是说电流正比于外加电压。

三、载荷

电流（AMPS）、电位（VOLT）

四、所采用的主要有限元单元

一维：LINK68

二维：PLANE67

三维：SOLID5，SOLID69，SOLID98，SHELL157，MATRIX50

无限单元：INFIN110，INFIN111

五、具体步骤：

（一）建模

- 首先确定分析的文件名和标题
- 选择分析范围
- 利用预处理
  - 定义电场单元类型
  - 材料属性（包括电阻率、是否与温度有关）
  - 采用统一的单位制
  - 建立几何模型，赋予属性并剖分

（二）加载并求解

- 进入求解器
- 定义分析类型（是否 NEW）
- 定义分析属性（选择求解器）

  GUI：Main Menu>Solution>Analysis Type>Analysis Options
- 加载：

既可以在实体模型的关键点、线、面上施加边界条件载荷，也可以在有限元模型的节点和单元上施加边界条件和载荷。在求解时，ANSYS 程序会自动将实体模型上的载荷转移到剖分中去。载荷类型包括：

1）电流：流入节点为正。

GUI：Main Menu>Solution>Define Loads-Apply>-Electric>Excitation>Current

2）电位：一般规定导体一端电压为零（接地端），另一端为所加电压。

GUI：Main Menu>Solution>-Loads-Apply>-Electric-Excitation>Charge

- 保存数据库并重新开始分析

  GUI：Utility Menu>ANSYS Toolbar>SAVE_DB

  Utility Menu>File>Resume Jobname. db
- 开始求解

  GUI：Main Menu>Solution

- 完成求解

  GUI：Main Menu>Finish

（三）观察结果

导出结果包括：接地电阻、节点和单元电场（EFX，EFY，EFZ，EFSUM）、单元电流密度（JSX，JSY，JSZ，JSSUM）、单元焦耳热（JHEAT）、节点反应电流等。

列表显示：

GUI：Main Menu>General Postproc>List Results>

画图显示：

GUI：Main Menu>General Postproc>Plot Results>

恒定电场的分析实例——接地电阻的计算

（一）接地电阻的定义

一般来说，接地电阻由连接导线的电阻、连接导线和接地体的接触电阻、接地体本身的电阻和电流流入大地时所具有的电阻组成。由于前三项与最后一项相比很小，可忽略不计。所以接地电阻为电流从接地体流入大地中时所具有的电阻。即

$$R=\frac{U}{I}$$

式中 U——接地体对于无穷远的电压；

I——流经接地体而注入大地的流散电流。

接地电阻在变电站接地系统设计中非常重要。它主要与接地体的自然属性（形状、材料性质以及尺寸）、土壤模型以及电流的性质有关，本文要求计算直流下的半球接地体的接地电阻。

（二）实例

接地电极为半球形钢导体，埋入均匀土壤中，球心在大地平面上（见图 5-21）。参数如下：

半球形钢导体：半径为 $a=0.1\text{m}$，电阻率 $\rho_1=1.5\times10^{-7}\Omega\cdot\text{m}$。

土壤：无法建一个无穷大的土壤模型，而离开接地电极距离为接地电极尺寸 10 倍以内的土壤对接地电阻值有较大影响，因此一个长宽高均为 5m 的正方体土壤块基本满足精度要求，电阻率 $\rho_2=500\Omega\cdot\text{m}$。

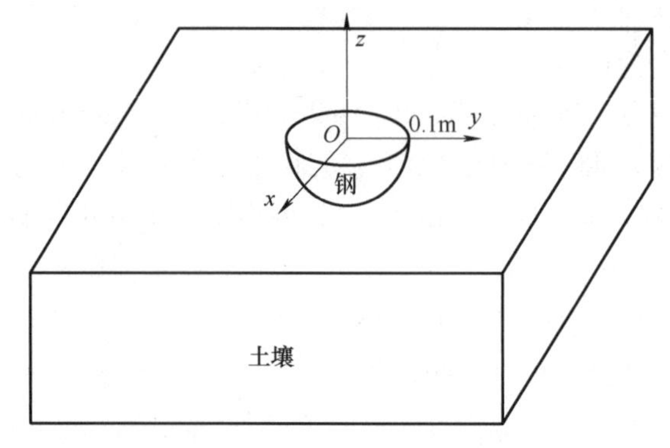

图 5-21 半球接地体接地电阻计算的物理模型

恒定电场实验——半球接地极恒定电场以及电阻计算

具体步骤如下：

0. 定义分析类型

单击 Main Menu>Preferences，在弹出的对话框中，选中“Electric”，单击 OK。

```
(command:/COM,Electric )
```

1. 进入前处理菜单

单击 Main Menu>Preprocessor，点开菜单即可。

```
(command:/PREP7 )
```

2. 建立一个球体模型

单击 Modeling>Create>Volumes>Sphere>Solid Sphere，在弹出的对话框中，“WPX”和“WPY”分别为球心在工作平面上的 X 和 Y 坐标，“Radius”为球体半径。依次填入“0、0、0.1”，单击 OK。这样就建立了一个半径为 a 的球。

```
(command:SPH4,0,0,0.1)
```

3. 建立一个长方体的土壤模型

单击 Modeling>Create>Volumes>Block>By 2 Corners & Z，在弹出的对话框中，“WPX”和“WPY”分别为长方体一角在工作平面上的 X 和 Y 坐标，“Width”为长方体的宽，“Height”为长方体的长，“Depth”为长方体的深度。依次填入“-2.5、-2.5、5、5、-5”，单击 OK。

单击 Utility Menu>List>Volumes，可以看到建立了两个立体，编号为 1 的由两个面（半球面）1、2 所组成，即为所建立的球体；编号为 2 的由六个面 3、4、5、6、7、8 所组成，即为所建立的正方体。

单击 Utility Menu>Plot Ctrls>Pan-Zoom-Rotate，在弹出的菜单选中“Dynamic mode”，按住鼠标右键转动，这时可从不同的角度观察所建立的模型。按住左键移动可拖动模型。将模型调整到适合观察的角度和位置。

单击 Utility Menu>Plot>Line 或者 Utility Menu>Plot>Area 或者 Utility Menu>Plot>Volume，可分别显示建立模型的线、面、体。最好显示线，便于观察。

```
(command:BLC4,-2.5,-2.5,5,5,-5)
```

4. 进行体交叠，做布尔操作

单击 Modeling>Operate>Booleans>Overlap>Volumes，单击“Pick All”，选中球体和立方体进行体交叠操作。

单击 Utility Menu>List>Volumes 可以看到得到了三个立体，其中 V3 和 V4 是两个半球，V5 是被“挖去”一个半球的正方体。

删除多余的半球：单击 Modeling>Delete>Volume and Below，选中上半球（体编号为 V4），或者在弹出窗口的空白框中输入 4，单击 OK。

单击 Utility Menu>List>Volumes 可以看到剩余两个立体，其中 V3 为一个半球，V5 是被“挖去”一个半球的正方体。

至此完成了建立几何模型这一过程。下面剖分之前对各部分的材料属性进行指定。

```
(command:VOVLAP,ALL
     VDELE,4,,,1  )
```

5. 定义剖分所用单元的类型

单击 Element Type>Add/Edit/Delete，在弹出的对话框中，单击 Add，在弹出的对话框第一个框中选中 Elec Conduction，在第二个框中选中 Scalar Tet 98，单击 OK，此时程序指定 Scalar Tet 98 为编号为 1 的单元类型。单击 Close 关闭对话框。

```
(command:ET,1,SOLID98,9)
```

6. 定义材料属性

单击 Material Props>Material Models，弹出材料设置属性对话框，单击对话框的右栏 Electromagnetics>Resistivity>Constant，在弹出的参数值设置对话框 RSVX 一栏写入 1.5e-7，单击 OK，参数值设置对话框随即关闭。

再单击材料设置属性对话框左上角工具条中 Material>New Model，在弹出的对话框中，单击 OK。

单击 Material Model Number 2，单击对话框的右栏 Electromagnetics>Resistivity>Constant，在在弹出的参数值设置对话框 RSVX 栏写入 500，单击 OK。

这样定义了电阻率分别为 $1.5\times10^{-7}\Omega\cdot m$ 和 $500\Omega\cdot m$ 的物质模型，程序指定其编号分别为 1 和 2。若单击 Material Model Number1>Resistivity（constant）或 Material Model Number2>Resistivity（constant），可以对电阻率进行修改。材料属性设置完毕，关闭材料设置属性对话框。

```
(command:MP,RSVX,1,1.5E-7
     MP,RSVX,2,500 )
```

7. 指定各部分的单元属性

单击 Meshing>Mesh Attributes>Picked Volumes，先用鼠标指针选中半球体（体编号 3），单击 OK，在弹出的对话框中，第 1 栏物质属性号选择 1（第 8 步所定义），第 2 栏在本例中不需指定，第 3 栏单元类型号和第 4 栏均只有 1 项可选。单击 Apply。再移动鼠标指针选中六面体（编号 5），单击 OK，在弹出的对话框中，把第一栏物质属性号改为 2，单击 OK。

```
(command:ALLS
     VSEL,S,,,3
     VATT,1,,1
     VSEL,S,,,3
     VATT,2,,1)
```

8. 开始剖分

对同一个模型有不同的剖分方法和技巧，不同的剖分会使结果有一定的差别，这里仅介绍较为简单的自由剖分。单击Meshing>Mesh>Volumes>Free，在对话框中单击Pick All，即对所有的体进行剖分。在图形窗口可以看到，剖分后的模型上生成了许多单元（Element）和节点（Node）。如图5-22所示。

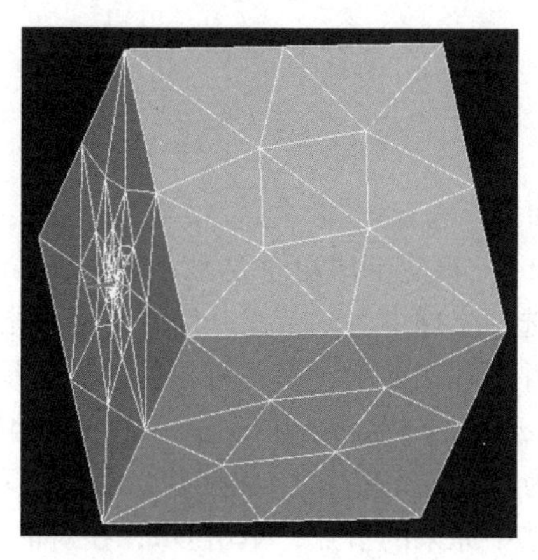

图5-22　剖分效果图

```
(command:ALLS VMESH,ALL)
```

9. 进入求解器菜单选项

以下各步将在求解处理器（Main Menu>Solution）中进行。

进入Main Menu>Solution，点开菜单即可。

```
(command:/solu )
```

10. 定义分析类型

单击Analysis Type>NewAnalysis，本例中，对话框中分析类型选择只有一项，即稳态分析，单击OK即可。

```
(command:ANTYPE,0,NEW)
```

11. 定义分析选项

单击Analysis Type>Analysis Opitions，在Equation solver（方程求解器）栏中选择系统默认求解器“Program chosen”，单击OK。

```
(command:EQSLV,FRONT)
```

下面进行加载，包括两步（电压约束和直流电流）：

12. 加电压约束（使土壤底面电压为零）

单击Define Loads>Apply>Electric>Boundary>Voltage>On Areas，选中正方体除和球体接触面以外的其他5个面（使用Pan-Zoom-Rotate工具使底面朝向你），这些面的编号为3，5，6，

7，8，单击 OK。在对话框的 Load VOLT value 栏中填入 0，单击 OK。然后单击 Utility Menu>Select>Everything。

```
(command:
Asel,s,,,3
Asel,a,,,5,8
DA,all,VOLT,0
ALLsel,all)
```

13. 在导体表面中心处加一个直流电流

首先使用 Pan-Zoom-Rotate 工具使半球切面放大。单击 Define Loads>Apply>>Electric>Excitation>Current>On Nodes，选中半球中心的节点。注意：因为指针选中的是最靠近箭头的节点，因而有可能选中的节点并不在表面上，有一种检验的方法是：选中节点后，记住对话框中 Node No.，单击 Utility Menu>List>Nodes 并单击 OK，根据编号找到选中节点的 Z 坐标，如果为 0，则为所选（若不为 0，重新选择）。关闭窗口后，再单击 Define Loads>Apply>Excitation>Current>On Nodes，选中原来的节点，单击 OK，在对话框 Load AMPS value 一栏填入 100，即加入 100A 直流电流，单击 OK。然后单击 Utility Menu>Select>Everything。

注意：此步用鼠标选节点有一定的难度，主要是锻炼操作者的鼠标捕获节点的技巧，操作者也可以直接在界面上的程序输入框运行命令语句：INODE=NODE（0，0，0），然后单击 Utility Menu>Paramenters>Scalar Paramenters，打开变量定义对话框，里面会显示 INODE 的值，即为该节点的编号。

```
(command:INODE=NODE(0,0,0)
    F,INODE,AMPS,100
    ALLsel,all)
```

14. 求解

单击 Solve>Current LS，单击 OK。出现 Solution is done！的窗口，说明已经求解完成，单击 Close 关闭 information 窗口和/STATUS Command 窗口。

```
(command:SOLVE)
```

下面进行后处理，以下各步将在通用后处理器（Main Menu>General Postproc）中进行。

15. 进入后处理菜单选项

进入 Main Menu>General Postproc，点开菜单即可。

```
(command:/post 1)
```

16. 查看最大电位值

单击 List Results>Nodal Solution，在对话框中的左栏选中 DOF solution，右栏选中 Electric potential，单击 OK，弹出的文件列出了各节点的电位，将下拉条拉至最下端，其中

MAXIMUM ABSOLUTE VALUES 列出了电位最大值。用该最大值除以所加的电流值（100A），即得所求的接地电阻值。

单击 Plot Results>Contour Plot>Nodal Solu，在对话框中的左栏选中 DOF solution，右栏选中 Electric potential，单击 OK，图形界面（见图 5-23）便显示了大地表面上的电位分布图。实际上电势分布图应是对称的，但由于剖分比较粗糙，因此结果和实际有稍有出入。中间深色表示电位最高的位置，从内向外电位依次降低。

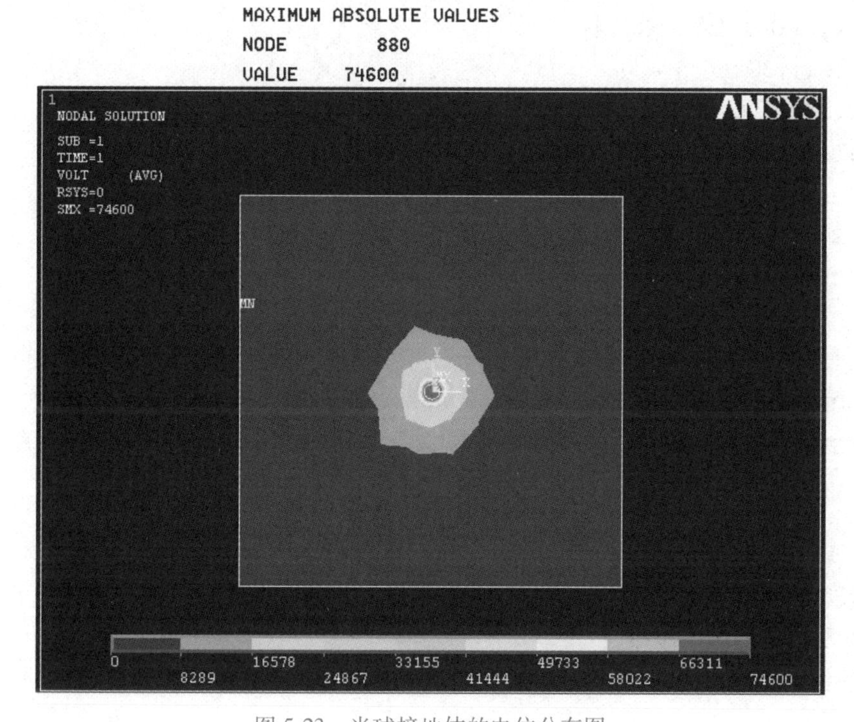

图 5-23　半球接地体的电位分布图

可以将用有限元法计算的结果与理论公式进行比较：

$R=\rho/(2\pi a)=796\Omega$，其中 ρ 为土壤的电阻率，a 为半球导体的半径。

17. 观察模型中的电势分布图

计算程序的命令流：

```
/PREP7 !进入前处理器
SPH4,0,0,0.1 !建立圆球体
BLC4,-2.5,-2.5,5,5,-5 !建立正方体
VOVLAP,ALL
VDELE,4,,,1  !删除上半球
ET,1,SOLID98,9 !定义单元 1
MP,RSVX,1,1.5E-7 !定义物质属性 1(钢导体)
MP,RSVX,2,500 !定义物质属性 2(土壤)
TYPE,1 !将单元类型指针指向 1
```

```
MAT,1 !将物质属性指针指向 1
VMESH,3 !剖分半球体
MAT,2 !将物质属性指针指向 2
VMESH,5 !剖分减去半球体的正方体
/SOLU !进入求解器
ANTYPE,0,NEW !定义分析类型
EQSLV,FRONT !定义求解器
Asel,s,,,3
Asel,a,,,5,8
DA,all,VOLT,0 !加载电位约束
Allsel,all
INODE=NODE(0,0,0) !找出离原点最近的节点号,赋给变量 INODE
F,INODE,AMPS,100 !加载电流
SOLVE !开始求解
/POST1
PLNSOL,VOLT,,0
FINISH !离开求解器
```

练　　习

1. 求长为 1m、直径为 0.05m，与大地垂直的、上圆柱表面与地面持平的管形接地体的电场分布以及接地电阻。

2. 求埋深为 0.5m、直径为 0.1m、长为 10m，与地平面平行的管形接地体的接地电阻。

5.4.3　上机实验三：二维恒定磁场的分析

一、计算内容

- 磁场分布
- 系统的磁场能量和电感系数

二、计算方法

ANSYS 软件分析磁场是以麦克斯韦方程为基础。有限元法计算的自由度有磁势或磁通。其他的场量由这些自由度推导出来。自由度依赖于所选择的单元类型和单元属性，可以是标量磁位、矢量磁位或边缘通量。如果是二维，必须采用矢量位公式；如果是三维则可以选择标量公式、矢量位公式或边界元公式中的任一种。可求出磁力线分布、矢量磁位、标量磁位、电感系数、磁场能量等，如果问题关于一个坐标的对称就可采用二维来计算。

三、条件

静态磁场并不考虑涡流的时间效应。可建立饱和的和非饱和的铁磁材料模型，稳态磁场分析中的永久磁铁模型等。

四、载荷和约束

- 约束——磁矢势（AZ）

- 力——电流段（CSGX）
- 表面载荷——麦克斯韦表面（MXWF），无限表面（INF）
- 体载荷——源电流密度（JS），磁场虚位移（MVDI），电压降（VOLT DROP）

五、常用二维有限元单元

- PLANE13：四边形、四节点或三角形、三节点，自由度主要是磁矢势 A
- PLANE53：四边形，8 节点，自由度有磁矢势（AZ）等
- INFIN9：线段，2 节点，无限远场单元，自由度有磁矢势。
- INFIN10：四边形，4 或 8 节点，无限元场单元，自由度为磁矢势。

六、具体步骤

（一）创建物理环境

- 定义分析类型及名称
- 定义单元类型和属性（可将其分配给模型的不同区域）
- 定义单元坐标系
  - ■ 设定实常数并定义单位制
  - ■ 定义材料属性

（二）建立并剖分模型

对模型内的每一个区域分配物理属性

- 单击 Main Menu>Preprocessor>Meshing>Mesh Attributes>Picked Areas，出现剖分属性对话框。
- 选择模型里的一个面积，确定它的材料号、实常数设置号、单元类型号以及这个面积所使用的单元坐标系。
- 为下一个面积重复以上步骤，直到所有的面积都赋予属性。

（三）边界条件并加载

在二维恒定磁场中，既可以在实体模型的关键点、线、面上，也可以在有限元模型的节点和单元上施加边界条件和载荷。在求解时，ANSYS 程序会自动将实体模型上的载荷转移到剖分中去。

（四）求解

- 定义分析类型（是否静态等）
- 定义分析属性（确定求解器，对二维静态，一般用 Sparse 求解器和波前求解器）
- 数据库存盘并重新得到模型
- 开始求解
- 完成求解（求解电感矩阵和磁通分布）

（五）观察结果（后处理中）

实例一：二维恒定磁场的分析——通以直流的轴对称螺线管的静态磁场分布

问题叙述：螺线管的尺寸（单位为 m）和材料属性如图 5-24 所示，线圈有 650 匝，每匝线圈电流为 1A，求其磁场的分布及转子上的力。设铁心没有饱和，程序要求电流以电流密度的形式输入（在线圈的表面上），由于螺线管轴对称，三维实体可简化为二维模型求解。

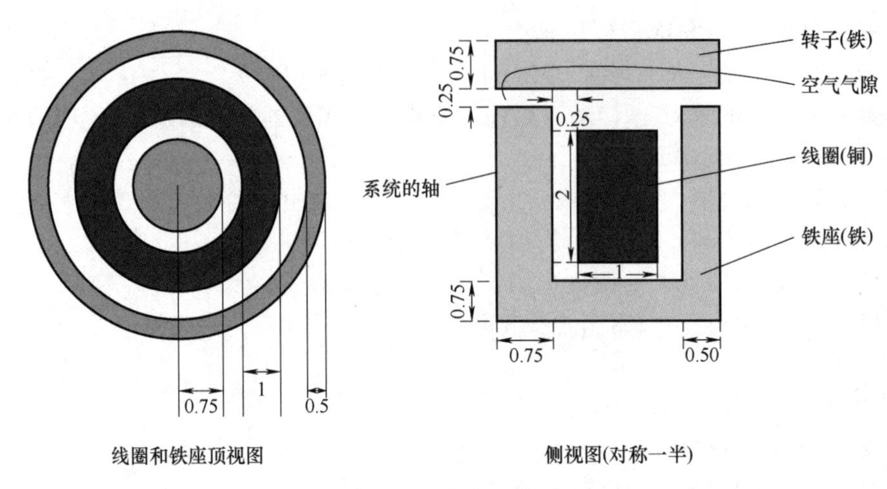

图 5-24　轴对称螺线管示意图

恒定磁场实验一——螺线管线圈的磁场分布

具体步骤如下：

1. 设定程序方式，输入文件名

单击 Main Menu>Preferences，单击 Magnetic-nodal。

```
( command:!/batch,list
     /PREP7
     /TITLE,2D Solenoid Actuator Static Analysis)
```

2. 定义单元类型和属性

单击 Main Menu>Preprocessor>Element Type>Add/Edit/Delete，单击 add，在弹出的选择对话框的“Libery of Element types”左栏中选择 Magnetic vector，右栏对应选中 vector quad 4nod13。单击 OK 即可。

单击 options 选项，在弹出的对话框中，“Element Behavior”设为“axisymmetric”，单击 OK。最后单击 element type 对话框中的 Close 按钮，关闭菜单对话框。本求解模型采用轴对称模型。

```
(command:ET,1,PLANE13
     KEYOPT,1,3,1)
```

3. 输入材料性质和参数（磁导率）

单击 Main Menu>Preprocessor>Meterial Props>Material Models，双击 electromagnettics，选择“relative permeability>constant”，输入“MURX” =1，单击 OK，选择 Material>new model…，分别输入 ID 号为 2、3、4 三种材料的属性，在其参数磁导率 relative permeability>constant 中分别输入 1000、1 和 2000。

```
(command:MP,MURX,1,1 !空气的相对磁导率
        MP,MURX,2,1000 !铁座的相对磁导率
        MP,MURX,3,1 !线圈的相对磁导率
        MP,MURX,4,2000 !转子的相对磁导率)
```

4. 输入模型参数

单击 Utility Menu>Parameters>Scalar Parameters，在出现的菜单的下面的输入栏中输入n=650、i=1.0、ta=.75、tb=.75、tc=.50、td=.75、wc=1、hc=2、gap=.25、space=.25、ws=wc+2 * space、hs=hc+.75、w=ta+ws+tc、hb=tb+hs、h=hb+gap+td、acoil=wc * hc、jdens=n * i/acoil。

每输入一项单击下面的“Accept”，在上面的栏目中将出现所输入的参数。

```
(command:/com,
        n=650 !线圈匝数
        i=1.0 !每匝电流
        ta=.75 !模型尺寸(cm)
        tb=.75
        tc=.50
        td=.75
        wc=1
        hc=2
        gap=.25
        space=.25
        ws=wc+2 * space
        hs=hc+.75
        w=ta+ws+tc
        hb=tb+hs
        h=hb+gap+td
        acoil=wc * hc !线圈绕制面积 (cm**2)
        jdens=n * i/acoil
```

5. 输入模型

单击 Main Menu>Preprocessor>Modeling>Create>Area>Rectangle>Bydimension，在坐标栏中分别按照以下格式输入：x1=0，x2=w，y1=0，y2=tb；然后单击 apply 建立一个矩形面。

按照同样的方法输入以下数据，共建立四个矩形面。数据格式为［x1=0，x2=w，y1=tb，y2=hb］、［x1=ta，x2=ta+ws，y1=0，y2=h］、［x1=ta+space，x2=ta+space+wc，y1=tb+space，y2=tb+space+hc］。

```
(command:RECTNG,0,w,0,tb
    RECTNG,0,w,tb,hb
    RECTNG,ta,ta+ws,0,h
    RECTNG,ta+space,ta+space+wc,tb+space,tb+space+hc )
```

6. 面交迭

单击 Main Menu>Preprocessor>Modeling>Operate>Booleans>Overlap>Areas，单击“Pick All”并单击工具条中的 SAVE-DB，将模型存盘。

```
(command:AOVLAP,ALL)
```

7. 将面号打开

单击 GUI：Utility Menu>PlotCtrls>Numbering，在“area”处选择“on”，单击 OK。这时将出现各个面的面号。

```
(command:/PNUM,AREA,1 )
```

8. 创建新矩形面并面交迭

单击 Main Menu>Preprocessor>Modeling>Create>Area>Rectangle>By Dimension，再输入两个矩形面［x1=0，x2=w，y1=0，y2=hb+gap］［x1=0，x2=w，y1=0，y2=h］。

单击 Main Menu>Preprocessor>Modeling>Operate>Booleans>Overlap>Areas 单击“Pick All”。

```
(command:RECTNG,0,w,0,hb+gap
RECTNG,0,w,0,h
AOVLAP,ALL )
```

9. 给面重新编号并显示新面号

单击 Main Menu > Preprocessor > Numbering Ctrls > Cmpress Numbers 将“nodes”改为“area”。单击 OK。单击 Utility Menu>Plot>Replot 并单击 SAVE-DB（存盘），建立的模型如图 5-25 所示。

```
(command:NUMCMP,AREA
    APLOT )
```

10. 给面定义属性

单击 Main Menu>Preprocessor>Meshing>Mesh Attributes>Picked Area，在选中面号为 2 的线圈面，单击 Apply。在弹出的对话框里，单击 Material number 栏的下拉菜单选择“3”，单击 Apply，这样就定义线圈面的属性为 3。再选中面号为 1、12、13 的转子，同样的方法将其属性定义为 4；选中面号为 3、4、5、7、8 的座铁，将其属性定义为 2。单击 OK。

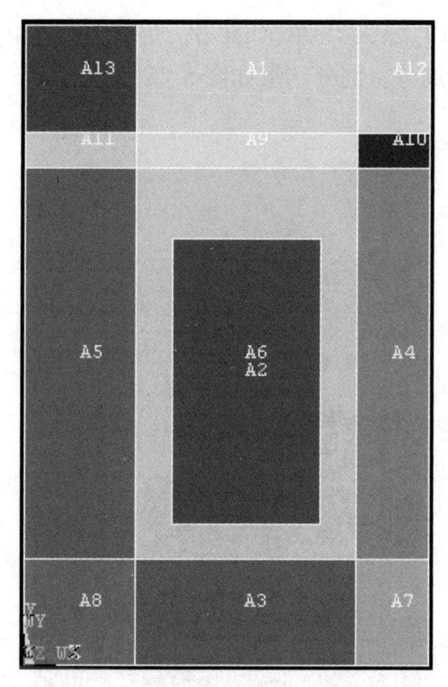

图5-25 矩形面

```
(command:ASEL,S,AREA,,2 !给线圈区定义属性,材料号为3
    AATT,3,1,1,0
    ASEL,S,AREA,,1 !给转子区定义属性,材料号为4
    ASEL,A,AREA,,12,13
    AATT,4,1,1
    ASEL,S,AREA,,3,5 !给座铁区定义属性,材料号为2
    ASEL,A,AREA,,7,8
    AATT,2,1,1,0)
```

11. 显示面的材料号

单击 Utility Menu>PlotCtrls>Numbering 在“Elem/Attrib numbering”下拉菜单选择“Material numbers”，单击OK。

```
(command:/PNUM,MAT,1 )
```

12. 显示所有的面积模型

单击 Utility Menu>Select>Everything，单击 Utility Menu>Plot>Areas。

```
(command:ALLSEL,ALL
    APLOT )
```

13. 设定剖分的精细度并剖分所有的面

单击 Main Menu>Preprocessor>Meshtool，选中“Smartsize”，调节为4，在“Mesh”中选

择“Area”。选中“Quad”和“free”。单击 mesh，在弹出的菜单里单击 Pick All。

将所有的面进行了自由剖分。剖分结果如图 5-26 所示。

```
(command:SMRTSIZE,4
    AMESH,ALL )
```

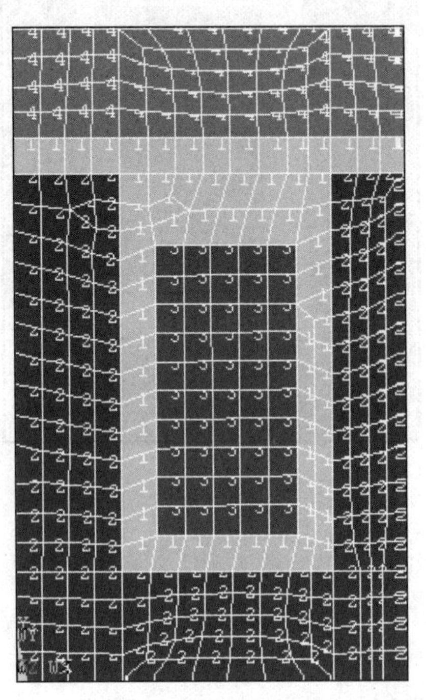

图 5-26　剖分面

14. 选择转子单元，将其定义为组件

单击 Utility Menu>Select>Entities，将“nodes”改为“Element”。

第 2 个下拉菜单中选择“ByAttributes”，下面选择“Material num”，在“Min，Max，Inc”输入栏输入 4，单击 OK，这样选择了材料号为 4 的转子单元。

单击 Utility Menu>Plot>Element，显示转子单元。

单击 Utility Menu>Select>Comp/Assembly>Create Component，选择组件名“ARM”并在“Component is made of”中选择“Element”，单击 OK。

```
(command:ESEL,S,MAT,,4
    CM,ARM,ELEM )
```

15. 对组件施加力的边界条件并显示所有单元

单击 Menu>Preprocessor>Loads>Define Loads>Apply>magnetic>Flag>Comp. Force- /Torq，在弹出的对话框中，“Component name” =ARM，单击 OK。

单击 Utility Menu>Select>Everything。

单击 Utility Menu>Plot>Elements。

单击 Utility Menu>Plot>Areas。

```
(command:FMAGBC,'ARM
    ALLSEL,ALL
    APLOT,ALL )
```

16. 转换单位制（厘米转换为米制）

单击 Main Menu>Preprocessor>Modeling>Operate>Scale>Areas，单击 Pick All。

在 RX，RY，RZ 的定标因子中选择 .01，.01，1 并将“Items to be scaled”菜单设置为“Areas and Mesh”，将“Existing areas will be”改为“Moved”，单击“OK”。至此完成了所有的建模。下面进行加载和求解。

```
(command:ARSCAL,ALL,,,.01,.01,1,,1
    Finished )
```

17. 在线圈单元上施加电流密度（加载）

单击 Utility Menu>Select>Entities，第一个下拉菜单选择“Element”，第二个下拉菜单选择“ByAttributes”，打开“Material Num”，在“Min，Max，Inc”栏输入“3”，单击“OK”。

单击 Menu>Preprocessor>Loads>Define Loads>Apply>Magnetic>Excitation>Curr Density>On Areas，单击线圈平面（中间面）热点选中它，单击 OK。在“Curr density value”输入“jdens/(.01**2)”，单击 OK 并关闭警告窗口。

```
(command:/solu
    ESEL,S,MAT,,3
    BFE,ALL,JS,1,,,jdens/.01**2 )
```

18. 在铁磁材料边界上施加磁力线平行的边界条件

单击 Utility Menu>Select>Everything。

单击 Utility Menu>Plot>Lines，显示模型的线边界。

单击 Main Menu>Preprocessor>Loads>Define Loads>Apply>Magnetic>Boundary>Vector Poten>Flux Par'l>On Lines，选中所有外围的 14 条铁磁材料边界线，单击“OK”。

单击 Utility Menu>PlotCtrls>Numbering 在弹出的对话框中，把“Elem/Attrib numbering”下拉菜单选择“No numbering”，单击 OK。结果如图 5-27 所示。

单击“SAVE-DB”保存模型。

19. 求解

单击 Main Menu>Solution>Solve>Electromagnetic>Static Analysis>Opt & Solve。单击 OK 开始求解，求解完毕单击 Close 关闭信息窗口，下面进入后处理观察结果。

20. 画磁力线

单击 Main Menu>General PostProc>Plot Results>Contour Plot>2D Flux Lines，单击 OK，关闭警告窗口。显示磁力线的二维分布。如图 5-28 所示。注意：由于剖分的随机性，结果会稍有出入。

```
(command:PLF2D )
```

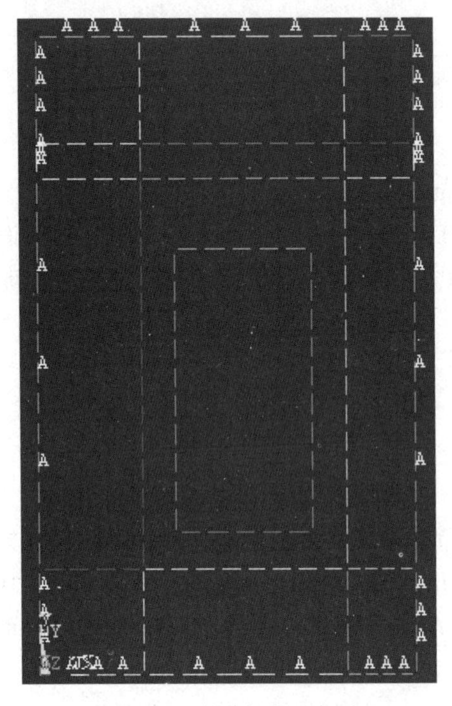

图 5-27　激励加载示意图

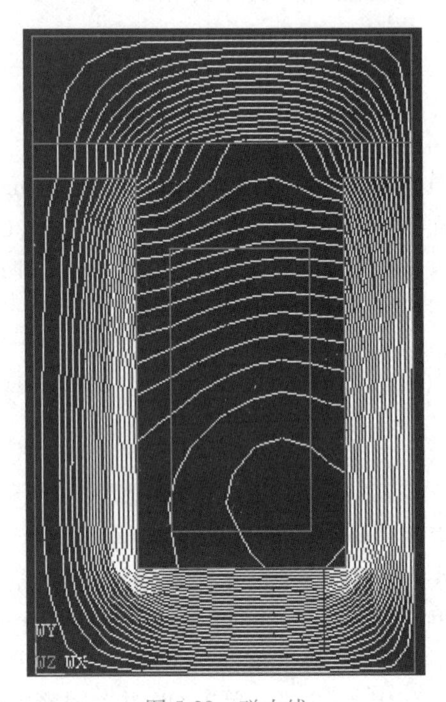

图 5-28　磁力线

21. 求磁场力

单击 Main Menu>General Postpro>Elec&Mag Calc>Component Based>Force，在弹出的对话框中的“Component name（s）”域中选中“ARM”，单击 OK，观察窗口中的计算结果信息，然后选择 File>Close（在窗口中）或者观察完后关闭窗口。

```
(command:FMAGSUM )
```

22. 图示磁通密度分布（矢量图）

单击 Main Menu>General Postproc>Plot Results>Vector Plot->Predefined 选择“Flux&gradient”（左栏）和“Mag flux dens B”（右栏），单击 OK。

```
(command:PLVECT,B,,,,VECT,ELEM,ON )
```

23. 图示磁通密度二维大小分布

单击 Main Menu>General Postproc>Plot Results>Contour Plot>Nodal Solu，在弹出的菜单“item to be contoured”中选择 Nodal Solution>Magnetic Flux Density>Magnetic Flux Density vector sum，单击 OK。

```
(command:PLNSOL,B,SUM )
```

24. 图示磁通密度三维分布

单击 Utility Menu>PlotCtrls>Style>Symmetry Expansion>2DAxi-Symmetric，在弹出的对话框中选“3/4expansion”，单击 OK。利用工具栏中的 Utility Menu>PlotCtrls>Pan，Zoom，Rotate，可以选择“Iso”从不同的角度观察结果。

25. 结束计算

单击工具条中的“Quit”，如果不存盘，选择“Quit-No Save!”。若存盘，选择路径存盘。

计算结果的图形演示见图 5-29。

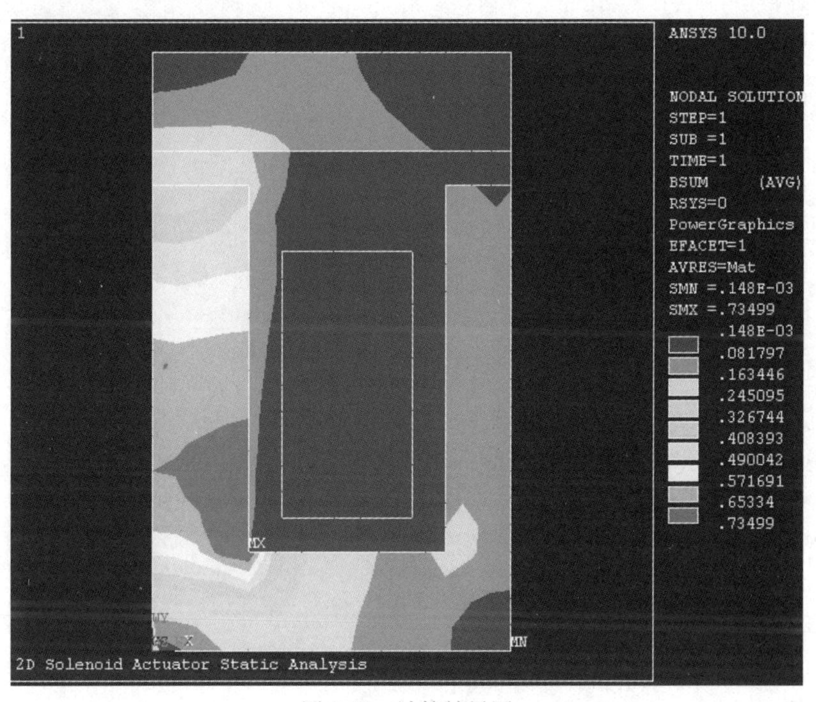

图 5-29　计算结果图

命令流：

```
/PREP7
/TITLE,2D Solenoid Actuator Static Analysis
ET,1,PLANE13
KEYOPT,1,3,1
MP,MURX,1,1
MP,MURX,2,1000
MP,MURX,2,1000 !
MP,MURX,3,1 !
MP,MURX,4,2000 !
*SET,n,650 !
*SET,i,1.0 !
```

```
*SET,ta,.75 !
*SET,tb,.75
*SET,tc,.50
*SET,td,.75
*SET,wc,1
*SET,hc,2
*SET,gap,.25
*SET,space,.25
*SET,ws,wc+2*space
*SET,hs,hc+.75
*SET,w,ta+ws+tc
*SET,hb,tb+hs
*SET,h,hb+gap+td
*SET,acoil,wc*hc !
*SET,jdens,n*i/acoil
RECTNG,0,w,0,tb
RECTNG,0,w,tb,hb
RECTNG,ta,ta+ws,0,h
RECTNG,ta+space,ta+space+wc,tb+space,tb+space+hc
AOVLAP,ALL
/PNUM,AREA,1
RECTNG,0,w,0,hb+gap
RECTNG,0,w,0,h
AOVLAP,ALL
NUMCMP,AREA
APLOT
ASEL,S,AREA,,2
AATT,3,1,1,0
ASEL,S,AREA,,1 !
ASEL,A,AREA,,12,13
AATT,4,1,1
ASEL,S,AREA,,3,5 !
ASEL,A,AREA,,7,8
AATT,2,1,1,0
/PNUM,MAT,1
ALLSEL,ALL
APLOT
SMRTSIZE,4
```

```
AMESH,ALL
ESEL,S,MAT,,4
CM,ARM,ELEM
FMAGBC,'ARM
ALLSEL,ALL
APLOT,ALL
ARSCAL,ALL,,,.01,.01,1,,1
Finished
/solu
ESEL,S,MAT,,3
BFE,ALL,JS,1,,,jdens/.01**2
LSEL,S,,,9
LSEL,A,,,11
LSEL,A,,,27
LSEL,A,,,30
LSEL,A,,,36,39
LSEL,A,,,42
LSEL,A,,,44
LSEL,A,,,46,49
DL,ALL,,ASYM
ALLSEL
FINISH
/SOL
MAGSOLV,0,3,0.001,,25,
FINISH
/POST1
PLF2D,27,0,10,1
FMAGSUM
PLNSOL,B,SUM
FINISH
```

恒定磁场实验二——三相输电线路导线表面的磁场分布

一、模型描述

求三相输电线路导线表面的磁场分布，导线截面为圆柱形，导线外包三层空气，半径分别为 R 的1.1、1.3、2.0倍。周围为空气介质，等效半径 $R=20$cm，距离地面高度 $h=20$m，外围空气直径 $L=200$m，导线相间距 $d=13$m。

边界和激励设置：将大地和无限远处作为求解边界。求解区域外围空气设置为截断边界，边界上的磁势为0。导线截面内所有的电位均相等，导线为一等势体。

二、命令流

1. 设定参数，建立模型

```
/PREP7

R=0.2
alls
CYL4,,,R,0,0,360                     !建立b相导线
CYL4,,,1.1*R,0,0,360
CYL4,,,1.3*R,0,0,360
CYL4,,,2*R,0,0,360

CYL4,13,,R,0,0,360                   !建立c相导线
CYL4,13,,1.1*R,0,0,360
CYL4,13,,1.3*R,0,0,360
CYL4,13,,2*R,0,0,360

CYL4,-13,,R,0,0,360                  !建立a相导线
CYL4,-13,,1.1*R,0,0,360
CYL4,-13,,1.3*R,0,0,360
CYL4,-13,,2*R,0,0,360
RECTNG,-100,100,-80,80
CYL4,0,-20,100,0,0,180               !建立矩形空气区域
alls
aovlap,all                           !布尔操作
numcmp,all                           !编号重排

alls
asel,s,,,3
cm,a_xiang,area                      !定义组件名a_xiang
alls
asel,s,,,1
cm,b_xiang,area                      !定义组件名b_xiang
alls
asel,s,,,2
cm,c_xiang,area                      !定义组件名c_xiang
```

模型如图5-30所示。

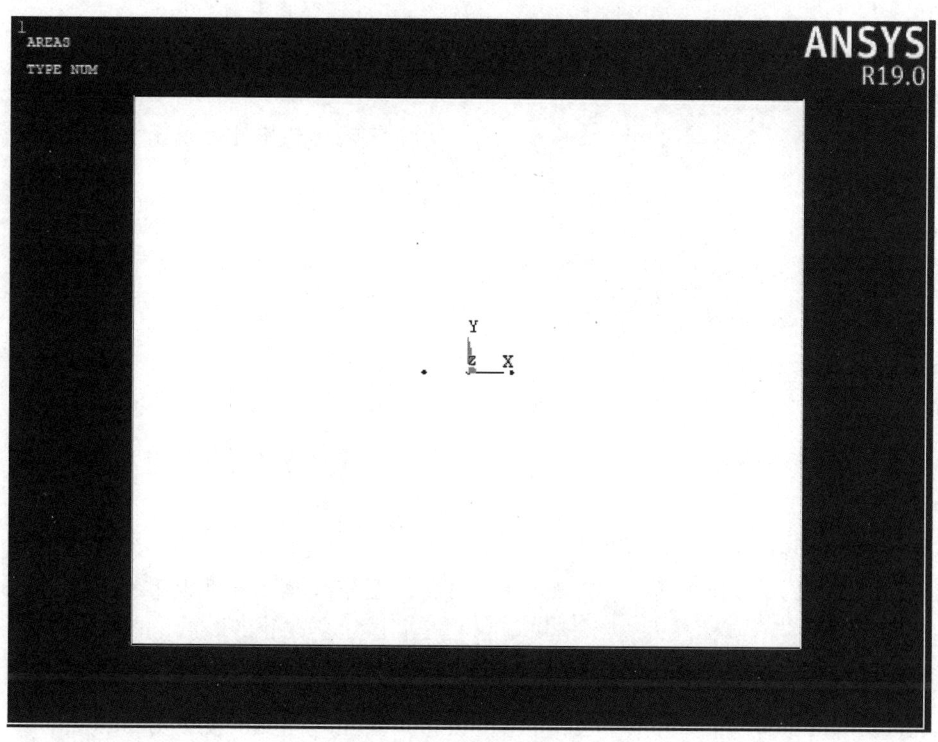

图 5-30　几何模型示意图

2. 定义单元类型和材料属性

```
ET,1,plane53,1                     !自由度为 volt 和 az
ET,2,plane53,0                     !自由度为 az

MP,MURX,1,1                        !空气相对磁导率
MP,MURX,2,1                        !导线相对磁导率
MP,RSVX,2,1e-7                     !导线电导率
```

3. 控制剖分

```
alls
asel,s,,,a_xiang
asel,a,,,b_xiang
asel,a,,,c_xiang
aatt,2,,1                          !为导线赋材料属性和单元类型
alls
asel,u,,,a_xiang
asel,u,,,b_xiang
asel,u,,,c_xiang
```

```
cm,air,area
asel,s,,,air
aatt,1,,2                            !为空气赋材料属性和单元类型

alls
asel,s,,,a_xiang
asel,a,,,b_xiang
asel,a,,,c_xiang
lsla,s,1
lesize,all,0.02                      !导线单元长度设为 0.02m
alls
lsel,r,length,,0.3,0.35
lesize,all,0.04                      !第一层空气单元长度设为 0.04m
alls
lsel,r,length,,0.35,0.45
lesize,all,0.06                      !第二层空气单元长度设为 0.06m
alls
lsel,r,length,,0.5,0.7
lesize,all,0.12                      !第三层空气单元长度设为 0.12m
alls
lsel,s,,,51
lesize,all,,,50,3
alls
lsel,s,,,50
lesize,all,,,50,1/3                  !底部边界两侧分别分成 50 段
alls
lsel,r,ndiv,,0
lesize,all,5                         !大半圆弧单元长度设为 5m

alls
mshape,1,2d                          !定义划分单元为 2d 三角形
mshkey,2                             !选择首先采用影射网格,若不能则采用自
                                      由网格
amesh,all                            !面剖分
```

剖分图如图 5-31 所示。

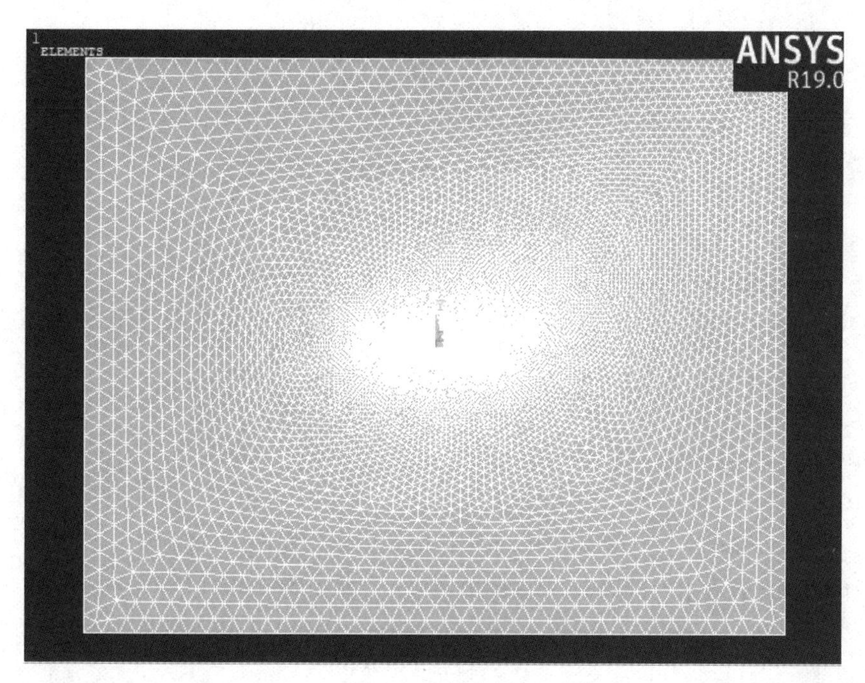

图5-31　剖分图

4. 施加边界条件和加载

```
I=800*sqrt(2)/sqrt(3)
alls
asel,s,,,a_xiang
nsla,s,1
cp,1,volt,all                          !a 相导线电压耦合

alls
asel,s,,,b_xiang
nsla,s,1
cp,2,volt,all                          !b 相导线电压耦合

alls
asel,s,,,c_xiang
nsla,s,1
cp,3,volt,all                          !c 相导线电压耦合

alls
asel,s,,,a_xiang
nsla,s,1
cm,a_node,node
```

```
F,2429,amps,I * cos(-120),I * sin(-120)  !选择给 2429 号节点赋 a 相导线的电流

alls
asel,s,,,b_xiang
nsla,s,1
cm,b_node,node
F,246,amps,I * cos(0),I * sin(0)         !选择给 246 号节点赋 b 相导线的电流

alls
asel,s,,,c_xiang
nsla,s,1
cm,c_node,node
F,1263,amps,I * cos(120),I * sin(120)    !选择给 1263 号节点赋 c 相导线的电流

alls
lsel,r,length,,50,400
nsll
cm,l_node,node
alls
nsel,s,,,l_node
d,all,az,0                               !边界条件设置磁势为 0
```

5. 求解

```
/solve
allsel,all
antype,harmic                            !选择分析类型:谐响应分析
eqslv,sparse                             !指定方程求解器
harfrq,50                                !指定谐响应分析中的频率
Solve
```

6. 后处理

```
/POST1                        ! 进入后处理模块
SET,,, ,,, ,1                 ! 选择实部解
PLNSOL,B,SUM,0                ! 绘制磁通密度云图
SET,,, ,,, ,2                 ! 选择虚部解
PLNSOL,B,SUM,0                ! 绘制磁通密度云图
```

磁场分布图如图 5-32 所示。局部放大如图 5-33 所示。分布（矢量图）如图 5-34 所示。局部放大如图 5-35 所示。

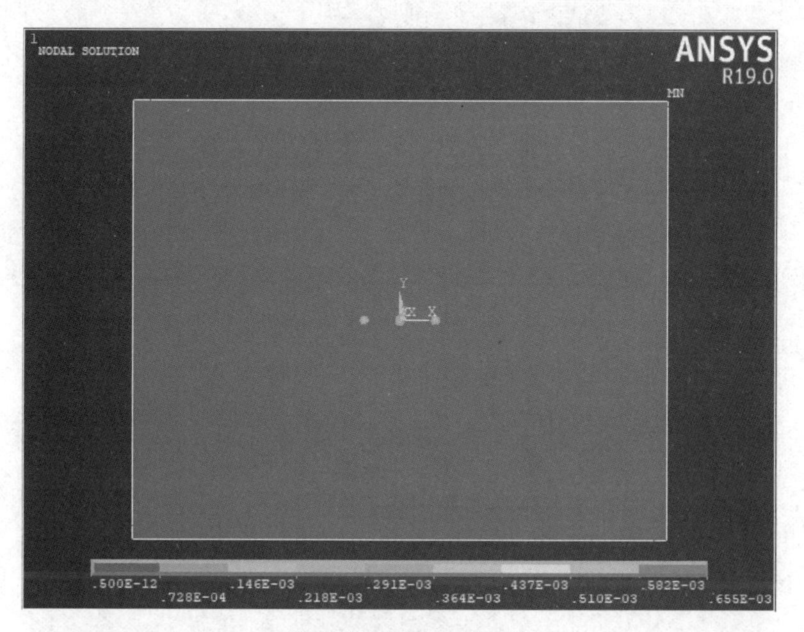

a) 磁通密度实部结果云图（T）

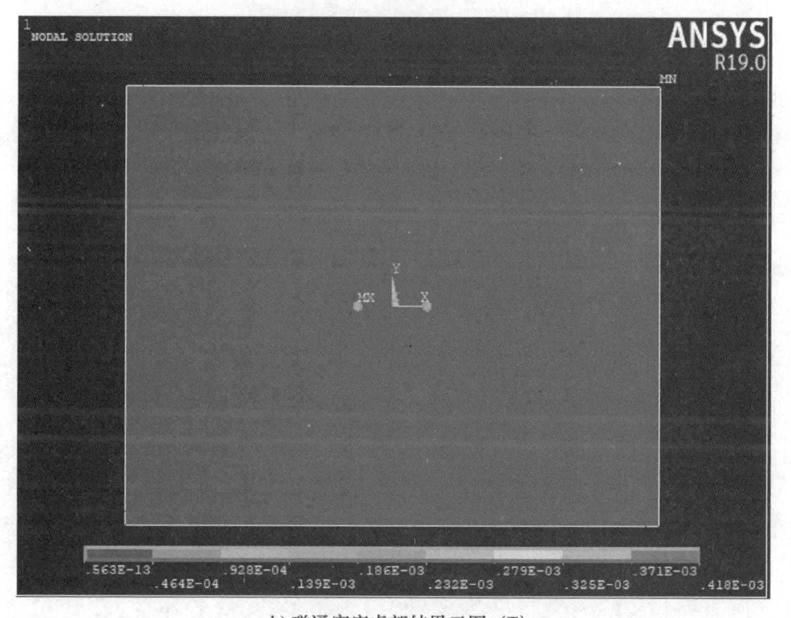

b) 磁通密度虚部结果云图（T）

图 5-32　磁场分布图

磁通密度分布（矢量图）绘制如下：

```
PLVECT,B,,,,VECT,ELEM,ON
```

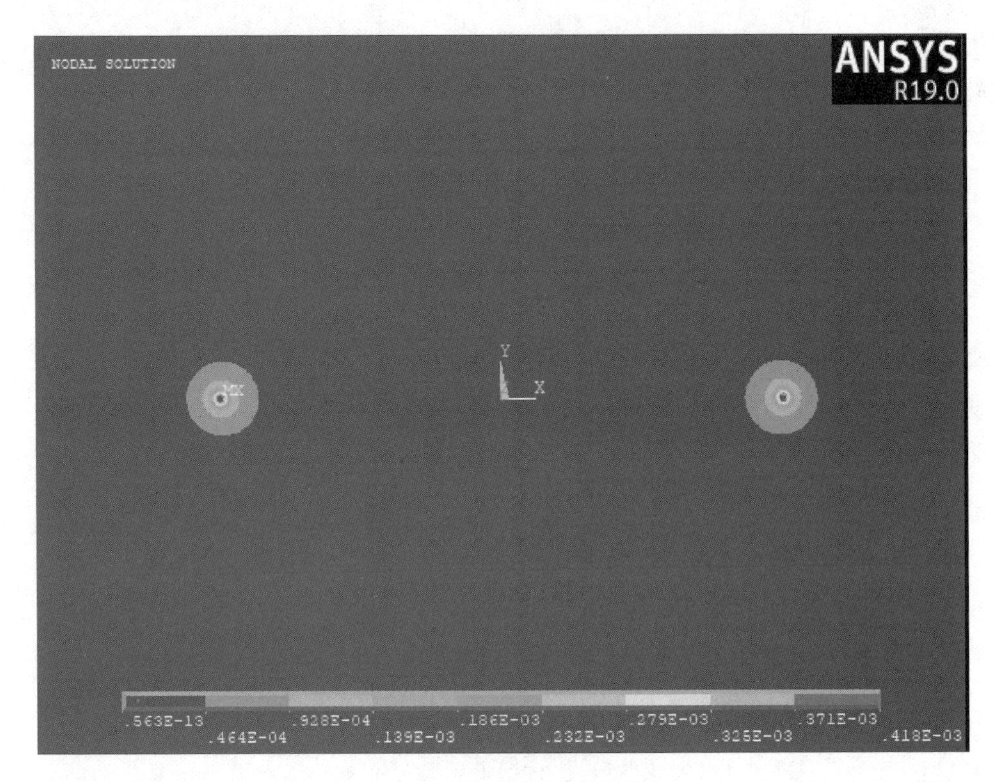

图 5-33　磁场分布图（放大）

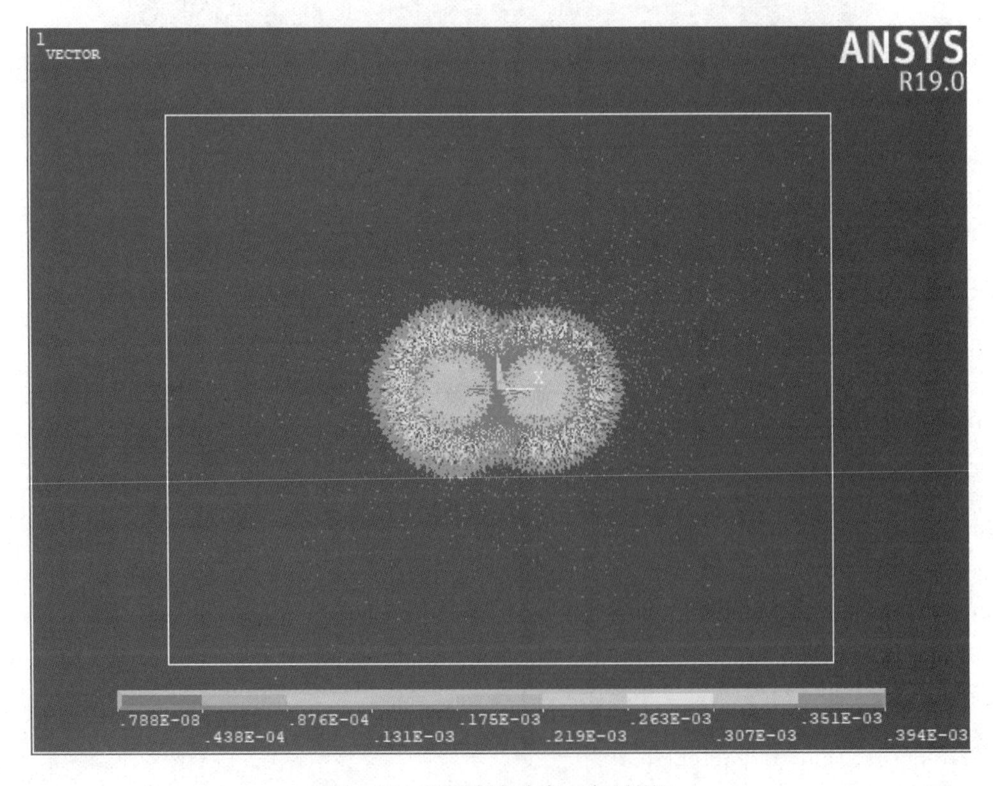

图 5-34　磁通密度分布（矢量图）

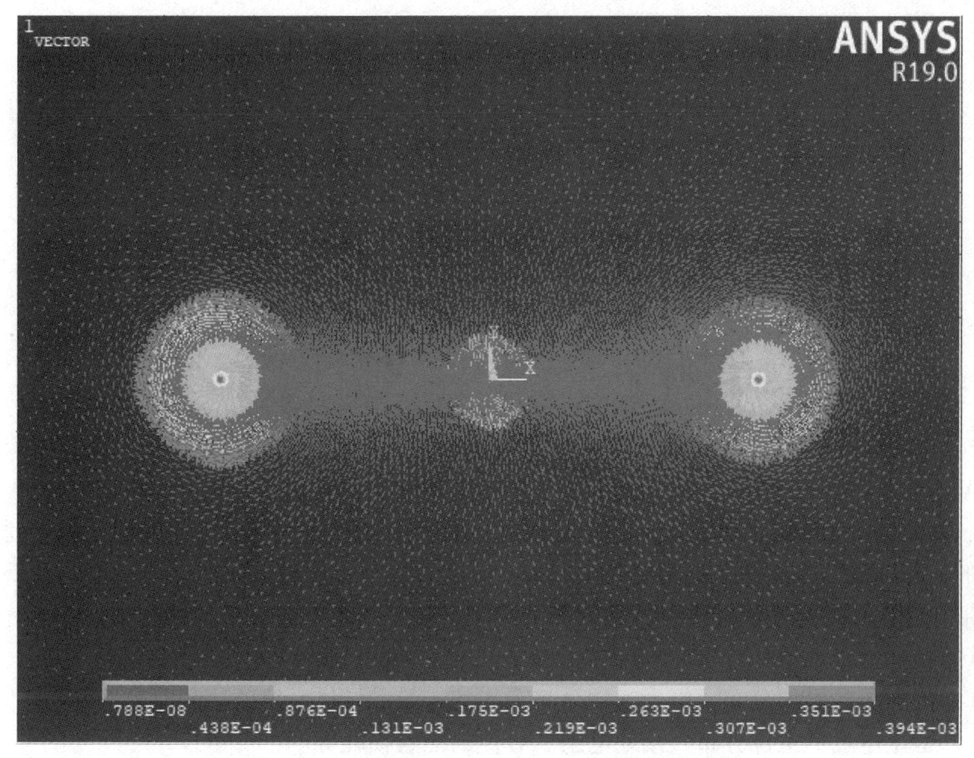

图 5-35　磁通密度分布（矢量图放大）

练　　习

求解简单直流致动器的磁通密度分布和电动力。

问题描述：简单直流致动器由 2 个圆柱铁心和外围的线圈组成，2 个圆柱铁心的中心由气隙分开。线圈相对磁导率为 $\mu_r=1$，铁心磁导率为 $\mu_r=1000$，空气磁导率为 $\mu_r=1$。该问题关于圆柱轴对称和上下对称，其 1/4 的平面模型尺寸如图 5-36a 所示（单位为 cm）。

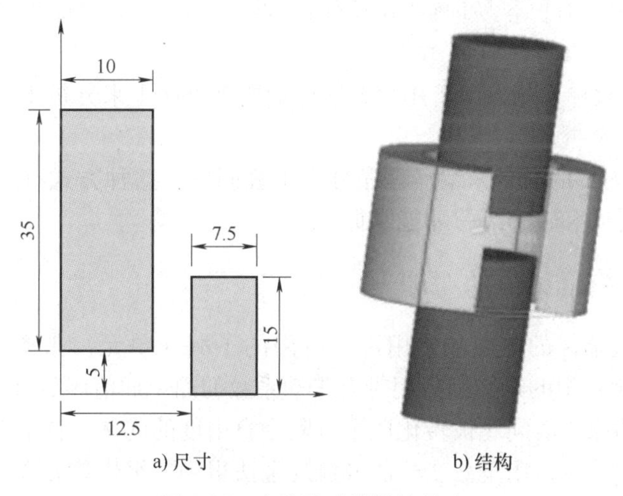

图 5-36　直流致动器结构尺寸

第6章　基于 ANSOFT Maxwell 软件的仿真实践

6.1　ANSOFT Maxwell 主要功能

ANSOFT Maxwell 软件是建立在有限元方法的基础上，可以计算简单的、线性的、非线性的、静态的、暂态的、瞬态的等电磁场问题，其最大的优点在于可以很好地处理空间形状复杂的、非线性的、暂态及动态电磁场问题。其主要特点是能够解决运动电磁场问题，采用运动带方法，可对运动物体进行精细的剖分控制，获得高质量的求解结果。该软件能解决的电磁场问题可以总结如下：

1）静电场的电位分布、电力线的分布和场的能量、导体系统的部分电容等。

2）恒定电场的电位分布、接地电阻、导体的能量损耗等。

3）恒定磁场的矢量磁位、标量磁位、磁力线的分布、磁通量、电感系数、磁场能量等。

4）时谐电磁场。

5）高频电磁场。

6）涡流场。

7）耦合场、场路耦合。

8）其他。

ANSOFT 比 ANSYS 有更容易理解的图形用户界面（GUI）。它能提供用户简单的、交互式的程序功能、文件和参考材料。

ANSOFT 直接的菜单系统有助于用户方便地运用 ANSOFT 来分析工程问题，对于初学者能比较直观地理解和掌握。

而 ANSYS 利用内部的命令来编写程序分析工程问题，这种方式有助于程序的修改和编辑，但需要较长的时间和较多练习才能掌握。

6.1.1　ANSOFT 有限元法的原理

对于有一定边值条件的电磁场，用许多有限的子域（单元）来离散整个连续的区域，在每一个子域（单元）中的未知函数用带有未知系数的简单插值函数（试探函数）来表示，这样无限个自由度的原边值问题被转化成了有限个自由度的问题，整个系统的解用有限数目的未知系数来近似。然后，用里兹变分法或伽辽金法得到一组代数方程组。最后，通过求解代数方程组得到边值问题的解。

6.1.2 有限元法的步骤

1）对连续区域的离散或子域（单元）划分。

2）选择插值函数（带有未知系数的试探函数）。

3）对每一个单元用里兹变分法或伽辽金法建立方程组。

4）求解方程组（不同的求解方法形成不同的求解器）。

5）后处理，获得各种求解结果、云图。

6.1.3 ANSOFT Maxwell有限元法中的一些基本概念

1. 单元

单元是有限元法第一步也就是预处理中所要运用的。它是离散（或剖分）连续区域后产生的小区域，对一维单元通常是短直线，它们连接起来组成原来的线域。二维所采用的单元通常是小三角形或矩形。对三维区域可划分成四面体、三棱柱或矩形块。其中，线性单元、三角形单元及四面体单元是用直线段、平面块、立体块建立曲线或面、体模型的基本一维、二维和三维单元。

2. 节点

相邻单元之间的交汇点。将连续区域无限个自由度的求解转化为离散区域有限个自由度的求解是有限元法的基本思想，有限个自由度即是剖分后节点上的所求的基本待求量。

图6-1所示分别为ANSOFT使用的二维、三维的基本单元和节点。不像ANSYS那样，有多种不同形状的单元可供选择，ANSOFT只提供了3节点三角形单元用于二维模型，4节点四面体单元用于三维模型，如图6-1所示。这样的设置使得剖分过程更加简单和高效，在

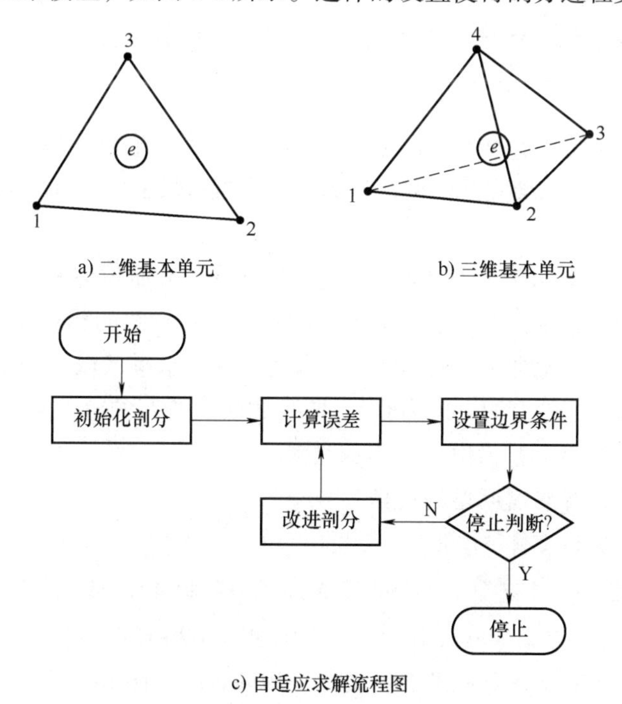

图6-1 ANSOFT常用单元类型和自适应求解流程图

基本单元的两节点之间增加节点可形成更多节点的单元。其不足是：对实体内部不能做到更加精细的剖分控制。

3. 单元插值函数

也称形状函数，它由一组基函数组成。在有限元方法中，因为单元是很小的，所以定义在单元上的基函数可以很简单。这种函数对不规则边界问题很有用，它的功能是：由单元插值函数拼接而成的近似解来逼近无限个自由度（连续空间的无限多点上的位函数值）的精确解。

6.1.4 ANSOFT 软件的求解过程

与其他有限元分析软件不同的是，该软件利用其公司的专利技术——自适应分析法作为基本的网格剖分方法，使求解问题的速度和效率得到提高。自适应分析法求解的过程如图 6-1c 所示，对模型的前处理完成以后，进行初始化剖分，对整个问题域进行求解，计算出整个求解域的求解参数和每个网格的能量误差值，这就完成了一次求解。接下来，系统按照预先设定的网格添加比例，在能量误差最大处添加网格，对网格进行一次添加和优化完毕，再进行下一次的计算，直到求解域中最大的能量误差值或求解的次数满足预定的目标值为止。每一次的计算结果都可以在软件的控制面板中以图形或数据的方式显示，所有的计算过程可以自动进行，一般情况下可以减少网格数量，提高计算效率。

6.2 基于 ANSOFT 软件的基础算例

算例一：静电场——求圆柱带电导线周围的电场和对地电容

问题描述如下：

对于无限长带电导线周围的电场和对地电容计算，属于电场问题，可采用静电场求解。考虑对称性，仅需要建立二维实体模型，计算导线附近区域的电位和电场分布；采用能量法求解导线对地电容。

设无限长带电导线截面为圆形，周围为空气介质，平面位置和尺寸如图 5-11a 所示，$R_0=10\text{cm}$，$h=5\text{m}$，$H=50\text{m}$。空气的相对介电常数 $\varepsilon_r=1$，导线的相对介电常数 $\varepsilon_r=1$。

边界和激励设置：将大地和无限远处作为求解边界。求解区域外围空气（5 倍的模型尺寸）设置为截断边界，边界上的电位为 0V。导线截面内所有的电位均相等，导线为一等电势体，电位为 100V，图 5-11b 为模型总体示意图。

1. 创建项目，并选择求解问题的类型

（1）启动并建立项目文件

方法一： 双击桌面上的（ANSOFT Mawell 14 版本）或者（ANSYS Electronics Desktop 19 版本）图标，启动 Maxwell 程序，界面如图 6-2 所示，图 6-2a 为 ANSOFT 14 版本启动；加载后系统自动生成一个新建工程文件（Project2）。图 6-2b 为 ANSOFT 19 版本加载界面。

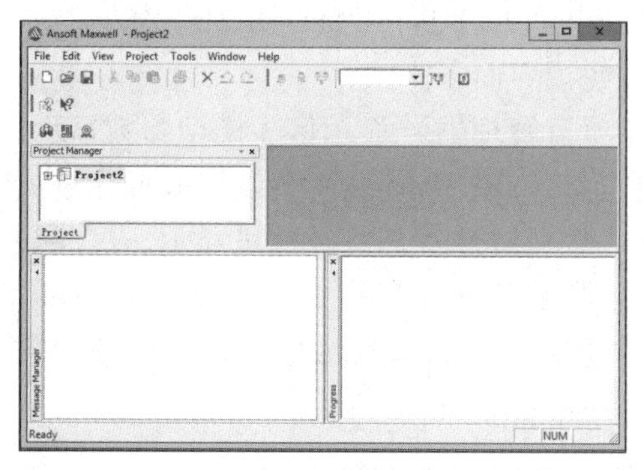

a) ANSOFT 14版本启动

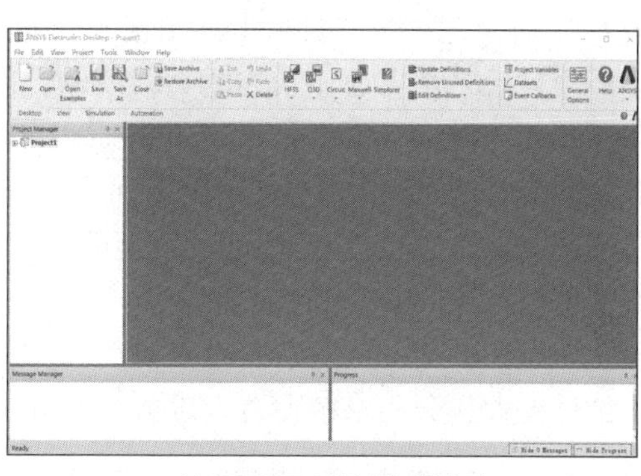

b) ANSOFT 19版本加载界面

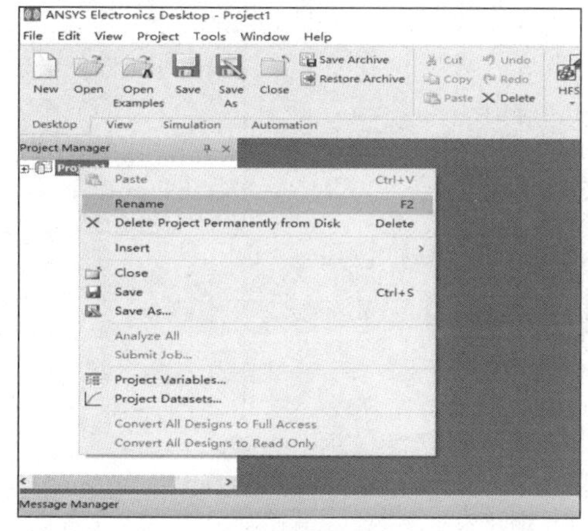

c) 工程名字重命名菜单

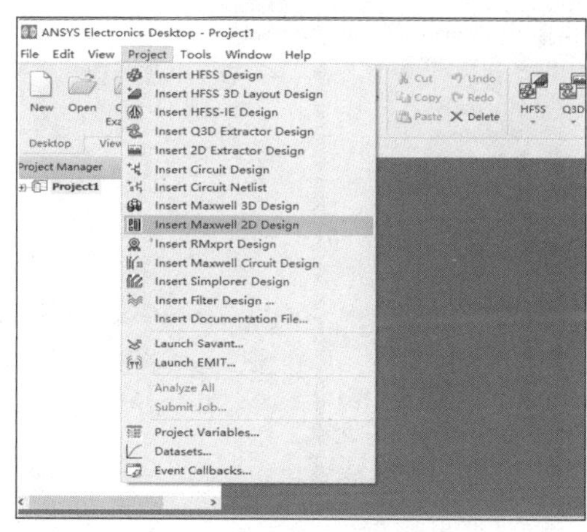

d) 插入Maxwell 二维建模界面

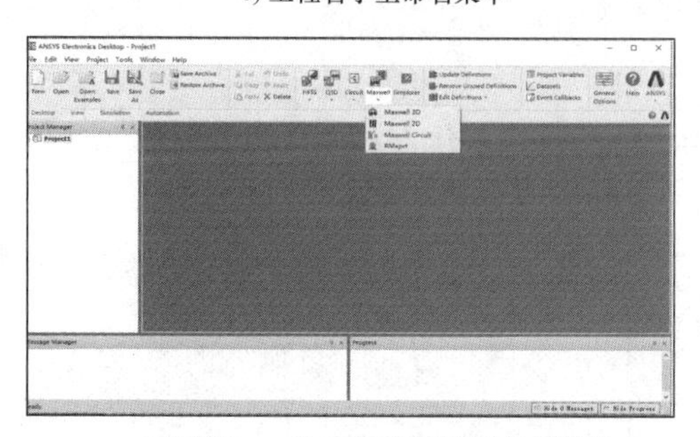

e) 加载Maxwell 二维建模界面的快捷菜单

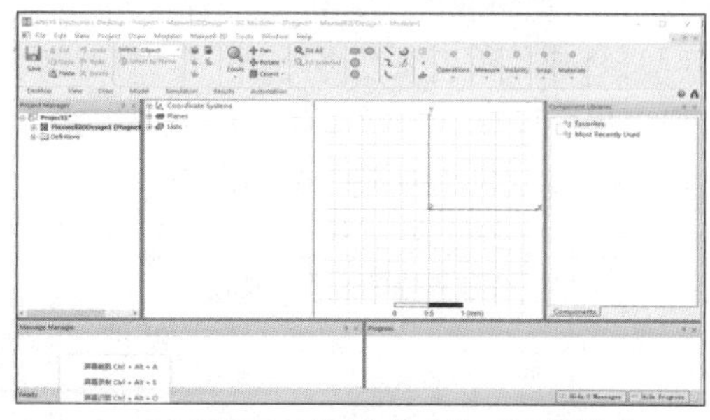

f) ANSOFT 19版本加载后的二维建模界面

图 6-2　Maxwell 启动初始界面

方法二： 通过执行菜单 File/New 命令或单击工具栏上的新建按钮来建立工程文件。

（2）重命名并保存

方法一： 在项目管理器窗口中单击鼠标右键项目名称后选择 Rename，如图 6-2c 所示，输入需要的文件名，比如学生的学号和名字（20200123xyz）后单击保存按钮。

方法二： 通过执行菜单 File/Save As，在弹出的对话框中将文件名 Project1 改为需要的文件名即可。

注：文件名和保存路径命名不应该出现中文字符，否则会出现运行错误。

新建二维模型设计文件。单击菜单命令 Project/Insert Maxwell 2D Design，如图 6-2d 或者

如图 6-2e 所示，单击工具栏上的图标 Maxwell，在下拉菜单中选中 Maxwell 2D。建立二维模型设计项目后，主界面显示如图 6-2f 所示，就进入建模界面了。

图 6-2f 中从左到右，依次有 Project Manager（项目管理器）显示区、模型参数显示区，以及模型实时展示区（主窗口），下面为操作信息（Message Manager）显示区和操作进展进度条（Progress）显示区，所建立模型的尺寸参数、材料属性等都将在这里显示。这些显示模块都可以在 View 菜单中选择显示或者隐去。在项目管理器中，可单击展开 Maxwell 2D Design（见图 6-3），从上到下包含模型参数设置、边界条件设置、激励设置、求解参数设置、剖分设置、分析求解设置、求解结果选择、场图绘制等项。

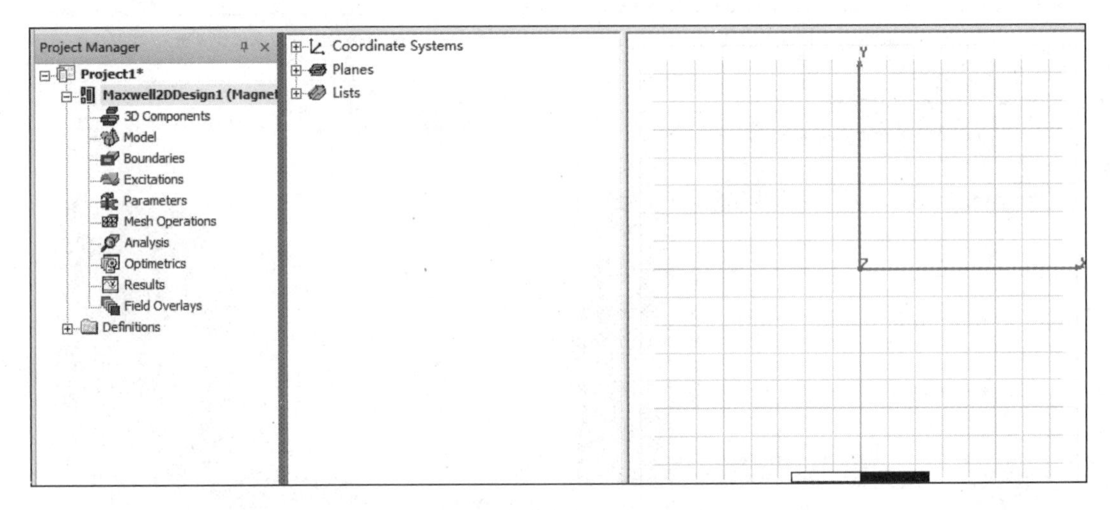

图 6-3　建模菜单展开显示图

（3）选择分析类型和求解器

执行菜单命令 Maxwell 2D/Solution Type，如图 6-4 所示；在弹出的对话框（见图 6-5）中选择求解类型和坐标系。本例设置为笛卡尔坐标系和静电场求解器。

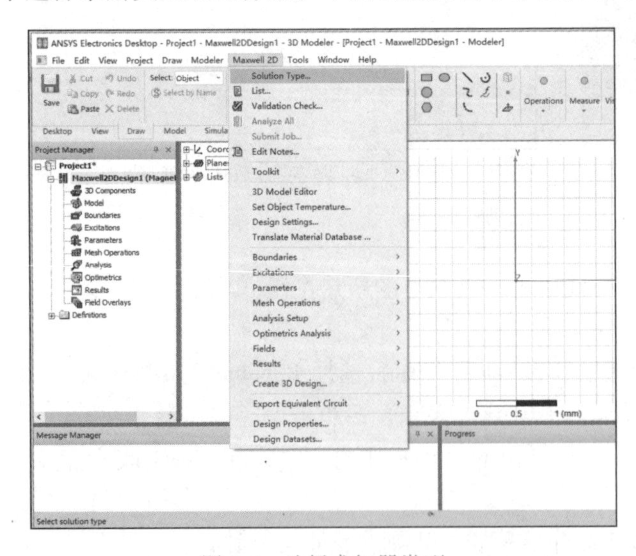

图 6-4　选择求解器类型

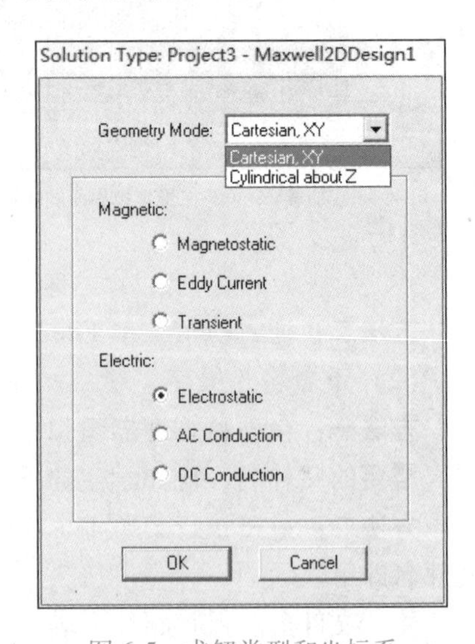

图 6-5　求解类型和坐标系

2. 绘制几何模型

（1）设置绘图尺寸单位

执行菜单命令 Modeler/Units...，根据需要进行单位设置，系统默认的单位为 mm。本例中单位设置为 meter（见图 6-6）。

（2）绘制模型

绘制大地边界，单击工具栏中＼（Draw line），或者在工具菜单中单击 Draw/line，此时在绘图区的鼠标转换为点拾取模式，在软件界面的左侧显示鼠标的实时状态信息，如图 6-7 所示，同时在软件界面的右下角出现图 6-8 所示的坐标状态栏。由于鼠标单击的位置是随时变动的，该信息会随着鼠标的移动而变化，不容易把握。在建模过程中，可保持鼠标不动，采用手动输入坐标值。

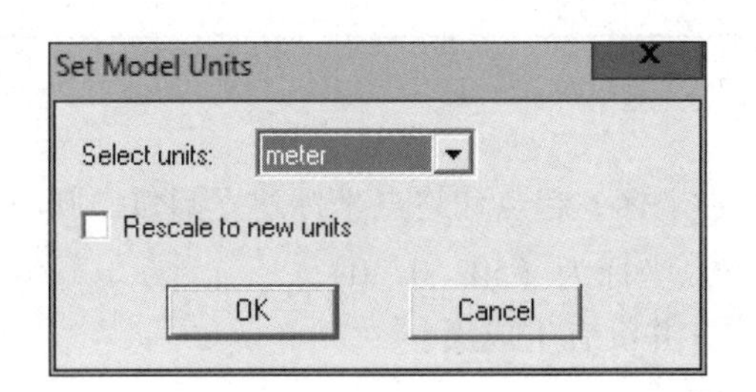

图 6-6　模型单位设置

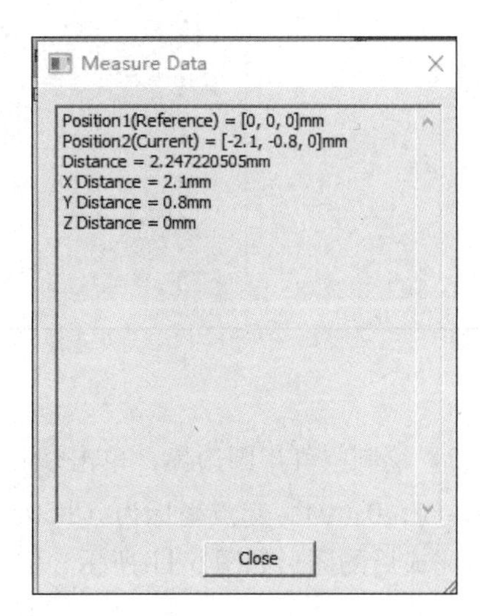

图 6-7　鼠标位置的实时显示信息

图 6-8　坐标状态栏

坐标状态栏前三空为鼠标当前拾取点对应的坐标值，可手动输入坐标值捕捉到精确坐标值点（用 Tab 键）。

1）绘制大地，本算例中大地边界端点坐标如图 6-9 所示。

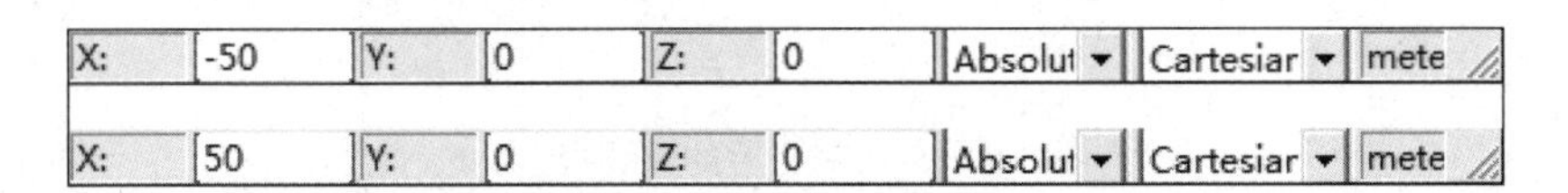

图 6-9　大地边界端点坐标

上面的第一个点坐标输入完成后，注意一定要按回车键（Enter）确认（或鼠标在对应的单击），表示第一个点输入值确认。下面的坐标值输入后，按回车键确认，表示第二个点位置确认。然后再按一次回车键，表示建立一条直线段。要注意此步骤中全部点（两个点）输入完成后，需按回车键两次确认（或在对应的双击），结束命令。

操作后的效果如图 6-10 所示，此时在模型树的下方有一个新建的 Lines 集，模型窗口中有一条直线（x 轴反向），实时显示刚才建立的一条线段，该线段由两个端点确定，这两个点的坐标如图 6-9 所示。

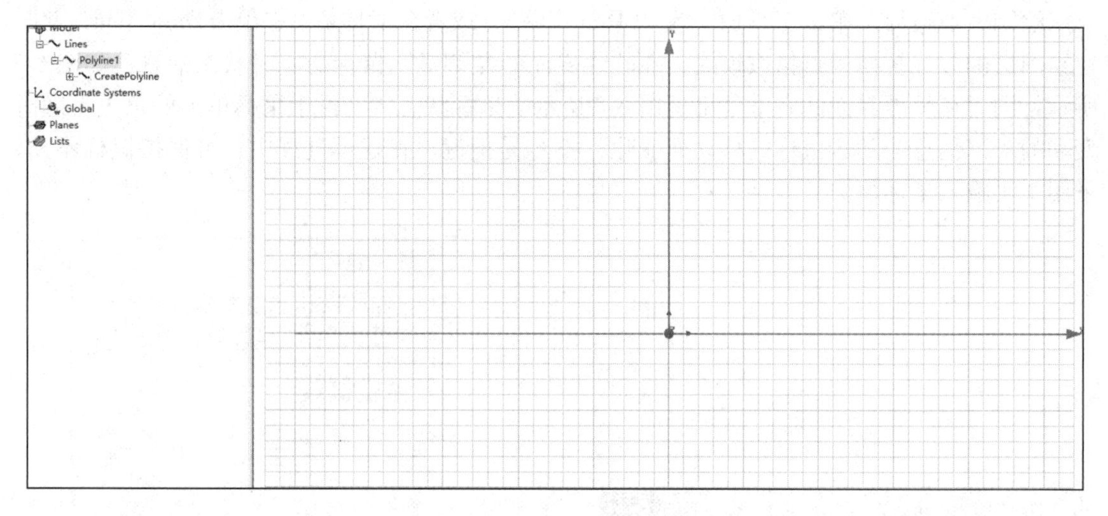

图 6-10　建模完成后的大地边界线

2）绘制空气半圆边界，单击，表示由圆心坐标、起点和终点坐标建立圆弧。圆心坐标为（0，0，0），起点坐标为（-50，0，0），终点坐标为（50，0，0）。

完成后的图形如图 6-11 所示，但是还都是线，并没有生成面。

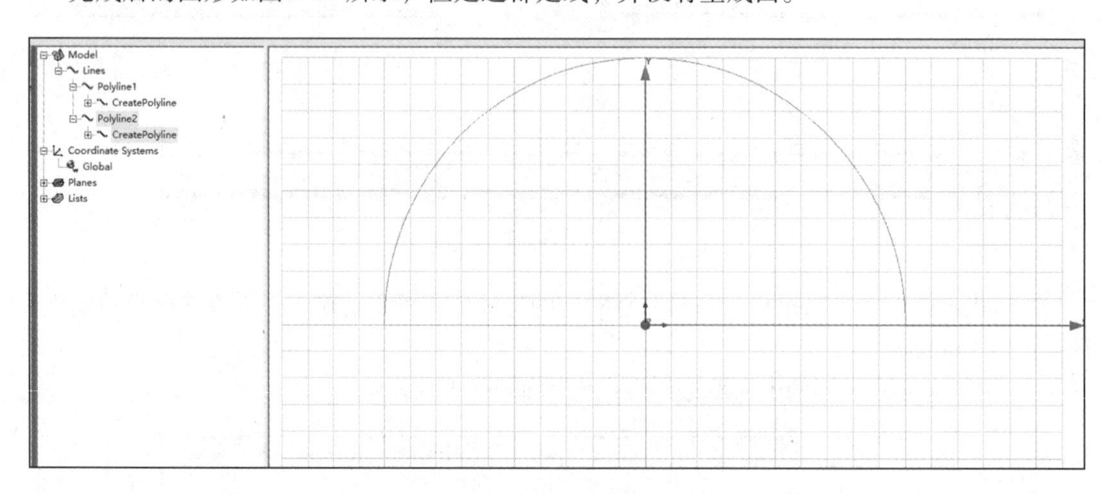

图 6-11　完成后的边界线

3）画导线截面，使用命令，圆心坐标为（0，5，0），半径为 0. 1m。输入的参数如图 6-12 所示。

生成的模型如图 6-13 所示，可以看出在模型信息栏中有一个 Sheets 模型，下方是新建立的导体截面模型，是二维面模型。

X: 0 Y: 5 Z: 0 Absolut Cartesiar mete
dX: 0.1 dY: 0 dZ: 0 Relative Cartesiar mete

图 6-12　输入参数

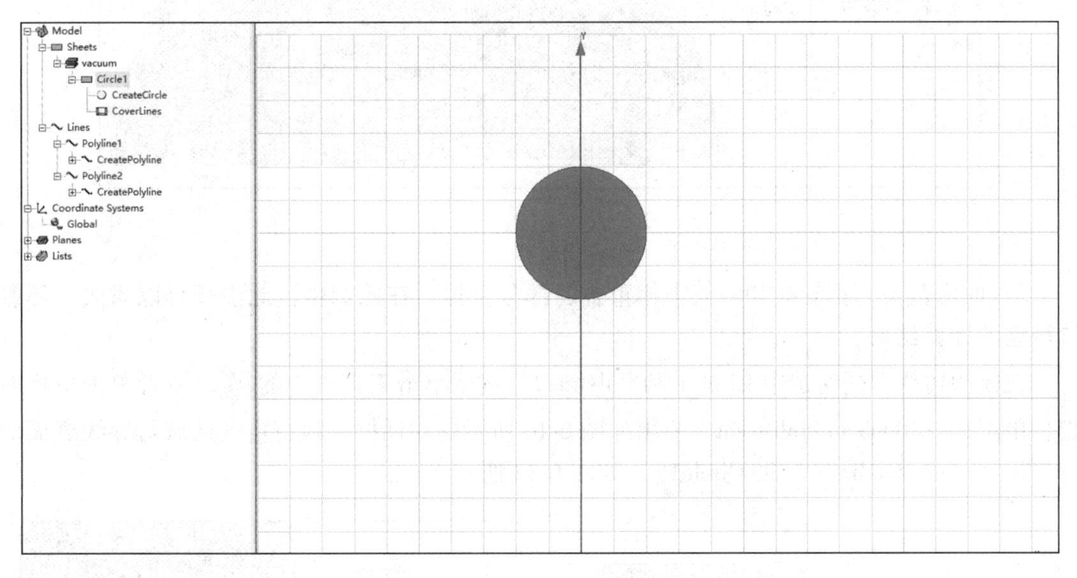

图 6-13　导线建模显示效果

4）空气和大地轮廓线组合生成 2D 面。

选中图 6-14a 操作中的直线和半圆弧（按住 Ctrl 键），单击鼠标右键，选择 Edit/Boolean/Unite，如图 6-14a 所示，这样就形成了一个封闭的曲线。然后再单击鼠标右键，选择 Edit/Surface/Cover Lines，如图 6-14b 所示，将闭合轮廓转化为曲面。结果如图 6-15 所示。图 6-15 显示空气域现在已经为二维面模型了。在模型信息框中，也可以看出，模型已经归属于 Sheets 模型下，默认的材料为 vacuum。

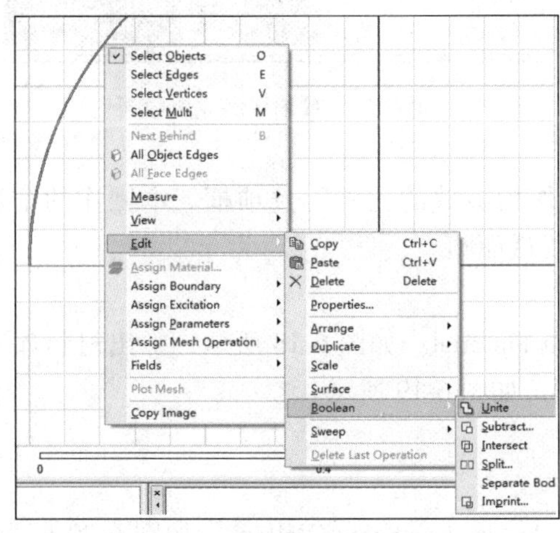

a) 选择多条边线构成封闭形状

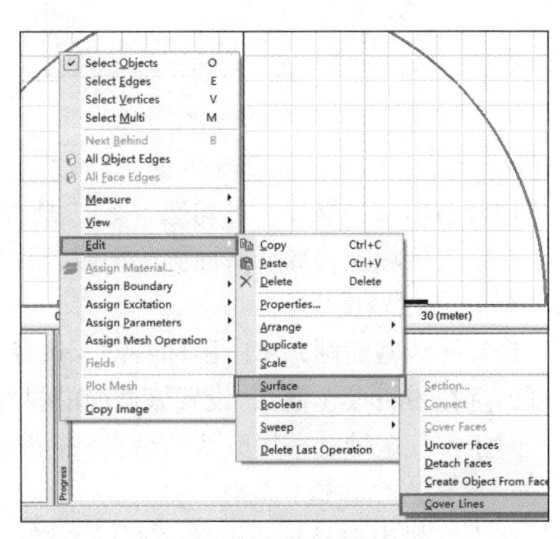

b) 生成曲面选项选取

图 6-14　轮廓线设置

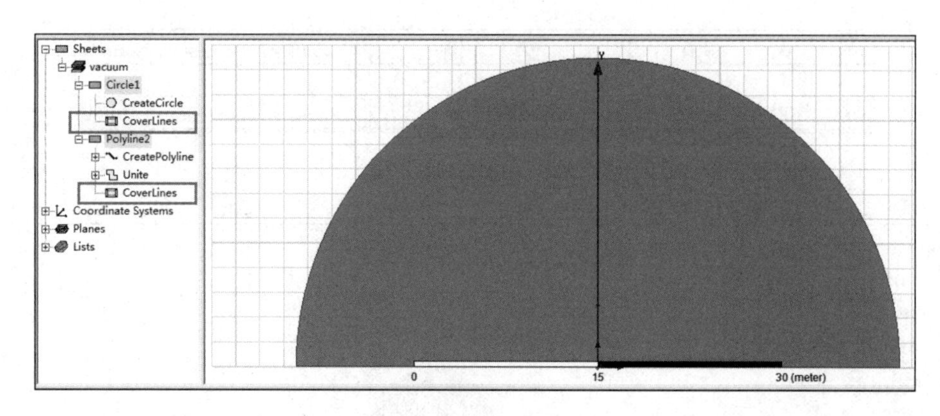

图 6-15　生成曲面结果

5）曲面裁剪，把导线和空气中相重叠的部分去掉。**在此例中，此步骤可以省去，不影响模型的计算结果。**

在模型树栏中同时选中 Circle1 和 Polyline2，然后单击工具栏中的 ，或者单击鼠标右键，单击 Edit/Boolean/Substract，弹出如图 6-16 所示的对话框，执行空气区域与导线截面的布尔运算（由 Polyline2 减去 Circle1），如图 6-17 所示。

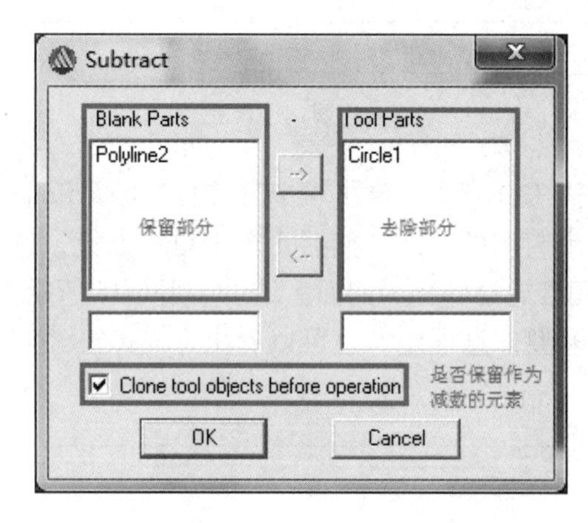

图 6-16　布尔减法运算

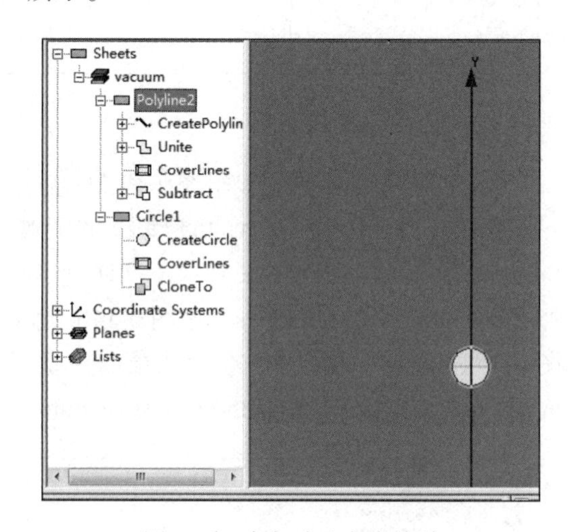

图 6-17　布尔减法完成效果

进行布尔减法操作，可勾选下方“是否保留作为减数的元素”选项框。本操作的结果是：在空气区域挖去导线截面圆的同时，保留导线截面圆。

3. 设置材料属性

选择导线截面圆，单击鼠标右键，选择 Assign Material，如图 6-18 所示，弹出材料库对话框，选择 copper（铜），设置该截面的材料为铜，如图 6-19 所示。

对于空气区域，采用默认的材料 vacuum 即可。

4. 设置激励和边界条件

在模型树中选择导线，单击鼠标右键，选择 Assign Excitation/Voltage，如图 6-20 所示，弹出电压激励设置窗口，设置电压为 100V，如图 6-21 所示。

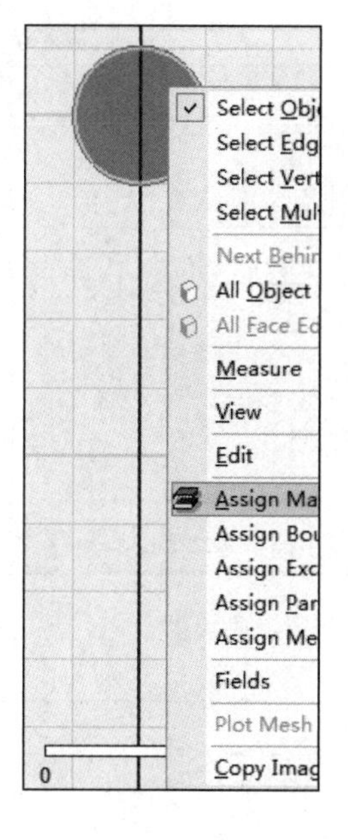

图 6-18　设置材料属性

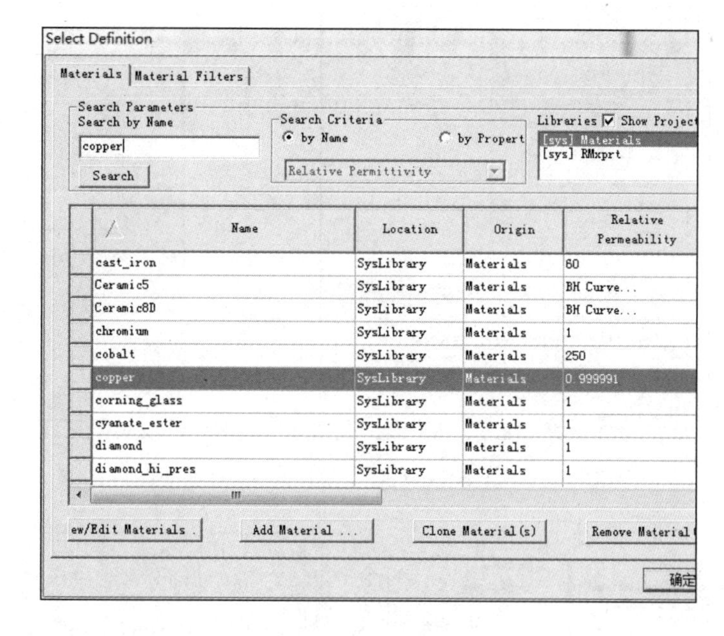

图 6-19　材料库

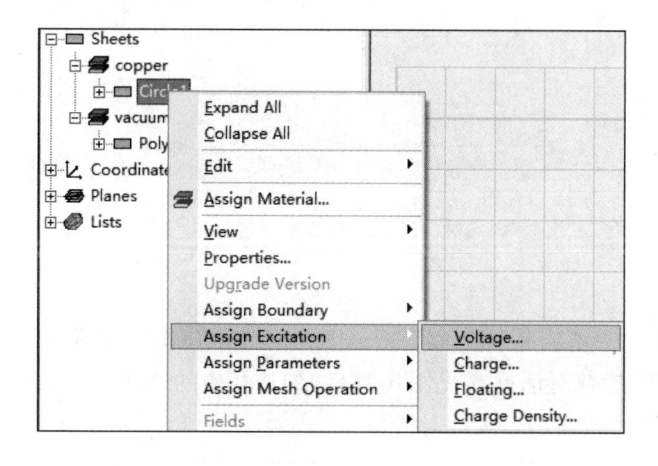

图 6-20　导线激励设置

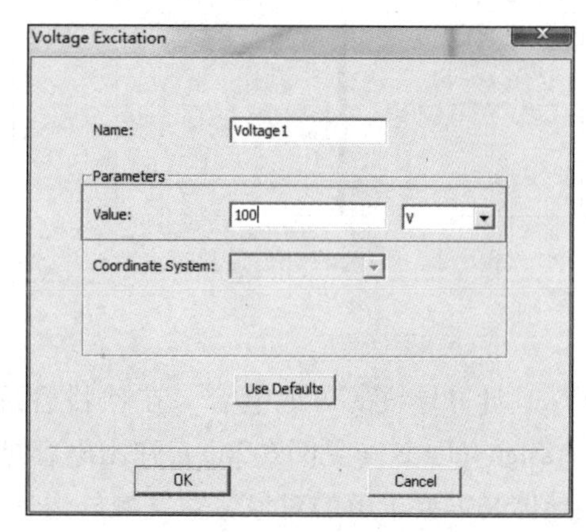

图 6-21　电压激励设置

由于本例采用截断边界条件，用比较大的有限边界模拟开域问题。因此在求解域外边界上都加载 0V 电位。执行菜单命令 Edit/Select/Edge，或者在绘图区单击鼠标右键，选择 Select Edges 进入边拾取模式［设置选中对象为边(Edge)］。选中圆弧空气边界，单击鼠标右键菜单 Assign Excitation/Voltage，如图 6-22 所示，弹出电压激励设置窗口，设置电压为 0V，如图 6-23 所示。

用相同的方式，设定大地边界的电压为 0V。加载完成后，项目信息树状图下方显示信息如图 6-24 所示，voltage1～3 分别表示刚才施加的三个电压；单击 voltage2，就是显示该激励所施加的位置以及加载信息，如图 6-25 所示。

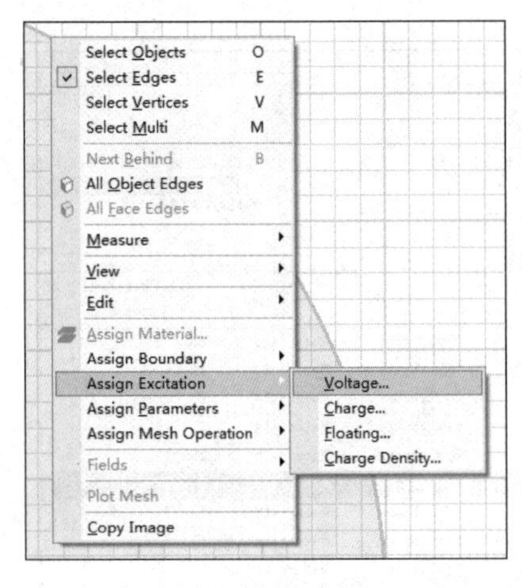

图 6-22 空气边界激励设置

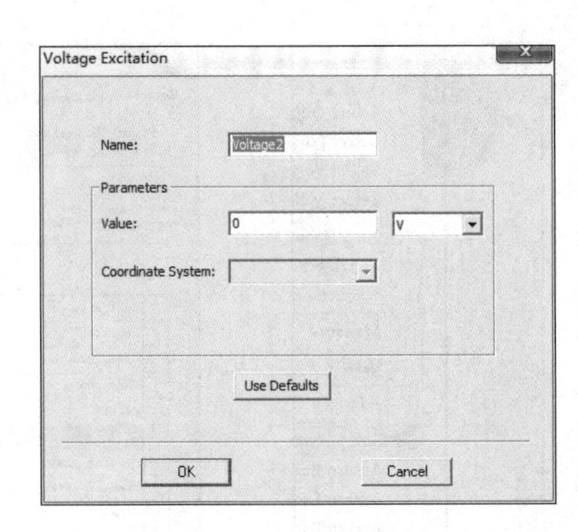

图 6-23 电压激励设置

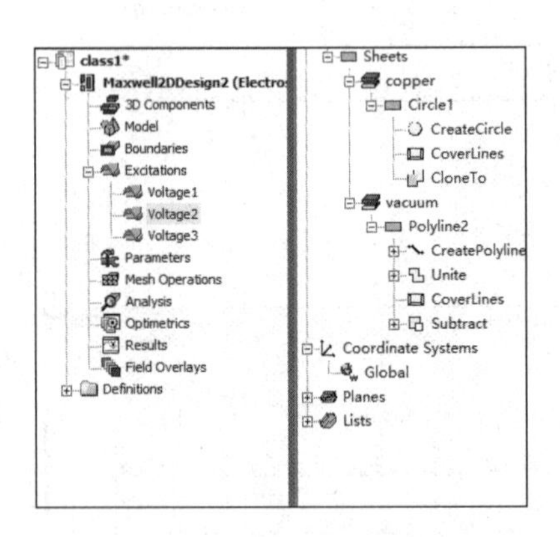

图 6-24 空气边界激励设置

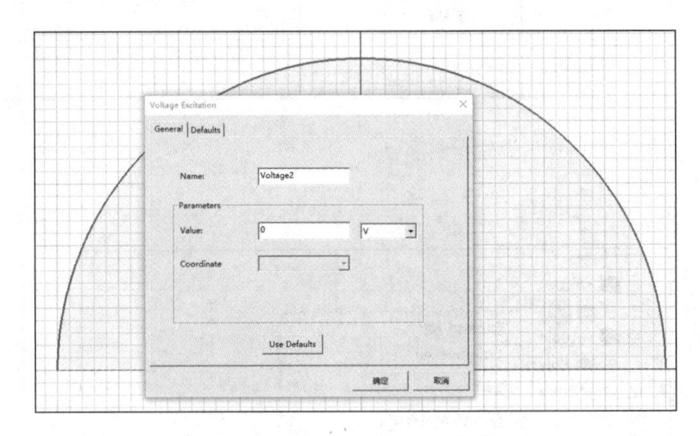

图 6-25 电压激励设置

5. 求解设置

计算导线的对地电容，在项目管理器栏单击鼠标右键 Parameters，选择弹出菜单命令 Assign/Matrix（见图 6-26），弹出电容矩阵参数对话框（见图 6-27）。勾选相应的选项。表示导体是需要求解的对象，空气域外边界和大地均作为大地对待。

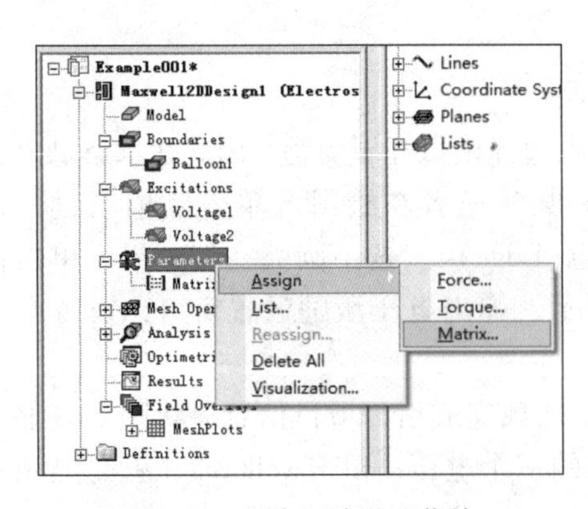

图 6-26 电容矩阵设置菜单

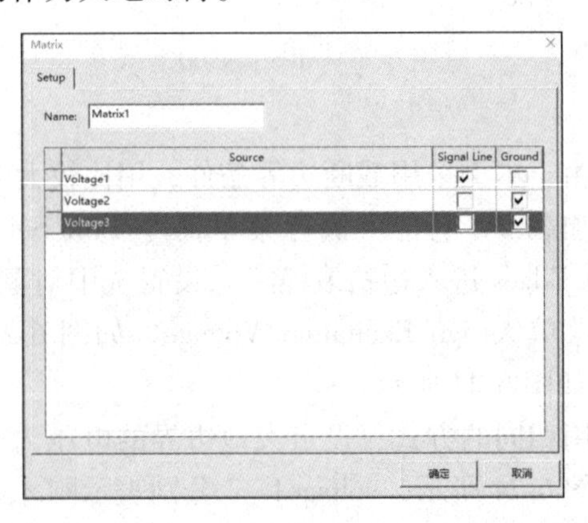

图 6-27 矩阵参数设置勾选

在项目管理器的 Analysis 项用鼠标右键单击选择 Add Solution Setup，如图 6-28 所示，弹出求解参数设置对话框，如图 6-29 所示，采用默认参数即可，单击确定。**如果有的电脑显示不全，直接按回车键即可确认。**

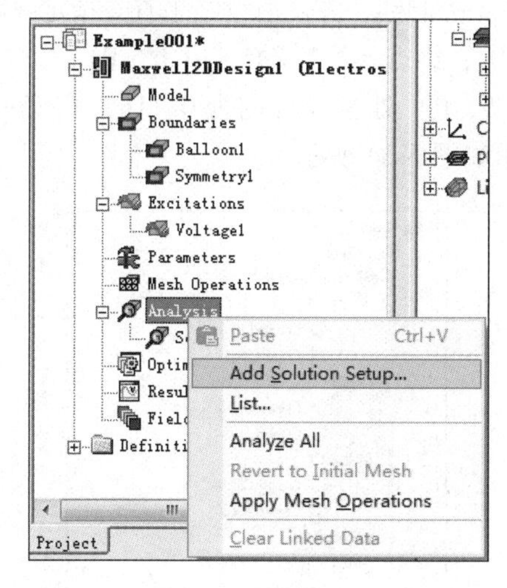

图 6-28　求解设置

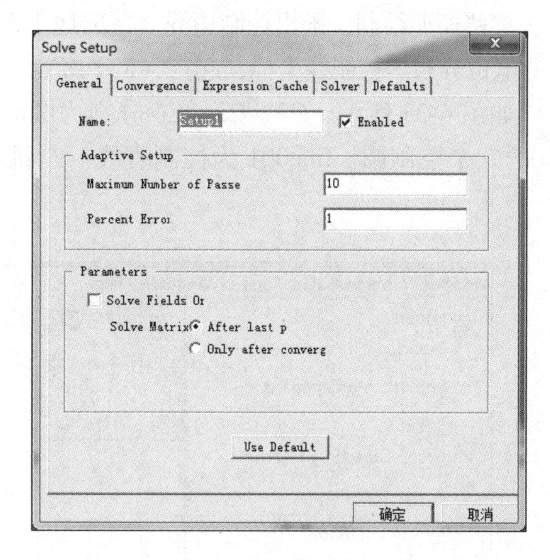

图 6-29　求解参数设置对话框

6. 剖分设置

本步骤初学者可以省略，一样可以获得计算结果。电场计算问题需要在导体和空气的交界处很好地控制网格，才能获得较好的电场求解精度。由于 ANSOFT 软件本身内置了自适应剖分的功能，可以根据计算误差自动更新网格，因此本步骤不是必须要做。但是为了提高效率，掌握剖分的能力，可以开展此项操作。本例中剖分设置为提高计算精度，同时保证计算速度，需在导线附近区域细化剖分，而较远处则可以比较粗糙。需要针对模型中的每一个结构进行相应的部分设置。首先在绘图区选中一个部件，然后用鼠标右键单击选择 Assign Mesh Operation/Inside Selection/Length Based，如图 6-30 所示，弹出剖分参数设置对话框，如图 6-31 所示。

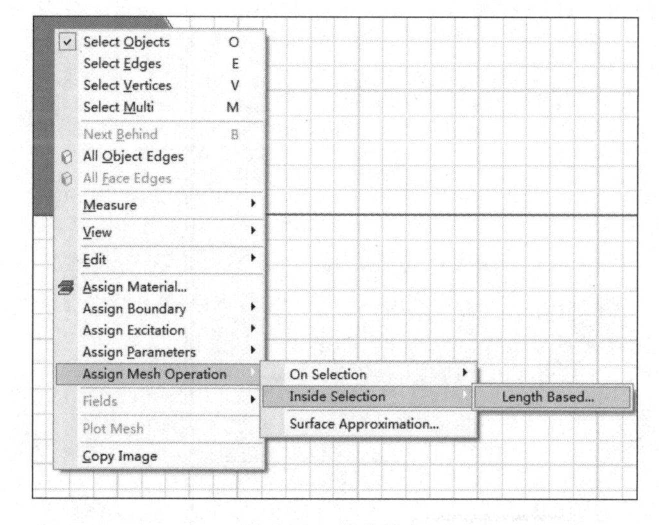

图 6-30　剖分操作

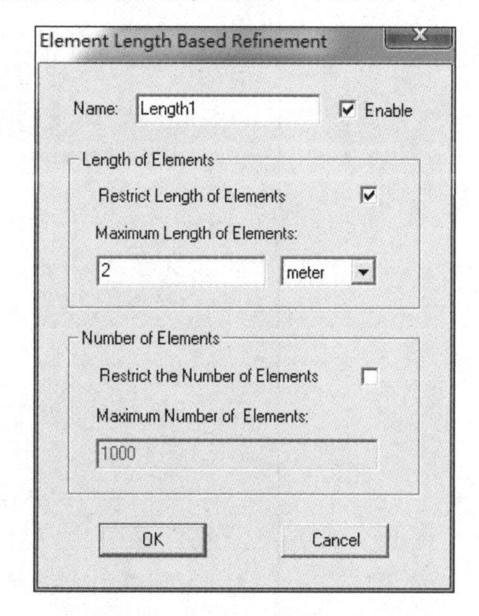

图 6-31　剖分参数设置

需要在导线处各画三个控制圆［以导线圆心为圆心（0，5，0），半径分别为0.11m、0.15m、1m］控制圆的半径逐渐增大，呈现非线性方法，更好地控制网格尺寸过渡。

执行菜单命令 Modeler/New Object Type/Non Model，添加控制边界，如图6-32所示。

参照模型绘制，画出控制边界。在离地1.5m处画一条控制线，方便后续结果查看指定线路上的电位分布。控制线坐标，起点 $(X,Y,Z)=(-10,1.5,0)$；终点 $(X,Y,Z)=(10,1.5,0)$。

如图6-33所示，C2，C3，C4分别为圆心在（0，5，0）处半径分别为0.11m、0.15m、1m的三个控制圆。line001为控制直线。二维模型显示如图6-34所示。

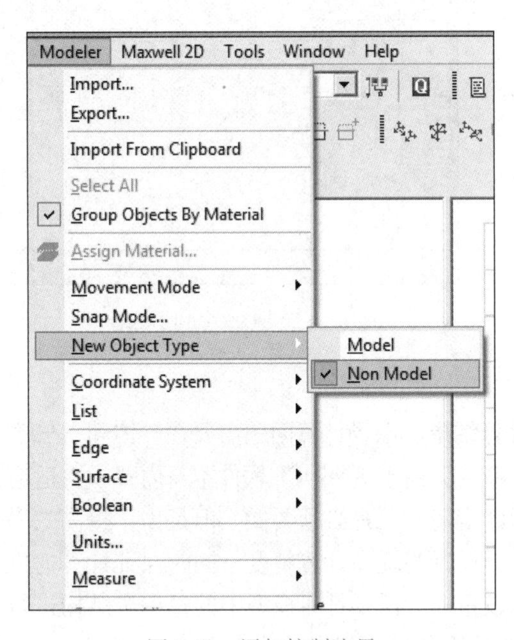

图6-32　添加控制边界

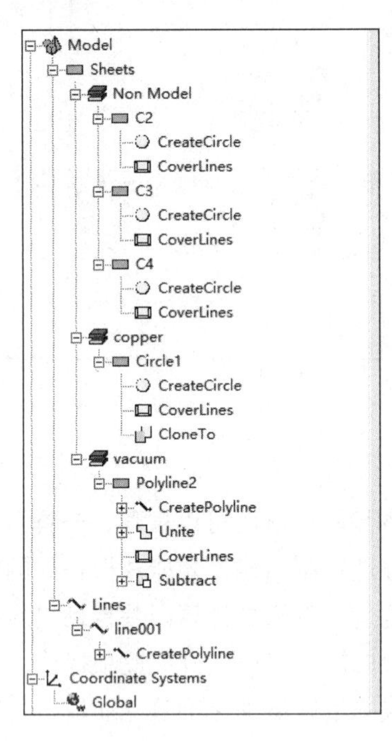

图6-33　控制边界线

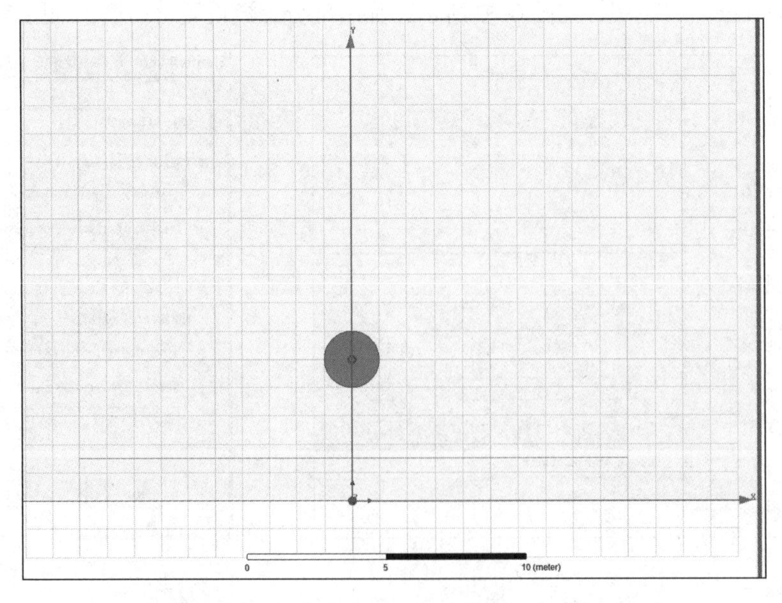

图6-34　控制区域绘制后的模型信息

网格尺寸的控制：

在模型树中选择 Circle1 实体模型，，双击 CreateCircle，打开如图 6-35a 所示的参数设置，这里可以看到，圆柱导体的位置、半径尺寸都可以调整。将最后一项 Number of Segments 的分段数设置为 200。然后再选中 Circle1 实体模型，按照如图 6-35b 所示的操作，单击右键，在弹出菜单中，选择 Assign Mesh Operation，展开菜单 On Selection，展开菜单 Length Based，如图 6-35b 所示，单击后，弹出菜单，如图 6-35c 所示，设置控制尺寸为 0. 01m。

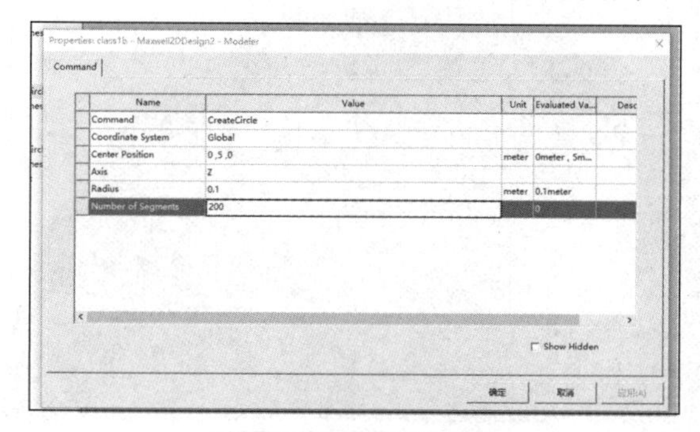

a) 设置圆柱导体模型分段数

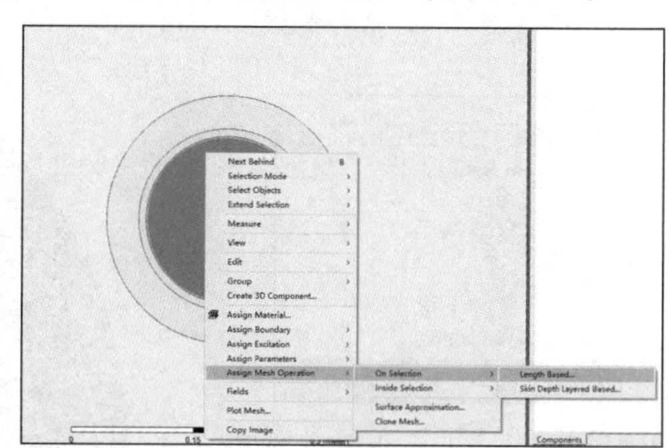

b) 设置网格剖分尺寸菜单

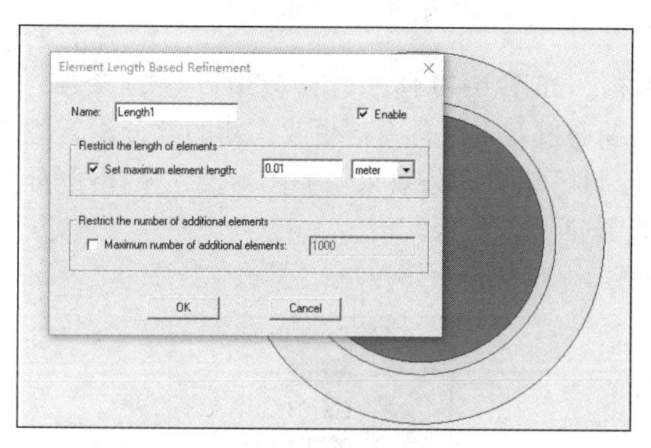

c) 网格剖分尺寸设置值

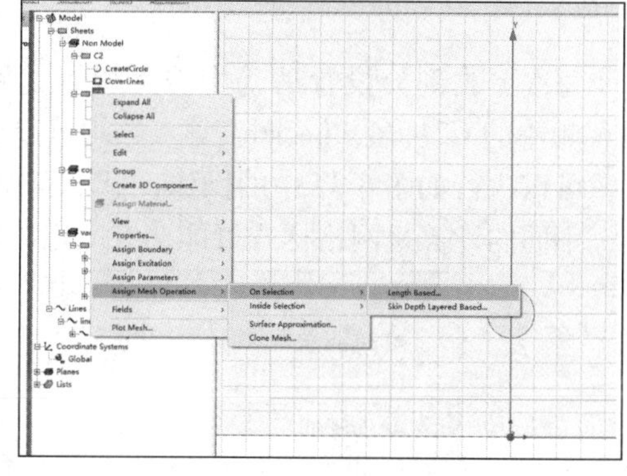

d) 控制圆的网格尺寸设置菜单

图 6-35　网格控制尺寸设置菜单示意图

设置各个控制圆的控制尺寸，如图 6-35d 所示，分别选中各个控制圆，单击鼠标右键，在弹出菜单中单击 Assign Mesh Operation，在弹出菜单中选择 On Selection，选择展开菜单 Length Based，单击后，弹出菜单，设置控制尺寸，如图 6-36 所示。本例中 Circle1 的剖分控制尺寸设置为 0. 01m；C2、C3 和 C4 的控制尺寸分别设置为 0. 01m、0. 02m、0. 1m。

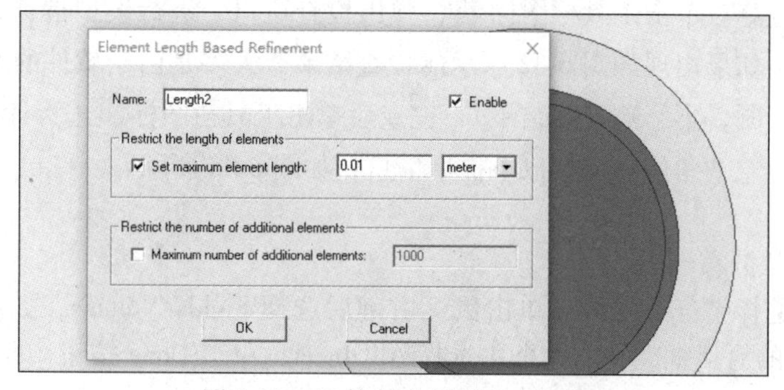

图 6-36　C2 控制半径圆尺寸设置

各部件的剖分参数设置完成后，即可对模型进行实际剖分操作：在项目管理器的Analysis项单击鼠标右键选择Apply Mesh Operations，开始网格剖分，如图6-37所示。剖分完成后，在属性栏选中全部模型，或在绘图区利用Ctrl+A键选中模型的每一个部件，单击鼠标右键后选择Plot Mesh，可以得到模型的剖分图，如图6-38所示。如果网格不满意，还可以再次选择控制尺寸。在项目管理器的Analysis项单击鼠标右键选择，执行回到初始化剖分，如图6-39所示，然后再重复上述过程，重新剖分。

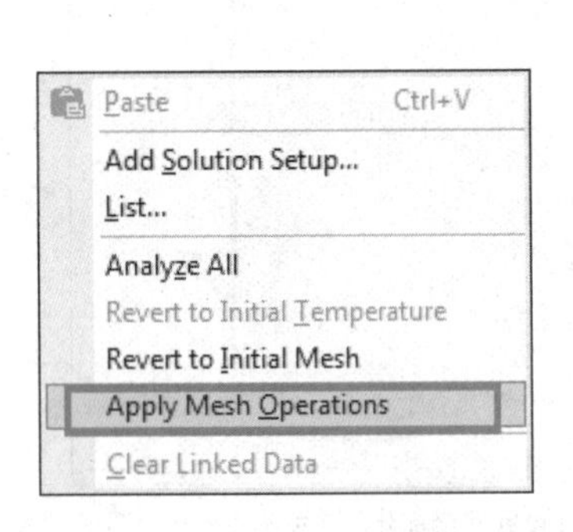

图6-37　应用网格剖分

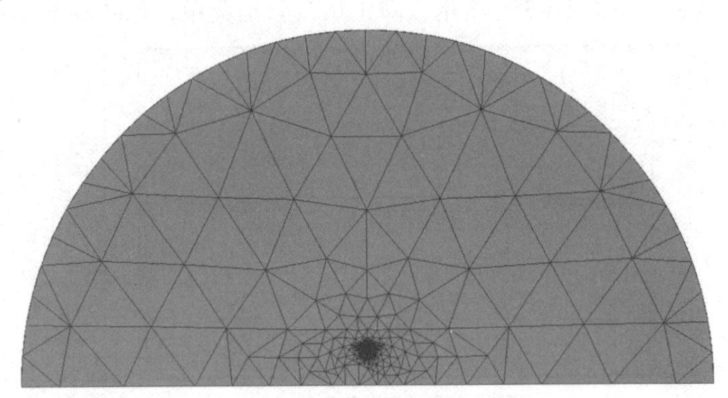

图6-38　网格剖分效果

每次更改剖分设置后，均需要初始化网格，如图6-40所示，再应用设置的参数，如图6-40中的C2~C4，Length1等参数均可以后期通过双击鼠标左键更改，新的部分设置应用后，可以执行如图6-37中的操作，显示当前控制尺寸的剖分效果。如图6-38是网格剖分效果，不同的计算机网格样式可能会有一定的差异。

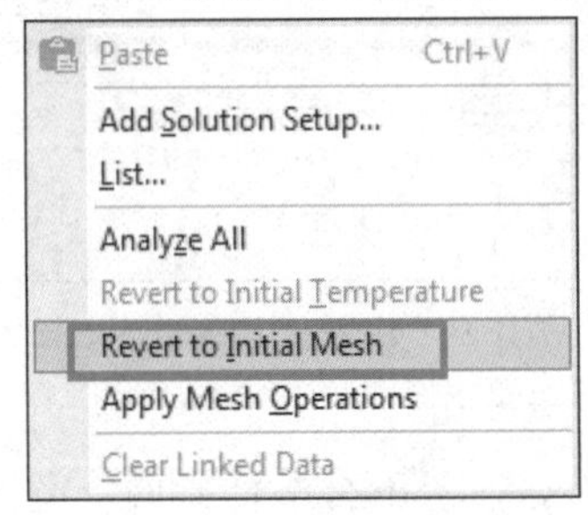

图6-39　网格初始化

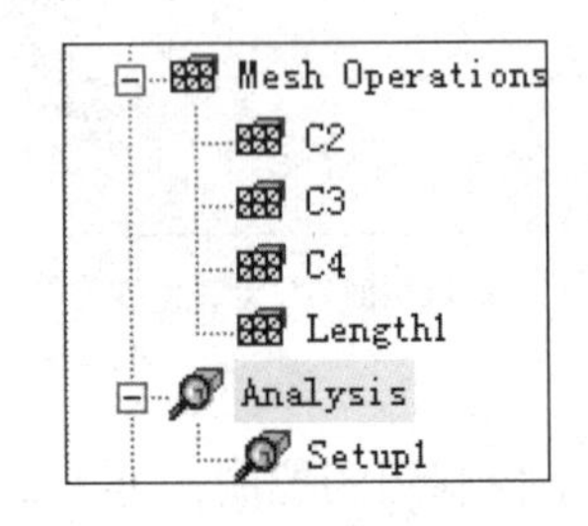

图6-40　修改剖分设置

7. 模型检查、求解

模型检查和计算。单击工具栏图标，弹出检查窗口，进行模型检查（图6-41所示为正常的模型检查；如果出现如图6-42所示的检查结果，大多是由于软件的兼容性bug引起，并不说明模型有问题，不影响计算结果），完成后单击工具栏图标进行计算。

计算完成后有左下角信息窗口以下提示信息，如图6-43所示。

8. 结果查看

（1）显示电位分布云图

在模型树区选择空气及导线，单击鼠标右键后选择Fields/Voltage，如图6-44所示，弹出如图6-45所示的对话框，在右边框中选择AllObject，单击Done按钮，即可在绘图区显示

模型的电位分布，如图 6-46 和图 6-47 所示。由图可以看出计算边界处的电位为 0V，导线区域为 100V（全域最大），电位分布趋势正确。

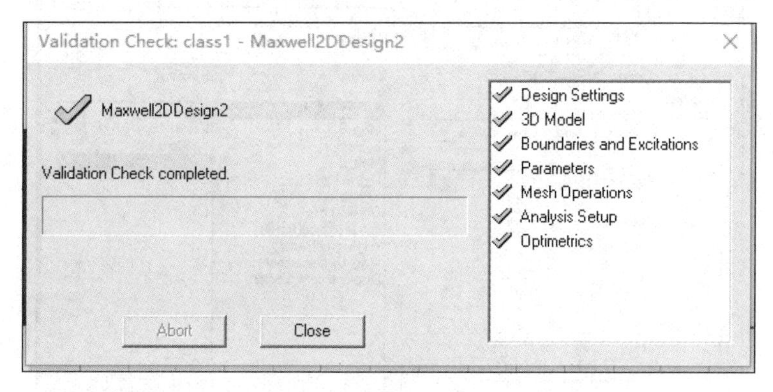

图 6-41　模型检查

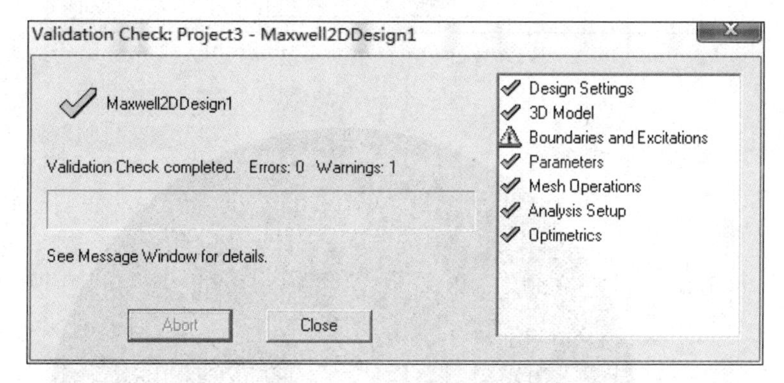

图 6-42　模型检查结果

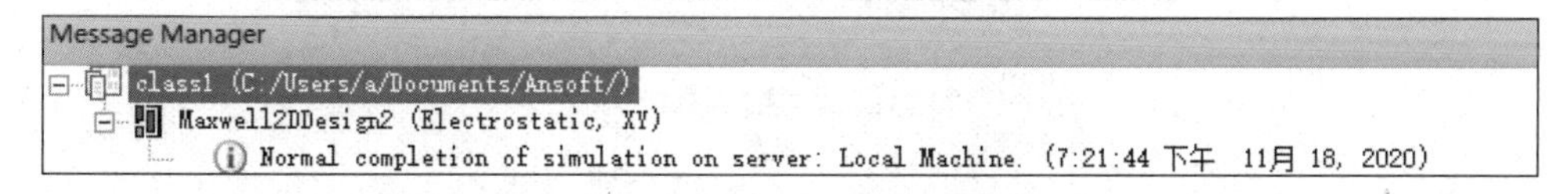

图 6-43　计算完成并正确

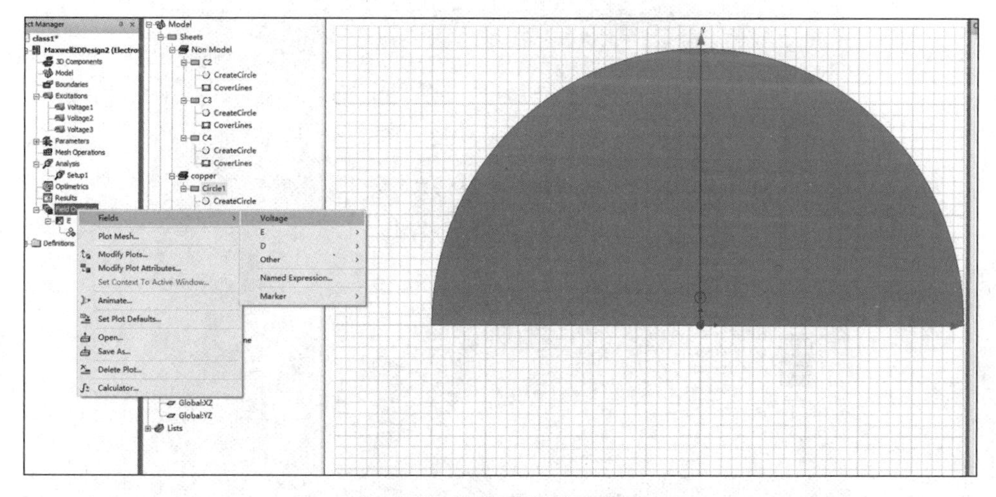

图 6-44　电位云图显示菜单

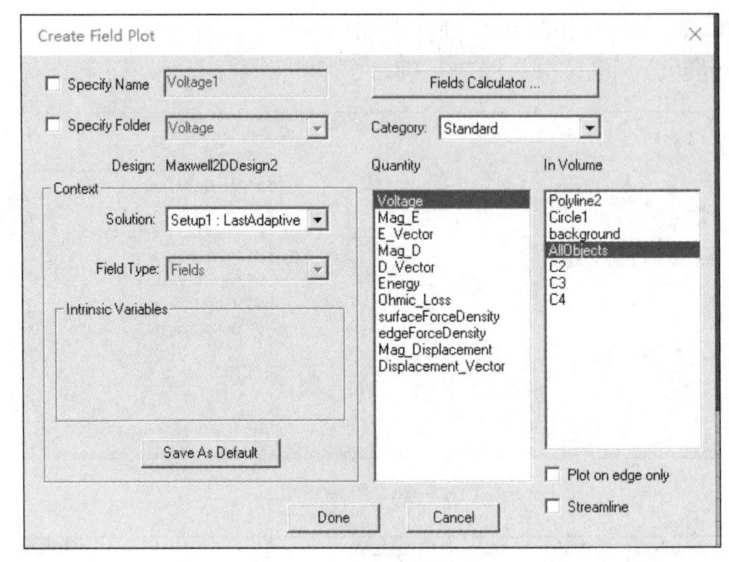

图 6-45　电位云图显示

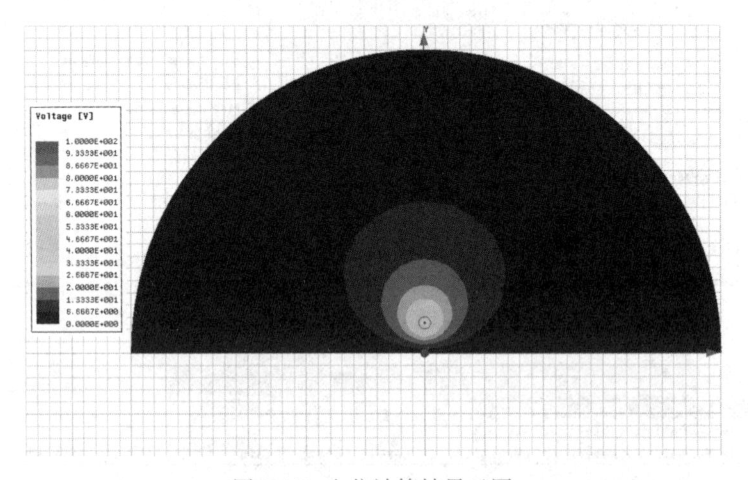

图 6-46　电位计算结果云图

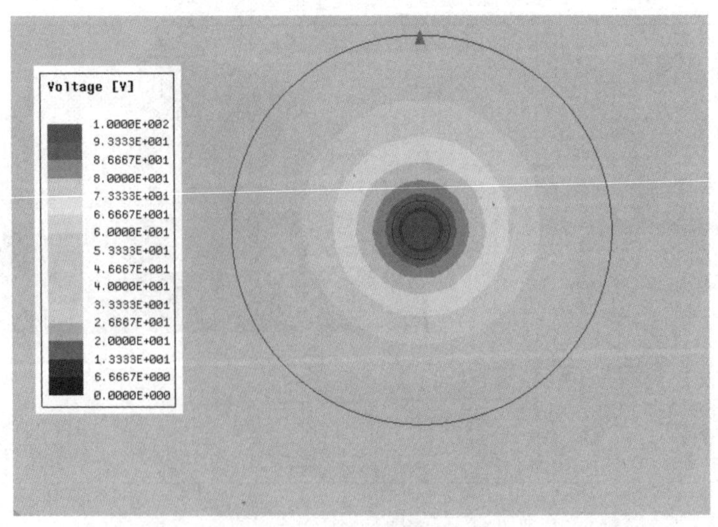

图 6-47　电位云图局部放大图

（2）绘制电场强度云图

在模型树区选择空气及导线，单击鼠标右键后选择 Fields/E/Mag_E，如图 6-48 所示，弹出如图 6-49 所示的对话框，单击 Done 按钮，即可在绘图区显示模型的电场强度分布，如图 6-50 所示。由图 6-50 可以看出电场强度幅值最大为 1.9237×10^{2}V/m，出现在导线表面，图 6-50b 为局部放大图。导线内部电场为零，电场分布趋势正确。

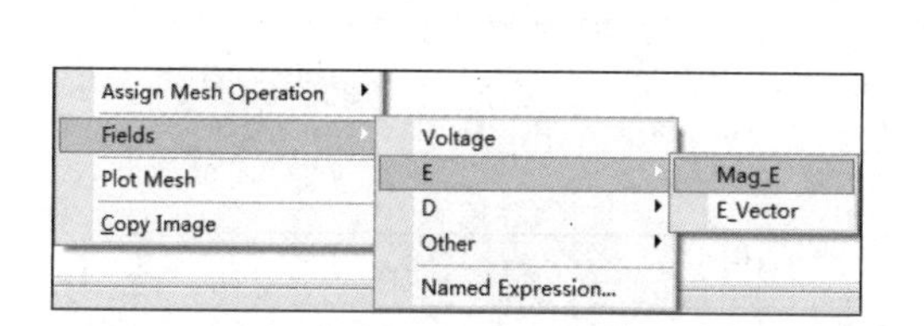

图 6-48　电场强度分布显示操作

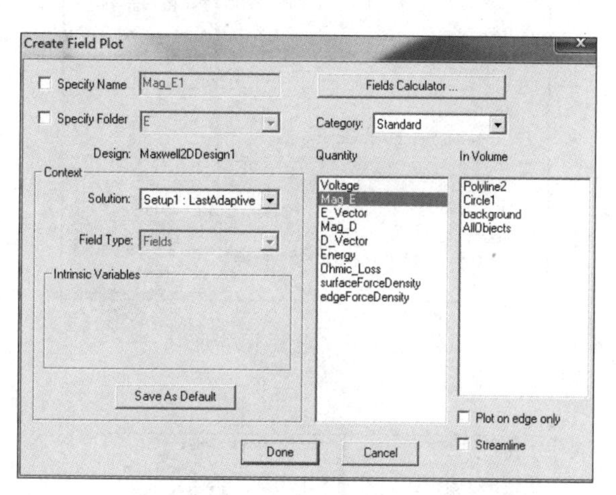

图 6-49　电场强度显示设置对话框

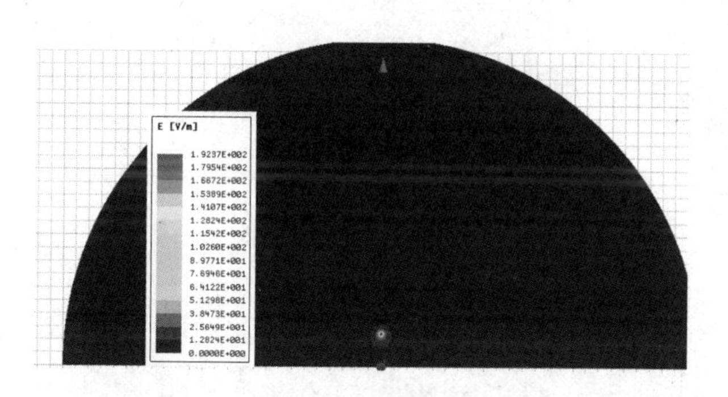

a) 电场强度分布云图

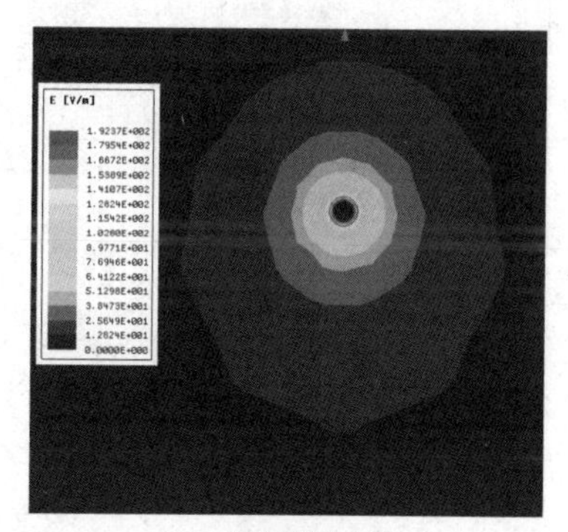

b) 局部放大图

图 6-50　电场强度分布图

操作者可以通过如下的操作隐藏坐标轴和绘图区的网格。执行菜单命令 View/Coordinate System/Hide，隐藏坐标轴（见图 6-51）；选择菜单 View/Grid Settings，将图 6-52 中的 Grid visibility 项设为隐藏。

隐藏已经显示的图像（以剖分网格为例），在左侧工程管理器单击 Field Overlays，在展开的项目中找到需要隐藏的对象，单击右键，选择 Plot Visibility，去掉选项前的勾，比如电场强度显示云图，如图 6-53 所示。为了避免模型各部分遮挡图像，可以再选中模型相应的各零件，在左侧 Properties 设置窗口将 Transparent 值相应增大，增加透明度，如图 6-54 所示。

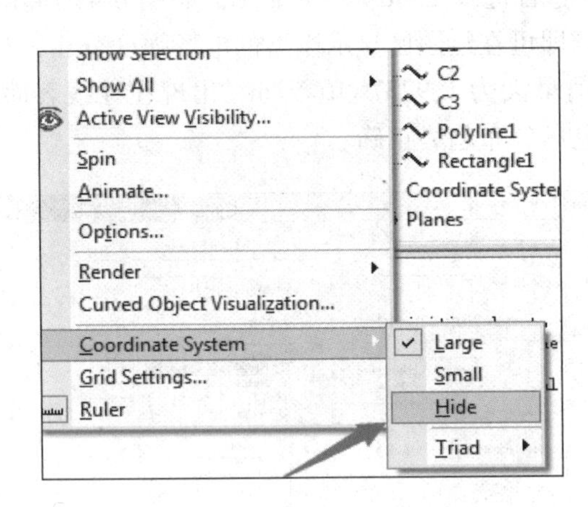

图 6-51 隐藏坐标轴

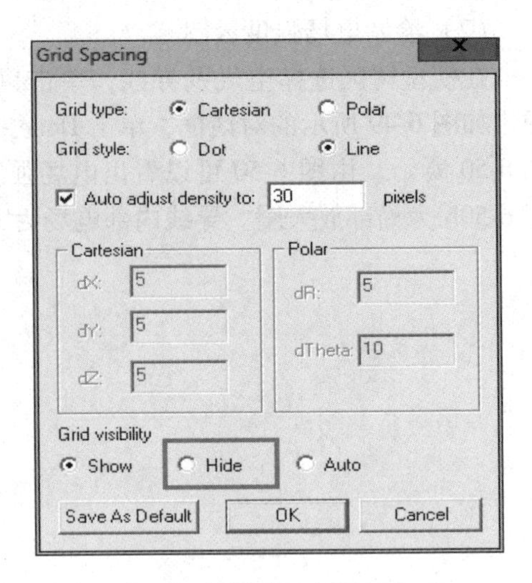

图 6-52 隐藏坐标轴网格

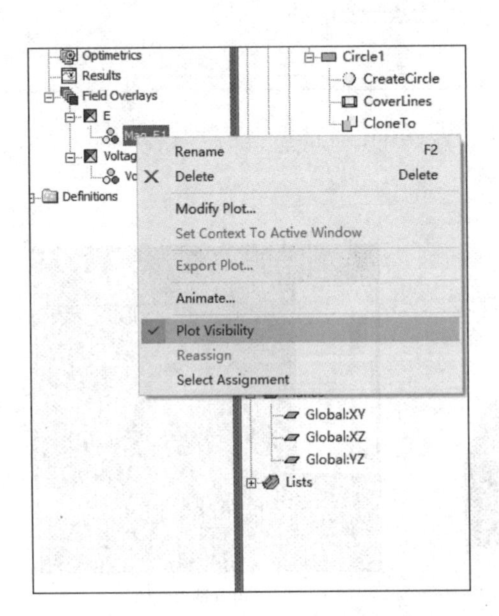

图 6-53 隐藏剖分网格

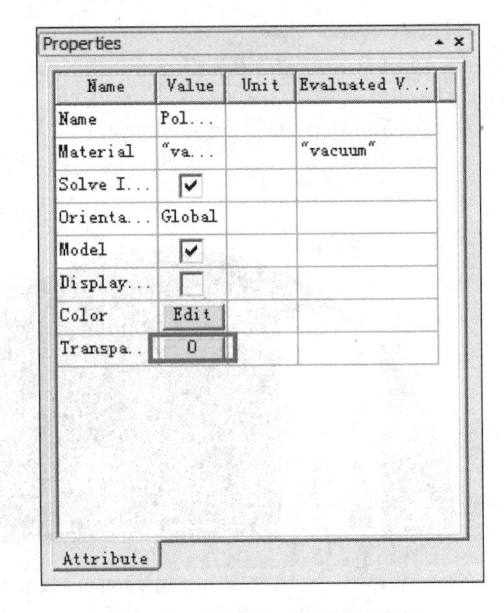

图 6-54 更改显示图像透明度

（3）绘制电位移矢量云图

在设置后，可以借此对比一下显示结果。选择导线和空气对象后，单击鼠标右键后选择 Fields/D/Mag_D，单击 Done，即可在绘图区显示模型的电位移矢量分布图，如图 6-55 所示。可以看出，设置显示模式后，云图中不再有坐标轴和背景网格，清楚了许多。从局部放大图中，可以看出最大的电位移矢量为 $1.7032\times10^{-9}\mathrm{C/m^2}$. 电位移矢量的分布正确。

（4）显示其他求解结果

显示路径上的电势计算结果。在工程管理器中单击右键 Result 后，选择 Create Fields Report/Rectangular Plot，如图 6-56 所示。弹出图 6-57 所示的电势分布对话框，在其中可以查看相应的各种结果。

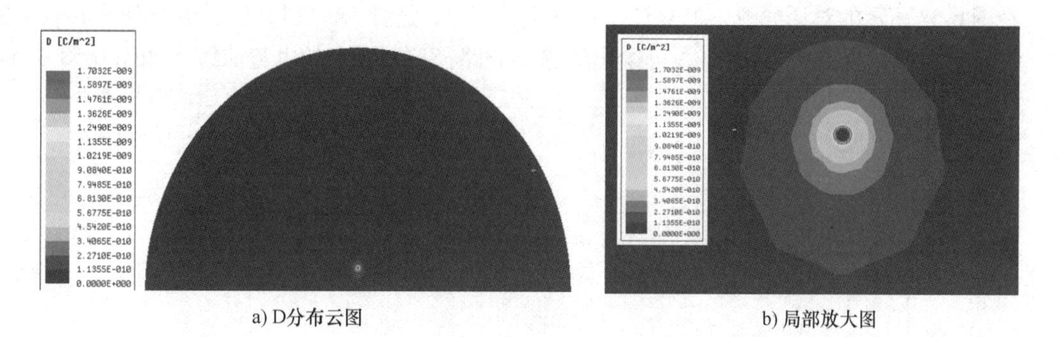

a) D分布云图　　b) 局部放大图

图 6-55　电位移矢量分布图

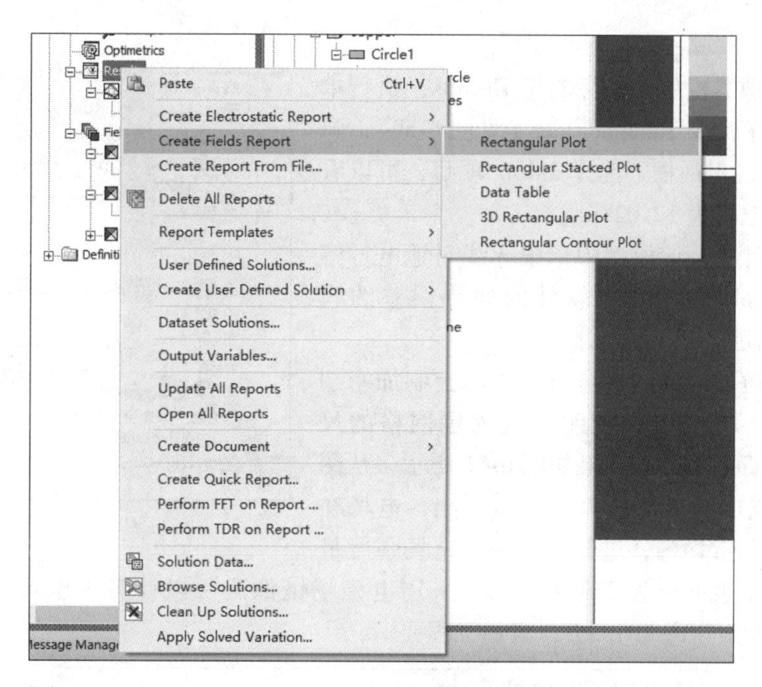

图 6-56　查看其他求解结果路径

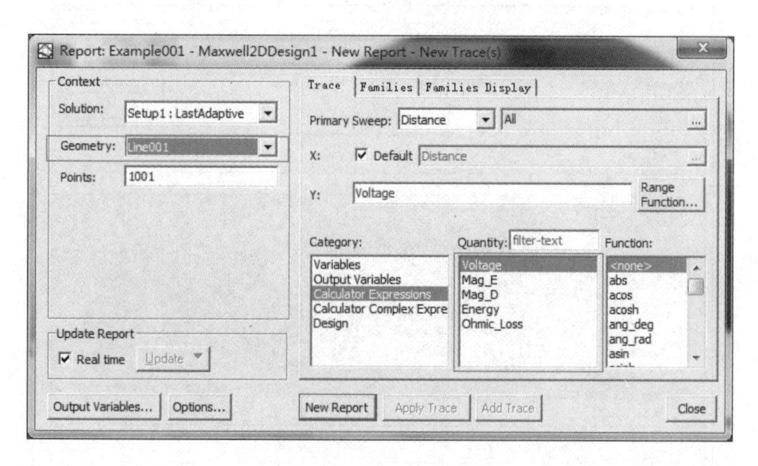

图 6-57　电势分布对话框

在图 6-57 所示的对话框中，单击 Geometry 下拉菜单，选择 Line001，然后单击 New Report 按钮，线段上默认数据点为 1001 个。可绘出线路下方路径控制线上的电势曲线，如图 6-58 所示。

图 6-58 控制线上的电势查看

在项目管理器栏单击鼠标右键 Results，执行单击鼠标右键菜单命令 Solution Data（见图 6-59），弹出图 6-60 所示的对话框，选择 Matrix 项目，可以看到导线的对地电容为 12. 028pF。

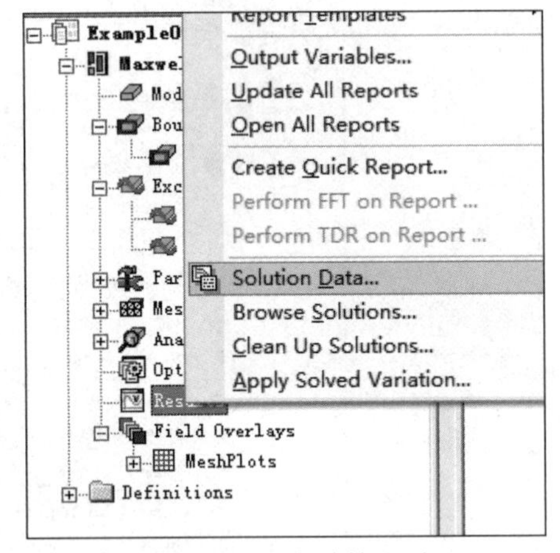

图 6-59 电容计算查看

经过解析计算，该模型中单根导线对地电容解析解为 12. 075pF，ANSOFT 软件的计算误差约为 0. 4%，已可满足实际工程需求。

如果对求解域内的网格进行适当的控制加密剖分，如上节所示的方法，控制导线周围网格的尺寸，得到的计算电场分布结果如图 6-61 所示。从图 6-61b 中电场强度的局部放大图可以看出，电场在导线表面分布非常均匀，过渡很光滑，电场强度最大值在导线的下表面，为 223. 15V/m，采用电磁场镜像法可以计算出电场强度解析解为 219. 78V/m，相对误差为 1. 5%，满足工程要求。

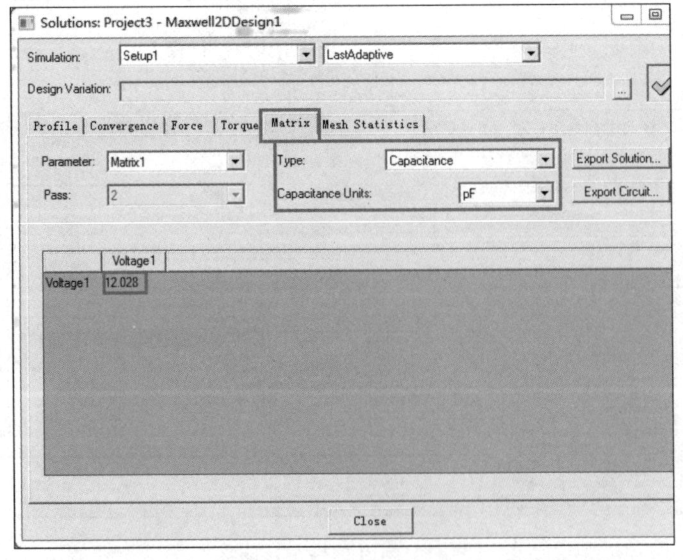

图 6-60 电容结果

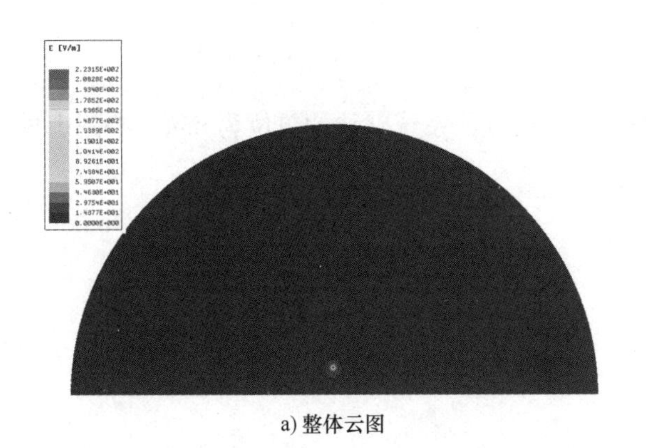

a) 整体云图

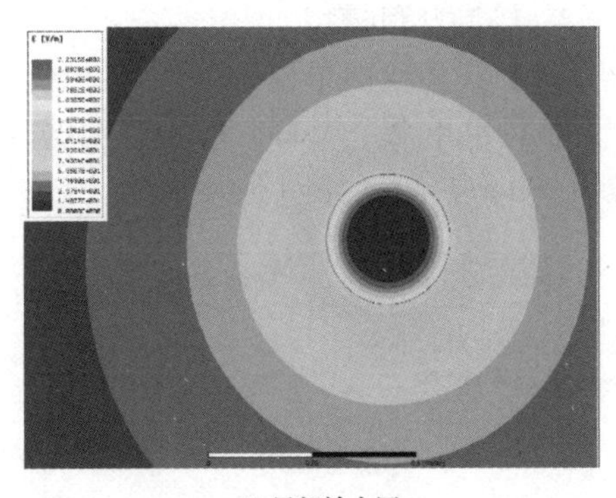

b) 局部放大图

图 6-61　加密网格以后电场强度分布图

算例二：直流电场——接地电阻的计算

问题描述如下：

接地电极为半球接地导体，埋入均匀土壤中，球心在大地平面上（见图 6-62）。半球接地导体半径为 $a=0.1\text{m}$，铜材料的电阻率 $\rho_1=1.724\times10^{-8}\Omega\cdot\text{m}$。无法建一个无穷大的土壤模型，而离开接地电极距离为接地电极尺寸 10 倍以内的土壤对接地电阻值有较大影响，因此一个长宽高均为 5m 的正方体土壤块基本满足精度要求，电阻率 $\rho_2=500\Omega\cdot\text{m}$。

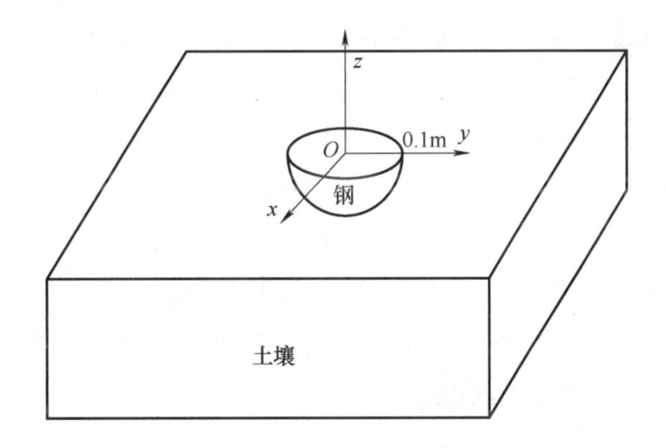

图 6-62　半球接地体接地电阻计算的物理模型

1. 创建项目，并选择求解问题的类型

1）启动并建立项目文件。

2）重命名并保存。

3）选择分析类型和求解器。

新建工程文件，单击菜单命令 Project/Insert Maxwell 3D Design，或者单击工具栏上的图标。

执行菜单命令 Maxwell 3D/Solution Type，在弹出的对话框中选择求解类型 DC Conduction，如图 6-63 所示。

2. 绘制几何模型

（1）设置绘图单位

执行菜单命令 Model/Units，根据需要进行单位设置，系统默认的单位为 mm，本例中单位为 meter（m），如图 6-64 所示。

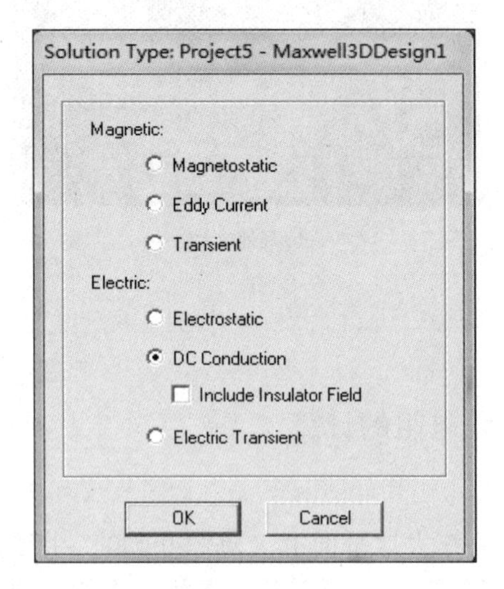

图 6-63　选择求解器类型

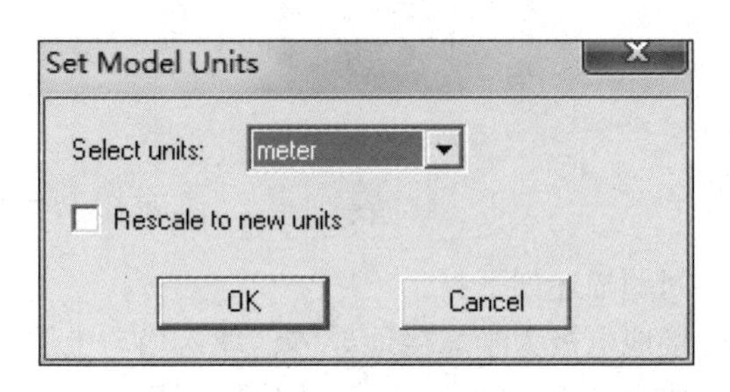

图 6-64　修改单位

（2）绘制模型

1）在工具栏选择（或者执行命令 Draw/Sphere），在最下方坐标状态栏依次输入坐标（X,Y,Z）=（0,0,0），按回车键确认，再输入（dx,dy,dz）=（0.1,0,0），画出球体。

2）在工具栏选择（Draw/Box），在最下方坐标状态栏依次输入坐标（X,Y,Z）=（-2.5,-2.5,-5），按回车键确认，再输入（dx,dy,dz）=（5,5,5），画出 Box1。

3）切割得到半球导体：选中 Sphere1，选择（或在绘图区单击鼠标右键，选择 Edit/Boolean/Split），选择坐标 XY，仅保留 XY 平面以下的部分，如图 6-65 所示。单击 OK 按钮，得到半球导体。此时该半球名称沿用原来的 Sphere1，如图 6-66 所示。

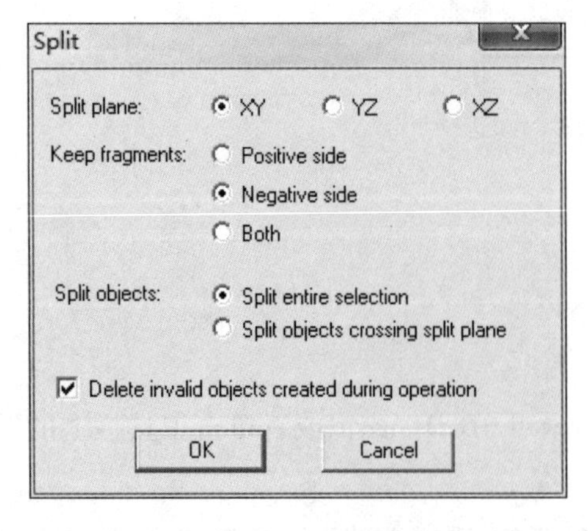

图 6-65　半球导体操作设置

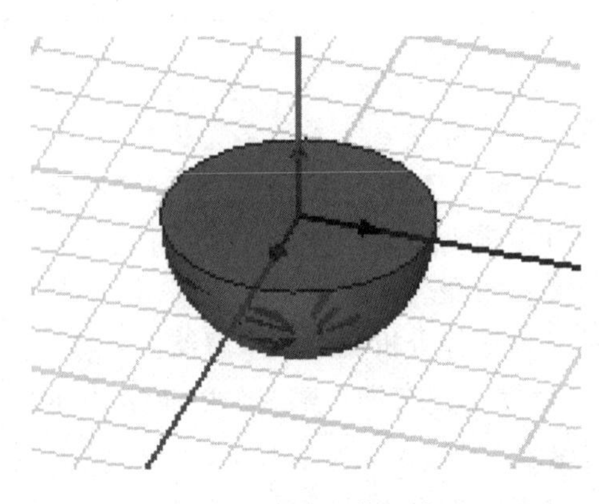

图 6-66　半球导体示意图

4）土壤：依次选中 Box1 和 Sphere1，选择（或者在绘图区单击鼠标右键，选择 Edit/Boolean/Subtract），弹出如图 6-67 所示对话框。

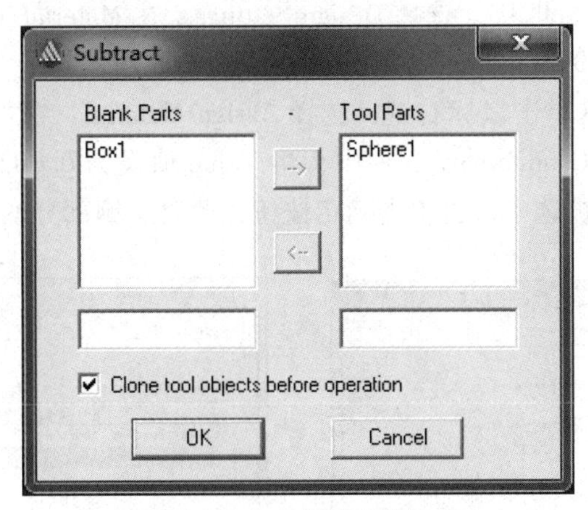

图 6-67　土壤模型设置

单击 OK 按钮，得到土壤部分模型。此时土壤部分名称沿用前面的 Box1，半球部分仍为 Sphere1。

注意：在进行操作时，依次选中两个模型是为了保证 Box1 在 Blank Parts 一栏中，Sphere1 在 Tool Parts 一栏中，类似于依次选择减数和被减数，勾选 Clone tool objects before operation 可以保留减数，即半球模型。这样就可以得到土壤模型 Box1 和半球导体模型 Sphere1。

3. 设置各部分材料属性

（1）设置半球导体的材料属性

选中 Sphere1，在绘图区单击鼠标右键，选择 Assign Material，弹出材料管理器如图 6-68 所示。

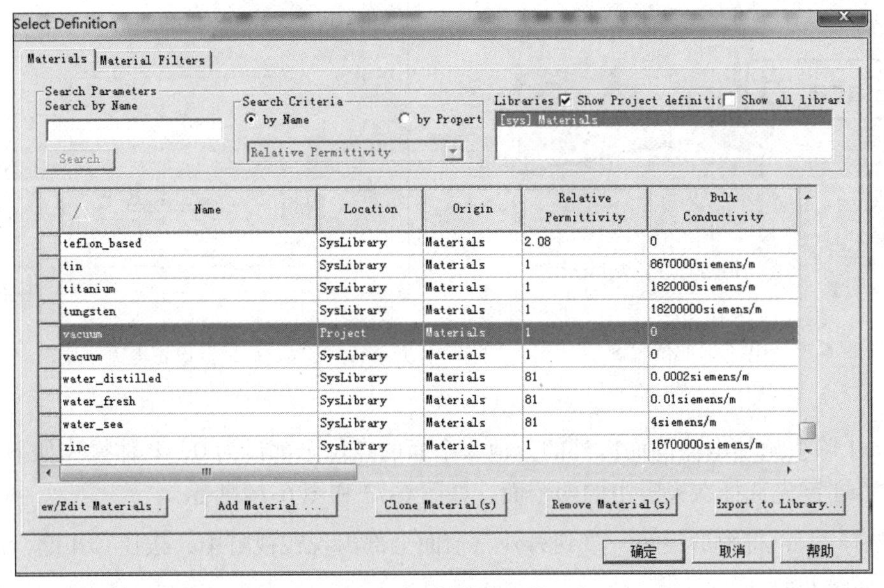

图 6-68　材料管理器

在 Name 一栏中输入 Copper，再单击确定按钮，此时半球导体的材料属性设置完毕。

（2）设置土壤参数

在菜单栏中选择 Maxwell 3D，选择 Design Settings，在 Material Thresholds 界面中将 Insulator/Conductor 值设为 0.0001，单击确定按钮。如图 6-69 所示。

选中 Box1，在绘图区单击鼠标右键，选择 Assign Material，在材料库中，选择下方 Add material，在新材料 Bulk Conductivity 一栏中，将 Value 值设为 0.002，如图 6-70 所示，单击 OK，可以看到 Material1 被选中，再单击确定按钮，此时土壤部分的材料属性设置完毕。

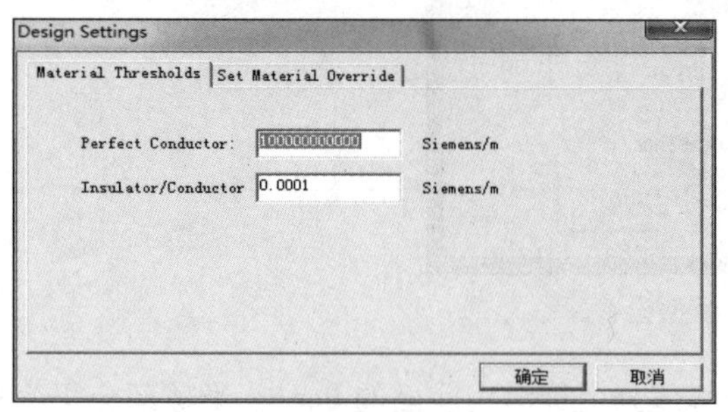

图 6-69　设定导体与绝缘体界限

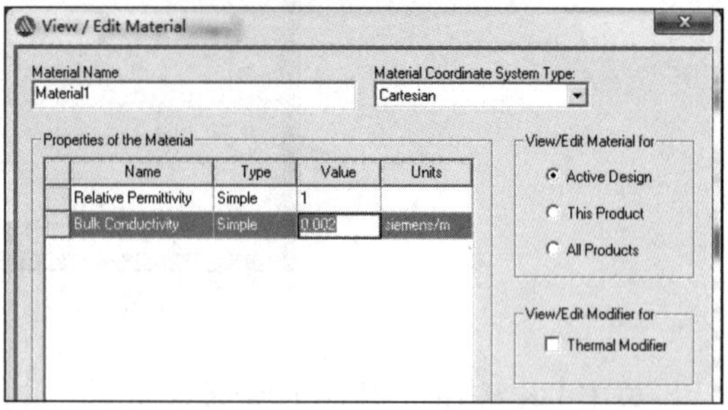

图 6-70　添加新材料

4. 设置激励和边界条件

在绘图区单击鼠标右键，选择 Select Faces，选中半球体的上表面，如图 6-71 所示。单击鼠标右键，选择 Assign Excitation/Current，Value 值设为 100，单击 OK，电流激励设置完毕，如图 6-72 所示。

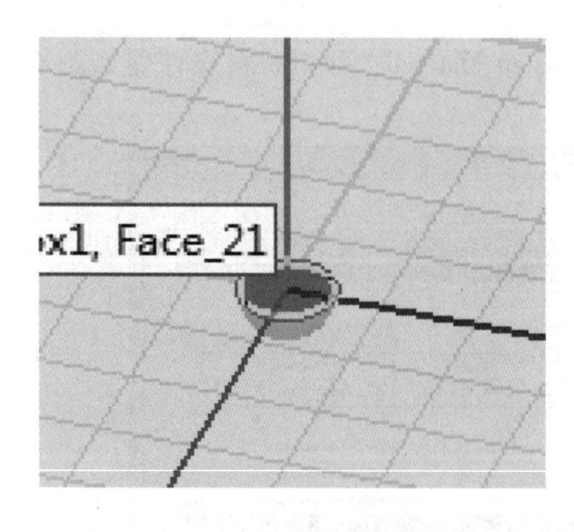

图 6-71　电流添加位置图

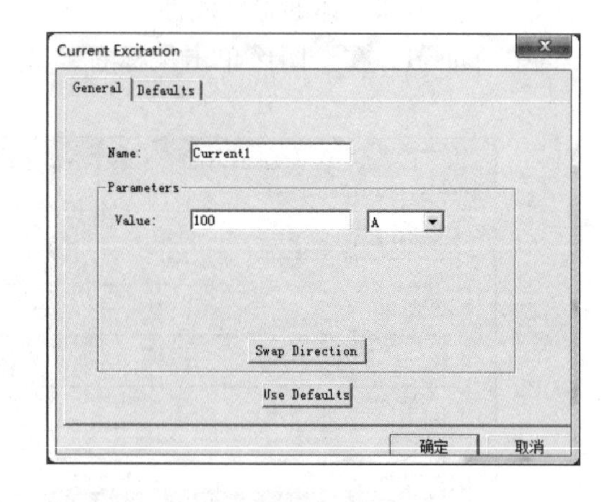

图 6-72　设置电流激励

将 Box1 除去施加电流的面以外的其他 5 个面的点位全部设为 0，具体操作如下：

按住 Ctrl 键先选择在视野中的两个面，如图 6-73 和图 6-74 所示。

1）选择 ，将图形旋转，直到另外三个面全部出现在视野中，按住 Ctrl 键，再选中这三个面，如图 6-74 所示。

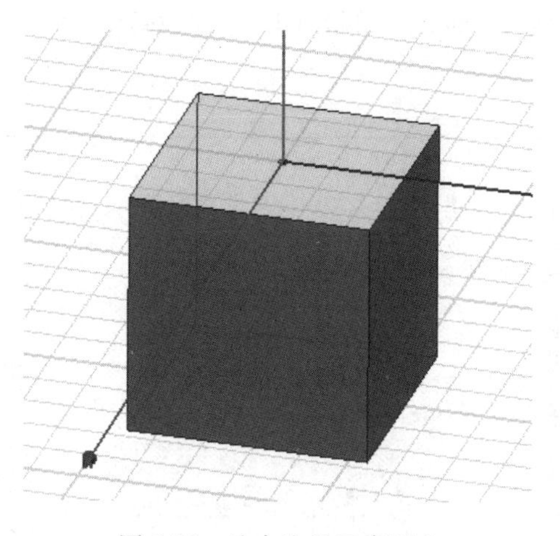

图6-73　选中边界示意图1

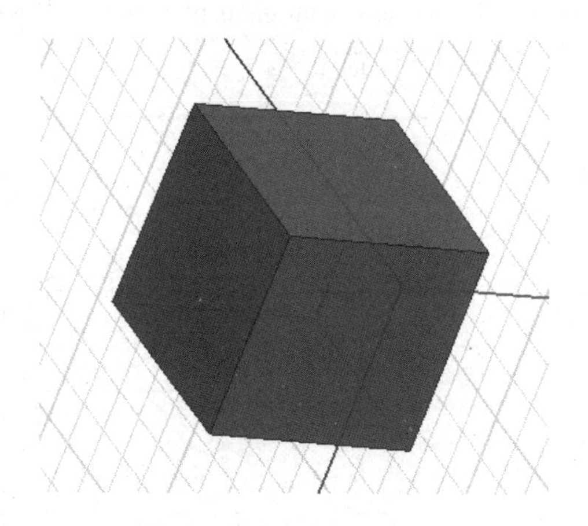

图6-74　选中边界示意图2

2）单击鼠标右键，选择Assign Excitation/Voltage，将它们的电位设置为0，如图6-75所示，边界条件添加完毕。

5. 求解设置

添加求解步骤：

选中Analysis，如图6-76所示，单击鼠标右键选择Add Solution Step，使用默认设置，单击OK。

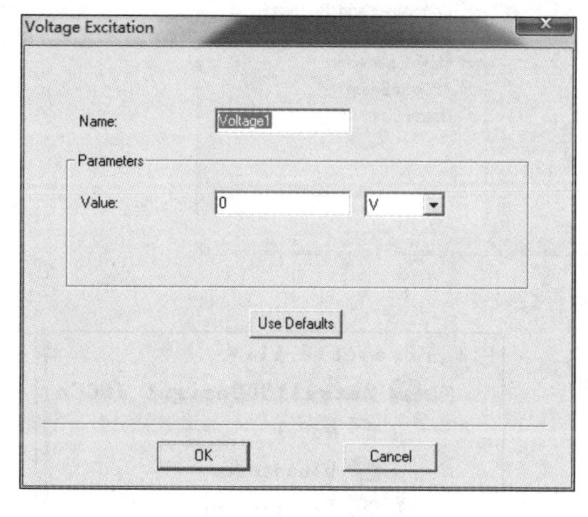

图6-75　边界条件

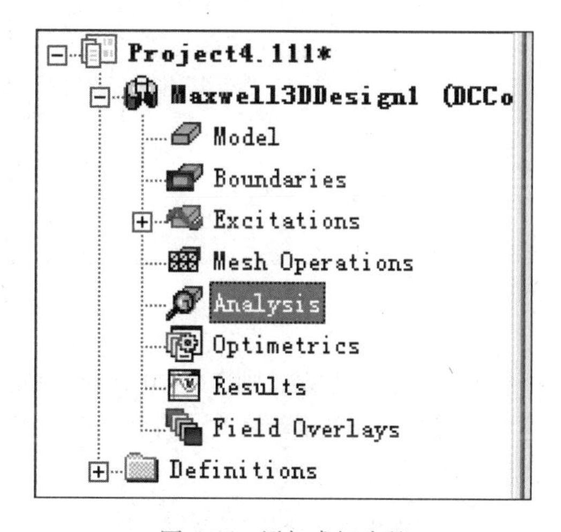

图6-76　添加求解步骤

6. 剖分设置

（1）对半球导体进行剖分

在绘图区单击鼠标右键，选择Select Objects，选中半球导体，单击鼠标右键选择Assign Mesh operation/Inside selection/Length Based，弹出对话框，设置Set maximum element length为0.02meter，单击OK，如图6-77所示。

（2）土壤部分的剖分

选中Box1，即土壤部分，单击鼠标右键选择Assign Mesh operation/Inside selection/Length

Based，将 Set maximum element length 一栏中数据改为 0. 4meter，单击 OK，如图 6-78 所示。

至此剖分设置完毕。

图 6-77 剖分设置

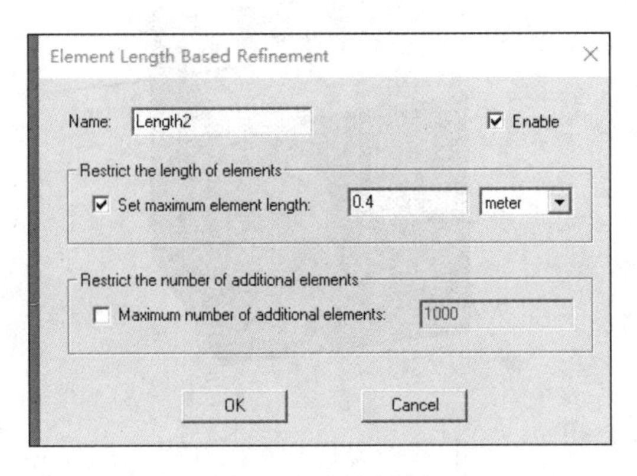

图 6-78 剖分设置

7. 模型检查、求解

单击 进行检验模型是否有错误，若全部正确，则如图 6-79 所示。

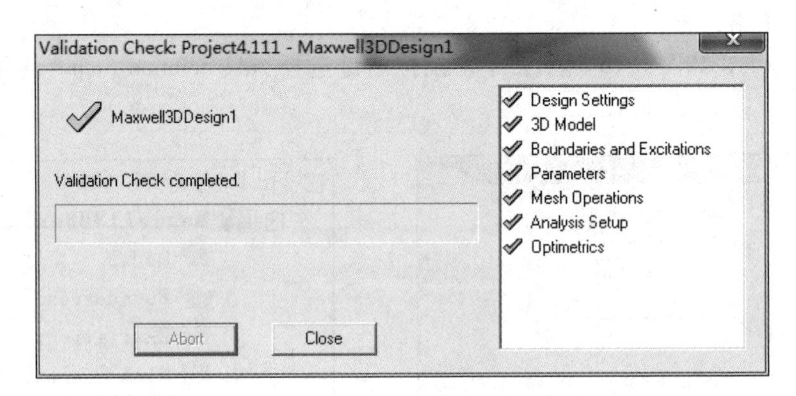

图 6-79 检查结果

若某一项有错误，则在此项的前面会显示 X 号，这时你需要将模型重新修改，直到全部正确为止。

（1）进行剖分操作

选中 Analysis，如图 6-80 所示。

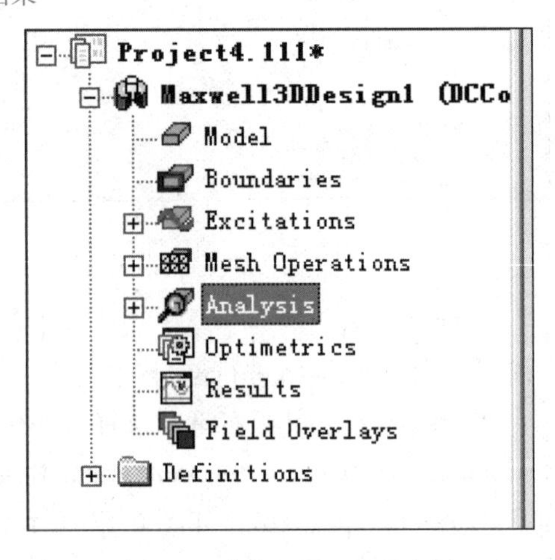

图 6-80 选中 Analysis 示意图

单击鼠标右键选择 Apply Mesh Operations，剖分结束后会有如图 6-81 所示提示。

若有错误导致剖分不成功，则会出现错误提示。

（2）查看剖分

同时选中半球导体和土壤部分，在绘图区单击鼠标右键选择 Plot Mesh，单击 Done。结果如图 6-82 所示。

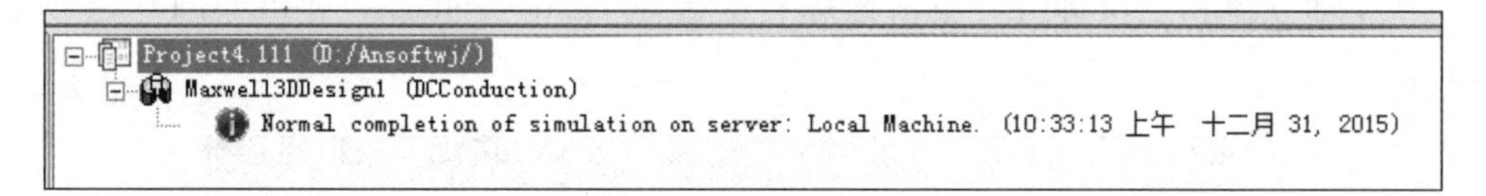

图 6-81 剖分成功示意图

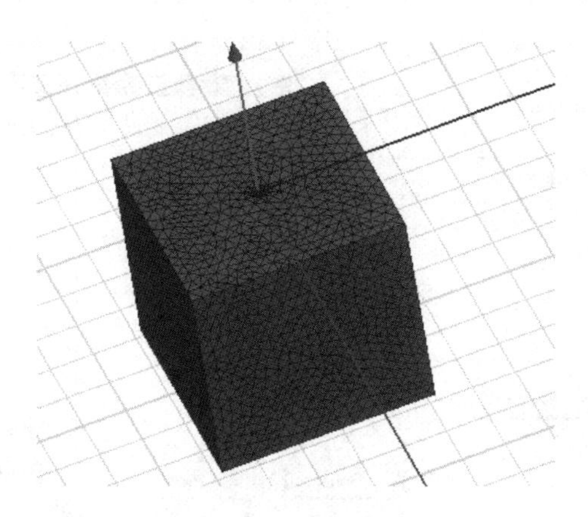

图 6-82 剖分结果

（3）求解

选中 Analysis，单击鼠标右键选择 Analyze All，或者直接单击图标进行求解（三维模型的计算所需时间较长，计算机需配置 8G 及以上内存）。

8. 结果查看

修改接地导体和土壤模型的属性，使其透明化，方便电压查看。

如图 6-83 所示，双击模型树下的 Box1，弹出图中所示的窗口，将 Transparent 栏中设置为 1。用同样的方式，将接地球 Sphere1 也设置为透明体。

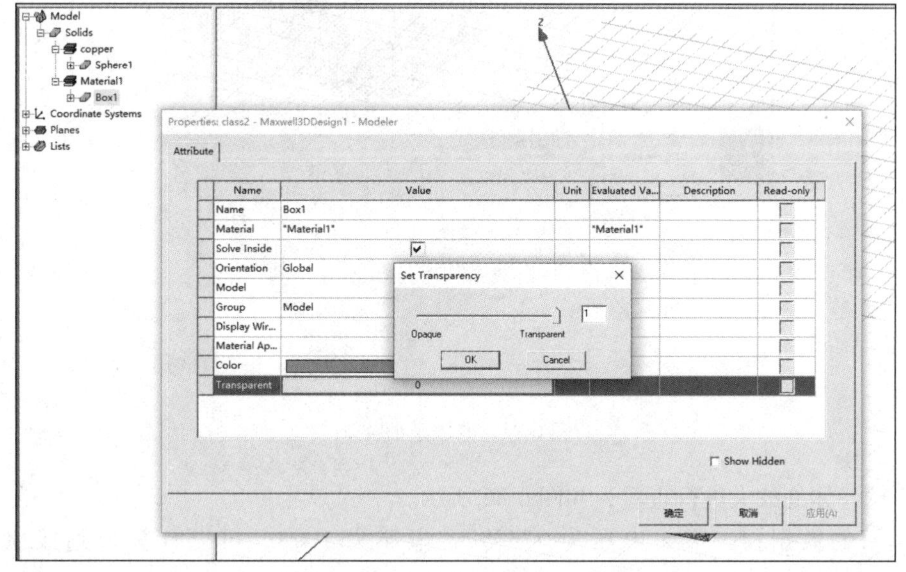

图 6-83 土壤材料透明度设置操作

选中半球导体和土壤部分，单击鼠标右键选择 Fields/Voltage，弹出如图 6-84 所示对话框。

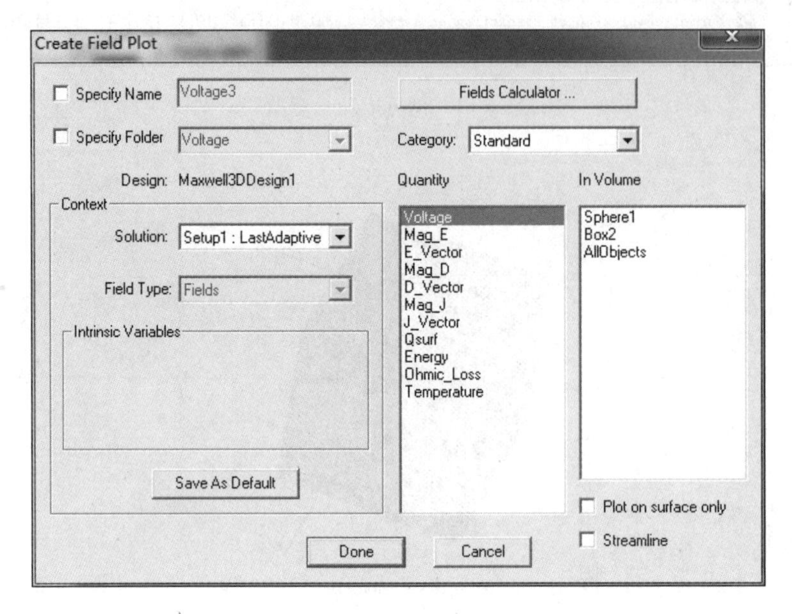

图 6-84　显示电压设置

选择 All Objects，单击 Done，可以得到如图 6-85 所示结果。

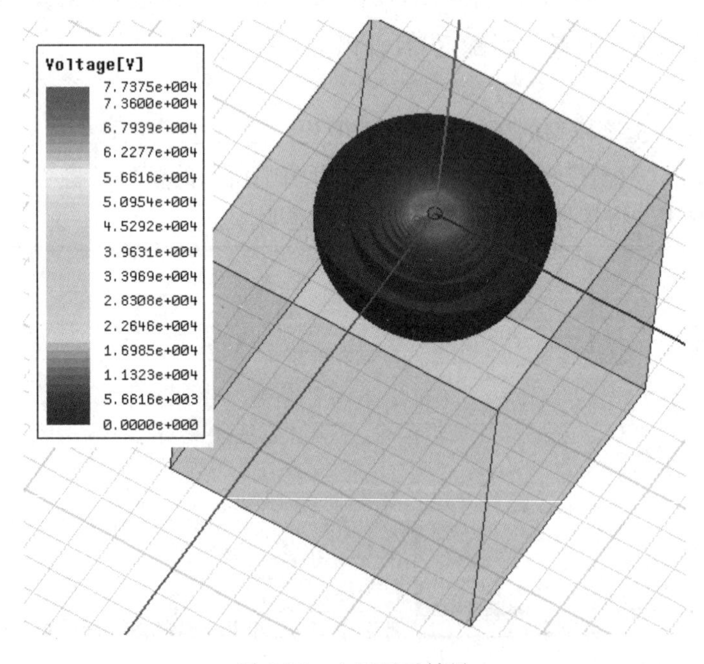

图 6-85　电压显示结果

将半球导体处放大进行查看，如图 6-86 所示。

由显示的数据得，最大电压为 77375V，电流为 100A，可以计算得到接地电阻为

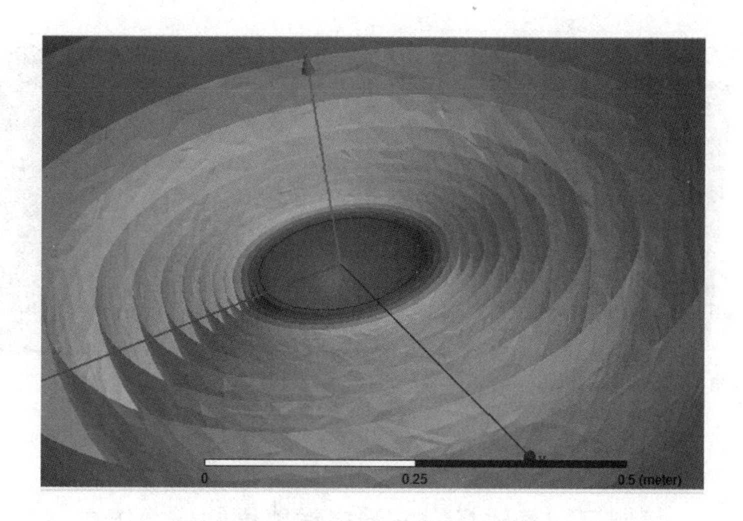

图 6-86　电压显示结果局部放大图

773.75Ω。理论值为 795.77Ω，计算误差为 2.77%。可以通过本例第 6 步所示的方法，减小控制网格尺寸，加密网格剖分，提高计算的准确度。

显示土壤内部的电场强度分布：在模型树下的 Planes 下面选择 Global：YZ，如图 6-87a 所示，然后在项目管理器栏中单击鼠标右键 Field Overlays/Fields/E/Mag_E，如图 6-87b 所示。在弹出的窗口中，单击 Done，确定参数，绘制电场分布图，如图 6-88 所示。

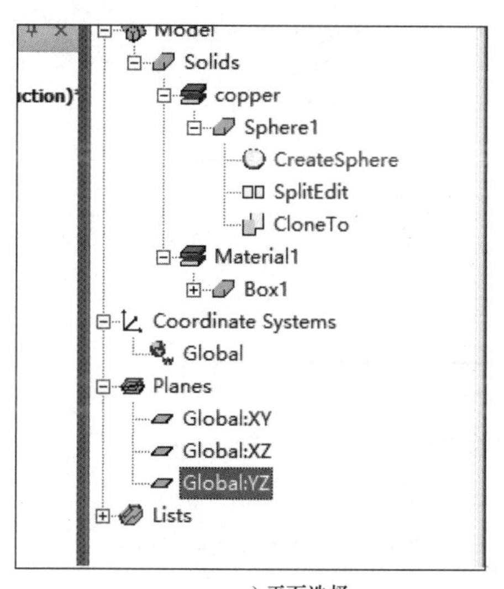

a) 平面选择

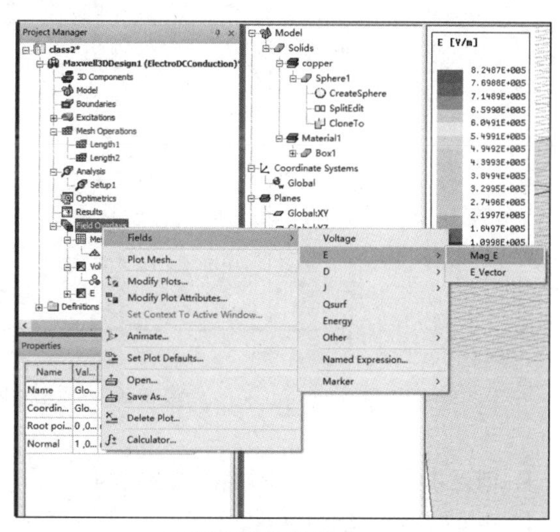

b) 需绘制的物理量选择

图 6-87　平面上场量显示操作菜单

由图 6-88 可以看出，接地球内部电场强度很小，土壤中电场分布以接地球为圆心，向周围依次下降，接地球表面电场强度计算最大值为 8.248×10^5 V/m，其解析解为 7.9577×10^5 V/m，相对误差为 3.65%。可以通过细化网格，提高计算精度。

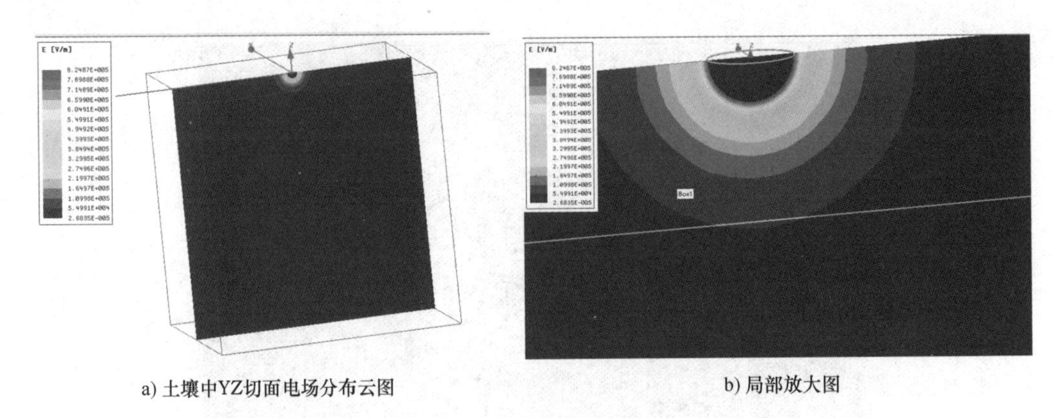

a) 土壤中YZ切面电场分布云图
b) 局部放大图

图 6-88　土壤中的电场强度分布

算例三：静磁场——输电线路周围磁场仿真

问题描述如下：

三相输电线路导线半径为 0.028m，距离地面高度为 10m，相间距为 5m，如图 6-89 所示。求解输电线下方的磁场及距离地面高度 1.5m 处的磁场强度。

注意：同电场问题不同，此例中大地并不是求解区域的边界，因为大地的相对磁导率为 1，相当于空气，所以设置边界区域为 100m×100m 的矩形区域，边界上施加矢量磁位 0 边界（磁通平行条件）。

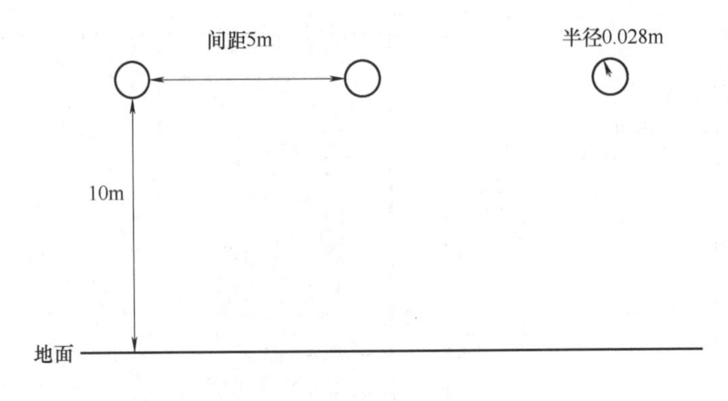

图 6-89　三相输电线路模型

1. 创建项目，并选择求解问题的类型

1）启动并建立项目文件。

2）重命名并保存。

3）选择分析类型和求解器。

新建工程文件，单击菜单命令 Project/Insert Maxwell 2D Design，或者单击工具栏上的图标。

执行菜单命令 Maxwell 2D/Solution Type，在弹出的对话框中选择求解类型 Magnetostatic，如图 6-90 所示。

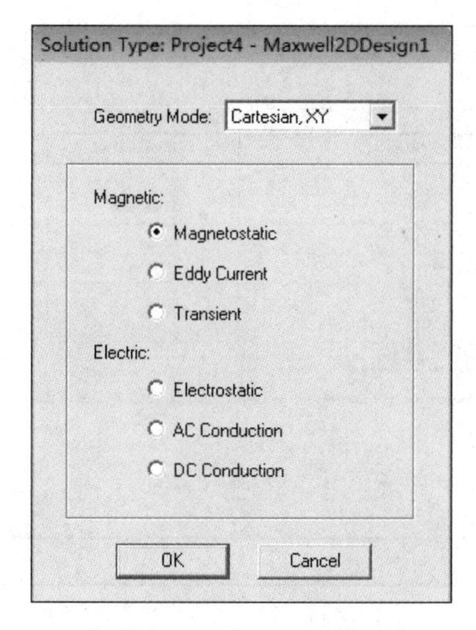

图 6-90　求解器类型

2. 绘制几何模型

（1）设置绘图单位

执行菜单命令 Modeler/Units，根据需要进行单位设置，系统默认的单位为 mm。本例中单位为 meter。

（2）绘制模型

1）绘制 A 相导线：单击快捷按钮○（或者执行命令 Draw/Circle），绘图区下方坐标状态栏输入（-5，10，0）回车，如图 6-91 所示。

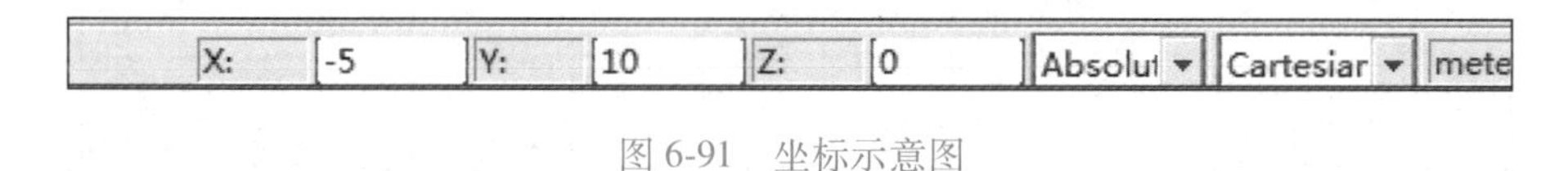

图 6-91　坐标示意图

2）此时坐标（X，Y，Z）变为（dX，dY，dZ），在其中输入（0.028，0，0）回车则会出现面圆 Circle1，如图 6-92 所示。

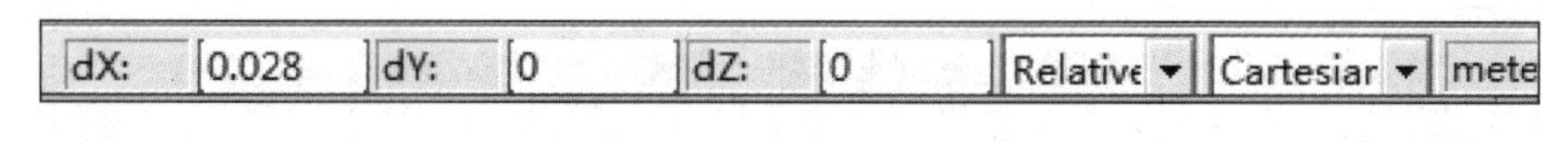

图 6-92　坐标示意图

3）在工程树栏中选中 Circle1，双击 Circle1，弹出属性框，如图 6-93 所示，在 Name 栏中将名字改为 A。

4）绘制 B、C 相导线：选择 Draw/Circle，或者单击快捷按钮，在坐标状态栏中依次输入（0，10，0）和（0.028，0，0），每次输入完成均回车一次。绘制出下一个圆，并改名称为 B。输入（5，10，0）和（0.028，0，0），按照上述步骤绘制出 C 相。绘制求解区域：选择 Draw/Rectangle 或者单击快捷按钮□，依次输入坐标（-50，-40，0）和（100，100，0），每次输入完成按一次回车键，画出 Rectangle1，将其名称改为 S。

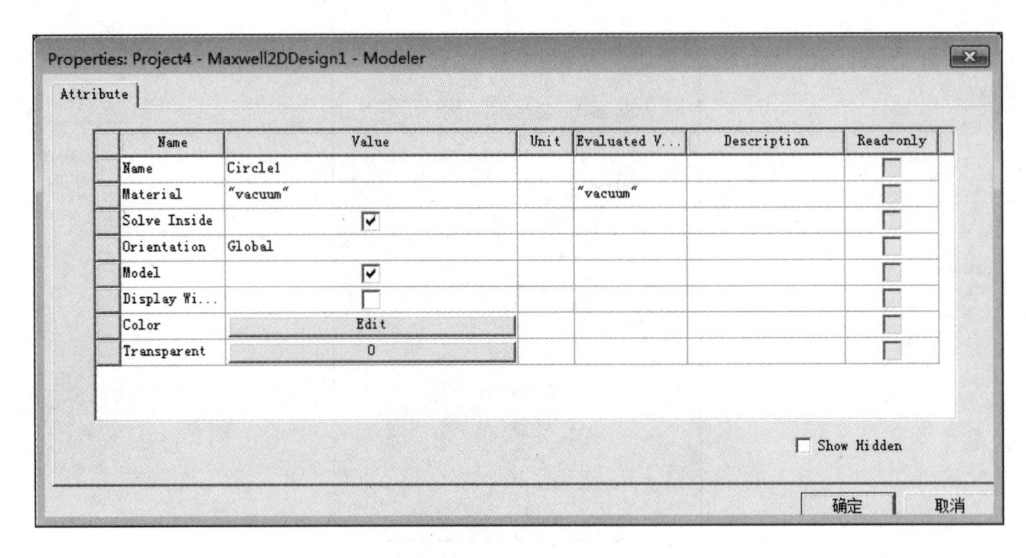

图 6-93 属性示意图

这样就初步画出了导线和求解区域模型。

3. 设置各部分材料属性

1）设置导线材料。按住 Ctrl 键同时选中 A、B、C，在绘图区单击鼠标右键，选择 Assign Material，出现如图 6-94 所示的界面。

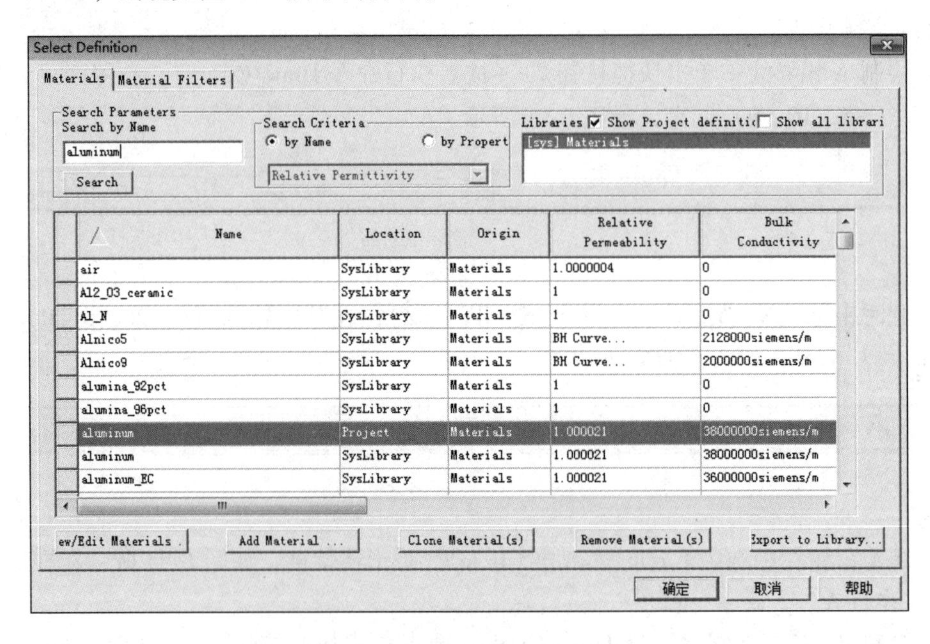

图 6-94 材料设置示意图

2）输入 aluminum，双击该材料可以设置 A、B、C 三相材料为铝。也可以设置为铜，本案例导线材料还设置为铜。求解区域材料默认为空气，可不必再设定，采用默认设置即可。

4. 设置激励和边界条件

（1）方法一

1）选中 A，在绘图区单击鼠标右键，选择 Assign Excitation/Current，将 Name 设为 A，Value 设置为 10A，方向为 Positive，如图 6-95 所示。

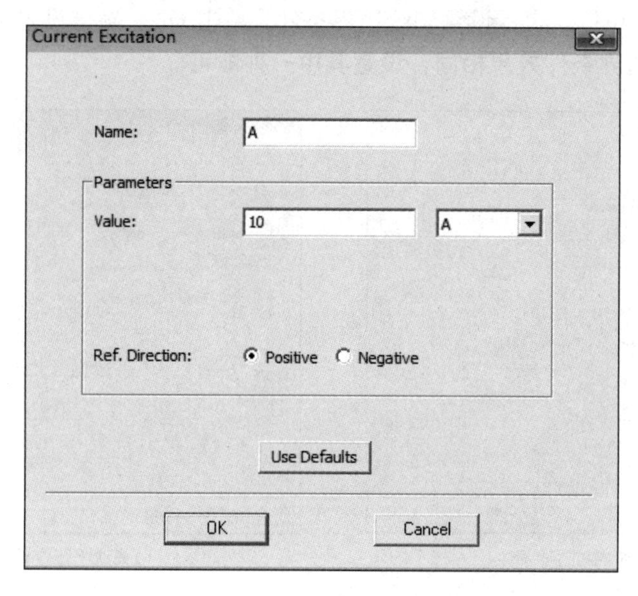

图 6-95　设置激励示意图

2）选中 B，在绘图区单击鼠标右键，选择 Assign Excitation/Current，将 Name 设为 B，Value 设置为-5A，方向为 Positive。

3）选中 C，在绘图区单击鼠标右键，选择 Assign Excitation/Current，将 Name 设为 C，Value 设置为-5A，方向为 Positive。

激励设置完毕。

4）在绘图区单击鼠标右键，选择 Select Edges，同时选中 S 的四个外边界，如图 6-96 所示。

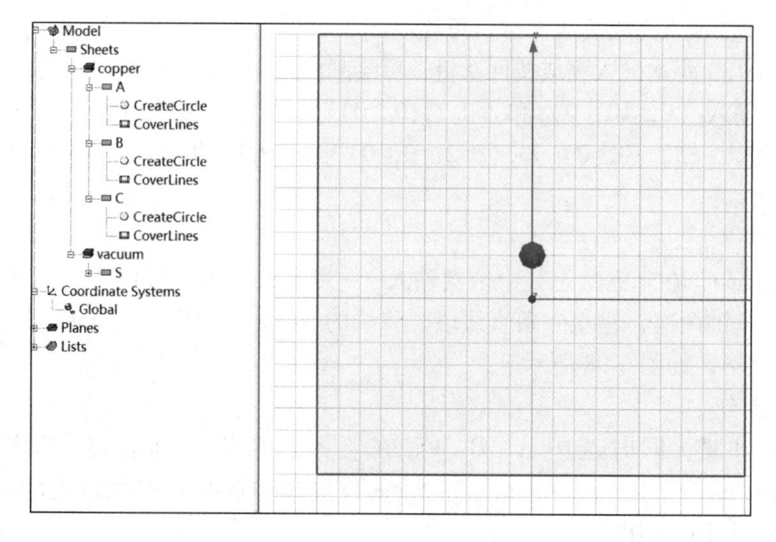

图 6-96　设置边界条件

（2）方法二

1）在绘图区单击鼠标右键，选择 Assign Boundary/Vector Potential...，施加矢量磁位边界条件，单击 OK 按钮。弹出如图 6-97a 所示的界面，在 Value 框中设置为 0。

2）或者在绘图区单击鼠标右键，选择 Assign Boundary/Symmetry，如图 6-97b 所示，选择 Odd（Flux Tangential），表示设置切线边界条件，单击 OK，确定设置值。

注意：这两种边界条件效果相同，设置其中一种即可。

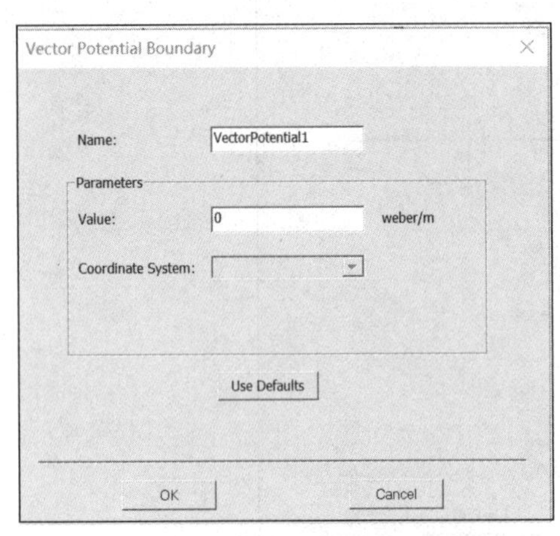

a) 矢量磁位边界条件

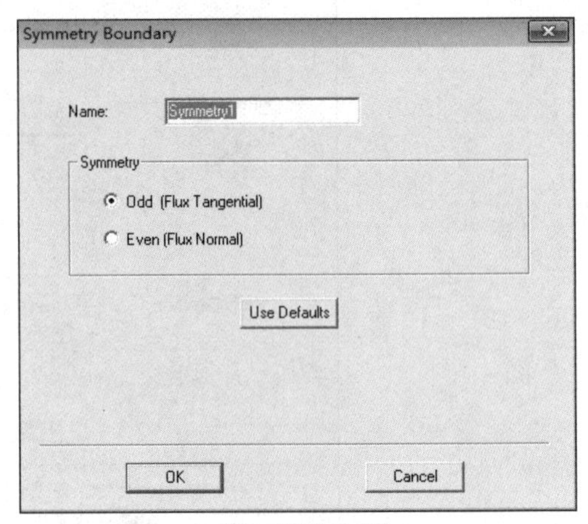

b) 磁通平行边界条件

图 6-97　边界设置

至此边界条件添加完毕。

5. 剖分设置

（1）绘制控制圆

1）选择 Modeler/New　Object Type/Non model，可以使画出的控制圆和矩形不属于该模型。在 A、B、C 三个圆域周围分别画两个圆环，控制导线周围的网格。直径可设为 0.2m 和 1m：选择快捷按钮 ，或者单击 Draw/Circle，在坐标状态栏中依次输入（−5，10，0）（0.2，0，0），每次输入完成按回车键，可绘制出一个圆；同理，选择快捷按钮，输入（−5，10，0）（1，0，0），每次输入完成按回车键，可绘制出另一个圆。将其分别更名为 A1 和 A2。

2）同理，输入（0，10，0）和（0.2，0，0）画出 B1；输入（0，10，0）和（1，0，0）画出 B2。输入（5，10，0）和（0.2，0，0）画出 C1，输入（5，10，0）和（1，0，0）画出 C2。

（2）添加线

单击 Draw/line，在坐标状态栏中依次输入（−30，1.5，0）按回车键一次；输入（30，1.5，0），按回车键两次，建立一条直线段。将线的 Name 名称设置为 line。

模型建立完毕，如图 6-98 所示。

（3）进行剖分

1）按住 Ctrl 键，同时选中 A、B、C，在绘图区单击鼠标右键，选择 Assign Mesh Operation/Inside Selection/Length Based，将 Name 设置为 Length1，参数设置为 0.01meter，如图 6-99 所示，单击 OK 按钮。

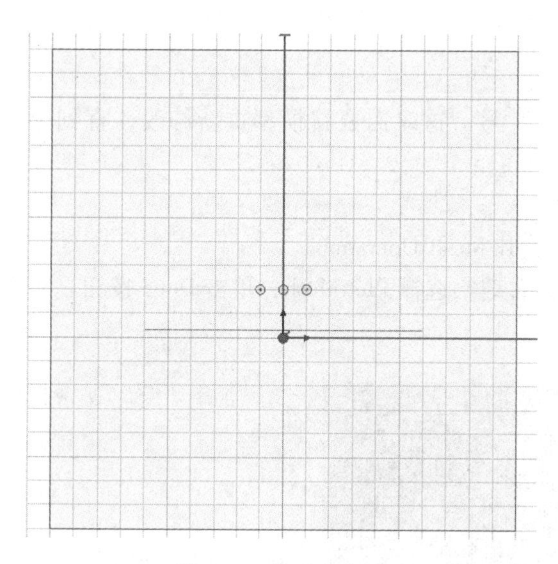

图 6-98　模型示意图

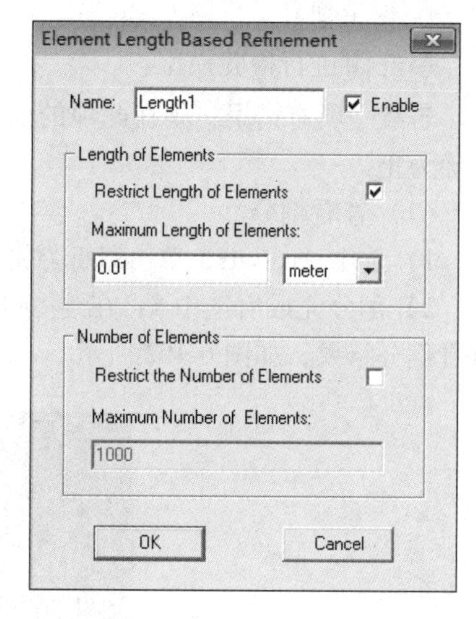

图 6-99　剖分设置示意图

2）按照同样的方法，选中 A1、B1、C1，在绘图区单击鼠标右键，选择 Assign Mesh Operation/Inside Selection/Length Based，将 Name 设置为 Length2，将参数设置为 0.05m。

3）选中 A2、B2、C2，在绘图区单击鼠标右键，选择 Assign Mesh Operation/Inside Selection/Length Based，将 Name 设置为 Length3，将参数设置为 0.2m。

4）选中 S，在绘图区单击鼠标右键，选择 Assign Mesh Operation/Inside Selection/Length Based，将 Name 设置为 Length4，将参数设置为 10m。

6. 求解设置

选中 Analysis，单击鼠标右键后单击 Add Solution Step，弹出窗口中值设为默认，单击确定按钮，使用默认的设置，添加求解步骤 Setup1。**如果有的计算机显示不全，直接按回车键即可确认。**

计算导线的电感矩阵，在项目管理器栏单击鼠标右键 Parameters，执行弹出菜单命令 Assign/Matrix（见图 6-100），弹出电容矩阵参数对话框（见图 6-101）。勾选相应的选项。表示导体是需要求解的对象，空气域外边界和大地均作为大地对待。

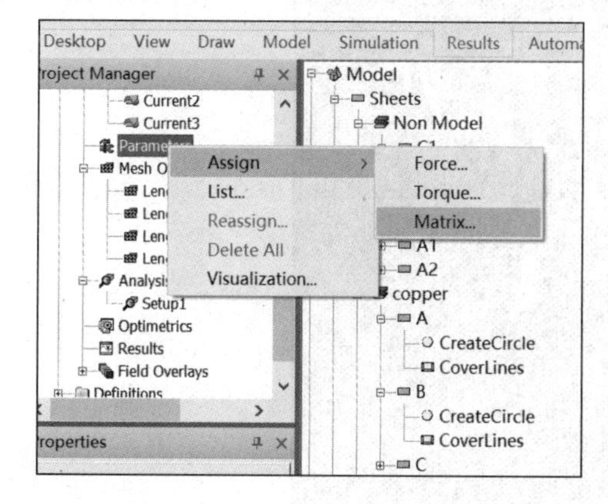

图 6-100　电感矩阵设置菜单

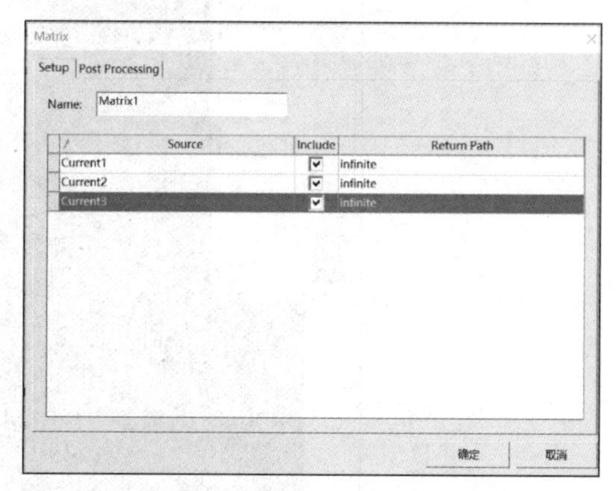

图 6-101　矩阵参数设置勾选

7. 模型检查、求解

单击☑进行检验模型。

若某一项有错误，则在此项的前面会显示 X 号，这时需要将模型重新修改，直到全部正确为止。

（1）查看剖分

1）选中 Analysis，单击鼠标右键后单击 Apply Mesh Operation。

2）剖分完成后选中 S，在绘图区单击鼠标右键，选择 Plot Mesh，单击 Done 按钮。可以查看剖分结果，如图 6-102 所示。

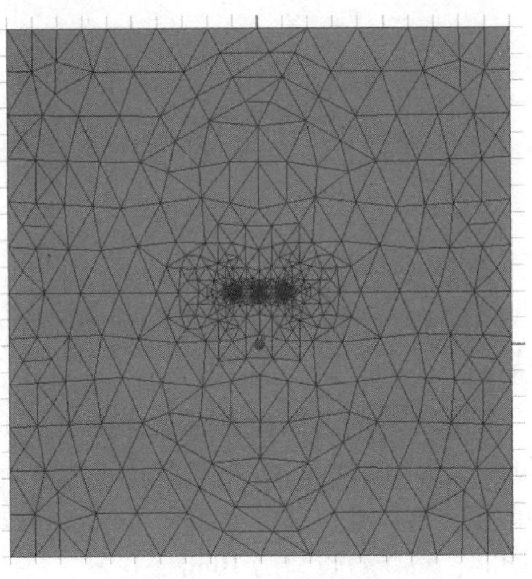

图 6-102　剖分结果

（2）选择 Maxwell 2D/Analyze All，或者直接单击图标进行求解。

8. 结果查看

1）求解完成后选中 S，在绘图区单击鼠标右键，选择 Fields/A/Flux_lines，会画出磁力线，如图 6-103 所示。

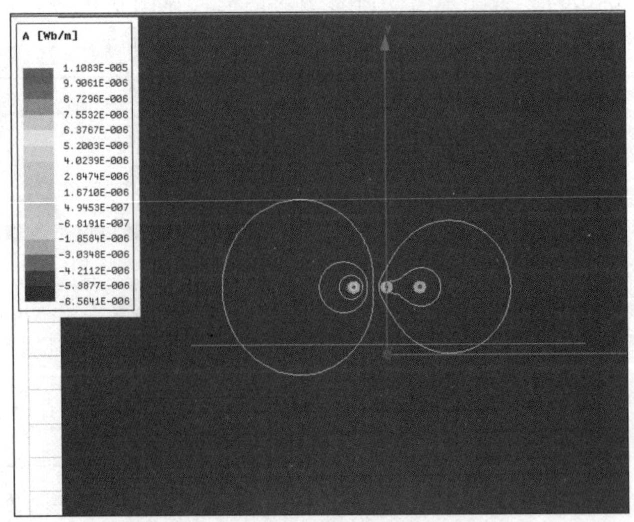

图 6-103　磁力线示意图

2）在界面左侧的 Field Overlays 中选中 A，单击鼠标右键选择 Modify Attributes，或者直接在图形结果显示主窗口界面上双击色度条，打开新的界面。

3）选择 Scale，将 Num 值设为 50，单击 Apply，如图 6-104 和图 6-105 所示。

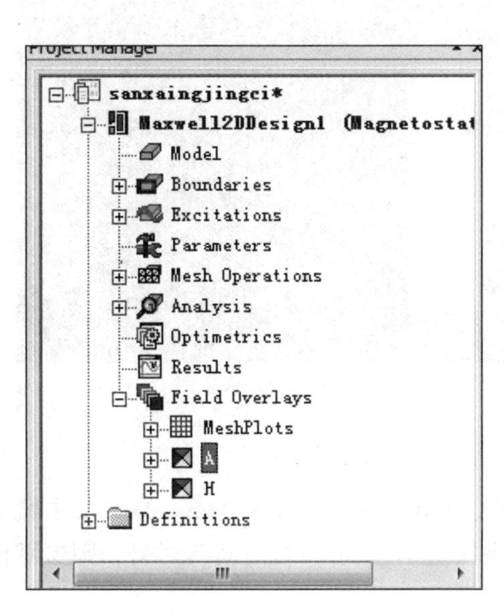

图 6-104　选中 A

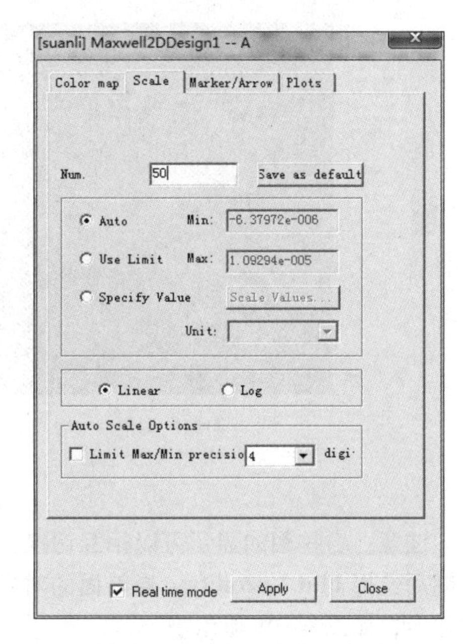

图 6-105　增加磁力线示意图

磁力线增多之后，如图 6-106 所示。

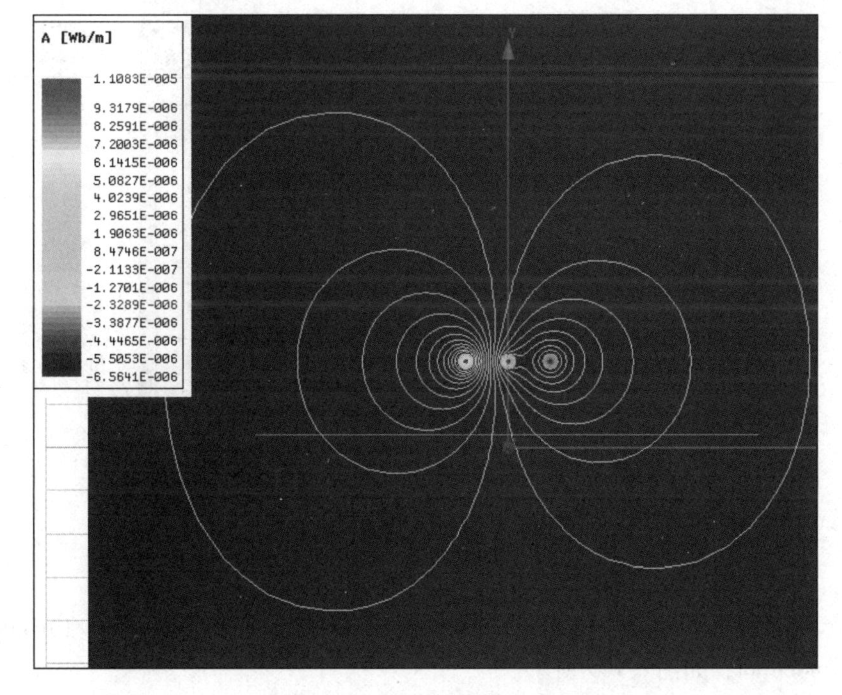

图 6-106　增加磁力线后示意图

4）选择 S，单击鼠标右键后选择 Field/B/Mag_B，单击 Done，结果如图 6-107b 所示（放大可查看详细数据）。

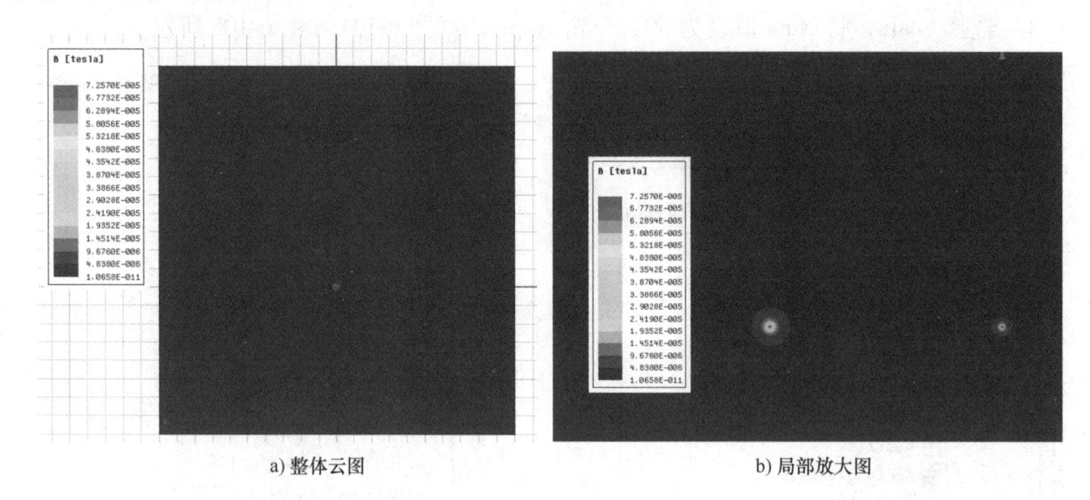

a) 整体云图　　　　b) 局部放大图

图 6-107　磁感应强度云图

注意：各种图的显示可以相互切换：选择 Mesh、Flux_Lines1 或者 Mag_B1，单击鼠标右键后选择 Plot Visibility，当前面的对号去掉时，则该图不显示，若前面有对号，则该图已经显示，如图 6-108 所示。

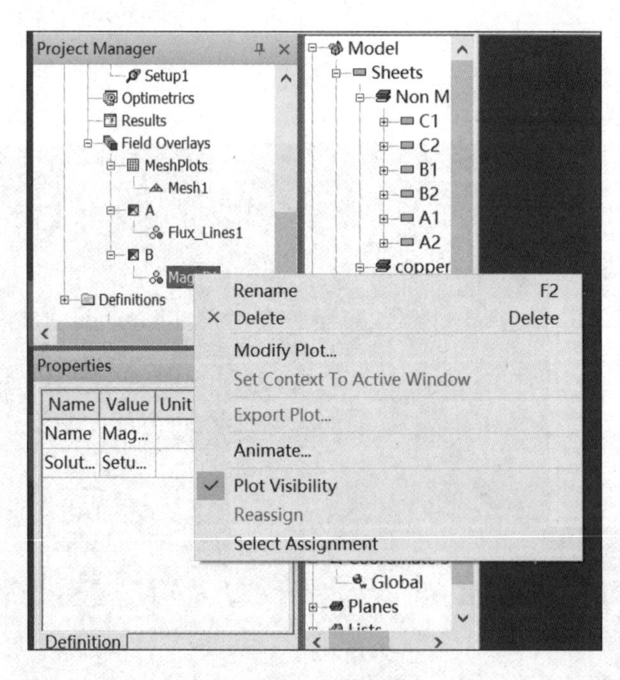

图 6-108　切换图像

5）显示距离地面 1.5m 处路径上的磁通密度：选择 Maxwell 2D/Results/Create Fields Report/Rectangular Plot，如图 6-109 所示。

Geometry 栏选择 line，然后选择 Mag_B，如图 6-110 所示。

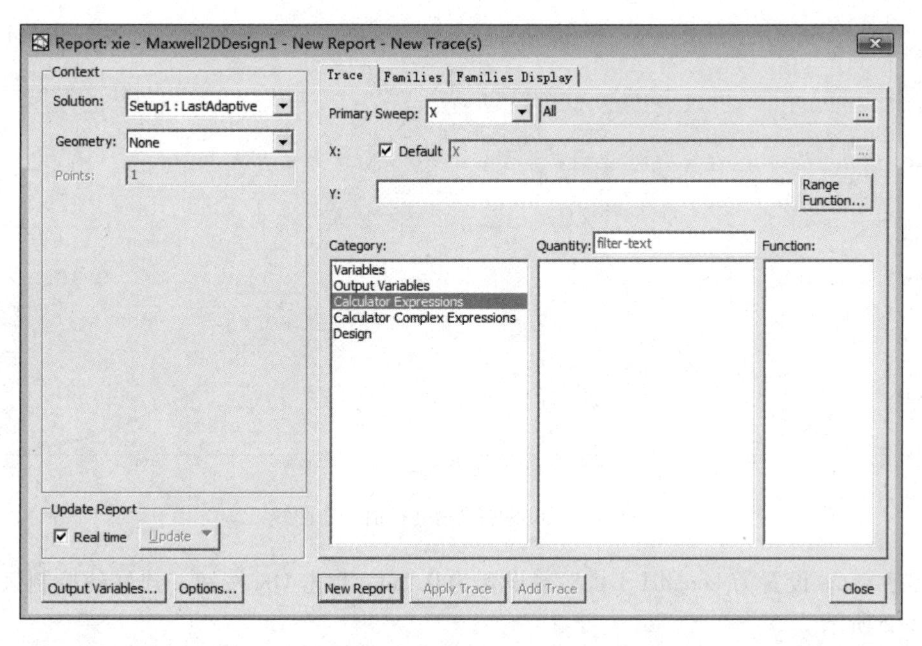

图 6-109　距离地面 1.5m 处的磁通密度

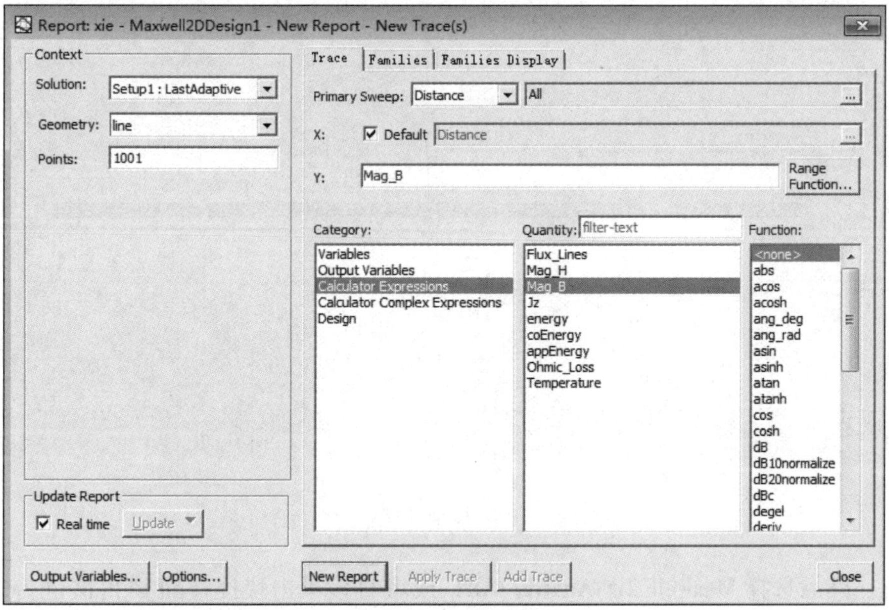

图 6-110　设置选项

单击 New Report 按钮，然后出现磁通密度曲线，如图 6-111 所示。

发现路径上的值计算的精度不够，可以绘制控制区域对该区域的网格进行控制。

绘制控制区域：选择 Draw/Rectangle 或者快捷按钮□，依次输入坐标（-30，1，0）和（60，1，0），每次输入完成按一次回车键，画出 Rectangle1。再按照本案例前面第 5 步的方式，选中该面，在绘图区单击鼠标右键，选择 Assign Mesh Operation/Inside Selection/Length

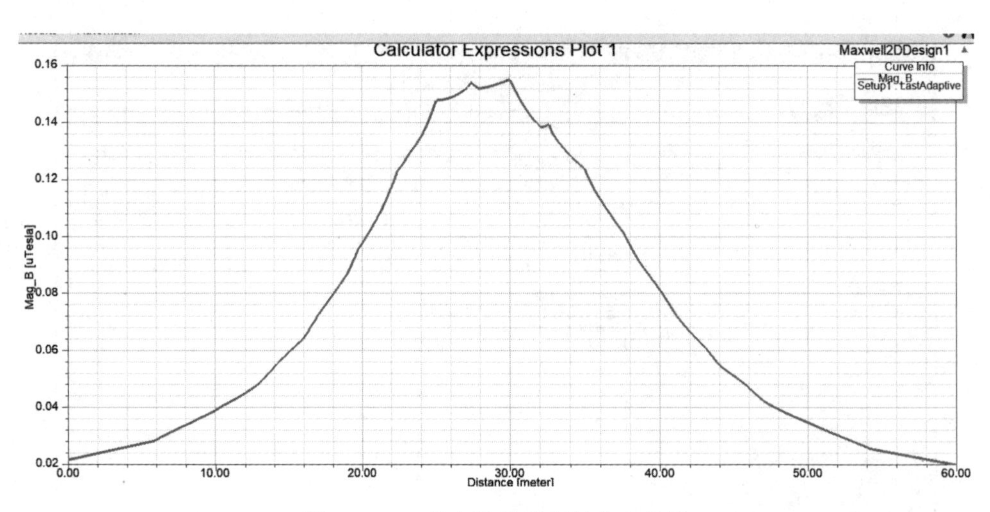

图 6-111　B 的幅值沿路径的分布曲线

Based，将 Name 设置为 Length1，将参数设置为 0.1m，单击 OK 按钮。建好的控制区域模型如图 6-112 所示。

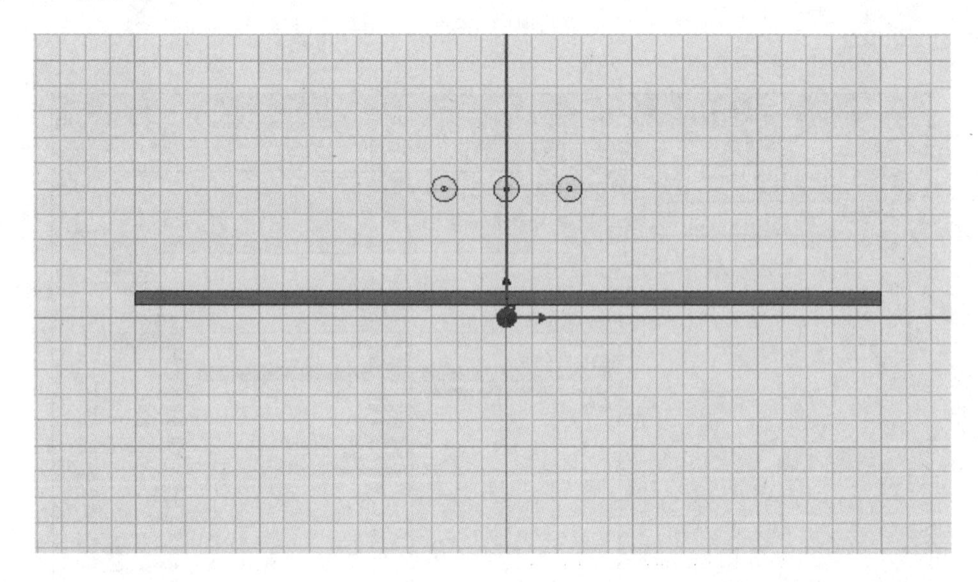

图 6-112　控制区域模型图

求解：然后选择 Maxwell 2D/Analyze All，或者直接单击快捷按钮再次进行求解。**注意：设置好新的剖分区域后，需要再来一次 Apply mesh operation。新设置的参数才能够起作用。**

此处剖分量稍微有点儿大，求解需要较长的时间（数分钟，计算机内存 8G 以上）是正常的。求解完毕后，再单击刚才绘制的数据曲线，如图 6-113 所示，可见曲线的光滑度大大增加，求解结果的精度明显提升。

在项目管理器栏单击鼠标右键 Results，选择菜单命令 Solution Data，弹出图 6-114 所示对话框，选择 Matrix 项目，可以看到导线的电感矩阵如图 6-114 所示，单位为 nH。

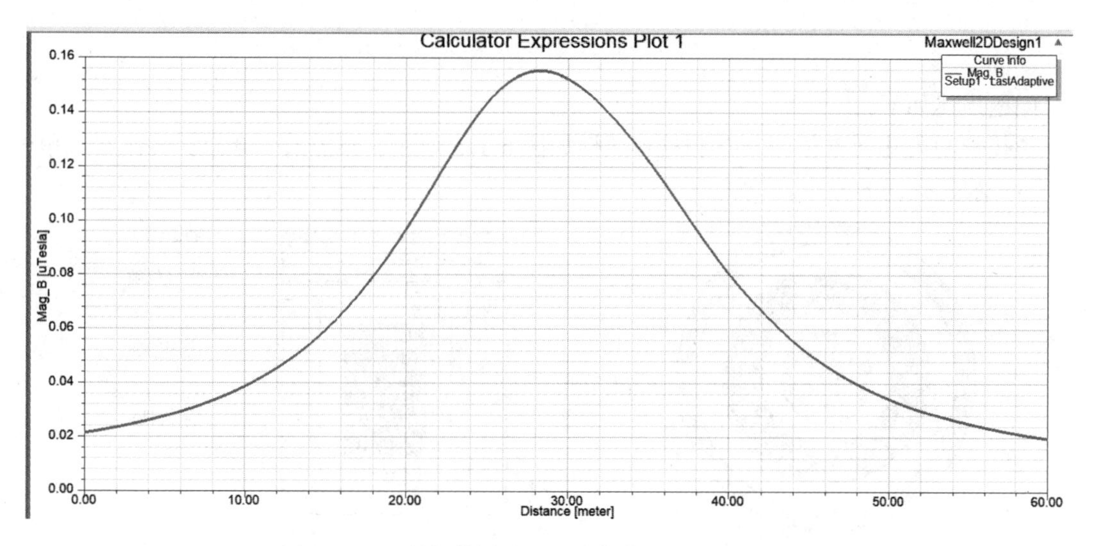

图 6-113 B 的幅值沿路径的分布曲线（加密网格后）

Profile | Convergence | Force | Torque | Matrix | Mesh Statistics

Parameter: Matrix1　　Type: Inductance　　Export Solution...

Pass: 2　　Inductance Units: nH　　Export Circuit...

PostProcessed

	Current1	Current2	Current3
Current1	1563.5	475.67	338.75
Current2	475.67	1565.2	475.67
Current3	338.75	475.67	1563.5

图 6-114 计算的电感参数矩阵

经过解析解计算，可知本例中电感参数解析解为

```
L11=4*pi*1e-7/2/pi*(log(R/r)+1/4)=4*pi*1e-7/2/pi*(log(45/0.028)+1/4)=1.526nH
L22=4*pi*1e-7/2/pi*(log(45/0.028)+1/4)=1.5475nH
L33=L11
L12=4*pi*1e-7/2/pi*(log(R/d))=4*pi*1e-7/2/pi*(log(50/5))=0.460nH
L23=L12
L13=4*pi*1e-7/2/pi*(log(50/10))=0.322nH
```

这里 R 为求解区域（外边界）距离导线圆心处的距离。

可以计算出电感参数的最大相对误差为 4.73%。亦可以通过增大求解区域提高精度。

算例四：涡流场——螺线管线圈的涡流场

问题描述如下：

螺线管的尺寸（单位为 m）和材料属性如图 6-115 所示，线圈有 650 匝，每匝线圈电流为 10A，求其磁场的分布。

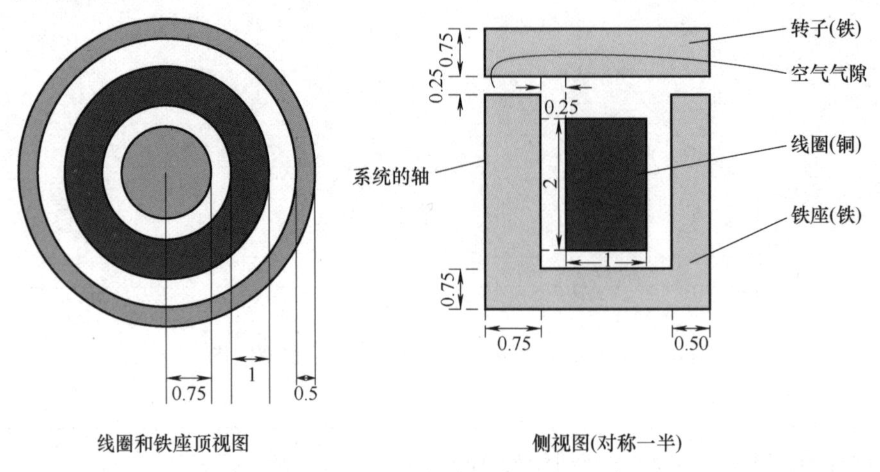

图 6-115　选择涡流场求解器和圆柱坐标系

1. 创建项目，并选择求解问题的类型

本例选择的是圆柱坐标系和涡流场类型，如图 6-116 所示。

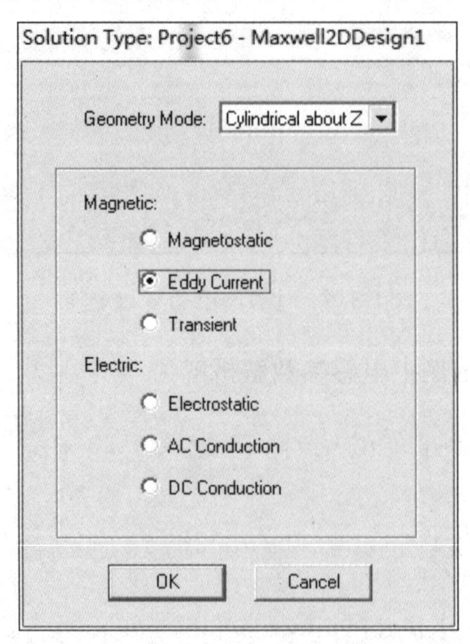

图 6-116　选择涡流场求解器和圆柱坐标系

2. 绘制几何模型

（1）设置绘图单位

执行菜单命令 Modeler/Units，根据需要进行单位设置，系统默认的单位为 mm，本例中单位为 m。

（2）绘制模型

1）绘制铁座截面。在菜单栏 Draw 下选择 Line 或在工具栏选择 ，在最下方坐标状态栏依次输入各点，见表 6-1。结果如图 6-117a 所示。

表 6-1　状态栏各点坐标

第 1 点	(0, 0, 0)
第 2 点	(2.75, 0, 0)
第 3 点	(2.75, 0, 3.25)
第 4 点	(2.25, 0, 3.25)
第 5 点	(2.25, 0, 0.75)
第 6 点	(0.75, 0, 0.75)
第 7 点	(0.75, 0, 3.25)
第 8 点	(0, 0, 3.25)
第 9 点	(0, 0, 0)

2）绘制线圈和转子。转子截面矩形的坐标为（X,Y,Z）=（0,0,3.5）,（dX,dY,dZ）=（2.75,0,0.75），线圈截面矩形的坐标为（X,Y,Z）=（1,0,1）,（dX,dY,dZ）=（1,0,2），完成后的图形如图 6-117b 所示。

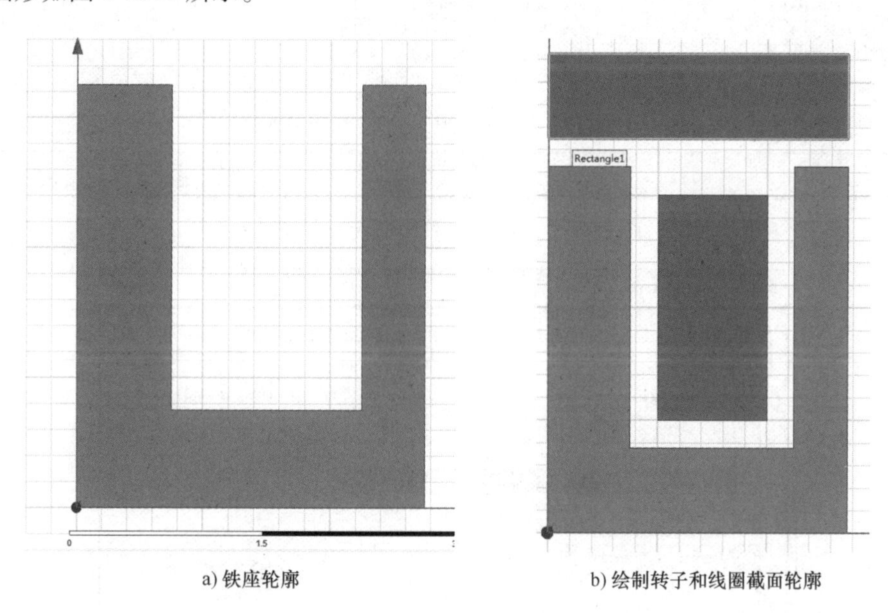

a) 铁座轮廓　　b) 绘制转子和线圈截面轮廓

图 6-117　绘制模型

3）添加模型计算边界。画矩形，在菜单栏 Draw 下选择 Rectangle 或在工具栏选择 ，对角点坐标为（0，0，0）和（2.75，0，4.25）。

3. 设置各部件的材料属性

未设置时，模型默认材料是真空。

在模型树中选择线圈截面，单击鼠标右键后选择 Assign Material，选择 Copper（铜）。

空气截面的材质默认的是真空 Vacuum，不需要更改。

转子和铁座的材料虽然都是铁，但转子相对磁导率为 2000，而铁座的相对磁导率为 1000，而系统自带的材料铁的相对磁导率为 1000。

材料管理器窗口中，材料的相对磁导率属性栏（Relative Permeability）可以看到系统自带铁磁材料相对磁导率为 1000。利用材料管理器下方的复制材料 Clone Material（s）按钮，如图 6-118 所示。单击后弹出新建材料窗口，如图 6-119 所示。其他属性不变，将相对磁导率改为 2000，单击窗口下方的 OK 按钮，新材料创建成功。

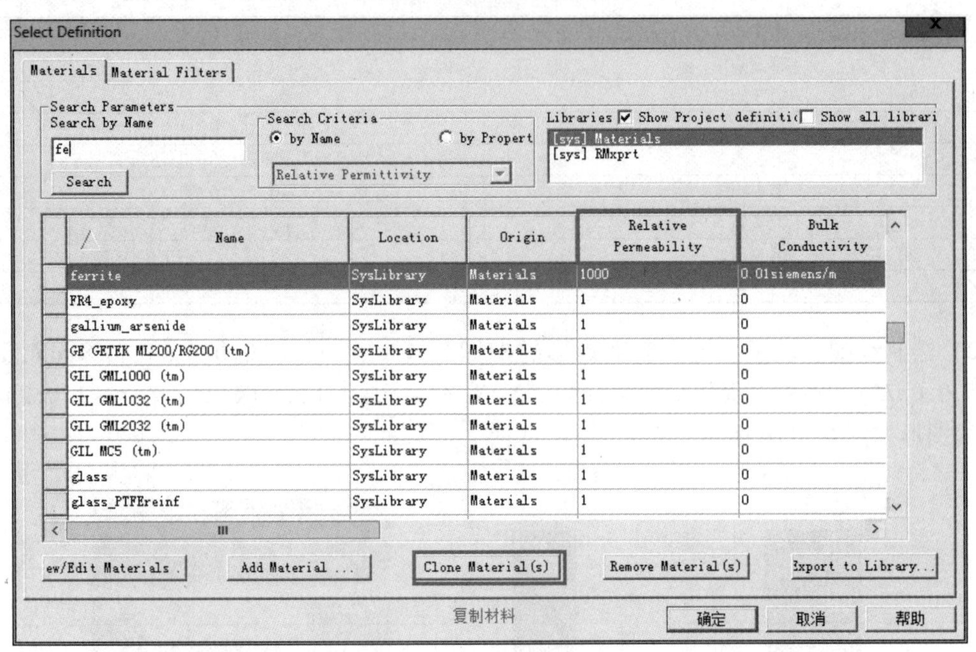

图 6-118　由已有材料生成类似的材料

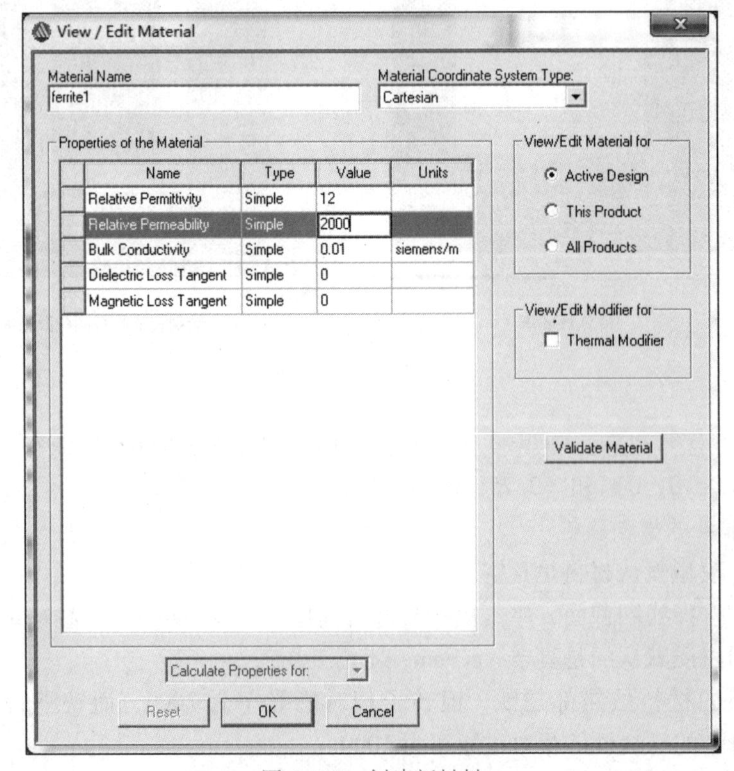

图 6-119　创建新材料

设置铁座的材料为 ferrite，设置转子的材料为新建的材料 ferrite1。

4. 设置激励、边界条件

在模型树中选择线圈，单击鼠标右键后选择 Assign Excitation/current，弹出电流源激励设置窗口 1，如图 6-120 所示。

图 6-120　线圈电流激励设置

Value 项可设定激励源的电流值，对于多匝线圈，该值为总的安匝数，而不是一匝线圈的电流值。

边界条件设置：执行菜单命令 Edit/Select/Edges，或者在绘图区单击鼠标右键选择 Select Edges。将计算区域的四个边设置为 Symmetry，即对称边界条件，如图 6-121a 所示，本例中磁力线平行于边界，即理想情况，不考虑间隙间的漏磁。此时在对话框的奇偶子项中选择奇对称（Odd），操作如图 6-121b 所示。

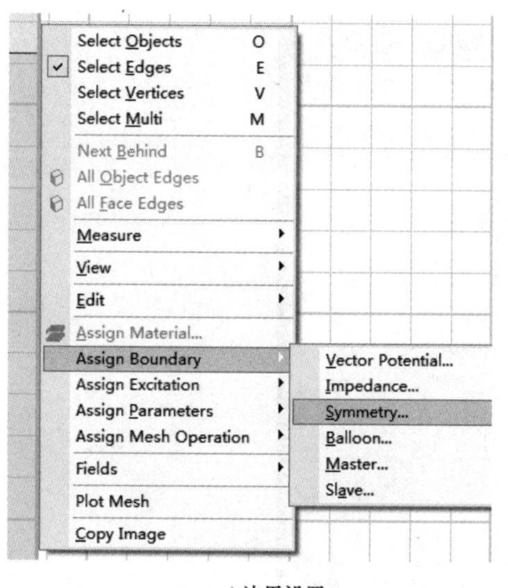

a) 边界设置

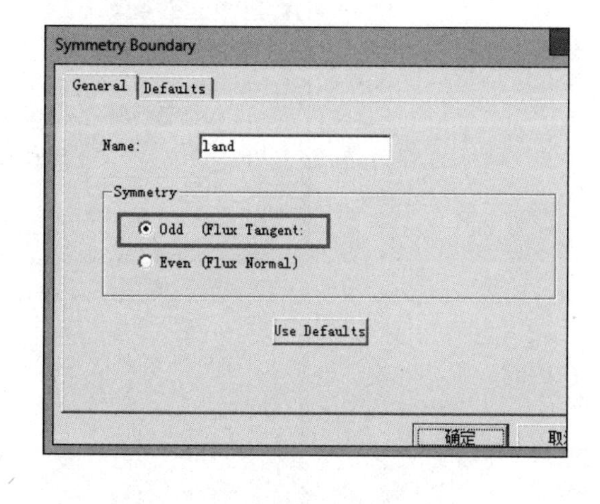

b) 对称边界设置

图 6-121　边界条件设置

5. 剖分设置

按 Ctrl + A 快捷键选中所有部件，单击鼠标右键选择 Assign Mesh operation/Inside Selection/Length Based，弹出如图 6-122 所示的对话框。

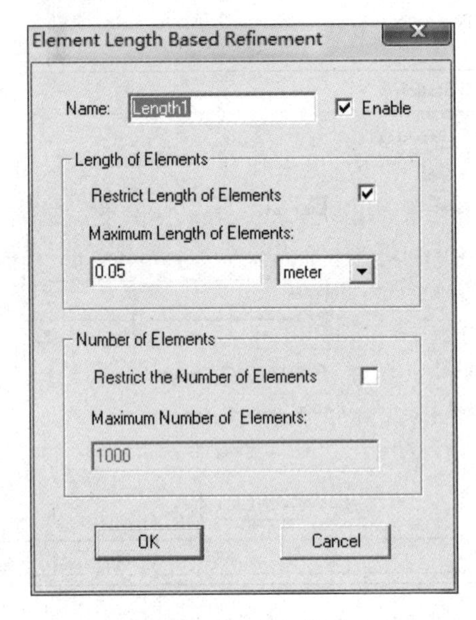

图 6-122　剖分参数设置

采用 Inside Selection 剖分设置。本例所有对象均采用精细剖分。每次更改剖分设置后，均需要初始化网格，再应用新的剖分设置才能应用成功。

6. 求解设置

在项目管理器的 Analysis 项单击鼠标右键选择 Add Solution Setup，弹出求解参数设置对话框。在 Frequency Sweep 选项卡中设置起始频率 10Hz，终止频率 100Hz，频率步长 10Hz，并将这些频率点添加到右侧列表，如图 6-123 所示。其他项目使用默认设置，单击确认按钮。

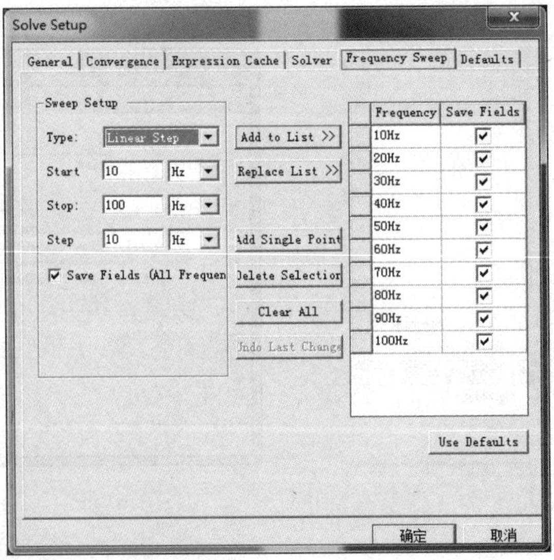

图 6-123　涡流场求解器频率设置

7. 模型检查、求解

单击进行检验模型。

若某一项有错误，则在此项的前面会显示 X 号，这时你需要将模型重新修改，直到全部正确为止。

选择 Maxwell 2D/Analyze All，或者直接单击图标进行求解。

8. 结果查看

(1) 10Hz 结果查看

在绘图区选择 Ctrl+A 快捷键全选对象。单击鼠标右键后选择 Fields/A/Flux_Lines，弹出对话框，设置频率和相角，如图 6-124 所示，单击 Done，即可在绘图区显示模型的磁力线分布，如图 6-125 所示。

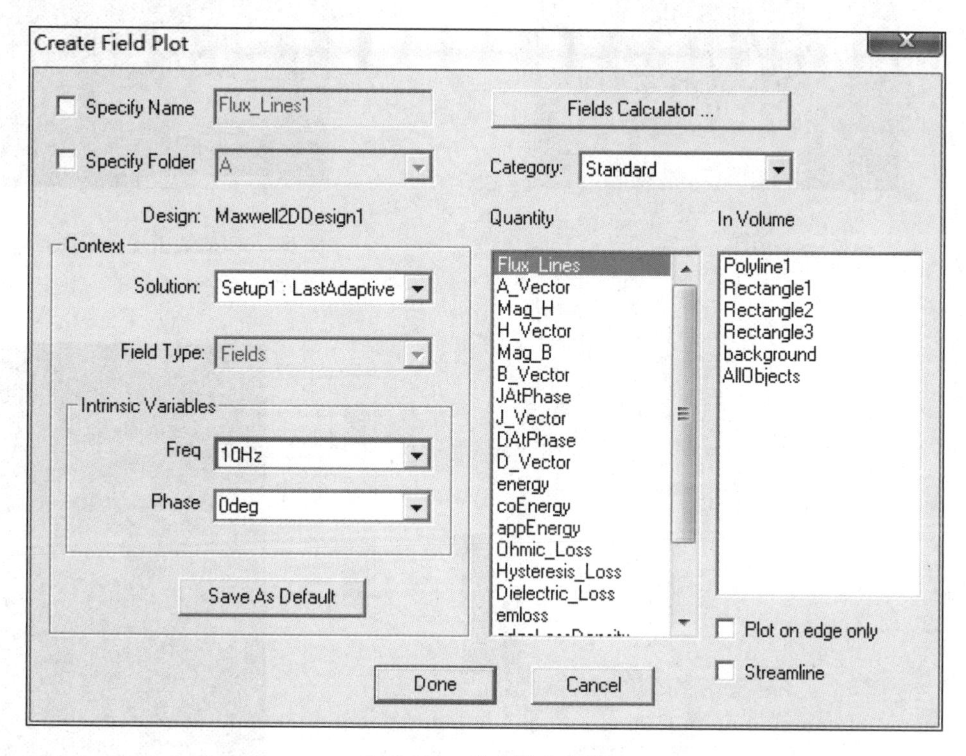

图 6-124　磁力线分布图

选择对象后，也可以在工程管理器单击 Field Overlays/A，双击 Flux_Liness，同样可以弹出如图 6-124 所示的对话框，设置参数后即可绘制出磁力线分布图。

由图 6-124 可以得知，此时图形对应的频率为 10Hz，相角为 0。

绘制磁感应强度云图：选择对象后，单击鼠标右键后选择 Fields/B/Mag_B，弹出对话框，设置频率为 10Hz，角度为 0°，单击 Done，即可在绘图区显示模型的磁通密度分布图，如图 6-126 所示。

绘制欧姆损耗云图：选择对象后，单击鼠标右键后选择 Fields/Other/Ohmic_Loss（见图 6-127），弹出对话框，保持频率和角度设置不变，单击 Done 按钮，即可在绘图区显示模型的欧姆损耗，如图 6-128 所示。

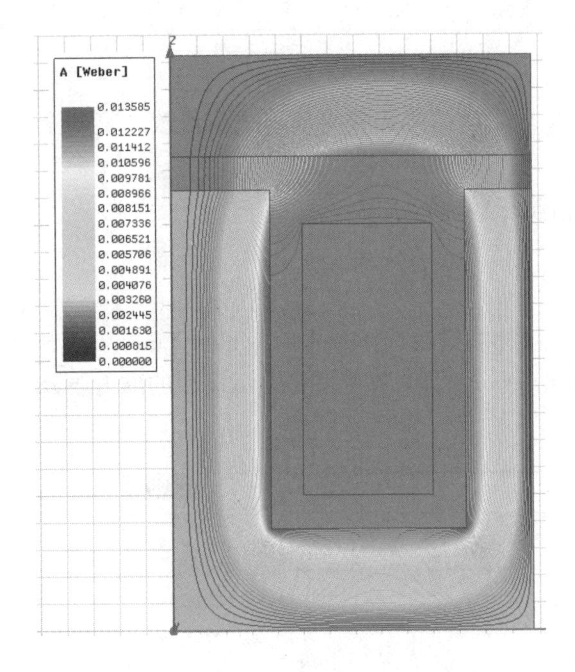

图 6-125　磁力线分布图

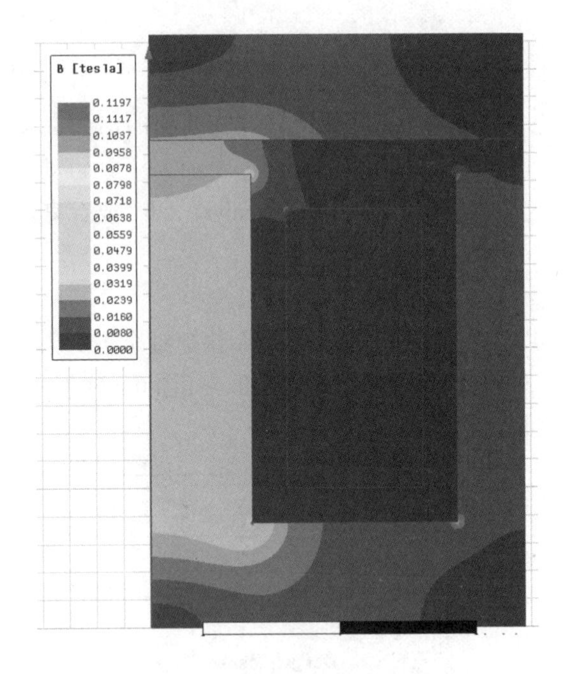

图 6-126　磁通密度分布图

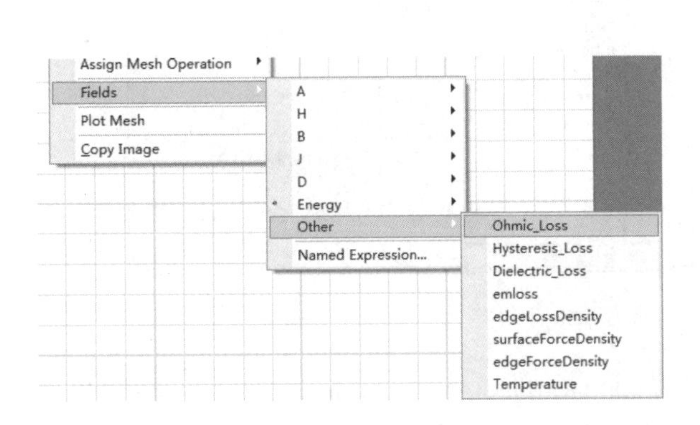

图 6-127　查看焦耳损耗

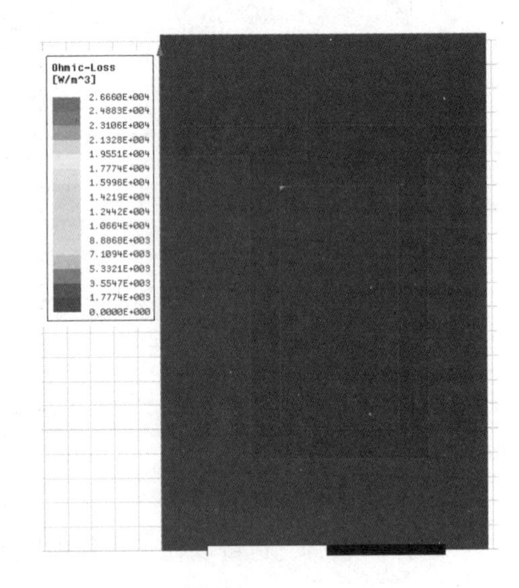

图 6-128　欧姆损耗图

（2）频率 50Hz，相角 0°时刻的计算结果查看

在工程管理器单击 Field Overlays 树状图下 A/Flux_Lines1，单击鼠标右键 Flux_Lines，弹出窗口中，选择 Modify Plot...，同样可以弹出如图 6-124 所示的对话框，设置参数为 50Hz，0°，即可绘制出此时刻的磁力线分布图，如图 6-129 所示。同样的方法，查看 B 和欧姆损耗的分布云图，如图 6-130 和图 6-131 所示。

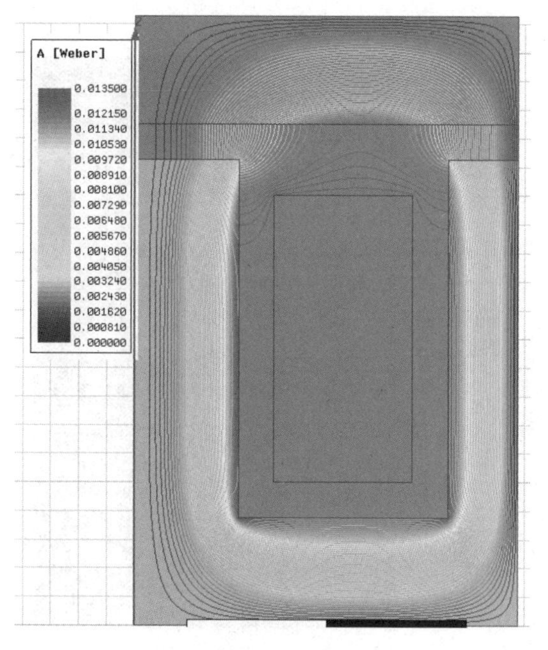

图 6-129　磁力线分布图（50Hz，0°）

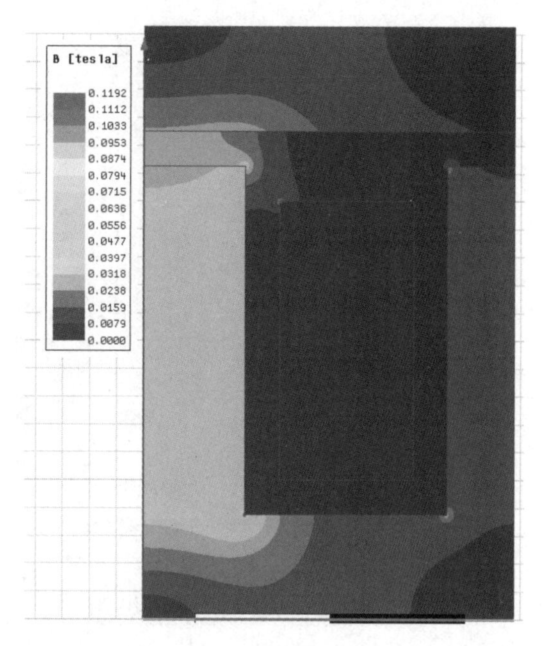

图 6-130　磁通密度分布图（50Hz，0°）

注意：在操作中为了避免相同类型的图重叠，可将其他的云图设置为不显示。具体做法为：在项目管理器下方选定需要隐去的图形标题，单击鼠标右键后，在弹出的菜单中，将 Plot Visibility... 前面勾选去掉，即可隐去该云图，如图 6-132 所示。

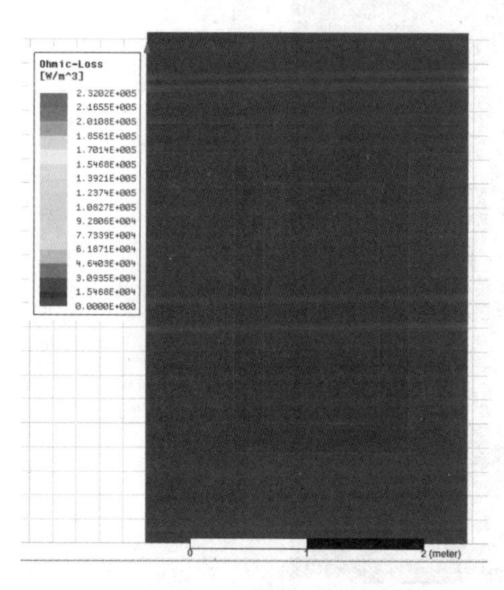

图 6-131　焦耳损耗图（50Hz，0°）

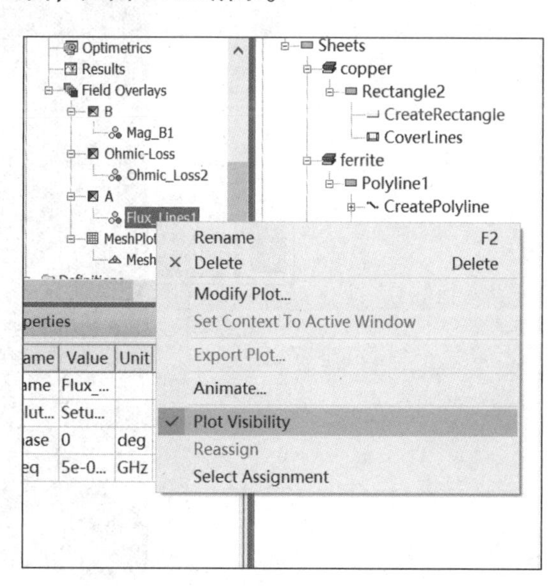

图 6-132　设置云图不显示的方法

（3）50Hz，相角 50°结果查看

按照上面的方法，查看 50Hz，50°时的计算结果云图，如图 6-133～图 6-135 所示。

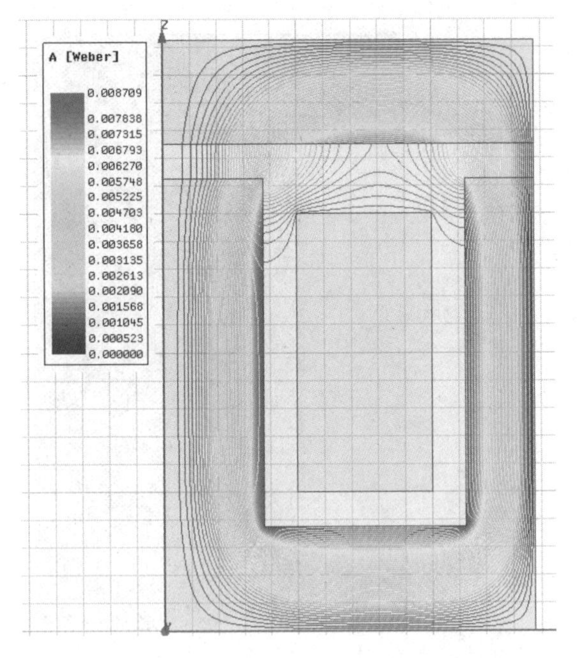

图 6-133　磁力线分布图（50Hz，50°）

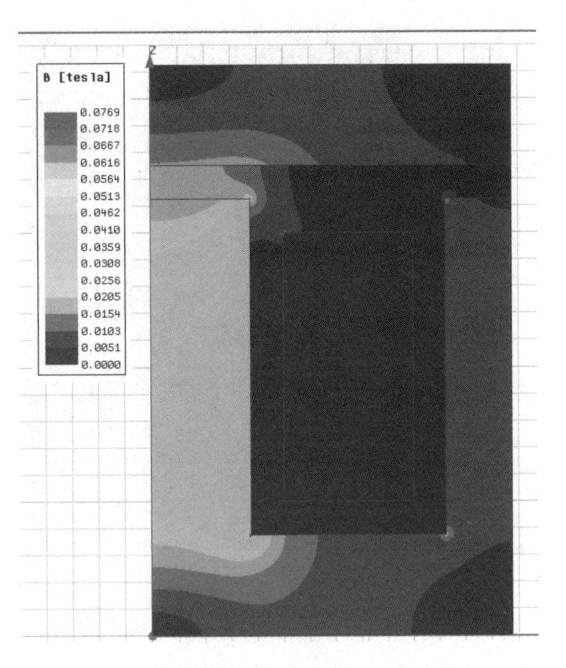

图 6-134　磁通密度分布图（50Hz，50°）

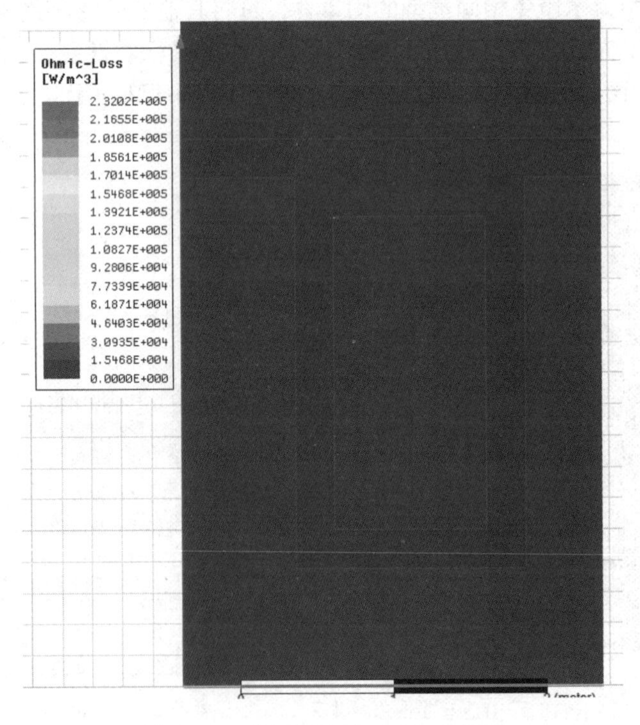

图 6-135　欧姆损耗图（50Hz，50°）

（4）50Hz，相角 90°结果查看

按照上面的方法，查看 50Hz，90°时的计算结果云图，如图 6-136~图 6-138 所示。

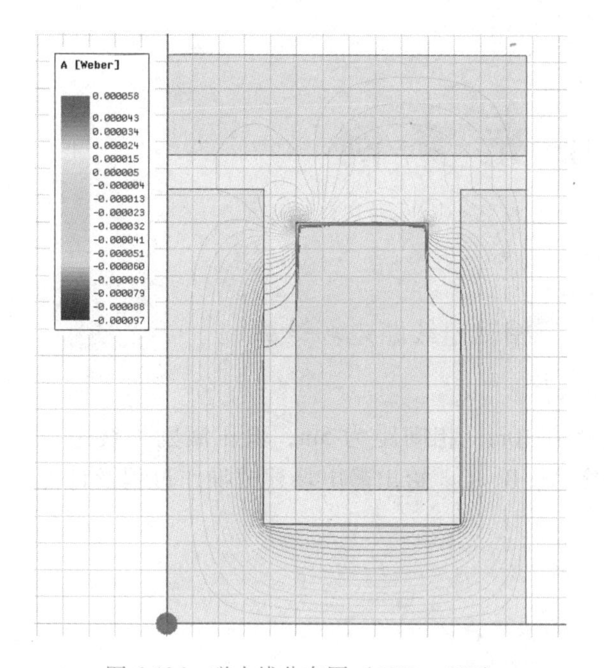

图 6-136 磁力线分布图（50Hz，90°）

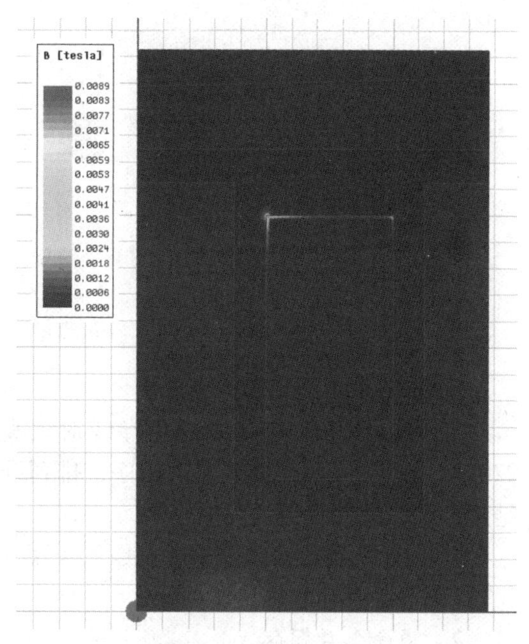

图 6-137 磁通密度分布图（50Hz，90°）

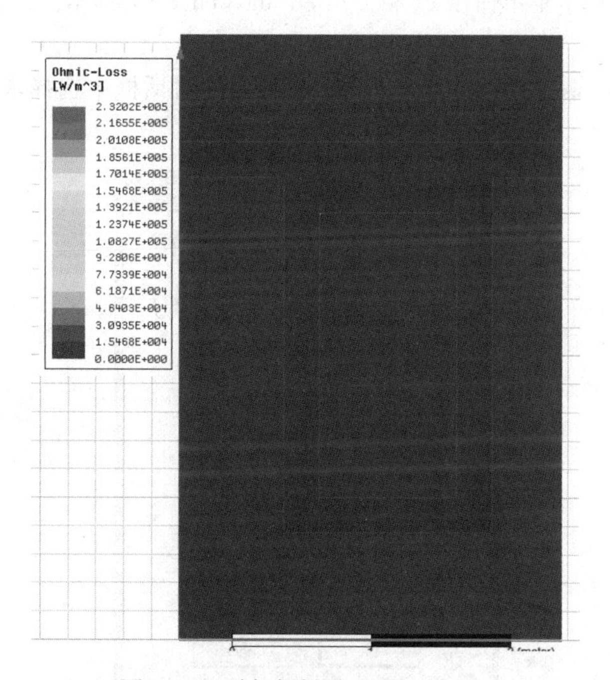

图 6-138 欧姆损耗图（50Hz，90°）

由图可以看出，磁力线、磁通密度的分布同角度和频率有关，欧姆损耗的分布云图与频率有关，随着频率的增大而增大。与角度没有关系，是一个周期的平均值。在分析中，0°时的计算结果对应的是时谐场的实部，90°的计算结果对应的是时谐场的虚部，模值可以由实部和虚部的分量进行正交叠加获得。

第7章　补充算例

补充算例一：静电场——三相输电线路电场计算

问题描述如下：

导线半径为0.014m，三相导线对地高度为10m，相间距为5m；电压激励为线电压220kV，频率50Hz，相序为正相序，排列顺序A、B、C。给出静电场建模操作过程及计算结果云图，并计算导线间电容。

1. 创建项目，并选择求解问题的类型

1）启动并建立项目文件。

2）重命名并保存。

3）选择分析类型和求解器。

新建工程文件，单击菜单命令Project/Insert Maxwell 2D Design，或者单击工具栏上的图标。

执行菜单命令Maxwell 2D/Solution Type，在弹出的对话框中选择求解类型Electrostatic，如图7-1所示。

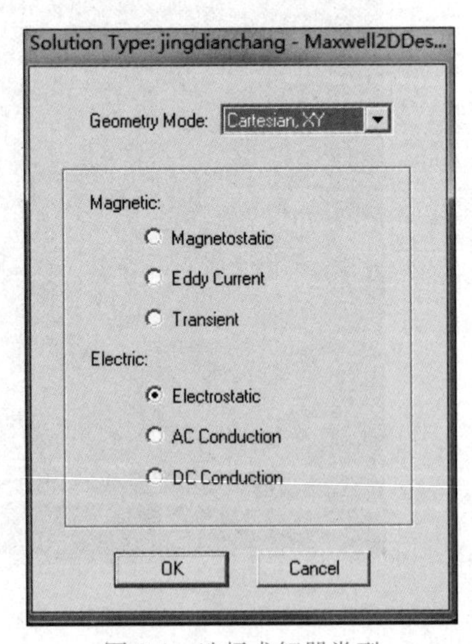

图7-1　选择求解器类型

2. 绘制几何模型

（1）设置绘图单位

执行菜单命令Modeler/Units，根据需要进行单位设置，本例中单位为meter。

（2）绘制模型

1）执行菜单命令 Tools/Options/General Options...，打开 Options 对话框，如图 7-2 所示，在左侧 3D Modeler 项目下单击 Drawing，可以看到 Automatically cover closed polylines 是否勾选（系统默认勾选）。勾选后系统自动将闭合曲线所包围的区域定义为面。

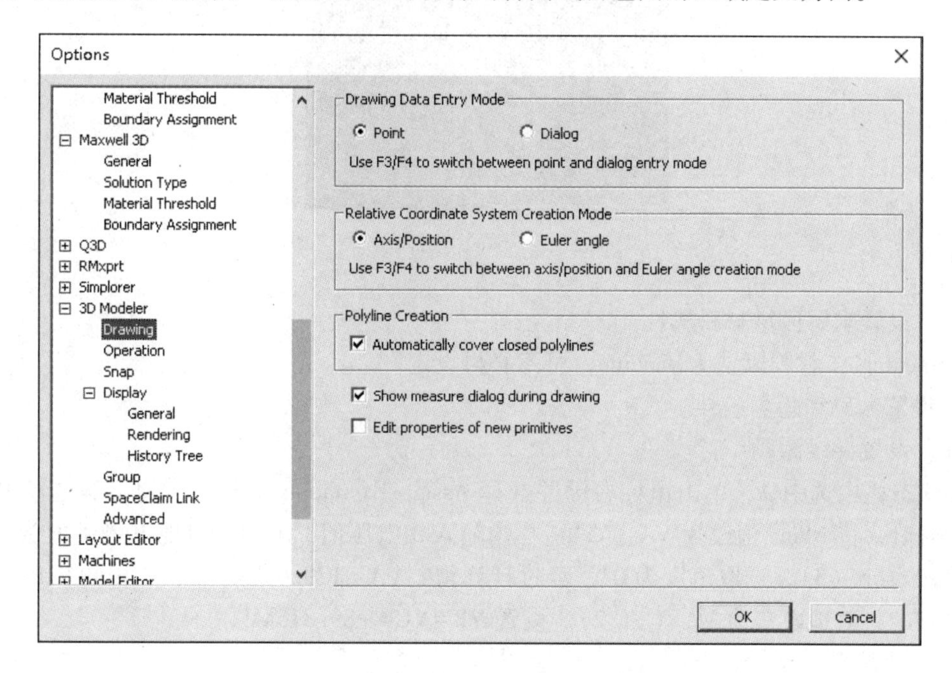

图 7-2　菜单命令操作界面

2）绘制 A 相导线：单击快捷按钮○（或者执行命令 Draw/Circle），绘图区下方坐标状态栏输入（-5，10，0）并回车，如图 7-3 所示。

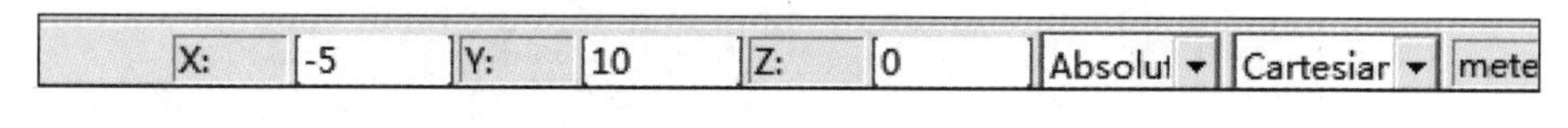

图 7-3　坐标示意图

3）此时坐标（X，Y，Z）变为（dX，dY，dZ），在其中输入（0.014，0，0）并回车则会出现面圆 Circle1。

4）在工程树栏中选中 Circle1，双击 Circle1，在 Name 栏中将名字改为 A。

5）绘制导线圆 B，C：B 圆心坐标为（0，10，0），半径为（0.014，0，0）；导线圆 C 圆心坐标为（5，10，0），半径为（0.014，0，0），操作同 A。

6）绘制求解区域：执行菜单命令 Draw/Rectangle 或单击工具栏上的□，输入坐标（-25，0，0）并回车，输入（50，50，0）并回车确认，如图 7-4 所示。

3. 设置各部分材料属性

（1）设置导线材料属性

在属性栏中同时选中 A、B、C，单击鼠标右键并选择 Assign Material，将 material 设置为 copper。

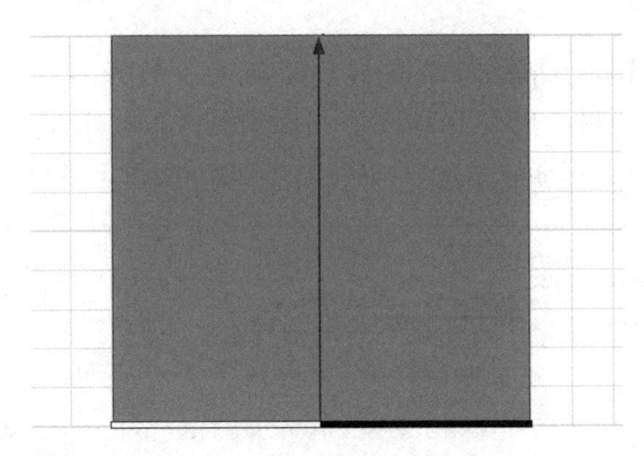

图 7-4　绘制求解区域

（2）设置求解区域材料属性

将 rectangle1 材料默认为 vacuum，可不必再设定。

4. 设置激励和边界条件

（1）设置导线激励

在状态栏中选中 A，单击鼠标右键并选择 Assign Excitation/Voltage，弹出静电场电压激励设置窗口，将 Name 值改为 VA，Value 栏内输入相电压值。A 相的对地电势幅值为 220kV ×sqrt（2）/sqrt（3），选取角度为 0°，经过计算得：VA = 179. 63kV。B，C 相的相角分别为 120°和 240°，对地电势为 VA×(−1/2)。设置 VB = VC = −89. 815kV。

（2）设置零电位

在绘图区单击鼠标右键 Select Edges，选中矩形与 X 轴重合的底边，单击鼠标右键 Assign Excitation/Voltage，将 Name 值改为 ground，设置 Value 值为 0。

同时选中矩形另外三边，单击鼠标右键 Assign Boundaries/Balloon，弹出 Balloon Boundary（气球边界）条件定义对话框，如图 7-5 所示，单击 OK 完成设置。

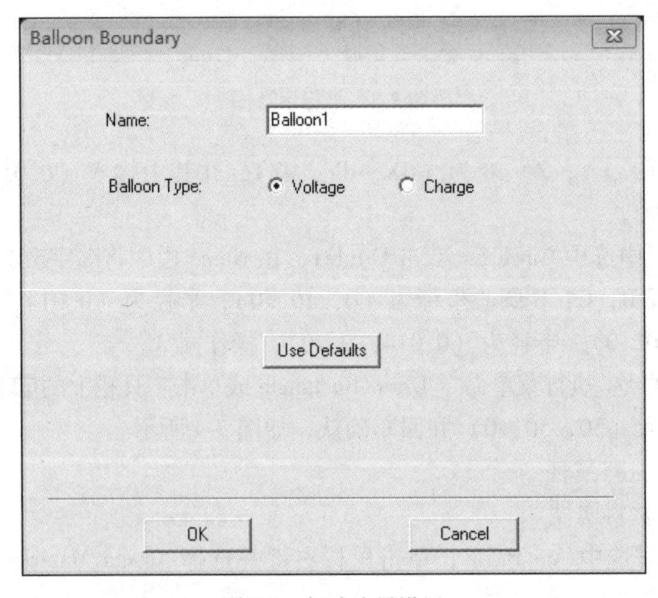

图 7-5　气球边界设置

5. 求解设置

添加求解步骤：选中 Analysis，单击鼠标右键选择 Add Solution Setup，均沿用默认设置，单击确定按钮。

6. 剖分设置

（1）绘制控制圆

1）选择 Modeler/New Object Type/Non model，可以使画出的控制圆和矩形不属于该模型。在 A、B、C 三个圆区域周围分别画两个圆环，半径可设为 1m 和 2m：选择快捷按钮，在坐标状态栏中依次输入（-5，10，0）和（1，0，0），每次输入完成按回车键，可绘制出一个圆；同理选择快捷按钮，输入（-5，10，0）和（2，0，0），每次输入完成按回车键，可绘制出另一个圆，将其分别更名为 A1 和 A2。

2）同理，输入（0，10，0）和（1，0，0）画出 B1；输入（0，10，0）和（2，0，0）画出 B2。输入（5，10，0）和（1，0，0）画出 C1，输入（5，10，0）和（2，0，0）画出 C2。

（2）添加路径线段

单击 Draw/Line，在坐标状态栏中依次输入（-20，1.5，0）并按回车键一次；输入（20，1.5，0），并按回车键两次，建立一条直线段。将线的 Name 名称设置为 line。

（3）绘制控制矩形

导线控制网格区域：执行菜单命令 Draw/Rectangle 或单击工具栏上的□，输入（-15，5，0）并回车，再输入（30，20，0），添加矩形 Rectangle2。

绘制路径线段的控制区域：执行菜单命令 Draw/Rectangle 或单击工具栏上的□，输入（-20，1，0）并回车，再输入（40，1，0），添加矩形 Rectangle3，将其 Name 修改为 path。

至此，模型建立完毕，如图 7-6 所示。

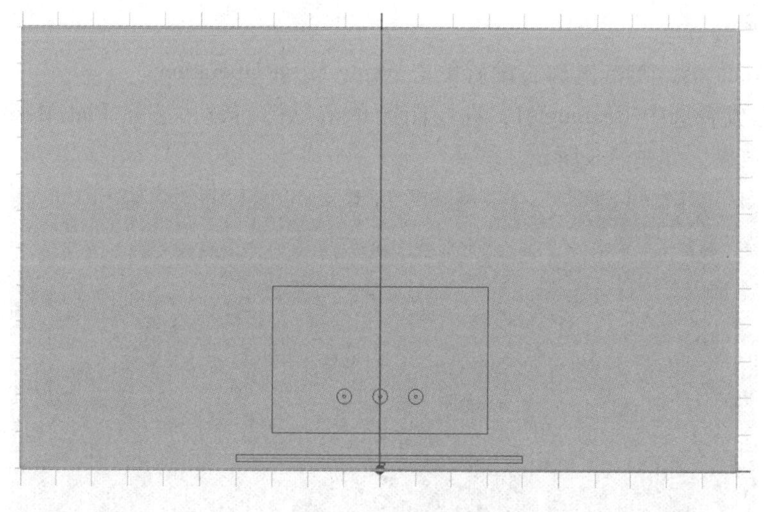

图 7-6　模型图示

（4）剖分参数设置

1）按住 Ctrl 键，同时选中 A1、B1、C1，在绘图区单击鼠标右键，选择 Assign Mesh Operation/Inside Selection/Length Based，将 Name 设置为 Length1，将参数设置为 0.1m，如

图 7-7所示，单击 OK 按钮。

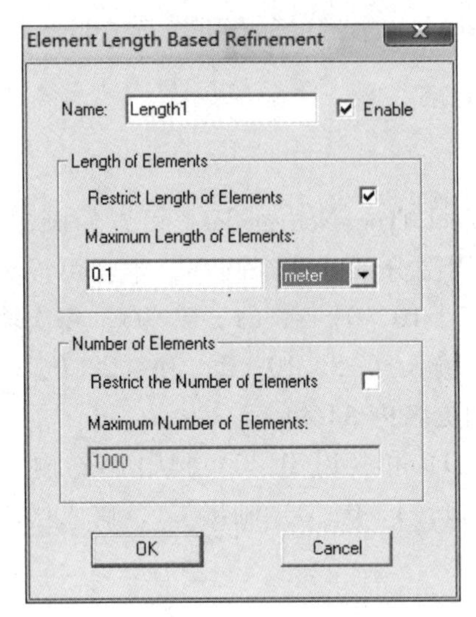

图 7-7　剖分参数设置

2）同时选中 A2、B2、C2，在绘图区单击鼠标右键，选择 Assign Mesh Operation/Inside Selection/Length Based，将 Name 设置为 Length2，将参数设置为 0.4m。

3）选中 Rectangle2，在绘图区单击鼠标右键，选择 Assign Mesh Operation/Inside Selection/Length Based，将参数设置为 2m。选中 path 矩形域，设置剖分参数为 0.1m。

7. 模型检查、求解

执行菜单命令 Maxwell 2D/Validation check 或单击快捷按钮，弹出自检对话框，确认所有设置均正确。

（1）查看剖分

1）选中 Analysis，单击鼠标右键后单击 Apply Mesh Operation。

2）剖分完成后选中 Rectangle1，在绘图区单击鼠标右键，选择 Plot Mesh，单击 Done。可以查看剖分结果，如图 7-8 所示。

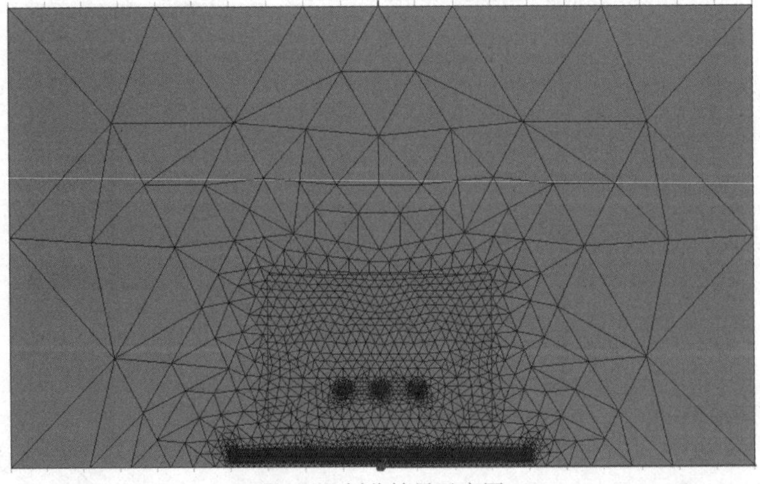

图 7-8　剖分结果示意图

（2）求解

选择 Maxwell 2D/Analyze All，或者直接单击图标进行求解。

8. 结果查看

（1）查看电位分布

选中 Rectangle1，单击鼠标右键选择 Fields/Voltage，出现如下对话框，如图 7-9 所示，在 In Volume 中选择 AllObjects。

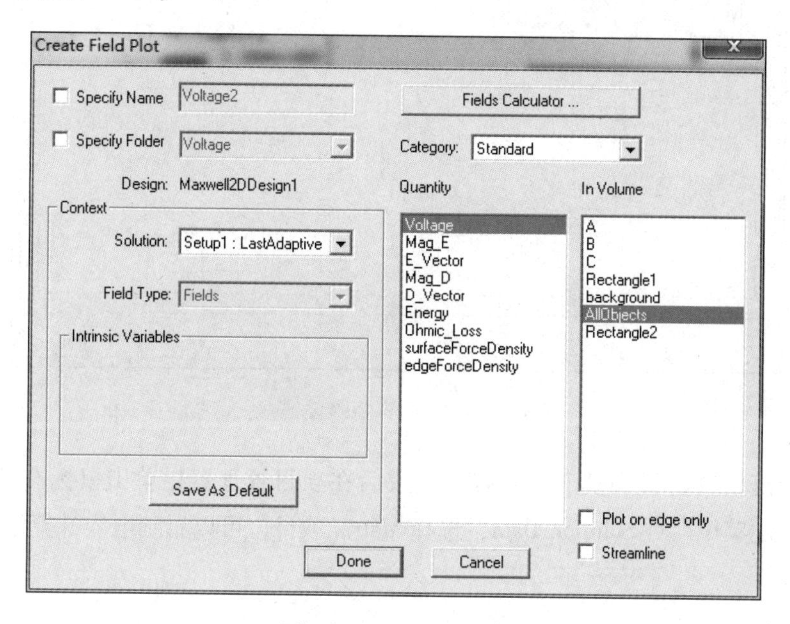

图 7-9　查看电位分布

单击确定按钮就可以看到整个求解区域的电位分布，如图 7-10 所示。

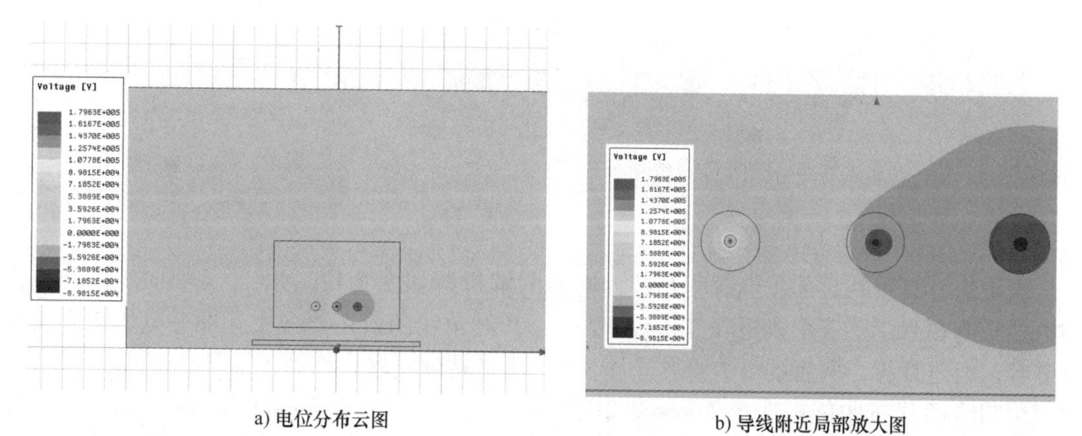

a) 电位分布云图　　b) 导线附近局部放大图

图 7-10　电位分布云图

（2）导线间的电容计算

在项目管理器单击鼠标右键 Parameters，执行弹出菜单命令 Assign/Matrix，弹出电容矩阵参数对话框，进行如图 7-11 所示的勾选。

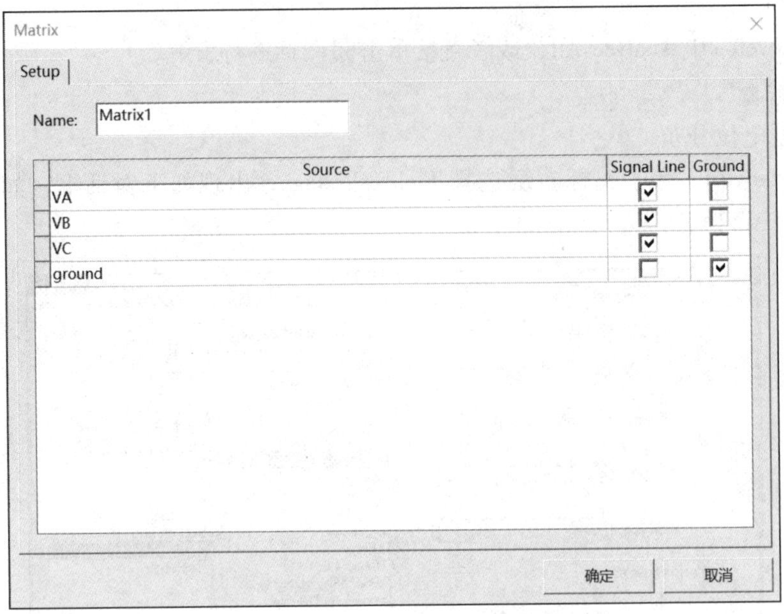

Matrix

Setup

Name: Matrix1

Source	Signal Line	Ground
VA	☑	☐
VB	☑	☐
VC	☑	☐
ground	☐	☑

确定 取消

图 7-11　电容矩阵设置

再次执行模型检查和模型计算，完成后在项目管理器栏单击鼠标右键 Results，执行单击鼠标右键菜单命令 Solution Data，选择 Matrix 项目，可以看到电容计算结果如图 7-12a 所示。

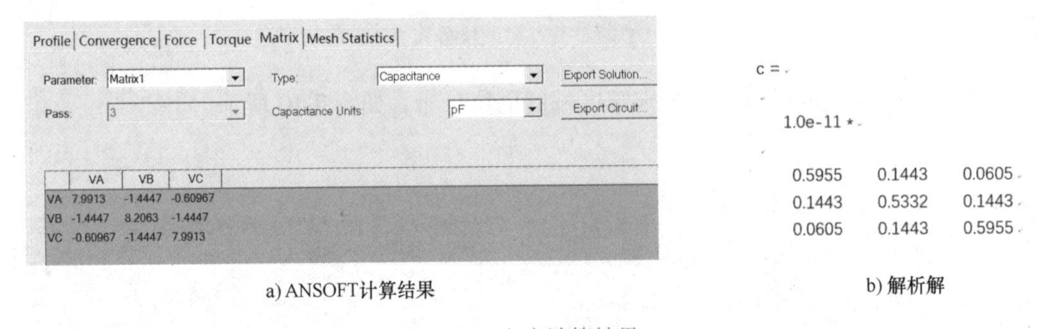

a) ANSOFT计算结果　　b) 解析解

图 7-12　电容计算结果

理论值计算得到自部分电容和互部分电容的解析解如图 7-12b 所示，ANSOFT 中计算出的电容矩阵相当于感应系数矩阵（Beta 矩阵），其对角线的值还要减去互部分电容才是自部分电容。经过计算，两者的最大误差小于 1%，满足精度要求。

绘制路径分布曲线：选择 Maxwell 2D/Results/Create Fields Report/Rectangluar Plot，在 Geometry 栏选择 Line，然后选择 Voltage，提取地面上方 1.5m 处的电位曲线如图 7-13a 所示。同样的方法，可以绘制出路径上的电场强度曲线如图 7-13b 所示。

从图 7-13 中可以看出，地面上方 1.5m 处，电位的分布和电场的分布规律正确。由于采取了适当的网格控制方法，路径上的电位和电场分布曲线都很光滑，过渡平滑，说明计算结果达到了较好的精度。

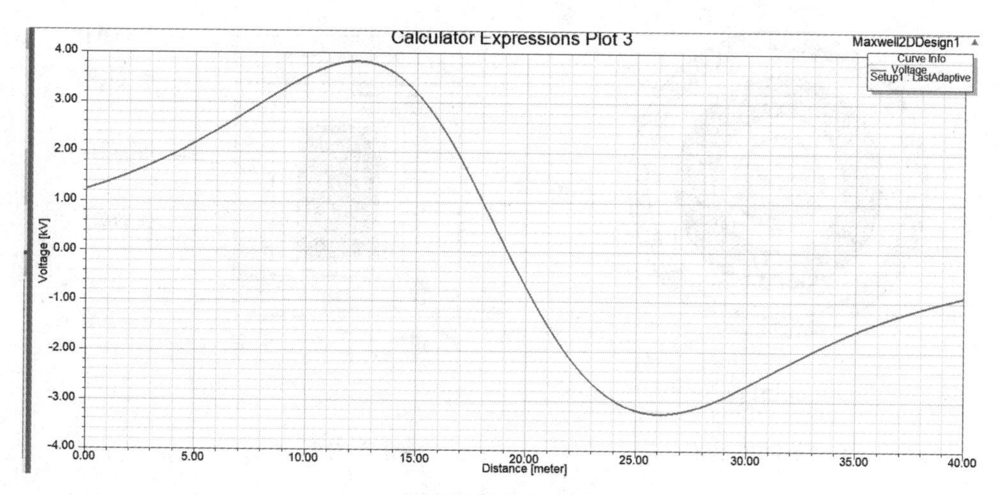

a) 电位沿路径的分布结果

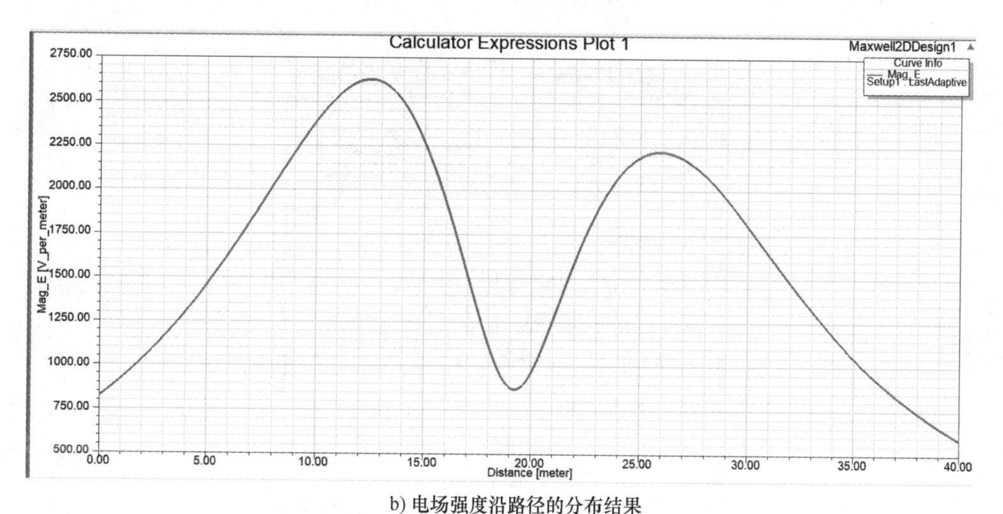

b) 电场强度沿路径的分布结果

图 7-13　电位及电场强度分布曲线

补充算例二：静磁场——螺线管线圈的磁场分布

问题描述如下：

螺线管的尺寸（单位为 m）和材料属性如图 7-14 所示，线圈有 650 匝，每匝线圈电流为 1A，求其磁场的分布。

1. 创建项目，并选择求解问题的类型

本例选择的是柱坐标系和静磁场类型（见图 7-15）。

2. 绘制几何模型

（1）设置绘图单位

执行菜单命令 Modeler/Units，根据需要进行单位设置，系统默认的单位为 mm，本例中单位设置为 meter。

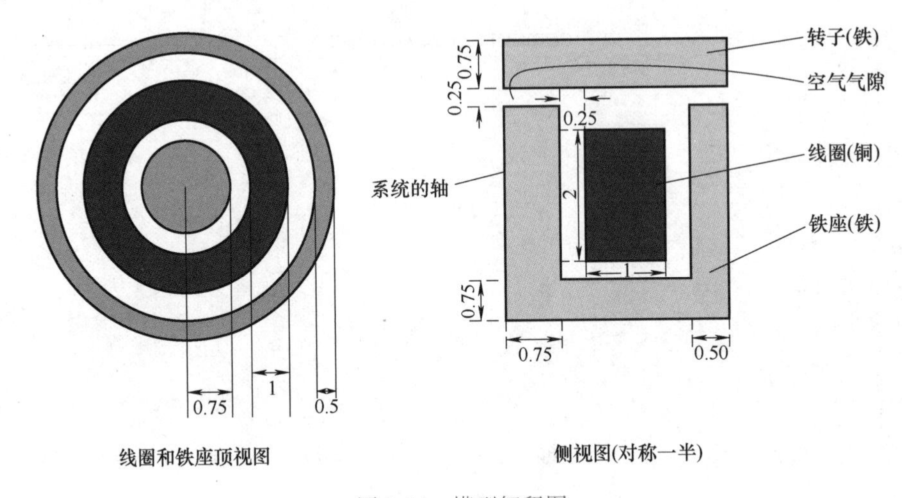

图 7-14　模型解释图

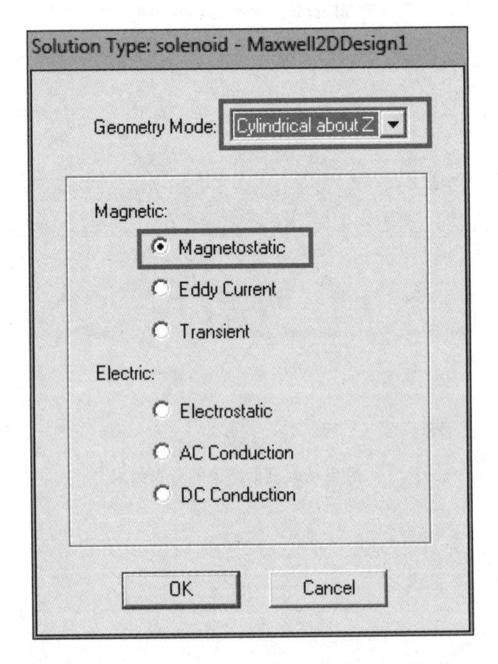

图 7-15　选择静磁场求解器和坐标类型

（2）绘制模型

绘制曲线模型时，系统默认的是将封闭后的曲线自动生成面，更改绘图设置，不再对封闭的曲线生成面。

执行菜单命令 Tools/Options/General Options，更改绘图设置，如图 7-16 所示。选择后会自动弹出图 7-17 所示的界面。

在弹出的界面上，单击左边栏中的 3D Modeler 前面的“+”号，展开功能栏，单击 Drawing，右边栏就会变成如图 7-17 所示的内容选项。将 Polyline Creation 项下默认的 Automatically cover closed polylines 选项前的勾掉，确认后系统将不再对封闭的曲线强制生成面了。

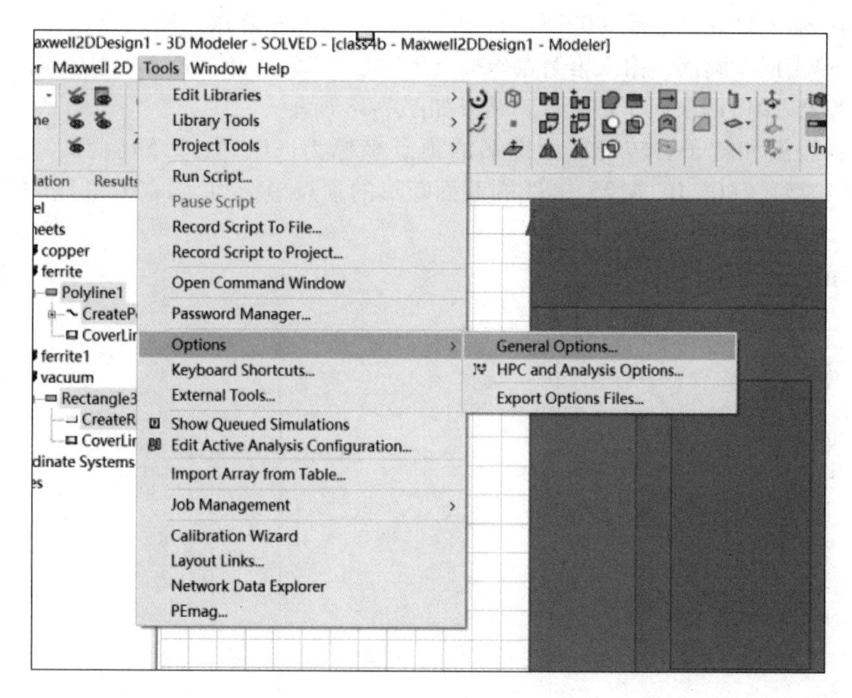

图 7-16　模型绘制选项

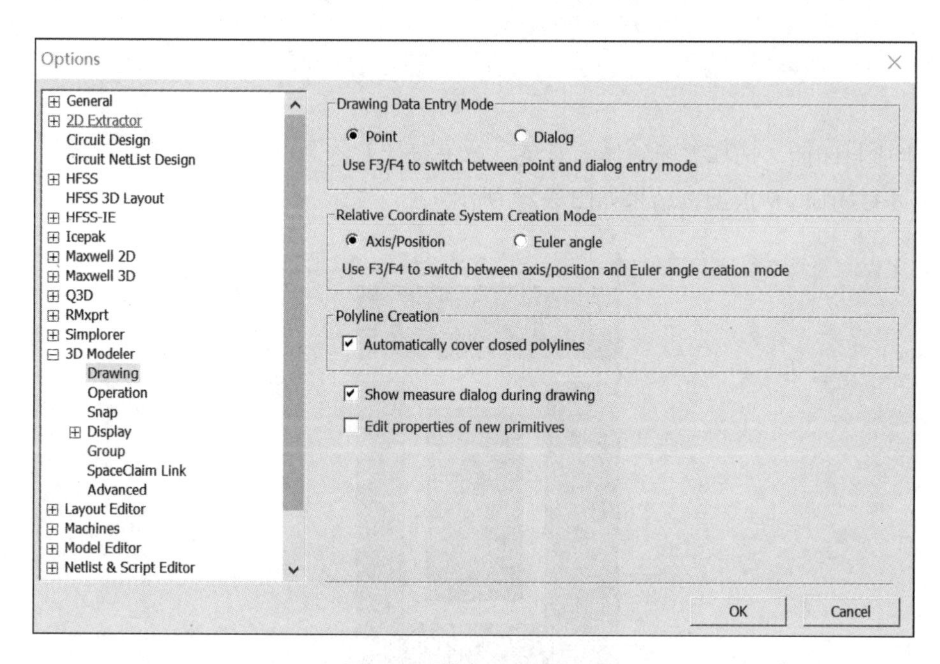

图 7-17　模型绘制选项卡

1）绘制铁座截面。在菜单栏 Draw 下选择 Line 或在工具栏选择 ，在最下方坐标状态栏依次输入铁座起点坐标（X，Y，Z）=（0，0，0），单击回车 Enter 键确认；输入第一点坐标（2.75，0，0），单击回车确认；输入第二点坐标（2.75，0，3.25），单击回车确认；输入第三点坐标（2.25，0，3.25），单击回车确认；输入第四点坐标（2.25，0，0.75），单击回车确认；输入第五点坐标（0.75，0，0.75），单击回车确认；输入第六点坐标（0.75，0，3.25），单击回车确认；输入第七点坐标（0，0，3.25），单击回车确认；输入第八点坐标（0，0，0），单击两次回车键确认。结果如图 7-18 所示。

2）绘制线圈和转子。转子截面矩形的顶点坐标为（0，0，3.5）、（2.75，0，3.5）、（2.75，0，4.25）、（0，0，4.25）。线圈截面矩形的顶点坐标为（1，0，1）、（2，0，1）、（2，0，3）、（1，0，3）。

完成后的图形如图 7-19 所示。

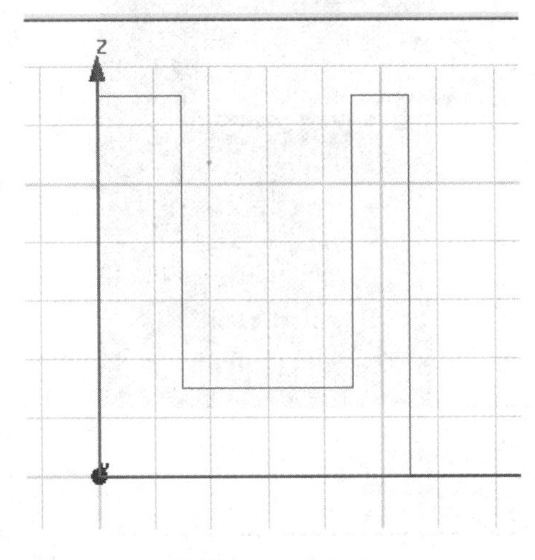

图 7-18　铁座轮廓

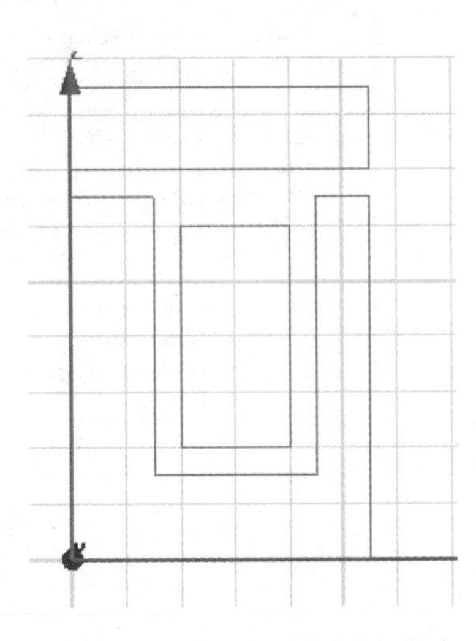

图 7-19　绘制转子和线圈截面轮廓

3）生成封闭面。选择需要转换的对象，单击鼠标右键 Edit/Surface/Cover Lines，将闭合轮廓转化为封闭面 2D 模型，结果如图 7-20 所示。

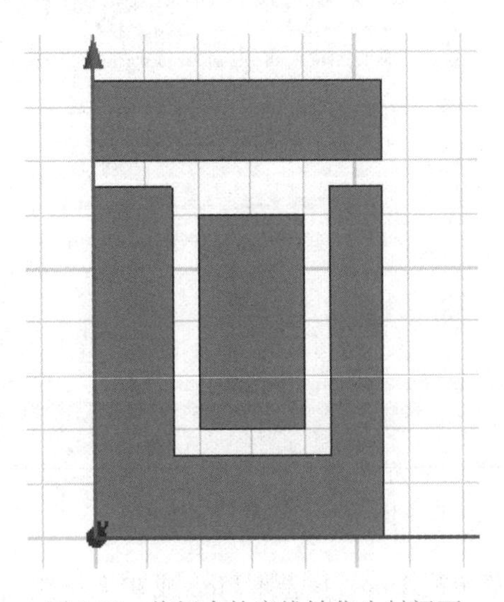

图 7-20　将闭合轮廓线转化为封闭面

4）添加模型计算边界。更改绘图设置，将封闭曲线自动生成面的设置调回来。执行菜单命令 Tools/Options/General Options，更改绘图设置，如图 7-16 所示。选择后，会自动弹出

图 7-17 所示的界面，将刚刚去掉的勾选恢复。系统将对封闭的曲线自动生成面。

画矩形，在菜单栏 Draw 下选择 Rectangle 或在工具栏选择□，对角点坐标为（0，0，0）和（2.75，0，4.25）。

3. 设置各部件的材料属性

未设置时，模型默认材料是真空。

在模型树中选择线圈截面，单击鼠标右键后选择 Assign Material，选择 Copper（铜）。

空气截面的材质默认的是真空 Vacuum，不需要更改。

转子和铁座的材料虽然都是铁，但转子相对磁导率为 2000，而铁座的相对磁导率为 1000，而系统自带的材料铁的相对磁导率为 1000。

材料管理器窗口中，材料的相对磁导率属性栏（Relative Permeability）可以看到系统自带铁磁材料相对磁导率为 1000。利用材料管理器下方的复制材料 Clone Material（s）按钮，如图 7-21 所示，单击后弹出新建材料窗口，如图 7-22 所示。其他属性不变，将相对磁导率改为 2000，单击窗口下方的 OK 按钮，新材料创建成功。

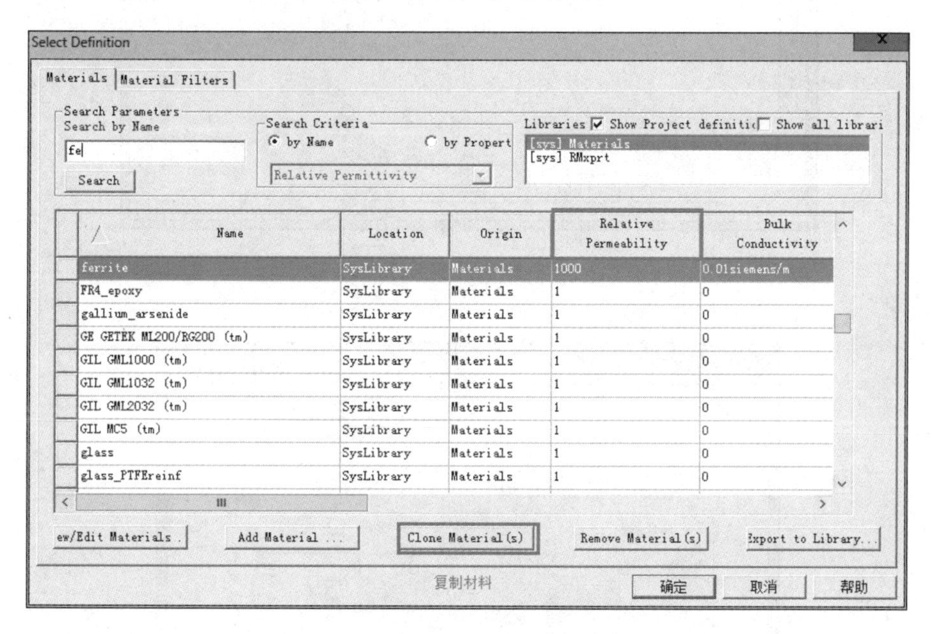

图 7-21　由已有材料生成类似的材料

设置铁座的材料为 ferrite，设置转子的材料为新建的材料 ferrite1。

4. 设置激励、边界条件

静磁场求解器中激励源有电流源和电流密度源两种。静磁场的激励源不仅可以施加在物体表面也可以施加在边界线上。

在模型树中选择线圈，单击鼠标右键后选择 Assign Excitation/current，弹出电流源激励设置窗口，如图 7-23 所示。

Value 项可设定激励源的电流值，对于多匝线圈，该值为总的安匝数，而不是一匝线圈的电流值。

边界条件设置：执行菜单命令 Edit/Select/Edges，或者在绘图区单击鼠标右键选择

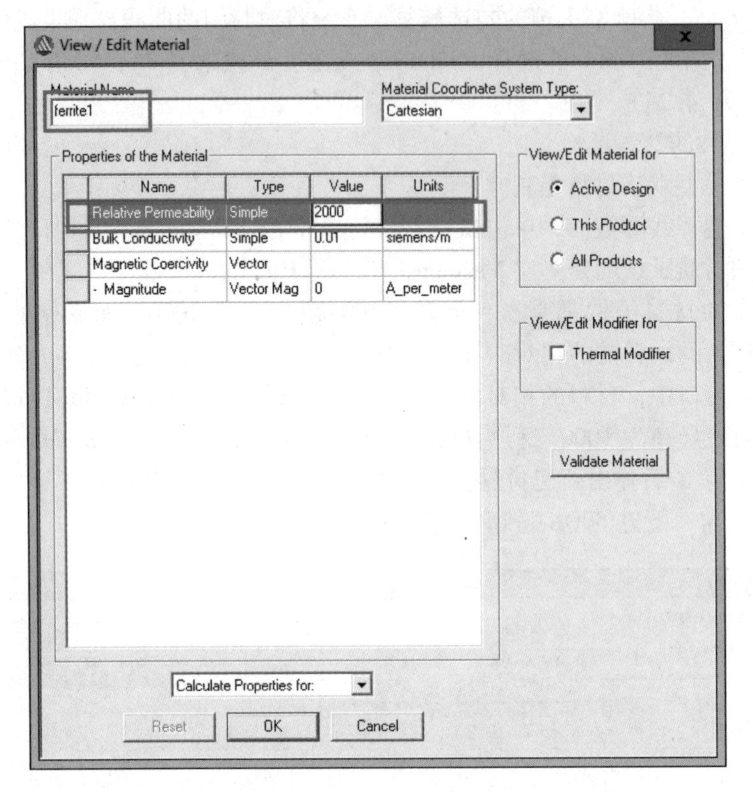

图 7-22　创建新材料

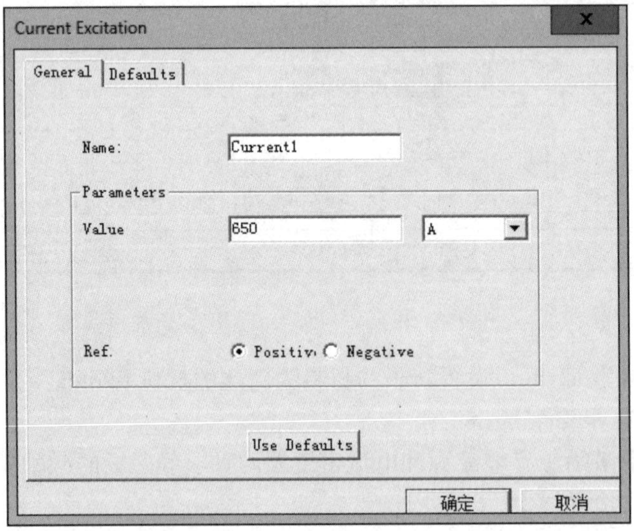

图 7-23　线圈电流激励设置

Select Edges。将计算区域的四个边设置为 VectorPotential = 0 边界。如图 7-24 所示。本例中磁力线平行于边界，即理想情况下不考虑间隙间的漏磁，因此设置矢量磁位 A = 0，操作如图 7-25 所示。

* 也可以在轴线上设置对称边界，在对话框的奇偶子项中选择奇对称（**Odd**），表示磁通平行条件。

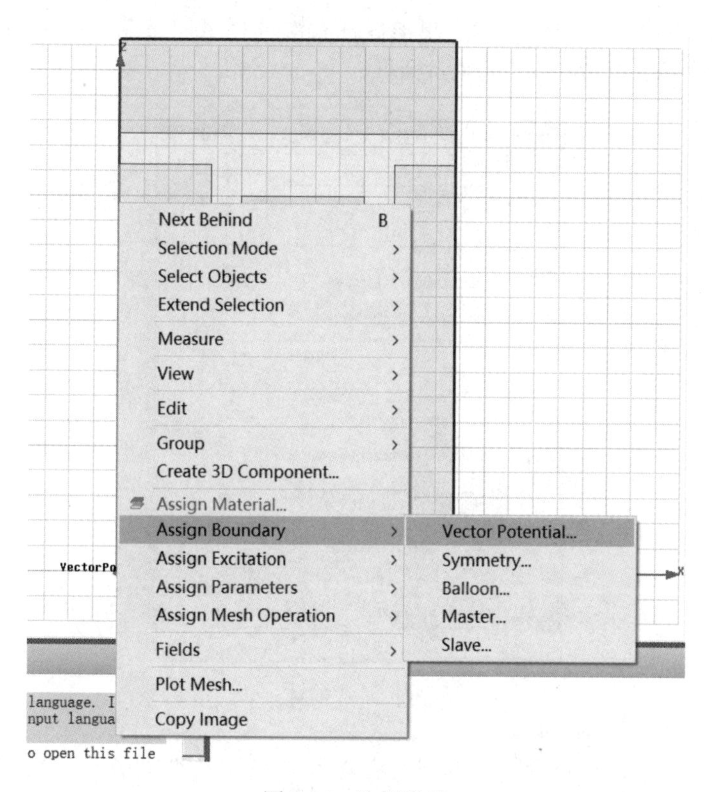

图 7-24 边界设置

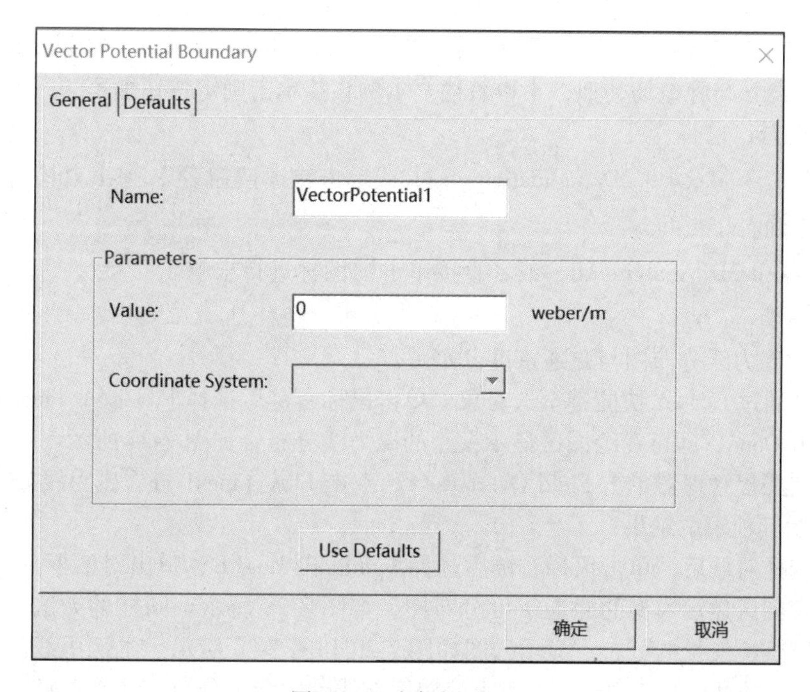

图 7-25 对称边界设置

5. 剖分设置

首先在绘图区选中一个部件，然后单击鼠标右键选择 Assign Mesh operation/Inside Selection/Length Based，弹出图 7-26 所示的对话框。

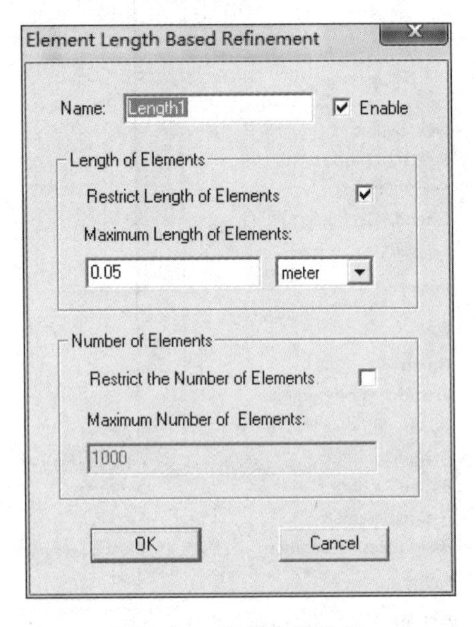

图 7-26　剖分参数设置

采用 Inside Selection 剖分设置。本例所有对象均采用精细剖分，每次更改剖分设置后，均需要初始化网格再应用，新的剖分设置才能应用成功。

6. 求解设置

在项目管理器的 Analysis 项单击鼠标右键选择 Add Solution Setup，弹出求解参数设置对话框。各选项内容与静电场类似，不再赘述。本例直接单击确定按钮即可。

7. 模型检查、求解

执行菜单命令 Maxwell 2D/Validation check 或单击快捷按钮，弹出自检对话框，确认所有设置均正确。

选择 Maxwell 2D/Analyze All，或者直接单击图标进行求解。

8. 结果查看

（1）显示磁力线分布图与磁通密度分布图

在绘图区通过 Ctrl+A 快捷键全选对象。单击鼠标右键后选择 Fields/A/Flux_Lines，弹出对话框，单击 Done，即可在绘图区显示模型的磁力线分布，如图 7-27 所示。

也可以在工程管理器单击 Field Overlays/A，双击 Flux_Lines1 查看磁力线分布图。

（2）显示其他求解结果

同理，选择对象后，单击鼠标右键后选择 Fields/B/Mag_B，弹出对话框，单击 Done 按钮，即可在绘图区显示模型的磁通密度分布图，如图 7-28 所示。同样的方法，查看电流密度 J 的分布以及 $\boldsymbol{J}$ 矢量的分布，显示云图如图 7-29 和图 7-30 所示。本例中线圈施加的电流为 6500A，线圈的截面积为 2m^2，因此电流密度在线圈中均匀分布，计算正确。

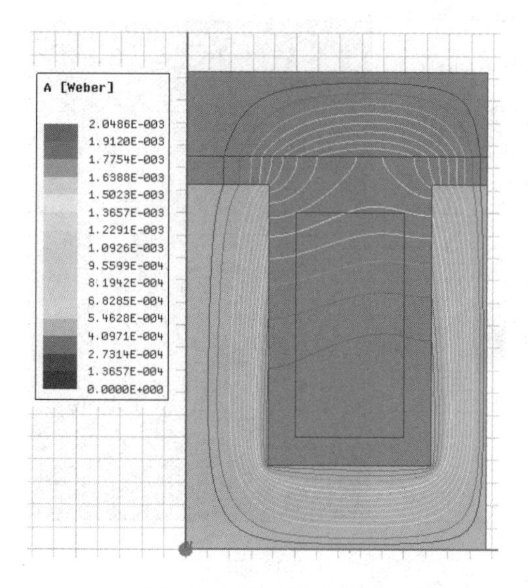

图 7-27　磁力线分布图

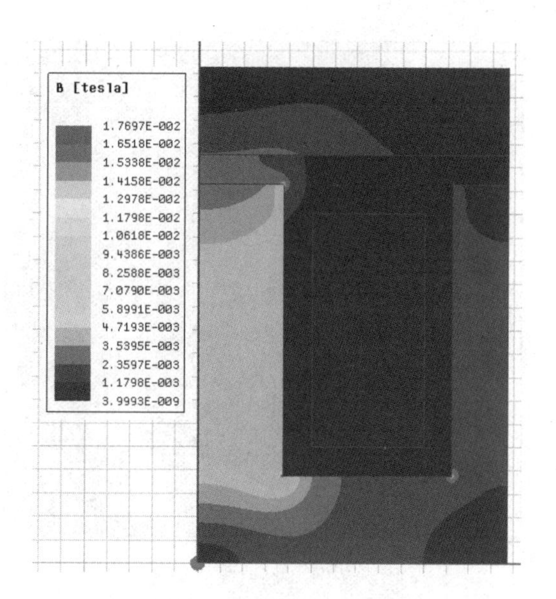

图 7-28　磁通密度分布图

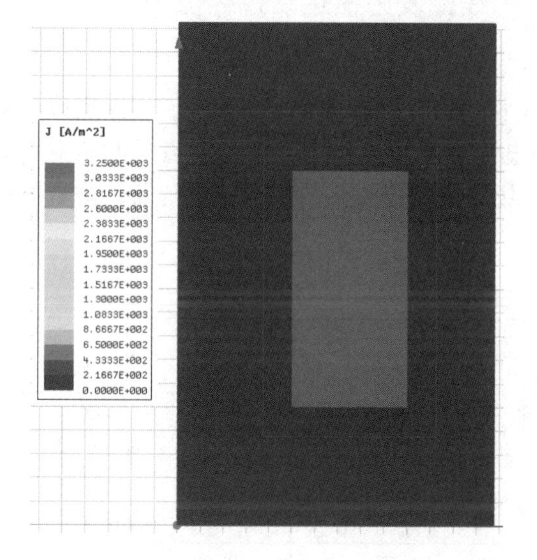

图 7-29　电流密度分布云图

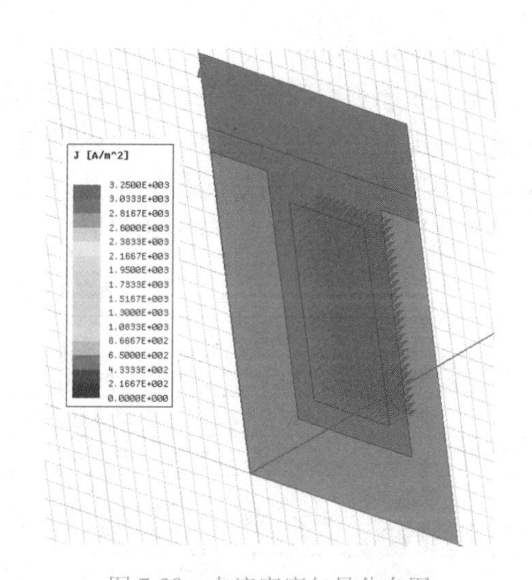

图 7-30　电流密度矢量分布图

考察边界区域的影响，将设为 10m×20m 的区域，再计算此例，对比计算的准确度。因为本例直接将边界选取在了高磁导率铁磁材料的表面，降低了计算量。由于计算区域的增大，会使网格数量大大提升，需要较多的计算资源。如果计算过程中显示内存不足，可将网格控制尺寸调大，降低网格量，使得求解可以完成。

计算后，提取磁力线分布和磁通密度分布如图 7-31 和图 7-32 所示。发现虽然气隙处有漏磁，但是磁场的分布趋势和大小基本上变化不大。随着铁心的磁导率增大，两者之间的误差会降低。因此在计算条件不足的时候，可以利用求解问题的特点，进行适当的简化。

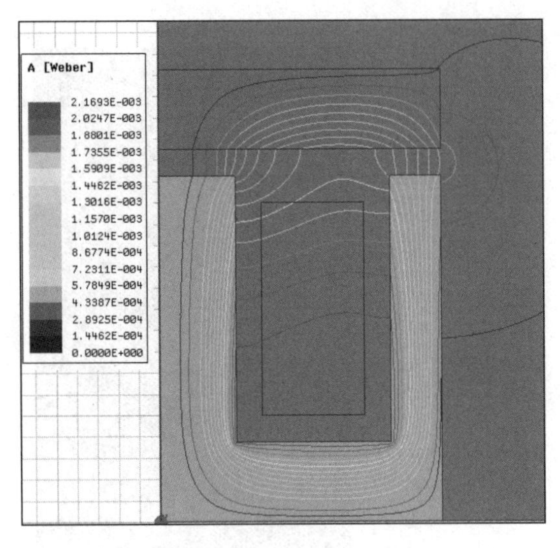

图 7-31　磁力线分布图

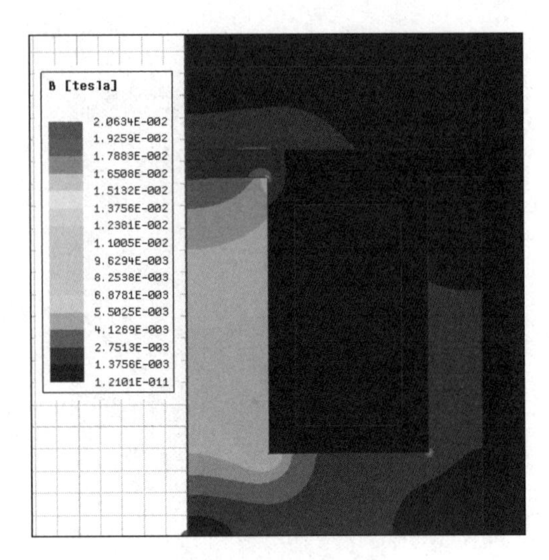

图 7-32　磁通密度分布图

补充算例三：瞬态运动问题——线圈发射器运动过程仿真

问题描述如下：

电磁线圈炮由圆筒铜质线圈、圆筒铝合金电枢组成，同轴放置。工作时，线圈通以脉冲电流，在电枢中感应出涡流，涡流磁场与线圈电流磁场相互作用，产生推力，推动电枢运动。本案例属于电磁瞬态问题，采用 2D 轴对称场路耦合模型，采用瞬态求解器，仿真电枢中的涡流以及运动过程。参数见表 7-1。

表 7-1　线圈发射器模型参数

线圈参数		电枢参数	
线圈内径	56mm	电枢内径	38mm
线圈外径	82.4mm	电枢外径	50mm
线圈长度	53.5mm	电枢长度	60mm
线圈材料	铜	电枢材料	铝
线圈匝数	34	初始位置	线圈中心
线圈电流	脉冲放电，电容 4mF/2500V		

1. 新建工程

在 project 下新建 Maxwell 2D 工程，并命名为 class5_coilgun，具体如下：

Toolbar-Desktop-Maxwell-Maxwell 2D（见图 7-33）。

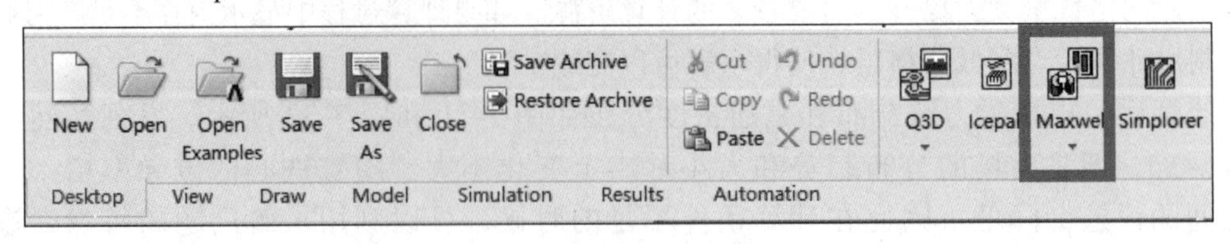

图 7-33　新建工程

修改求解类型为：Z轴对称，暂态计算（Transient），具体如下：

Project Manager-project1/class5_coilgun，单击鼠标右键后选择Solution，设置求解类型为Transient，如图7-34所示。

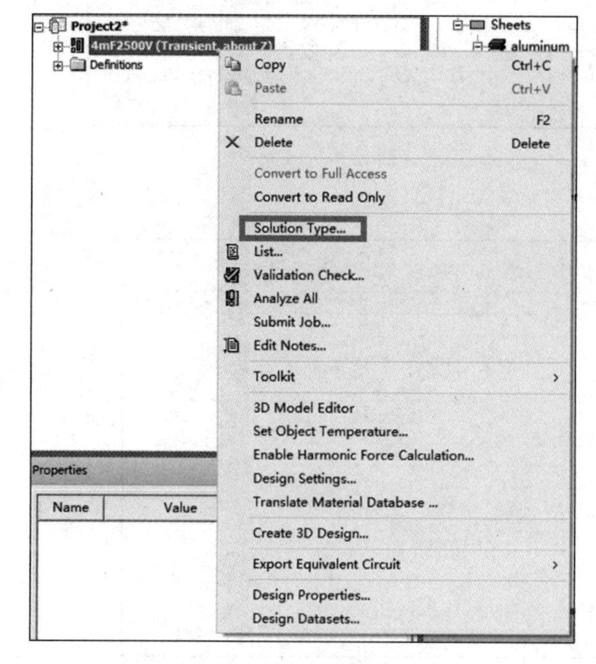

a) 设置菜单

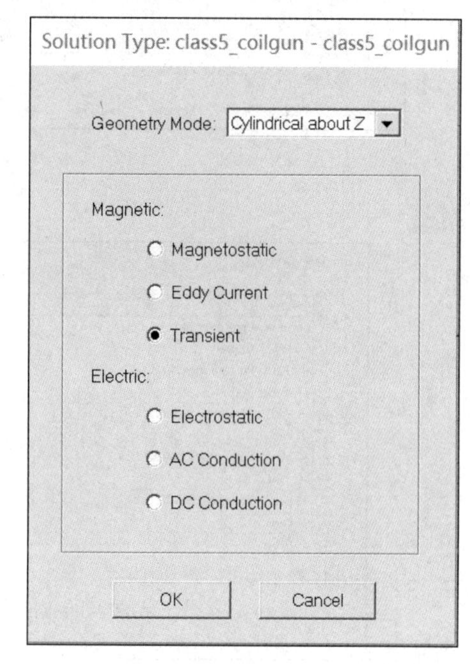

b) 设置选项结果

图7-34 设置求解器类型

2. 建立几何模型

绘制矩形面，建立电枢、线圈、运动带的几何模型：

在工具栏中选择Tools/Draw/draw rectangle，或者单击工具栏中的快捷菜单，如图7-35所示。

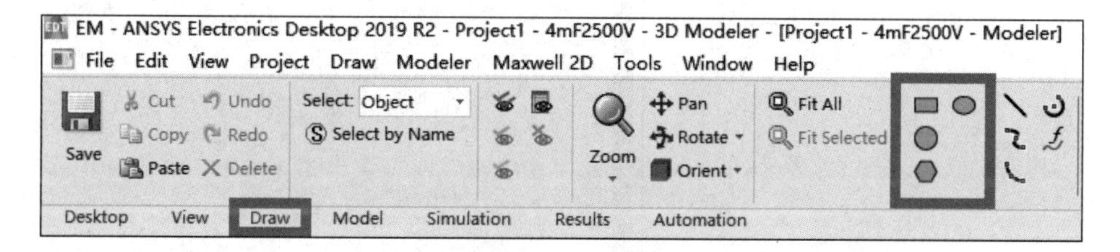

图7-35 绘制矩形实体快捷菜单

分别绘制电枢、线圈、运动带二维模型，几何设置参数如图7-36所示。

Properties

Name	Value	Unit	Evaluated
Command	CreateRectangle		
Coordin...	Global		
Position	19 ,0 ,0	mm	19mm , 0
Axis	Y		
XSize	6	mm	6mm
ZSize	60	mm	60mm

a) 电枢(armature)

Properties

Name	Value	Unit	Evaluated
Command	CreateRectangle		
Coordin...	Global		
Position	28 ,0 ,-26.75	mm	28mm , 0
Axis	Y		
XSize	13.2	mm	13.2mm
ZSize	53.5	mm	53.5mm

b) 线圈(coil)

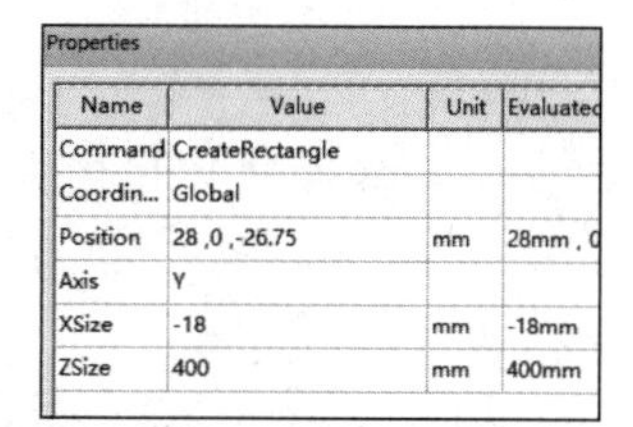
Properties

Name	Value	Unit	Evaluated
Command	CreateRectangle		
Coordin...	Global		
Position	28 ,0 ,-26.75	mm	28mm , 0
Axis	Y		
XSize	-18	mm	-18mm
ZSize	400	mm	400mm

c) 运动带(band)

图7-36 2D矩形实体模型参数设置图

设置求解区域：选取 region 功能，如图 7-37 所示，在求解模型外部包裹空气区域，设置空气区域的 R、Z 方向的拓展比例，设置值如图 7-38 所示。

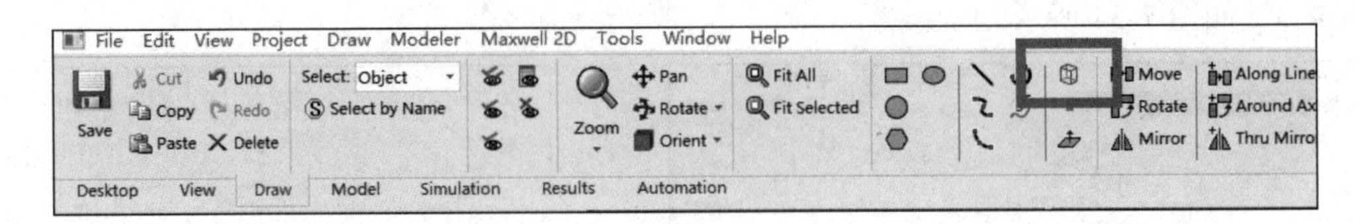

图 7-37　求解区域设置菜单

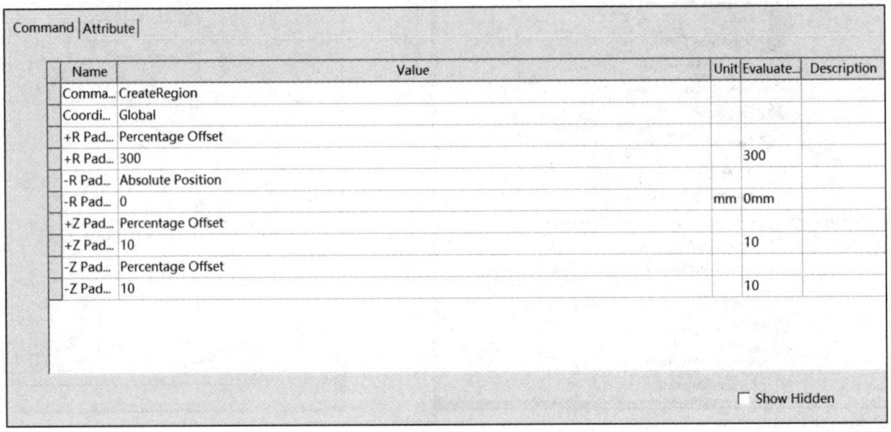

Command | Attribute

Name	Value	Unit	Evaluate...	Description
Comma...	CreateRegion			
Coordi...	Global			
+R Pad...	Percentage Offset			
+R Pad...	300		300	
-R Pad...	Absolute Position			
-R Pad...	0	mm	0mm	
+Z Pad...	Percentage Offset			
+Z Pad...	10		10	
-Z Pad...	Percentage Offset			
-Z Pad...	10		10	

Show Hidden

图 7-38　求解区域各个参数设置值

模型建好后，线圈发射器模型如图 7-39 所示。

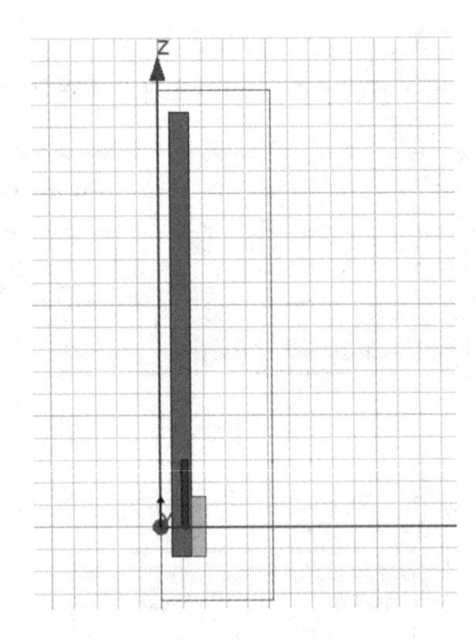

图 7-39　单级线圈发射器的轴对称模型

3. 设置材料属性

Model/Sheets/vacuum/armature/coil，单击鼠标右键选择 Assign Material，将电枢和线圈材料设置为 aluminum 与 copper（铝电枢、铜线圈）。band 与 Regin 的材料默认为空气，属性

无需设置。设置后 Model 的信息如图 7-40b 所示。

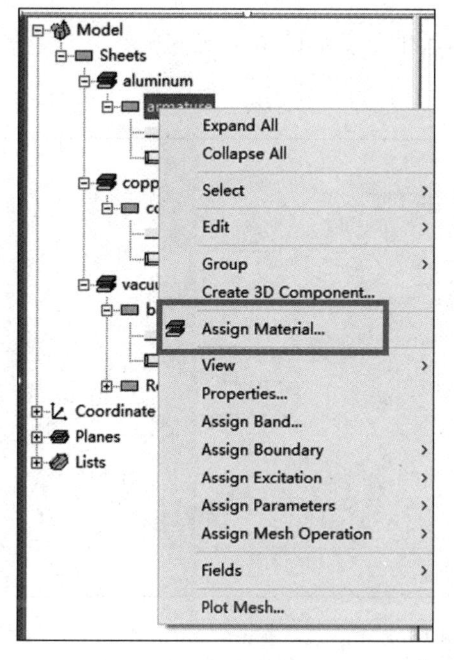

a) 设置材料属性

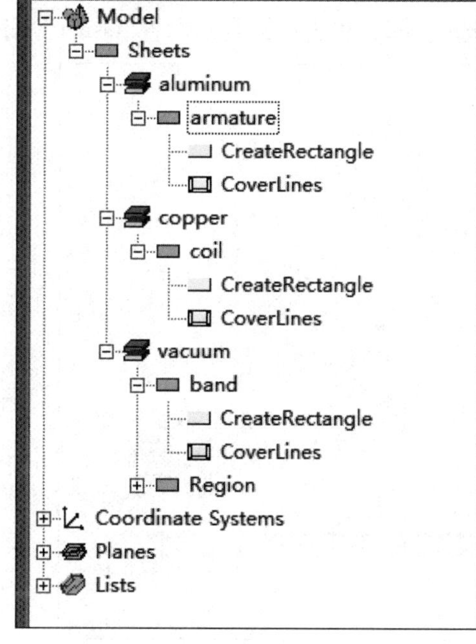

b) 设置完成界面

图 7-40 材料设置

4. 网格剖分

以电枢剖分为例：选中线圈 coil，单击鼠标右键设置 Assign Mesh Operation/Inside Selection/Length Based，设置参数如图 7-41a 所示；选中电枢 armature，单击鼠标右键设置 Assign Mesh Operation/On Selection/Length Based，设置参数如图 7-41b 所示。

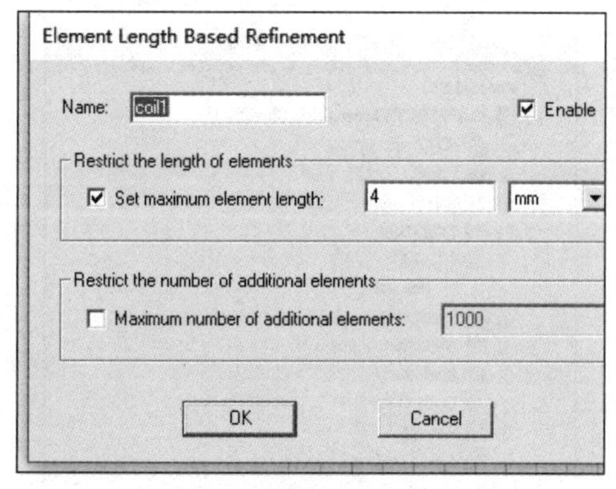

a) 线圈参数设置

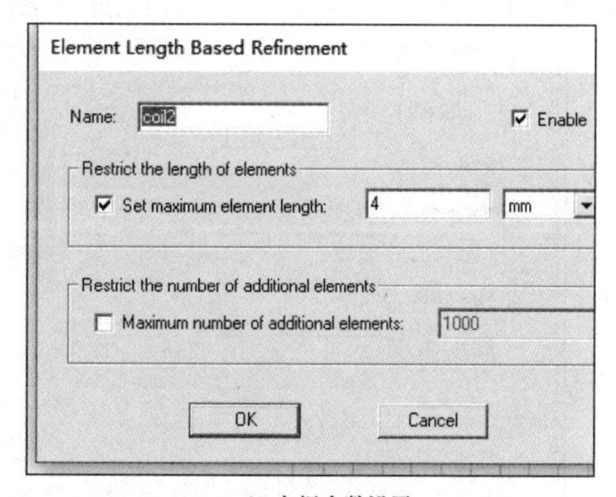

b) 电枢参数设置

图 7-41 网格控制尺寸设置

对 band、Region 进行同样的剖分操作，band 的剖分参数可与 armature 一致。Region 的剖分参数可以设置为 10mm。

5. 设置激励和边界条件

(1) 设置线圈、绕组激励和涡流

选中 coil，单击鼠标右键设置 Assign Excitation/Coil...，如图 7-42 所示。

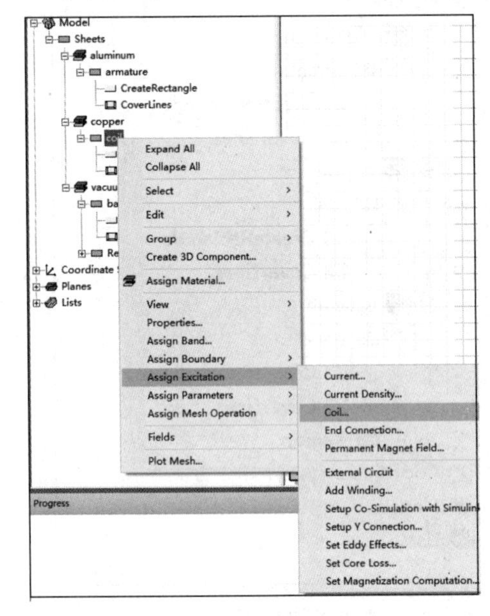

a) 线圈激励

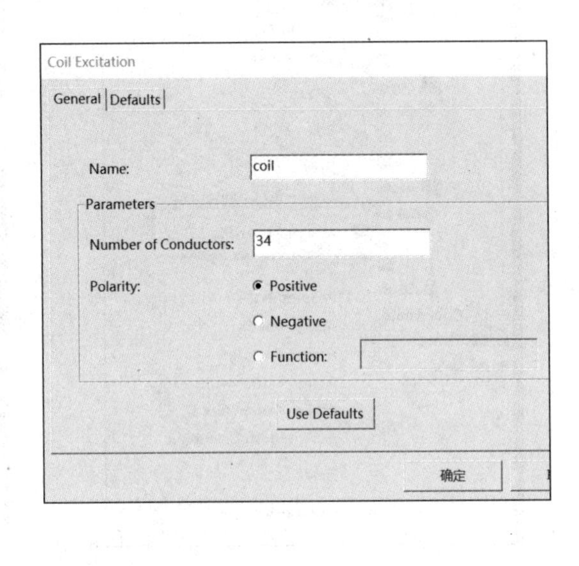

b) 线圈设置参数

图 7-42 线圈激励设置过程

选中 coil，单击鼠标右键设置 Assign Excitation/Set Eddy Effect，在打开的设置框中，选中线圈 coil 和电枢 armature。

Project Manager-project1/class5_coilgun/Excitation，单击鼠标右键选择 add Winding，选择激励方式为外电路激励，绕组类型为 Stranded。设置绕组后，将线圈添加到绕组中。选中 coil，单击鼠标右键选择 Add to Winding，将 coil 添加到绕组 Coil1 中，添加后激励部分显示状态如图 7-43 所示。

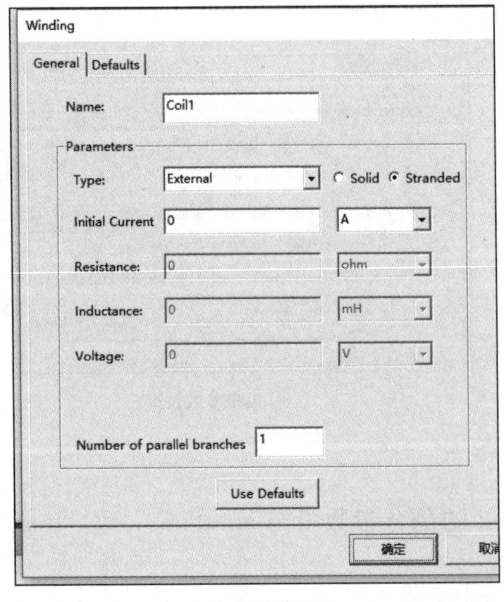

a) 绕组参数设置

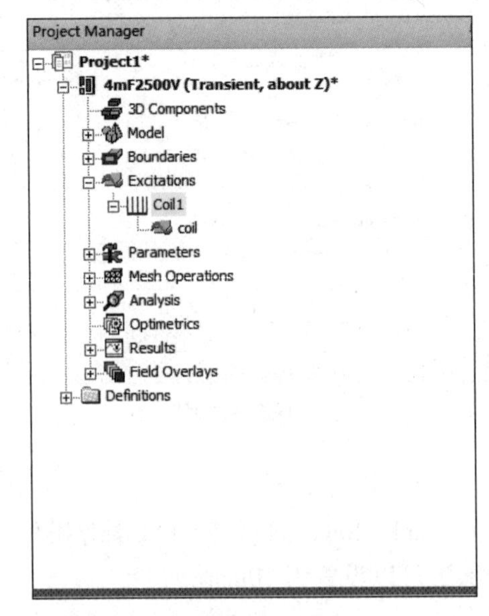

b) 绕组设置完成界面

图 7-43 绕组设置过程

（2）设置外电路

Project Manager-project1/class5coilgun/Excitation，单击鼠标右键选择 External Circuit/Edit External Circuit..，如图 7-44a 所示。

在弹出窗口中单击 Create Circuit 按钮，如图 7-44b 所示，进入编辑电路界面，软件会打开一个 Project1_ckt * 的电路编辑窗口，编辑电路模型。如图 7-44c 和图 7-44d 所示，此时界面上显示一个电感线圈，是刚刚建立的绕组模型，名字为 Lcoil1，该名字不能随意修改，否则可能对应不上。接下来需要在电路编辑器中连接其他元件。

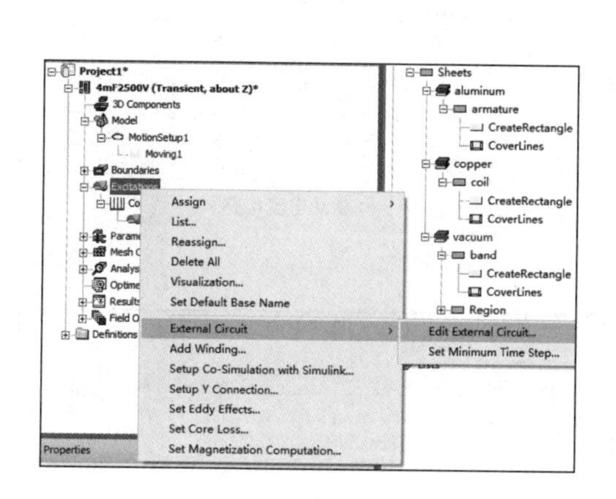

a) 设置外电路激励

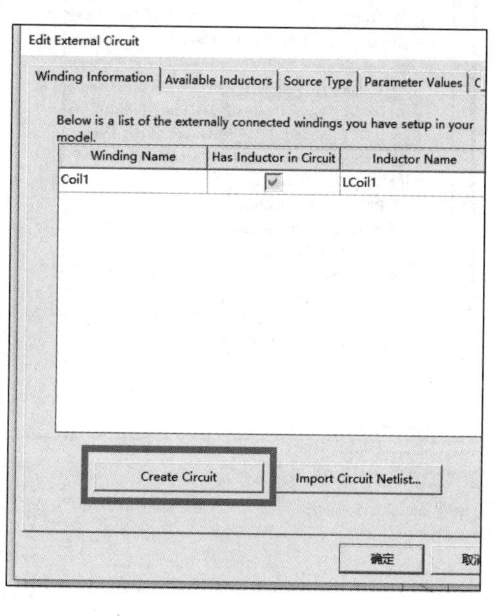

b) 创建外电路

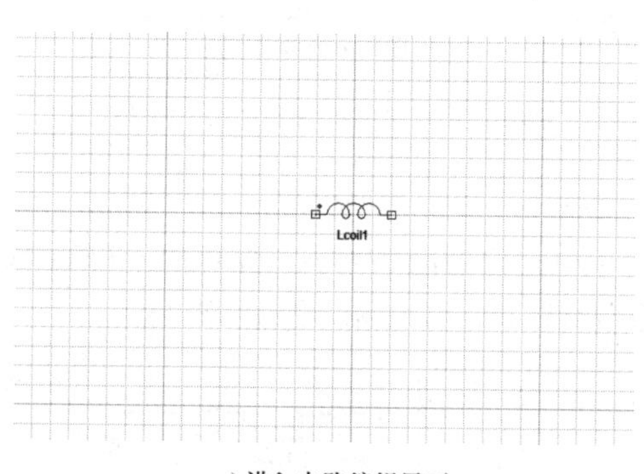

c) 进入电路编辑界面

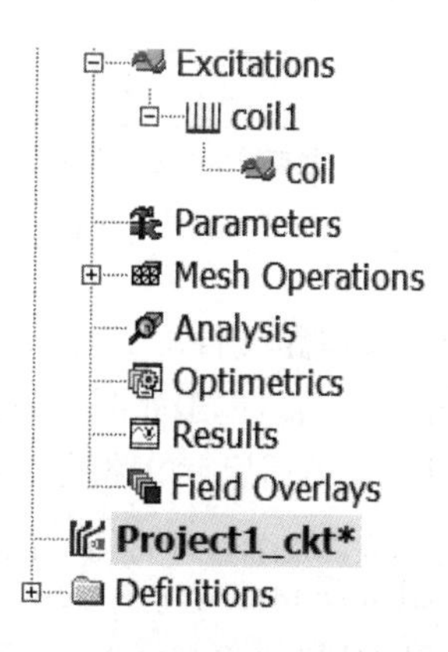

d) 项目管理器信息显示

图 7-44　电路模型编辑

可以通过元件库，添加其他元件，设置其参数，电路模型的建立方法同其他 Spise 类软件雷同，此处不再赘述。如果由于某些计算机不兼容，显示不了元件库，可以通过搜索来添加元件。此例中电容器参数为 4mF/2500V，电容器内阻为 10mΩ，线圈电阻为 22mΩ。电路模型建好后如图 7-45 所示。

注意：本例中电容具有极性，负极（极板弯曲）接地。续流二极管默认设置（二极管需要增 DIODE_Model）。要把模型中二极管的名字与元器件中的“MOD”值设置成相同，本例中都设置为 D，如图 7-46a 和图 7-46b 所示。电路模型中“接地”符号标志在 Draw 菜单下面。

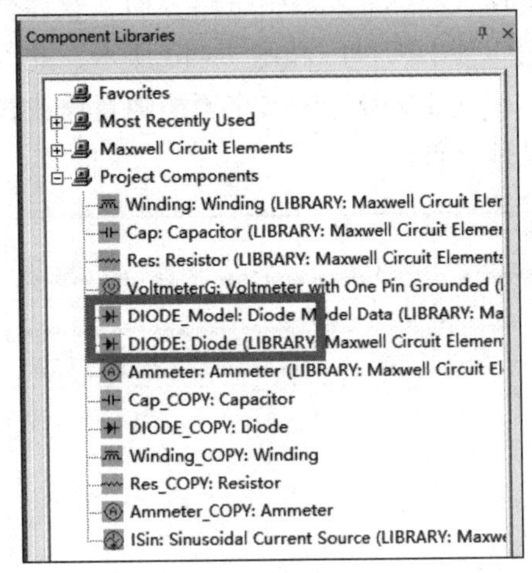

a) 二极管型号

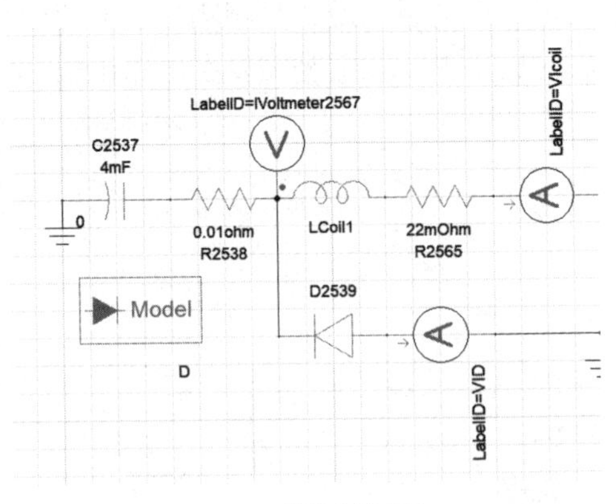

b) 驱动电流电路

图 7-45 电路模型编辑完成后的模型图

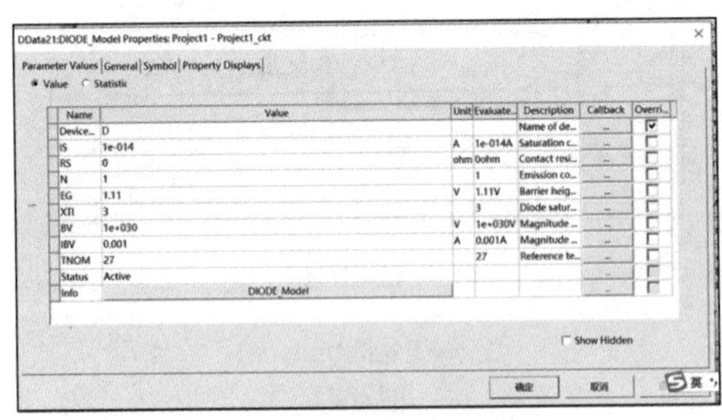

a) 二极管模型的名字设置为D

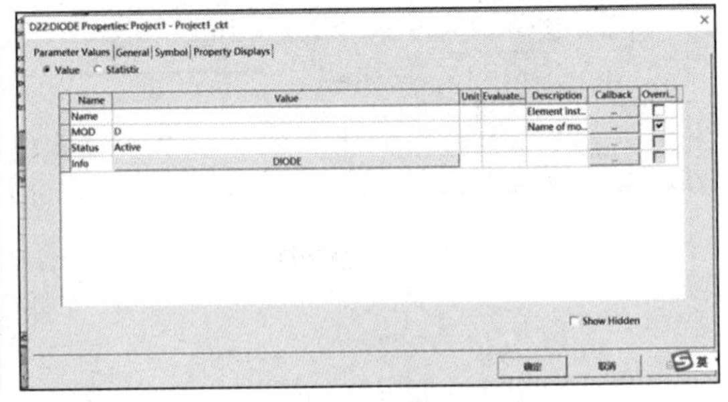

b) 元件中的名字设置

图 7-46 续流二极管模型的参数设置

（3）导入外电路文件

电路模型建好后，单击如图 7-47a 所示菜单，生成电路模型网络列表，保存成 coilgun. Sph，以备导入时使用。然后保存电路模型后退出电路模型编辑界面，回到场模型编辑表面。

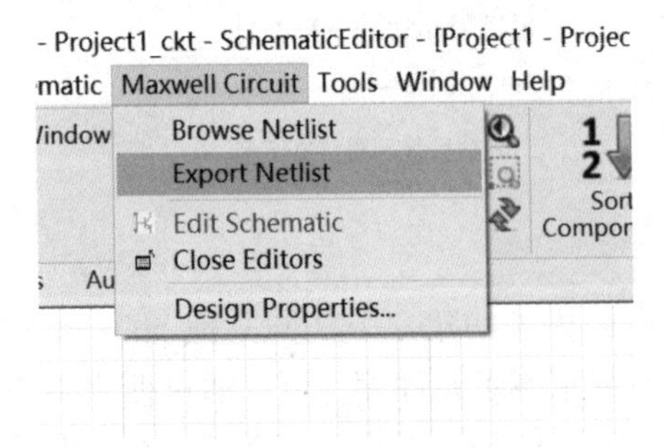

a) 生成电路模型文件

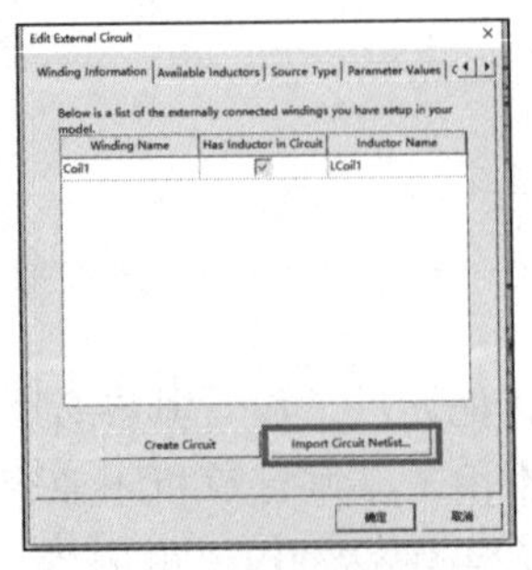

b) 导入电路模型文件

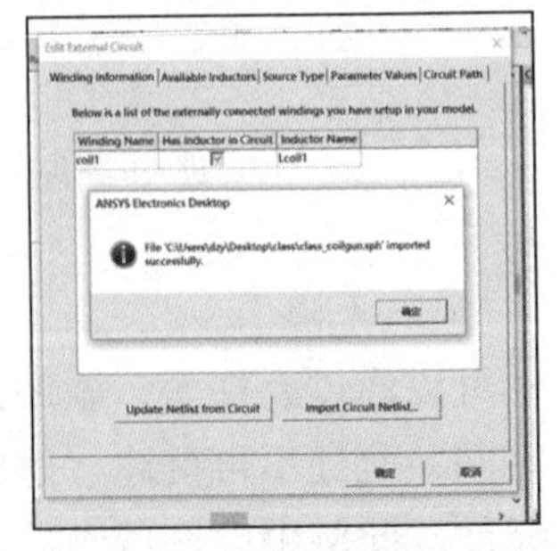

c) 导入成功后的信息

图 7-47 电路模型文件导入过程

单击 Project Manager-project1/class5 _ coilgun-Excitation，单击鼠标右键选择 External Circuit/Edit External Circut..，进行如图 7-47a 所示的操作，在弹出窗口中如图 7-47b 所示的界面，单击 Import Circuit Netlist... 按钮，选择刚才建立的 coilgun. Sph，导入后，显示如图 7-47c 所示界面，表示路模型导入成功。

注意：导出的电路网络节点 . sph 文件，命名中不能含有中文，保存路径也不能有中文字符。仿真过程中，每次修改电路模型，都必须重新生成此文件，然后再次导入才能有效。

（4）设置运动带

在模型中选中 band 后，Project Manager-project1/class5_coilgun/Model，单击鼠标右键选择 Motion Setup/Assign Band，参数设置如图 7-48 所示。

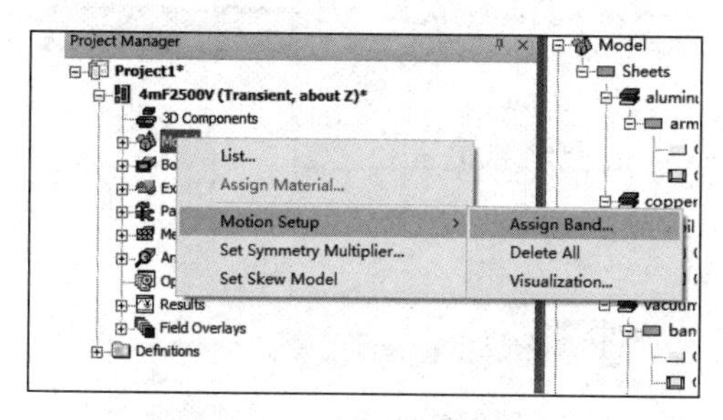

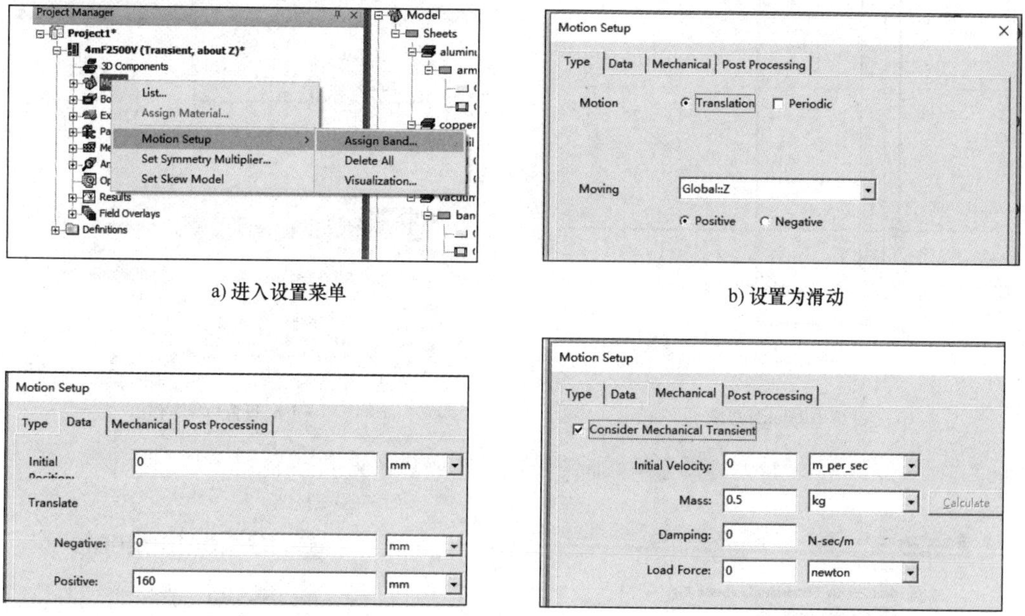

a) 进入设置菜单

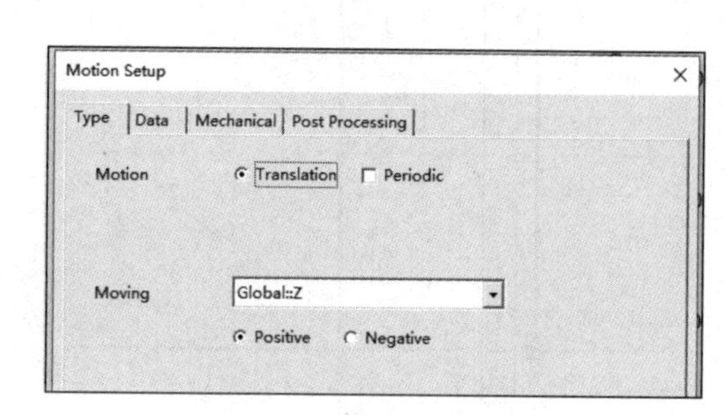

b) 设置为滑动

c) 设置初始位置

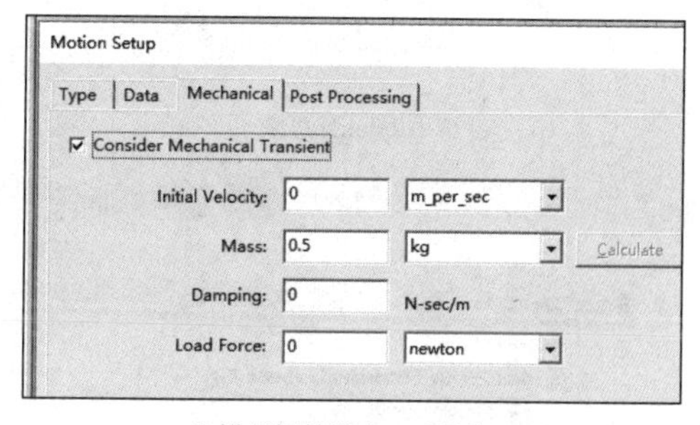

d) 设置初始速度、质量和阻尼

图 7-48　Assign Band 运动带的设置

（5）设置外边界条件

修改几何选取模式，选中 Reion 外边缘，设置边界条件为 Balloon（见图 7-49）。

（6）设置求解变量

选中电枢 armature，Project Manager-project1/class5_coilgun/Parameters，单击鼠标右键选择 Assign/Force，增加电枢受力变量（见图 7-50）。

（7）设置求解方案

Project Manager-project1/class5 _ coilgun/Analysis，单击鼠标右键选择 Add Solution Setup...，在 General 选项卡中，设置总求解时间与时间步长，如图 7-51b 所示。在 Save Fields 选项卡中，将 Save Fields 设置为 0.001s 和 0.002s，保存这两个时刻的求解结果，如图 7-51c 所示。

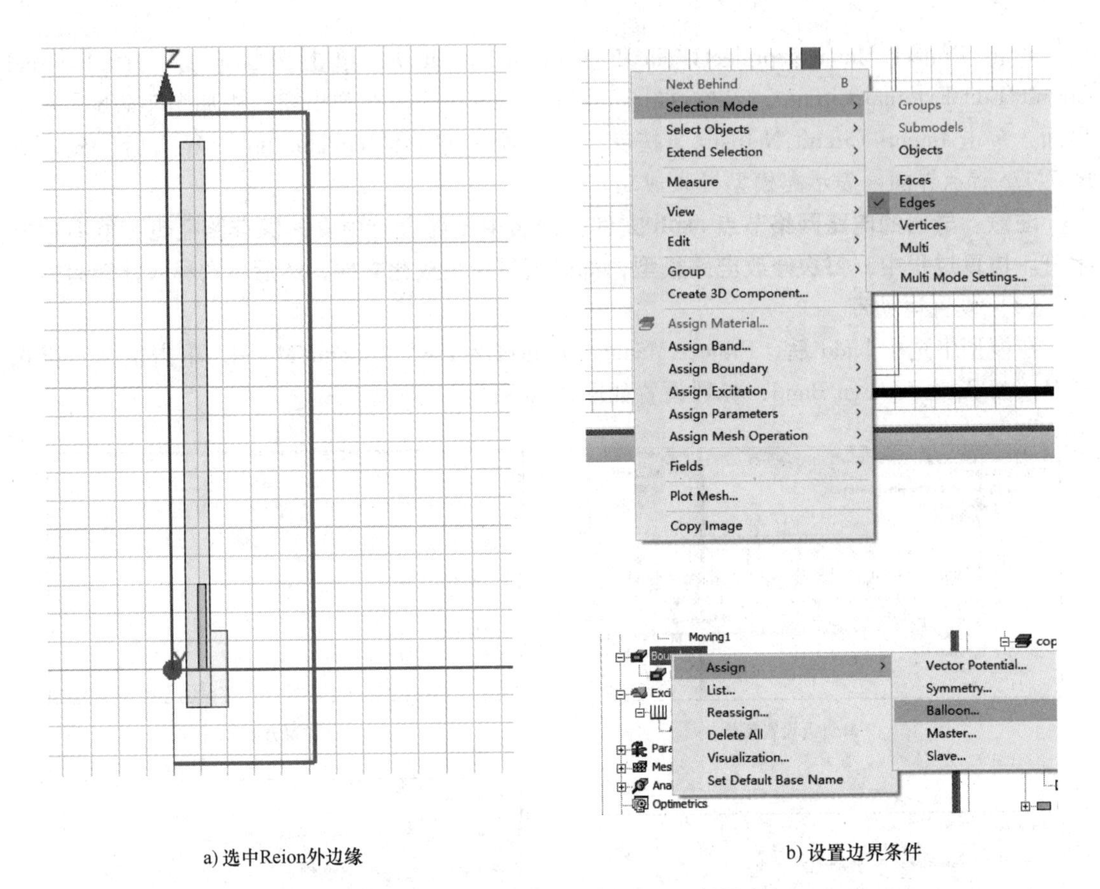

a) 选中Reion外边缘　　b) 设置边界条件

图 7-49　加载外部求解区域边界条件

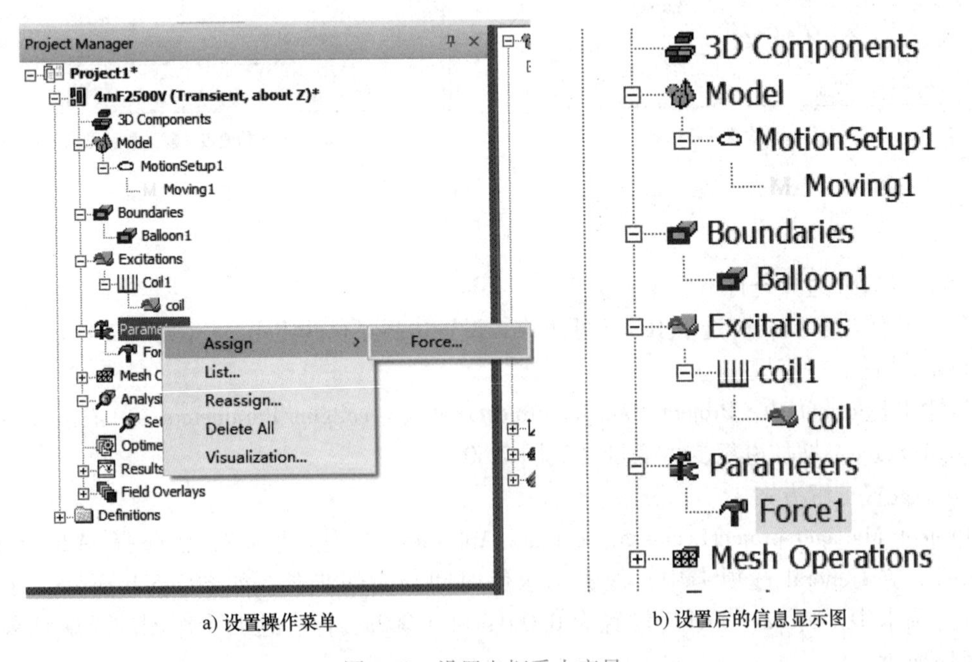

a) 设置操作菜单　　b) 设置后的信息显示图

图 7-50　设置电枢受力变量

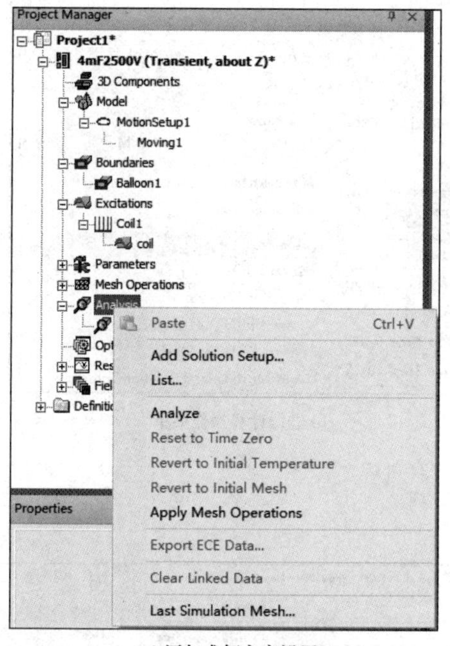

a) 添加求解方案设置

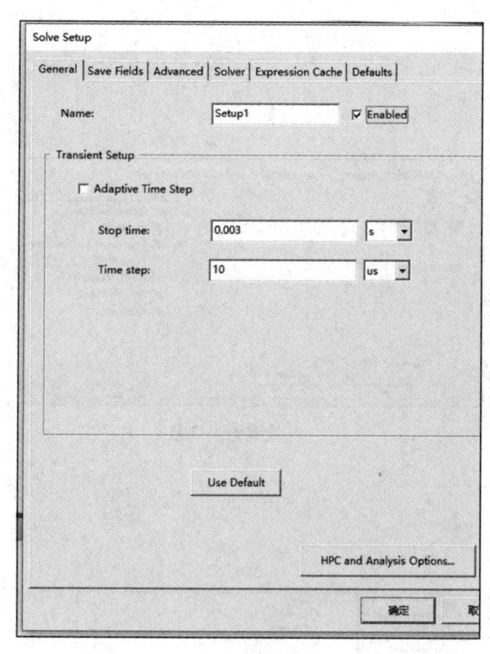

b) 求解设置

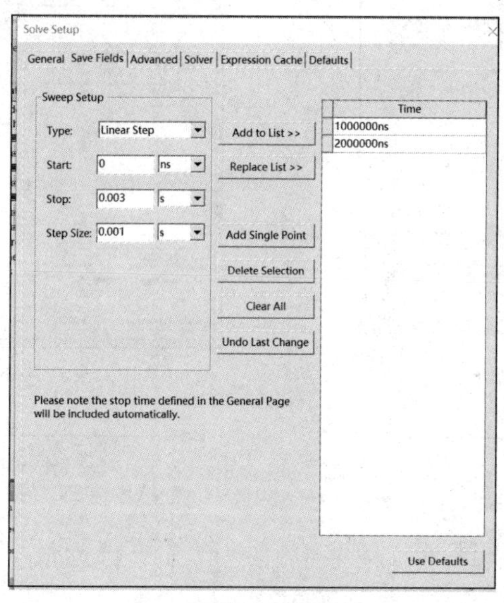

c) 设置保存场图的时刻

图 7-51　求解参数设置

6. 模型检查和求解

对模型进行检查，检查无问题后开始计算（见图 7-52）。

7. 查看计算结果，后处理

计算完成后，可以查看每一个时间步的场量云图以及线圈电流、放电电压、电枢受力以及速度曲线，如图 7-53 所示。

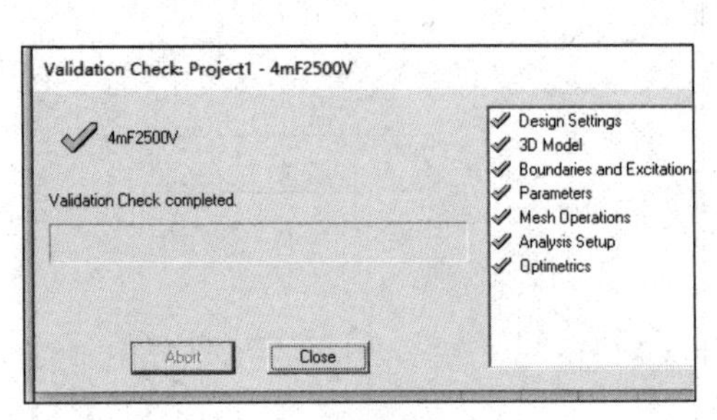

a) 检查无误信息

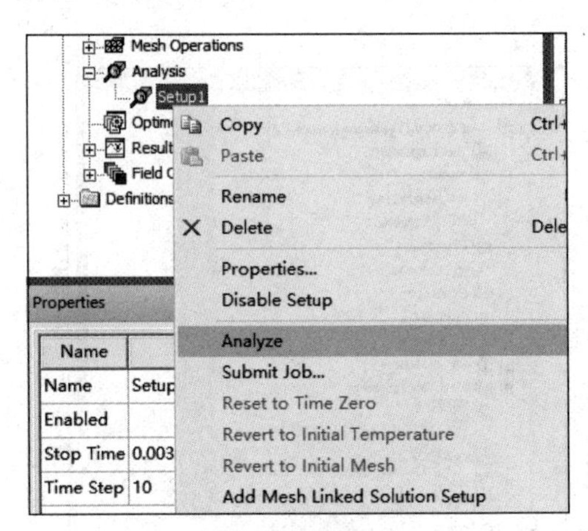

b) 进行计算操作菜单

图 7-52　模型检查和计算过程

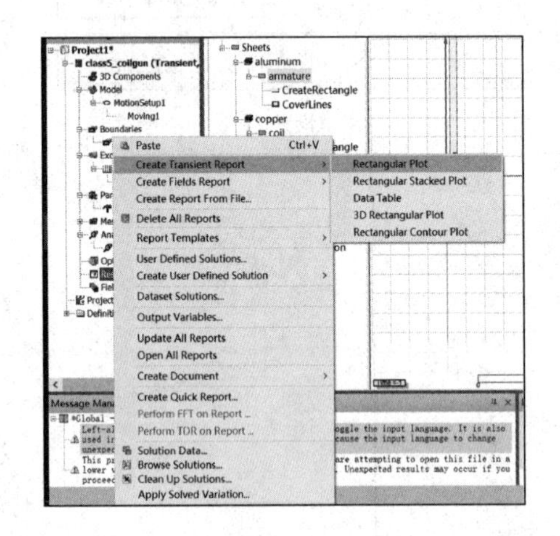

a) 绘制瞬态计算图菜单

b) 选择数据变量

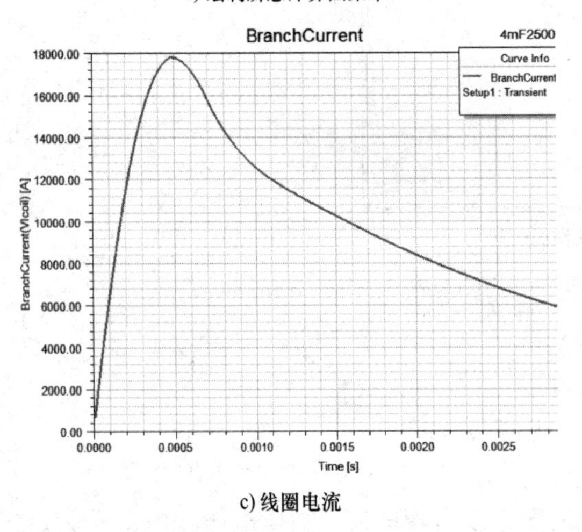

c) 线圈电流

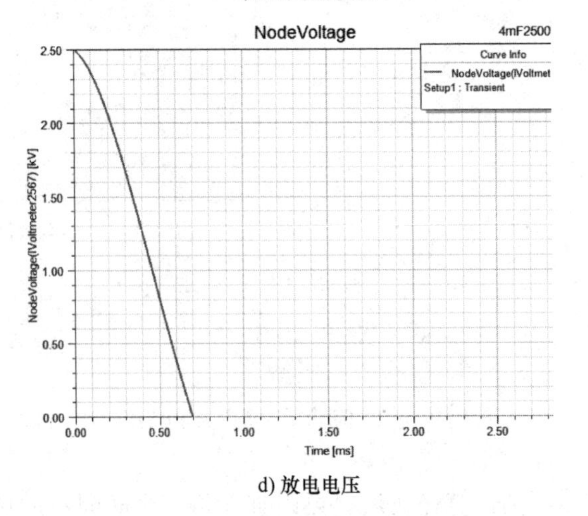

d) 放电电压

图 7-53　计算结果展示

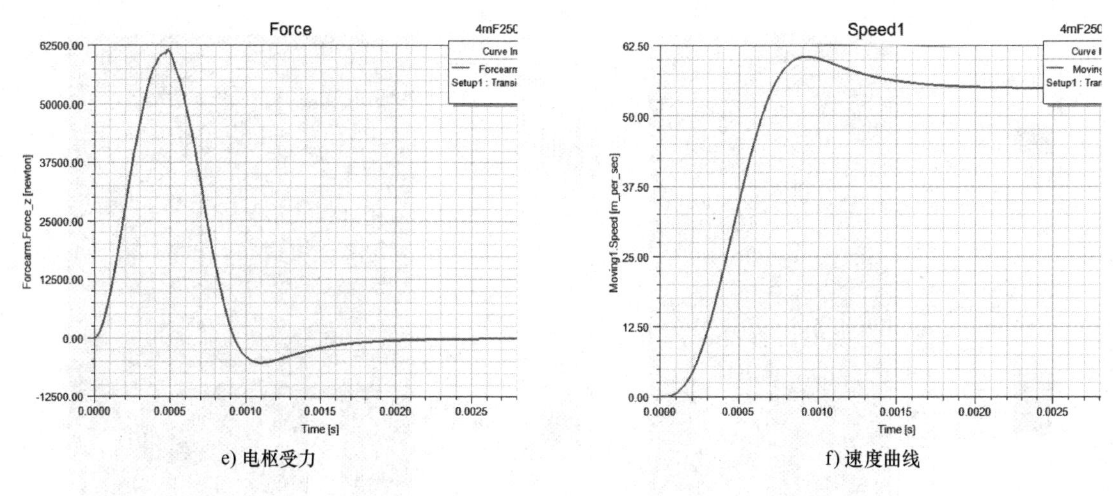

e) 电枢受力　　　　f) 速度曲线

图 7-53　计算结果展示（续）

查看电流密度分布云图。按 Ctrl+A 快捷键选中所有实体，鼠标放在选中的实体区，单击鼠标右键选择 Fields/J/Jphi，在弹出的对电话框中，单击 Done 按钮确定，就会显示电流密度的某个时刻的分布云图。系统初设的时刻是-1，通过双击模型显示窗口左下角的时间步，可以切换时间，如图 7-54 所示左下方的矩形框区域，里面有时间显示信息。双击后，在弹出的对话框中将时间分别切换为 0.001s，显示 1ms 时刻电枢和线圈中的电流密度，如图 7-55a 所示。同样的方式，可以获得 2ms 时刻的电流密度分布云图，如图 7-55b 所示。从图 7-55 可以看出，电枢的位置发生了移动，不同时刻电枢的位置不同。电枢中感应涡流分布极不均匀，而线圈中的电流密度是均匀分布的，因为线圈设置的模型为 Stranded 模型，该模型没有涡流，所以电流均匀分布。

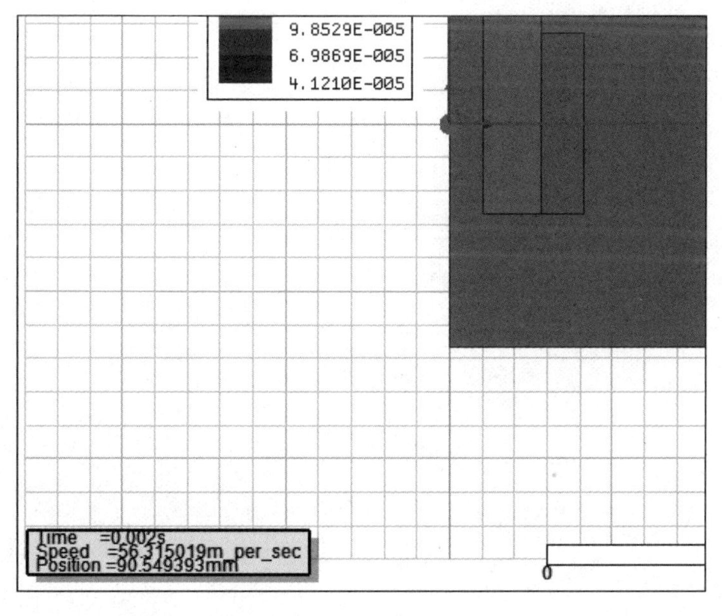

图 7-54　场图的时间选择位置

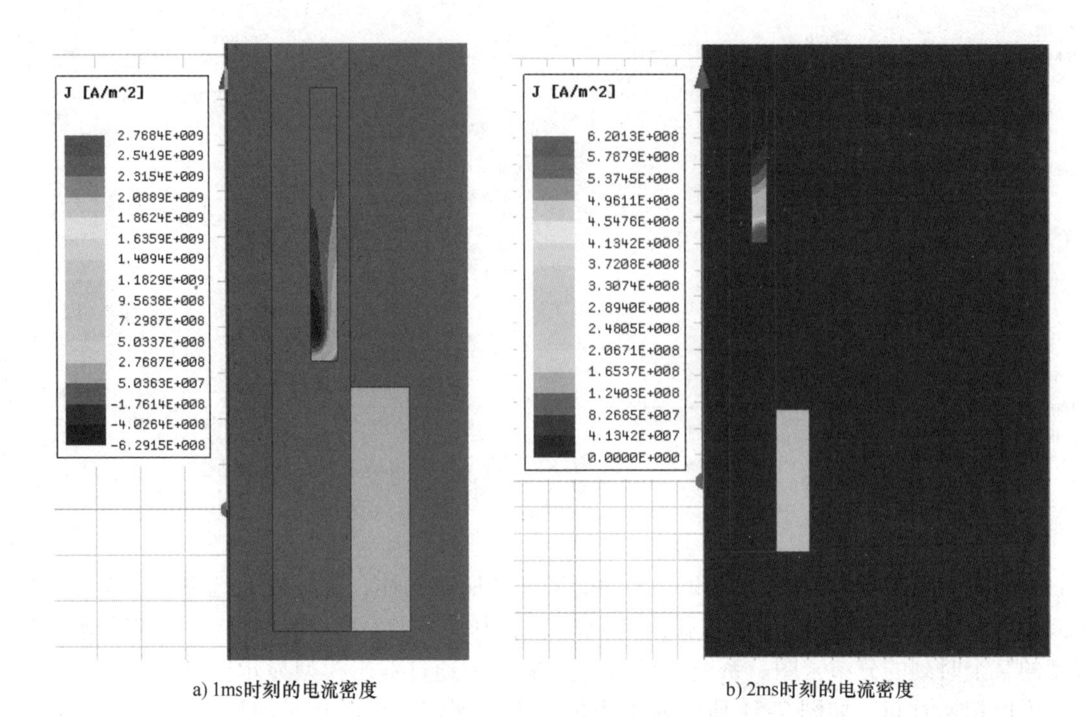

a) 1ms时刻的电流密度　　b) 2ms时刻的电流密度

图 7-55　计算结果展示

附　　录

附录 A　基于有限元法的 110kV 绝缘子伞裙表面电位和电场计算

```
clear
clc
%模型基本参数
M1=152;                          %求解区域宽度(x)
M2=1600;                         %求解区域长度(y)
V1=0;                            %低压端电位值(空气边界电位值)  [kV]
V2=110;                          %高压端电位值  [kV]

Eps1=1;                          %金具相对介电常数
Eps2=3;                          %芯棒相对介电常数
Eps3=1.006;                      %空气相对介电常数
Eps4=3.5;                        %伞裙相对介电常数

Rho1=1.15e7;                     %金具电荷密度
Rho2=0;                          %芯棒电荷密度
Rho3=1e-50;                      %空气电荷密度
Rho4=1e-12;                      %伞裙电荷密度

Kmax_x=M1/4;                     %短边网格总数=38
Kmax_y=M2/2;                     %长边网格总数=800
ndm=(Kmax_x+1)*(Kmax_y+1);       %总节点数=31239
%matlab 创建矩阵的大小受限于计算机内存,本计算机最大矩阵约为 zeros
(3.2e4,3.2e4)

%区域离散
%剖分精度
dx=M1/Kmax_x;                    %dx=4
dy=M2/Kmax_y;                    %dy=2
```

```
%两重循环进行编号及坐标赋值
x=1;ndm;
y=1;ndm;

nn=zeros(Kmax_x+1,Kmax_y+1);        %节点编号矩阵(按照先列后行的顺序,从
                                      矩形的左下角开始编码)

n1=0;
for j=1;Kmax_y+1
  for i=1;Kmax_x+1
  n1=n1+1;
  nn(i,j)=n1;
  x(n1)=(i-1)*dx;                   %节点的横纵坐标
  y(n1)=(j-1)*dy;
  end
end
%nn 的节点编号不是直接对应于原几何图形的
%nn 的第 1 列-->下边界  第 801 列-->上边界  第 1 行——>左边界  第 39 行-->右
边界
ne=zeros(3,2*Kmax_x*Kmax_y);        %各单元局部节点编号与总体编号对应的
                                      矩阵
n1=0;
%一次循环内,给一个矩形内,两个相邻的三角形编号(先编左上角三角形)
for j=1;Kmax_y                       %j=1-->先编列的单元,再编行的单元
  for i=2;Kmax_x+1                   %i=2-->从三角形的左下角节点开始编号
  n1=n1+1;
  ne(1,n1)=nn(i,j);                  %使单元局部节点编号与总体编号对应(一
                                       个三角形内逆时针编号)

  ne(2,n1)=nn(i-1,j+1);
  ne(3,n1)=nn(i-1,j);
  n1=n1+1;
  ne(1,n1)=nn(i,j);
  ne(2,n1)=nn(i,j+1);
  ne(3,n1)=nn(i-1,j+1);
  end
end
nel=n1;                              %总网格数=2*38*800=60800

%参数定义
```

```
%定义单元的ε和ρ数组
Eps=Eps3*ones(1,nel);                    %创建一个1*60800的行向量
Rho=Rho3*ones(1,nel);
KK=2*38;
%对金具部分的ε和ρ进行赋值
num1=200/2+1;
num2=200/2+100/2;
for j=1:20*2/4
  for i=num1:num2
  Eps((i-1)*KK+j)=Eps1;
  Rho((i-1)*KK+j)=Rho1;
  end
end
num1=200/2+100/2+1000/2+1;
num2=1600-200/2;
for j=1:10
  for i=num1:num2
  Eps((i-1)*KK+j)=Eps1;
  Rho((i-1)*KK+j)=Rho1;
  end
end

%对芯棒部分的ε和ρ进行赋值
num1=200/2+100/2+1;
num2=1600-200/2-100/2;
for j=1:8
  for i=num1:num2
  Eps((i-1)*KK+j)=Eps2;
  Rho((i-1)*KK+j)=Rho2;
  end
end

%对伞裙部分的ε和ρ进行赋值
%伞裙平行部分
num1=200/2+100/2+1;
num2=1600-200/2-100/2;
for j=9:10
  for i=num1:num2
```

```
    Eps((i-1)*KK+j)=Eps2;
    Rho((i-1)*KK+j)=Rho2;
   end
  end
  %小伞裙
  for i=1:12
     num1=200/2+100/2+20/2+(i-1)*40+1;      %小伞裙(突出部分)起点列
     for j=1:9                              %小伞裙(突出部分)的第 j 列
        num2=17-(j-1)*2;                %小伞裙(突出部分)的第 j 列的单元数
        for k=1:num2
           Eps((num1-1+j-1)*KK+k+10)=Eps4;
                                    %num1 表示第几个伞裙,j 表示伞裙的第几列
           Rho((num1-1+j-1)*KK+k+10)=Rho4;
        end
     end
  end
  %大伞裙
  for i=1:12
     num1=200/2+100/2+20/2+40/2+(i-1)*40+1; %大伞裙(突出部分)起点列
     for j=1:15                             %大伞裙(突出部分)的第 j 列
        num2=29-(j-1)*2;                %大伞裙(突出部分)的第 j 列的单元数
        for k=1:num2
           Eps((num1-1+j-1)*KK+k+10)=Eps4;
           Rho((num1-1+j-1)*KK+k+10)=Rho4;
        end
     end
  end

  %求解系统[k][b]矩阵
  %[k]为 ndm×ndm 阶系数矩阵,且为稀疏矩阵
  %[b]为 ndm×1 阶激励矩阵
  k=zeros(ndm,ndm);                         %k 矩阵
  ke=zeros(3,3);                            %ke 矩阵
  s=0.5*2*4;                                %各单元面积
  b=zeros(ndm,1);                           %b 矩阵
  be=1:3;                                   %be 数组

  for n=1:nel
```

```
  %每个单元的 ke 和 be 矩阵
  for i=1:3
  n1=ne(1,n);                          %输入每个单元的节点编号
  n2=ne(2,n);
  n3=ne(3,n);
  bn(1)=y(n2)-y(n3);                   %三角形单元形状求解
  bn(2)=y(n3)-y(n1);
  bn(3)=y(n1)-y(n2);
  cn(1)=x(n3)-x(n2);
  cn(2)=x(n1)-x(n3);
  cn(3)=x(n2)-x(n1);
  for j=1:3
  ke(i,j)=Eps(n)*(bn(i)*bn(j)+cn(i)*cn(j))/(4*s);
  be(i)=s*Rho(n)/3;
  end
  end
  %各单元[ke]和[be]相加得总矩阵[k]和[b]
  for i=1:3
  for j=1:3
  k(ne(i,n),ne(j,n))=k(ne(i,n),ne(j,n))+ke(i,j);
  b(ne(i,n))=b(ne(i,n))+be(i);
  end
  end
end

%边界条件定义
n1=0;
sum=Kmax_x+1+Kmax_y-1+Kmax_x+1+6+6;
nd=1:sum;                              %储存四条边上节点的全局编号
p=1:sum;                               %储存四条边上节点的电势

%对各边界定义
%下边界电位φ=0kV
for i=1:(Kmax_x+1)
  n1=n1+1;
  nd(n1)=nn(i,1);
  p(n1)=V1;
end
```

```
%右边界电位φ=0kV
for j=2;Kmax_y
  n1=n1+1;
  nd(n1)=nn(Kmax_x+1,j);
  p(n1)=V1;
end
%上边界电位φ=0kV
for i=Kmax_x+1;-1;1
  n1=n1+1;
  nd(n1)=nn(i,Kmax_y+1);
  p(n1)=V1;
end
%金具低压端电位φ=0kV
for i=1;6
    n1=n1+1;
    nd(n1)=nn(i,200/2+1200/2+1);
    p(n1)=V1;
end
%金具高压端电位φ=110kV
for i=1;6
    n1=n1+1;
    nd(n1)=nn(i,200/2+1);
    p(n1)=V2;
end

n_bianjie=n1;                    %边界节点总数
for i=1;n_bianjie
  b(nd(i))=p(i);                 %各边电位与总节点编号关联
  k(nd(i),nd(i))=1;
  for j=1;ndm
  if j~=nd(i)                    %求解[b]矩阵的未知节点部分
  b(j)=b(j)-k(j,nd(i))*p(i);
  k(j,nd(i))=0;
  k(nd(i),j)=0;
  end
  end
end
u=k\b;                           %由[k]、[b]求解节点势函数矩阵[u]
```

```
%上式中,'\'是被除号==>  u=b/k

%绘图
MA=zeros(Kmax_x+1,Kmax_y+1);          %定义总元素与电位值相当的方阵MA
n1=0;
for j=1;Kmax_y+1
  for i=1;Kmax_x+1
  n1=n1+1;
  MA(i,j)=u(n1);                       %将得到的电位值按网格点顺序排列
  end
end
figure(1)                              %解函数的平面图
imagesc(MA);
x1=zeros(1,Kmax_x+1);
y1=zeros(1,Kmax_y+1);
for i=1;Kmax_x+1
  x1(i)=(i-1)*dx;
end
for i=1;Kmax_y+1
  y1(i)=(i-1)*dy;
end
figure(2)                              %解函数的表面图
surf(x1,y1,MA');
figure(3)                              %等势线分布图
contourf(x1,y1,MA');
[Ex,Ey]=gradient(-MA);
ME=zeros(Kmax_x+1,Kmax_y+1);
for i=1;Kmax_x+1
  for j=1;1;Kmax_y+1
  ME(i,j)=sqrt(Ex(i,j)^2+Ey(i,j)^2);
  end
end
figure(4)                              %电场分布图
pcolor(x1,y1,ME');
shading interp
xlabel('x/mm');
ylabel('y/mm');
colorbar
```

```
ylabel(colorbar,'电场(kV/m)');
figure(5)                                           %电势分布图
MS=MA(6,:);
x=1:801;
plot(x,MS);xlabel('y/mm');
ylabel('电势/kV');
figure(6)
MEE=ME(6,:);
plot(x,MEE);xlabel('y/mm');
ylabel('电场/kV/m');

%电势计算
%小伞裙
num1=200/2+100/2+20/2+1;                            %第一个小伞裙的第1列
num2=200/2+100/2+20/2+1+8;                          %第一个小伞裙的第9列
V1=zeros(1,12);
E1=zeros(1,12);
for i=1:12
    V1(i)=MS(num1+(i-1)*40)-MS(num2+(i-1)*40);
    E1(i)=MEE(num1+(i-1)*40)-MEE(num2+(i-1)*40);
end
disp(V1)
disp(E1)
%大伞裙
num1=200/2+100/2+20/2+1+40/2;                       %第一个大伞裙的第1列
num2=200/2+100/2+20/2+1+8+40/2;                     %第一个大伞裙的第9列
V2=zeros(1,12);
E2=zeros(1,12);
for i=1:12
    V2(i)=MS(num1+(i-1)*40)-MS(num2+(i-1)*40);
    E2(i)=MEE(num1+(i-1)*40)-MEE(num2+(i-1)*40);
end
disp(V2)
disp(E2)
V=zeros(1,24);
E=zeros(1,24);
for i=1:12
    V(2*i-1)=V1(i);
    E(2*i-1)=E1(i);
```

```
    V(2*i)=V2(i);
    E(2*i)=E2(i);
end
```

附录 B　基于 MATLAB 的逐次镜像法代码实现

1. 初始参数设置

```
%%导线位置设置及各参数设置
N=26;                                          %导线数
r=0.01341;                                     %导线半径
%A1 编号为 1~4,B1 为 5~8,C1 为 9~12;A2 编号为 13~16,B1 为 17~20,C1 为 21~24;两根地线为 25,26;
%对地面镜像编号+26 即可
%横坐标
X([1 3])=-7.750-0.2;
X([2 4])=-7.750+0.2;
X([5 7])=-10.550-0.2;
X([6 8])=-10.550+0.2;
X([9 11])=-9.300-0.2;
X([10 12])=-9.300+0.2;
X([13 15])=-X([2 4]);
X([14 16])=-X([1 3]);
X([17 19])=-X([6 8]);
X([18 20])=-X([5 7]);
X([21 23])=-X([10 12]);
X([22 24])=-X([9 11]);
X(25)=-9.3;X(26)=9.3;
%纵坐标
Y([1 2 13 14])=53.660+0.2;
Y([3 4 15 16])=53.660-0.2;
Y([5 6 17 18])=42.160+0.2;
Y([7 8 19 20])=42.160-0.2;
Y([9 10 21 22])=31.66+0.2;
Y([11 12 23 24])=31.66-0.2;
Y([25 26])=59.500;

F=50;                                          %频率
t=0.01;                                        %时间
```

```
U=zeros(1,26);                                %导线电位初始化
Ua=408000*cos(2*pi*F*t);
Ub=408000*cos(2*pi*F*t-pi*2/3);
Uc=408000*cos(2*pi*F*t+pi*2/3);
U(1,1:4)=Ua;                                  %给导线分别赋予不同的电位
U(1,5:8)=Ub;
U(1,9:12)=Uc;
U(1,13:16)=Ua;
U(1,17:20)=Ub;
U(1,21:24)=Uc;
U(1,25:26)=0;
```

2. 导线线电荷求解

```
%%用麦克斯韦电位系数法求各个导线的线电荷值
P=zeros(N,N);                                 %初始化电位系数矩阵
eps0=8.85e-12;                                %真空介电常数
for i=1:N
    for j=1:N
        if i==j
            P(i,j)=log(2*Y(i)/r)/(2*pi*eps0);
        else
P(i,j)=log(sqrt((X(i)-X(j))^2+(Y(i)+Y(j))^2)/sqrt((X(i)-X(j))^2+(Y
(i)-Y(j))^2))/(2*pi*eps0);
            %此处PPT上公式错误,Dij应为分母
        end
    end
end
Q=inv(P)*U';                                  %求导线表面电荷值
Q=Q';                                         %转换成行向量
%2N根导线替代
N=2*N;
%求解镜像的2N根导线的坐标和电荷值
X(1,(N/2+1):N)=X(1,1:N/2);
Y(1,(N/2+1):N)=-Y(1,1:N/2);
Q(1,(N/2+1):N)=-Q(1,1:N/2);
D=zeros(N,N);
X1=zeros(N,N);
```

```
Q1=zeros(N,N);
Y1=zeros(N,N);
```

3. 镜像电荷的求解

```
%利用逐次镜像法确定等效镜像电荷的位置坐标以及电荷值的大小
for i=1;N
  X1(i,i)=X(i);
  Y1(i,i)=Y(i);
     for j=1;N
     if i~=j
         D(i,j)=r^2/sqrt((X(i)-X(j))^2+(Y(i)-Y(j))^2);
                                                  %镜像电荷相对于导线中心的位置
         Q1(i,j)=-Q(j)*r/sqrt(((X(i)-X(j))^2+(Y(i)-Y(j))^2));
                                        %第 j 根导线在第 i 根导线的镜像电荷的大小
         X1(i,j)=X(i)+(X(j)-X(i))*D(i,j)/sqrt(((X(i)-X(j))^2+(Y
(i)-Y(j))^2));
                                     %第 j 根导线对第 i 根导线的镜像电荷的横坐标
         Y1(i,j)=Y(i)+(Y(j)-Y(i))*D(i,j)/sqrt(((X(i)-X(j))^2+(Y
(i)-Y(j))^2));
                                     %第 j 根导线对第 i 根导线的镜像电荷的纵坐标
       end
     end
    Q1(i,i)=Q(i)-sum(Q1(i,;));
                      %保证电荷平衡,即每根导线上的等效镜像电荷之和等于初始总电荷
end
%重新排序
T=1;
for i=1;N/2
    for j=1;N
       %if i~=j
       Q2(T)=Q1(i,j);
       X2(T)=X1(i,j);
       Y2(T)=Y1(i,j);
       T=T+1;
       %end+
    end
end
```

4. 基于镜像电荷计算电位与场强

```
%计算空间任一点电位值、空间场强 Ev 和 Eh
P1=zeros(1,length(QQQ));
Ev=zeros(1,length(QQQ));
Eh=zeros(1,length(QQQ));
Xa=-30;0.05;30;Ya=0;0.05;70;
EV=zeros(length(Ya),length(Xa));
EH=zeros(length(Ya),length(Xa));
for i=1;length(Ya)
    for j=1;length(Xa)
        for k=1;length(QQQ)
            P1(k)=log(sqrt((Y2(k)+Ya(i))^2+(X2(k)-
Xa(j))^2)/sqrt((Y2(k)-Ya(i))^2+(X2(k)-Xa(j))^2))/(2*pi*eps0);
Ev(k)=QQQ(k)/(2*pi*eps0)*((Y2(k)-Ya(i))/((Y2(k)-Ya(i))^2+(X2(k)-
Xa(j))^2)+(Y2(k)+Ya(i))/((Y2(k)+Ya(i))^2+(X2(k)-Xa(j))^2));
                                                    %电荷在该点产生的场强的垂直分量

Eh(k)=Q2(k)/(2*pi*eps0)*((Xa(j)-X2(k))/((Y2(k)-Ya(i))^2+(XXX(k)-
Xa(j))^2)-(Xa(j)-X2(k))/((Y2(k)+Ya(i))^2+(X2(k)-Xa(j))^2));
                                                    %电荷在该点产生的场强的水平分量
        end
        V(i,j)=sum(P1.*Q2);
        EV(i,j)=sum(Ev);
        EH(i,j)=sum(Eh);
    end
end
figure(1)
contourf(Xa,Ya,V,50)                                %画电位分布图
title('电位等值分布图');
figure(2)
ev=-5e3;1e3;5e3;
title('电场垂直分量图');
contourf(Xa,Ya,EV,ev)                               %画电场垂直分量图
figure(3)
eh=-5e3;1e3;5e3;
contourf(Xa,Ya,EH,eh)                               %画电场水平分量图
title('电场水平分量图');
figure(4)
```

```
ee=0;2.5e3;2e6;
E=sqrt(EH.^2+EV.^2);
contourf(Xa,Ya,E,ee)                %画电场强度分布图
title('电场模分布图');
```

5. 程序运行结果

1）空间电位分布（见图 B-1）。

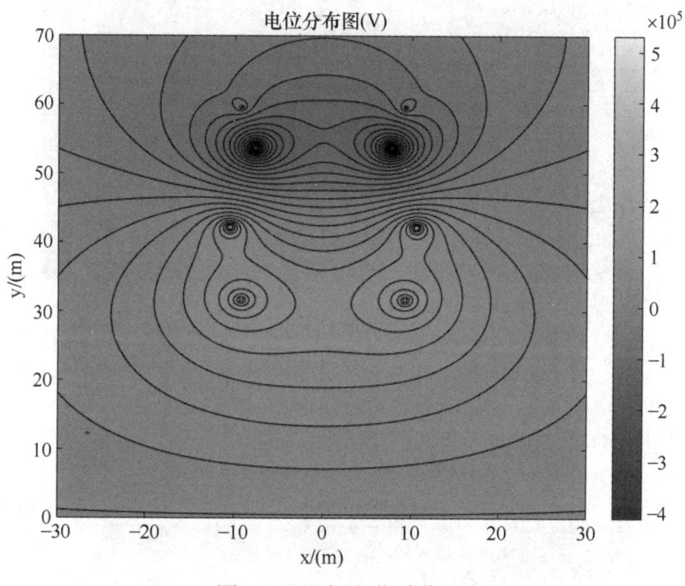

图 B-1　空间电位分布图

2）电场垂直分量（见图 B-2）。

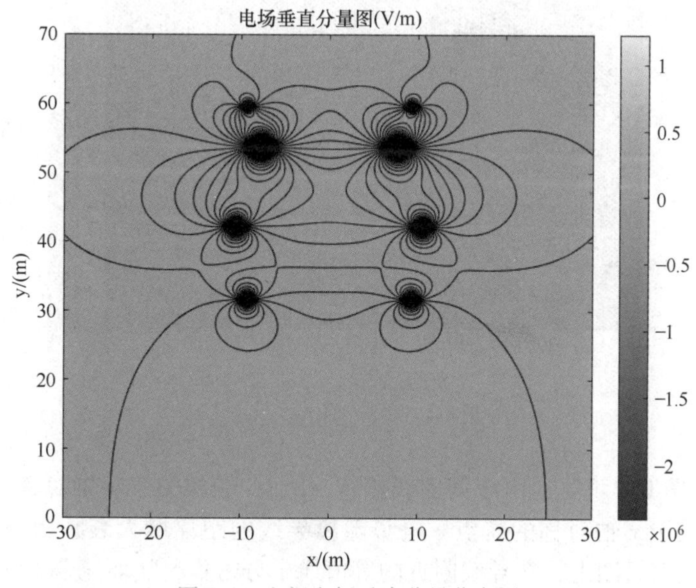

图 B-2　空间电场垂直分量分布图

3）电场水平分量（见图 B-3）

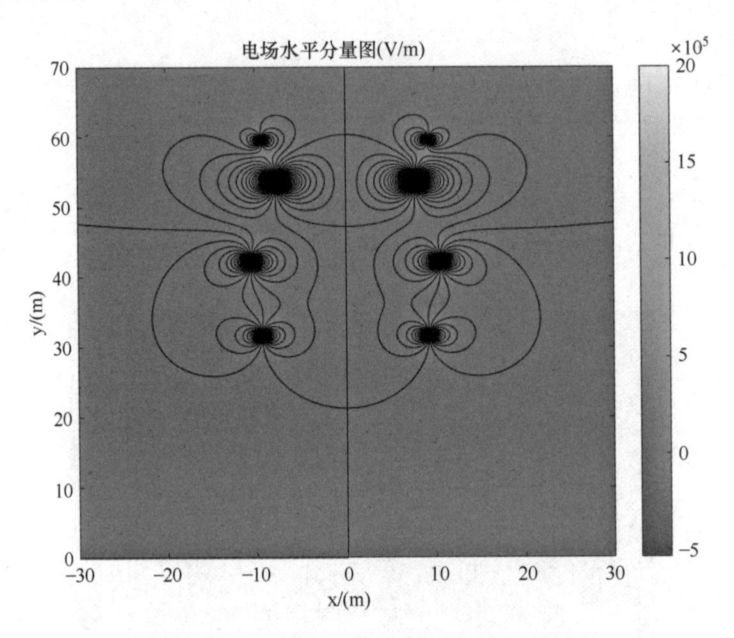

图 B-3　空间电场水平分量分布图

4）电场模（见图 B-4）。

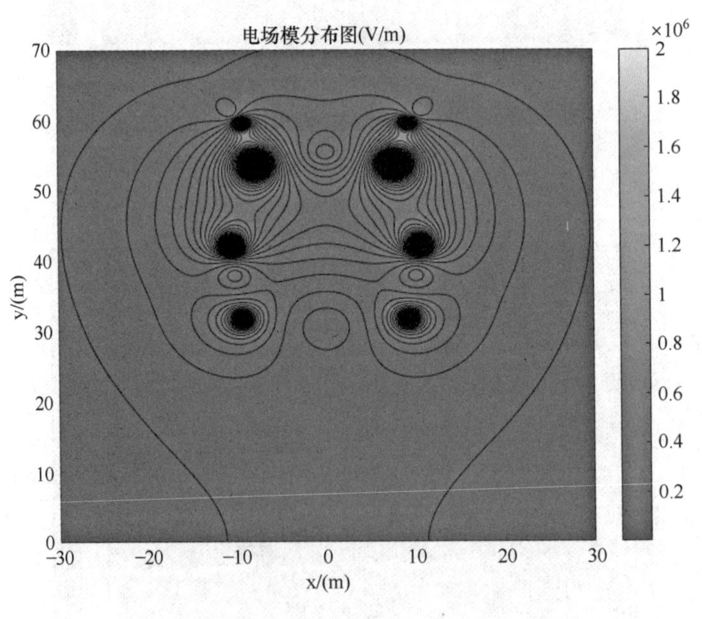

图 B-4　空间电场模分布图

结合图 B-1~图 B-4 可见，由于两回线路 A、B、C 三相关于 y 轴对称分布，因此电位、电场分布也呈现关于 y 轴对称的特点。电势随离导线的距离增大衰减较慢，而电场衰减较快。因此电场的分布云图上，在导线附近的等值线十分密集，从而掩盖了该处的云图颜色变化；相比之下，电势的分布云图能够微弱地显示出云图颜色变化趋势。

使用 max 函数获得电位的最大值，结果为 5.5141×10^5V，而实际上最大电位应该在 B、C 两相导线上，应为 2.04×10^5V。出现错误的原因不在于程序编写错误，而在于镜像电荷的求解区域应该在导线之外，在导线之外的区域，镜像之后相比原来是等效的，而在导线之内是不等效的。继续获得最大值点的坐标，发现该点确实位于左侧 B 相导线内部，证实了前述的分析。

附录 C　基于边界元法的矩形金属槽中电位分布的计算

clear; clc;

1. 常数定义

```
a=10;                  %矩形槽上下边长的一半,对称边界条件下,求解模型缩减 1/2
b=17;                  %矩形槽左右边长
N=20;                  %每边点数
minstep_a=a/N;         %上下边最小离散步长
minstep_b=b/N;         %左右边最小离散步长
TOTAL=N*4;             %所有点数
C=1/2;                 %常数定义
NN=100;                %积分离散精度
V_L=100;               %已知电压值
xx=1;                  %矩形槽内部任意一点 X 坐标,与有限元和解析解的结果对比
yy=1;                  %矩形槽内部任意一点 Y 坐标
```

2. 坐标定位

```
%以矩形槽左下角为坐标原点建立坐标系
%匹配点采用逆时针方向从(0,a/10)坐标点依次编号
%矩形槽左右两边 X 为常数,方柱上下两边 Y 为常数
value_b=-minstep_a/2;                         %下侧初值
value_r=-minstep_b/2;                         %右侧初值
value_t=a+minstep_a/2;                        %上侧初值
value_l=b+minstep_b/2;                        %左侧初值
for m=1:TOTAL
    if(m>0 & m<N+1)                           %下侧
        value_b=value_b+minstep_a;
        point(1,m)=value_b;
        point(2,m)=0;
    elseif(m>N & m<2*N+1)                     %右侧
        value_r=value_r+minstep_b;
```

```
        point(1,m)=a;
        point(2,m)=value_r;
    elseif(m>2*N & m<3*N+1)                                    %上侧
        value_t=value_t-minstep_a;
        point(1,m)=value_t;
        point(2,m)=b;
    else                                                       %左侧
        value_l=value_l-minstep_b;
        point(1,m)=0;
        point(2,m)=value_l;
    end;
end;
```

3. H 矩阵 h_ij 确定

```
for i=1;TOTAL                                                  %场点循环
    for j=1;TOTAL                                              %源点循环
        if(i==j)                                               %奇异点处理
            h_ij(i,j)=C;
        else
            fieldpoint_x=point(1,i);                           %场点 X 坐标
            currentpoint_x=point(1,j);                         %源点 X 坐标
            fieldpoint_y=point(2,i);                           %场点 Y 坐标
            currentpoint_y=point(2,j);                         %源点 Y 坐标

current_x=linspace(currentpoint_x-minstep_a/2,currentpoint_x+minstep_
a/2,NN);                                                       %X 积分变量离散

current_y=linspace(currentpoint_y-minstep_b/2,currentpoint_y+minstep_
b/2,NN);                                                       %Y 积分变量离散
            if(j>0 & j<N+1)|(j>2*N & j<3*N+1)                  %上下侧
                quad=abs(fieldpoint_y-currentpoint_y)./...
((fieldpoint_x-current_x).^2+(currentpoint_y-fieldpoint_y).^2);
                h_ij(i,j)=-(1/(2*pi))*trapz(current_x,quad);
                                                               %梯形法求解积分
            else                                               %左右侧
                quad=abs(fieldpoint_x-currentpoint_x)./...
((fieldpoint_x-currentpoint_x).^2+(current_y-fieldpoint_y).^2);
```

```
            h_ij(i,j)=-(1/(2*pi))*trapz(current_y,quad);
                                                    %梯形法求解积分
         end;
      end;
   end;
end;
```

4. G 矩阵 g_ij 确定

```
for i=1;TOTAL                                       %场点循环
   for j=1;TOTAL                                    %源点循环
      if(i==j)                                      %奇异点处理
         if((j>0 & j<N+1)|(j>2*N & j<3*N+1))        %上下侧
            g_ij(i,j)=-(log(minstep_a/2)-1)*minstep_a/(2*pi);
         else                                       %左右侧
            g_ij(i,j)=-(log(minstep_b/2)-1)*minstep_b/(2*pi);
         end;
      else
         fieldpoint_x=point(1,i);                   %场点 X 坐标
         currentpoint_x=point(1,j);                 %源点 X 坐标
         fieldpoint_y=point(2,i);                   %场点 Y 坐标
         currentpoint_y=point(2,j);                 %源点 Y 坐标

current_x=linspace(currentpoint_x-minstep_a/2,currentpoint_x+minstep_
a/2,NN);                                            %X 积分变量离散

current_y=linspace(currentpoint_y-minstep_b/2,currentpoint_y+minstep_
b/2,NN);                                            %Y 积分变量离散
         if((j>0 & j<N+1)|(j>2*N & j<3*N+1))        %上下侧
            quad=log(((fieldpoint_x-current_x).^2+...
                 (currentpoint_y-fieldpoint_y).^2).^(1/2));
            g_ij(i,j)=-(1/(2*pi))*trapz(current_x,quad);
         else                                       %左右侧
            quad=log(((fieldpoint_x-currentpoint_x).^2+...
                 (current_y-fieldpoint_y).^2).^(1/2));
            g_ij(i,j)=-(1/(2*pi))*trapz(current_y,quad);
         end;
      end;
```

```
    end;
end;
```

5. 矩阵整序

```
%右侧边界上电场强度法向分量为零,只有切向分量,等价于电荷分布已知,电位分布未知,节点【21-40】
%上下侧、左侧电位分布已知,节点【1-20】,【41-60】,【61-80】电位分布已知,电荷分布未知
%H_k1为电荷关系矩阵,电荷已知的节点上,取h_ij值为正,电荷未知电位已知的节点上,取k_ij值为负
%H_k2为电位关系矩阵,电荷已知的节点上,取g_ij值为正,电荷未知电位已知的节点上,取h_ij值为负
H_K1=[-g_ij(:,[1:N]),h_ij(:,[N+1:2*N]),-g_ij(:,[2*N+1:3*N]),-g_ij(:,[3*N+1:4*N])];
H_K2=[-h_ij(:,[1:N]),g_ij(:,[N+1:2*N]),-h_ij(:,[2*N+1:3*N]),-h_ij(:,[3*N+1:4*N])];
```

6. 已知部分电压和电荷矩阵 g_u 确定

```
for u=1:TOTAL;
    if((u>2*N)&(u<3*N+1))                    % 上侧
        g_u(u)=V_L;
    else
        g_u(u)=0;
    end;
end;
```

7. 求解剩下电荷电压分布并显示

```
charge_voltage=(H_K1)^(-1)*H_K2*g_u.';

disp('下侧电荷从左到右:');
disp(charge_voltage(1:N));
disp('上侧电荷从左到右:')
disp(charge_voltage(3*N:-1:2*N+1));
disp('右侧电荷从上到下:');
disp(charge_voltage(2*N:-1:N+1));
disp('左侧电荷从上到下:');
disp(charge_voltage(3*N+1:4*N));
```

```
    voltage=[g_u(1:N)';charge_voltage(N+1:2*N);g_u(2*N+1:3*N)';g_u(3
*N+1:4*N)'];
    charge=[charge_voltage(1:N);g_u(N+1:2*N)';charge_voltage(2*N+1:
3*N);charge_voltage(3*N+1:4*N)];
```

8. 方形内部测试点 H1 矩阵 h_ij1 确定

```
    for j=1:TOTAL                                   %源点循环
        fieldpoint_x=xx;                            %场点X坐标
        currentpoint_x=point(1,j);                  %源点X坐标
        fieldpoint_y=yy;                            %场点Y坐标
        currentpoint_y=point(2,j);                  %源点Y坐标

current_x=linspace(currentpoint_x-minstep_a/2,currentpoint_x+minstep_
a/2,NN);                                            %X积分变量离散
current_y=linspace(currentpoint_y-minstep_b/2,currentpoint_y+minstep_
b/2,NN);                                            %Y积分变量离散
        if(j>0 & j<N+1)|(j>2*N & j<3*N+1)          %上下侧
            quad=abs(fieldpoint_y-currentpoint_y)./...
                ((fieldpoint_x-current_x).^2+(currentpoint_y-field-
point_y).^2);
            h_ij1(j)=-(1/(2*pi))*trapz(current_x,quad);
        else                                        %左右侧
            quad=abs(fieldpoint_x-currentpoint_x)./...
                ((fieldpoint_x-currentpoint_x).^2+(current_y-field-
point_y).^2);
            h_ij1(j)=-(1/(2*pi))*trapz(current_y,quad);
        end;
    end;
```

9. 方形内部测试点 G1 矩阵 g_ij1 确定

```
    for j=1:TOTAL                                   %源点循环
        fieldpoint_x=xx;                            %场点X坐标
        currentpoint_x=point(1,j);                  %源点X坐标
        fieldpoint_y=yy;                            %场点Y坐标
        currentpoint_y=point(2,j);                  %源点Y坐标

current_x=linspace(currentpoint_x-minstep_a/2,currentpoint_x+minstep_a/
2,NN);                                              %X积分变量离散
```

```
current_y=linspace(currentpoint_y-minstep_b/2,currentpoint_y+minstep_
b/2,NN);                                                  %Y 积分变量离散
    if((j>0 & j<N+1)|(j>2*N & j<3*N+1))                   %上下侧
        quad=log(((fieldpoint_x-current_x).^2+...
            (currentpoint_y-fieldpoint_y).^2).^(1/2));
        g_ij1(j)=-(1/(2*pi))*trapz(current_x,quad);
    else                                                  %左右侧
        quad=log(((fieldpoint_x-currentpoint_x).^2+...
            (current_y-fieldpoint_y).^2).^(1/2));
        g_ij1(j)=-(1/(2*pi))*trapz(current_y,quad);
    end;
end;
```

10. 求解内部测试点电位与解析解

```
resolve=g_ij1*charge-h_ij1*voltage;                   %代入离散化泊松公式
show=[xx,yy];

disp('在方柱内部电位值');
disp('     x=      y=');
disp(show);
disp('BEM 方法为;');
disp(resolve);
analysis=25;                                  % ansys 或者有限差分法的计算结果
disp('解析解为;')
disp(analysis)
```